经济管理类专业规划教材

管理科学与工程系列

# 管理信息系统

## MANAGEMENT INFORMATION SYSTEMS

庄玉良 贺 超 等编著

机械工业出版社
China Machine Press

本书综合考虑经济管理类各专业对管理信息系统课程的教学要求，共分4篇。上篇，结合企业所面临的内外部环境及决策特点，对新经济环境下，信息管理及信息系统对企业的影响进行全面阐述。中篇，结合实际案例，对管理信息系统的分析与设计过程做详细阐述，并介绍最新的面向对象的设计方法。下篇，主要介绍企业资源计划系统、决策支持系统以及电子商务与管理信息系统集成。案例篇，介绍了贝斯特工程机械公司的信息化建设之路。

本书适合高等院校信息管理与信息系统等经济管理类专业的本科生和MBA研究生使用。

**图书在版编目（CIP）数据**

管理信息系统／庄玉良等编著. —北京：机械工业出版社，2011.8
（经济管理类专业规划教材·管理科学与工程系列）

ISBN 978-7-111-35417-8

Ⅰ. 管… Ⅱ. 庄… Ⅲ. 管理信息系统 – 高等学校 – 教材 Ⅳ. C931.6

中国版本图书馆 CIP 数据核字（2011）第 148708 号

机械工业出版社（北京市西城区百万庄大街22号　邮政编码　100037）
责任编辑：左　萌　　　　版式设计：刘永青
北京牛山世兴印刷厂印刷
2011 年 9 月第 1 版第 1 次印刷
185mm×260mm·22.75 印张
标准书号：ISBN 978-7-111-35417-8
定价：39.00 元

　　管理信息系统是为了适应现代化管理的需要，在管理科学、系统科学、信息科学和计算机科学等学科的基础上形成的一门综合性、系统性、边缘性交叉的学科，该学科的研究内容和研究方法是在充分吸收和融合相关学科的思想、原理和方法之后形成的。基于该学科的特殊性，管理信息系统教材在强调理论性的同时，也应突出系统性和实践性，不仅需要展现系统的理论知识，而且要为学习者提供有助于思考的现实案例和有利于实践的明确主题，进而培养学习者具有先进的知识与理念、有效的方法与能力。

　　庄玉良、贺超等人在长期的教学科研工作中，不断总结和完善教学素材，不断探讨和凝练教学方法，编写了这套具有一定特点的管理信息系统教材。

　　（1）结构合理。该教材以管理信息系统的概念与采纳、开发与建设、应用与发展以及信息化建设的经验与教训为框架，从经济社会的现实出发，表明管理信息系统采纳的必要性和复杂性，阐述管理信息系统开发的方法和工具，推介管理信息系统的具体应用和发展方向，总结信息化建设的经验和教训，知识和理念、方法和能力皆可展现或培养，教材整体结构合理。就章节的布局而言，每章以学习目标的表述为开篇，基于本章的主要知识点推出引导案例，在本章内容之后阐述本章小结，列出复习题和思考题，目标具体明确，结构清晰合理。

　　（2）案例导向。该教材根据理论布局和内容安排的需要，密切结合我国企业信息化建设的现状，以现实企业为蓝本，密切联系实际系统地分析和设计，编制完整案例。综合案例与各章的引导案例相结合，完整展现各个章节的知识点，有利于讲授者开展互动性强的案例教学，也有利于学习者通过案例分析和研讨，了解企业的需求和信息化建设的实际情况，培养良好的信息意识和思维方式，掌握信息化建设的规律和方法，明确良好的人际沟通和人际协调的重要性，加深对显性知识的理解以及促进对隐性知识的形成和转化。

　　（3）能力培养。通过业务流程再造理论、基于生命周期的结构化分析与设计思想的管理信息系统开发的实例学习以及课程设计环节的训练，借助于建模工具，分析和诊断企业实际，形成基于信息系统实现的业务流程设计思想，帮助学习者掌握信息系统开发的重要环节及其方法，培养学习者针对企业实际分析问题、解决问题的能力。

（4）逻辑严密。该教材基于现代企业的竞争环境，系统阐述管理信息系统建设的现状、作用、需求、分析、设计、表现、发展等内容，理论严密，实例完整，逻辑性强，有利于学习者从理念、理论、方法、实践等方面完整、清晰地把握管理信息系统课程的体系，做到理论学习和实践应用的统一。

该教材的特色较为鲜明，希望能对信息管理与信息系统等经济管理类专业本科生和MBA 研究生的培养提供有效的支持和帮助。

薛华成于复旦大学

2011 年 7 月 21 日

当今世界，科学技术日新月异、市场环境瞬息万变，人类进入了以物质、能源和信息为基础的时代。在复杂性和多变性日益增强的现实世界，信息的地位和作用日益突出。现代企业要想在一个开放的、信息化的社会中求生存、谋发展，很大程度上取决于能否及时、准确、合理地利用信息资源。信息是企业有效运作的基础和核心，是联系管理活动的纽带，是提高经济效益的重要保证。随着社会的发展，社会的组织化程度和生产的社会化程度越来越高，信息量越来越大，对信息的处理工作也越来越重要。要想随时了解生产经营活动的各种运行情况，并且能够适时地做出决策，企业必须借助先进的信息处理系统为其管理和决策活动提供科学的依据。

管理信息系统学是为了适应现代化管理的需要，在管理科学、系统科学、信息科学和计算机科学等学科的基础上形成的一门综合性学科，它研究管理系统中信息处理和决策的整个过程，并探讨计算机应用的实现方法。基于该学科的理论、方法和工具开发完成的管理信息系统可为管理系统的计划、控制和决策优化等工作提供先进的手段，并为管理思想、组织和方法的现代化创造条件。可以说，管理信息系统可促使企业向信息化方向发展，使企业处于一个信息灵敏、管理科学、决策准确的良性循环之中，从而为企业带来更好的经济效益。因此，管理信息系统是企业现代化的重要标志，是企业发展的必由之路。

管理信息系统的开发与实施是企业摆脱落后的管理方式，实现管理现代化的有效途径。随着社会的发展、科技的进步和竞争的加剧，采用先进的管理信息系统日益成为现代企业追求的目标。但总体而言，目前已实施完成的信息化项目在很大程度上未能发挥预期的作用。在新的信息技术不断涌现、开发工具日趋成熟的现代社会，仍有众多的信息化项目实施效果不理想，甚至有相当数量的项目最终归于失败。这些无法回避的现实，促使管理信息系统的研究者和实践者不断探讨和完善理论与方法，并为提高管理信息系统的开发水平和实施效果，有效实现企业等组织与管理信息系统的完美融合不懈工作。

编者长期从事管理信息系统的研究、教学、开发与咨询工作，在摸索和探讨中，取得了一定的研究成果，开发了集团企业的管理软件，参与了信息化项目的实施咨询，形成了有特色的教学方法，培养了一批具有先进的信息化建设理念并能开展管理诊断以及系统开发和管理工作的研究生和本科生。编者认为，理论传授与实践应用并重，知识灌输与案例分析结合，方法讲解与理念培养兼顾，形成以多媒体教学为手段、以案例教学为主线、以课程设计为实践环节的教学体系是管理信息系统课程教学的原则和方向。只有这样才能进一步触发学习者基于案例背景发现问题，基于问题剖析寻找原因，基于原因思考理解理论，基于理论总结指导实践，基于实践锻炼培养能力，基于能力融合强化理念，基于理念树立深化知识，基于知识应用服务社会。

在充分吸收理论界、企业界已有优秀成果的基础上，融入编者研究、教学、开发与咨询工作之所得，编写系统性与逻辑性较强、理论性与实用性兼顾、思路清晰、案例完整的管理信息系统教材是编者长期追求的目标。时时积累，处处总结，但时至今日，却还深感自身知识之浅薄，近来写就并将付梓的教材仍为不甚成熟之作品。

本书的主要内容、基本结构和相互关系如下图所示。

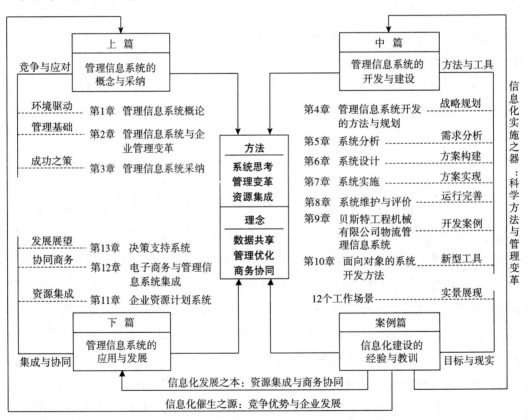

本书分为上篇、中篇、下篇和案例篇4个部分。上篇共3章，阐述了企业为应对环境变化和获得竞争优势而采纳管理信息系统并实施管理变革的必要性及其具体的方法和策略；中篇共7章，前5章根据系统论的基本思想，以管理信息系统生命周期以及结构化系统分析

与设计思想为主线，系统而全面地介绍了管理信息系统开发的内容、方法、工具和步骤，第9章通过案例展现了利用结构化系统分析与设计思想开发管理信息系统的具体过程，第10章简要介绍了新的管理信息系统开发方法和工具，即面向对象的系统开发方法；下篇共3章，先阐述了管理信息系统的典型形式，即以资源集成管理为特征的企业资源计划系统，进而介绍了基于商务协同思想的电子商务与管理信息系统集成，最后简要介绍了管理信息系统的发展，即决策支持系统；案例篇共设12个场景，编者以真实的企业为对象，根据信息化建设过程中普遍存在的现象和问题，并以有利于开展教学为原则而编写案例。案例篇创设的场景和问题，力争为上篇阐明信息化的催生之源，即竞争优势与企业发展，为中篇阐明信息化的实施之器，即科学方法与管理变革，为下篇阐明信息化的发展之本，即资源集成与商务协同。全书通过案例篇强化了企业实施管理信息系统的背景、策略、方法以及发展目标，力求突出系统性、逻辑性和实践性。全书4个部分构成相互关联的整体，促使学习者逐步具备系统思考、管理变革和资源集成的方法以及数据共享、管理优化和商务协同的理念。

丰富的案例是本书的特点。案例篇的场景主要分别用于上篇、中篇、下篇教学结束后的讨论和分析，以巩固各篇的整体理念、理论和方法，最后完成案例分析报告。各章的引导案例为案例篇派生的细节，主要说明各章核心内容的知识点。各章教学结束后针对引导案例提出的问题展开分析和讨论。案例篇为各章引导案例提供宏观背景，因此熟悉案例篇的场景于本课程教学的始终是教学双方开展课堂互动并提高教学效果的前提。第9章以案例篇场景为对象，是对第4章至第8章基于管理信息系统生命周期以及结构化系统分析与设计思想开发系统的具体展现，便于学习者理解和掌握系统分析与设计的思想和方法，也有利于学习者在课程设计时参考。授课者可单独讲授，也可在讲解第4章至第8章时作为例子辅助介绍。

本书可作为本科生和MBA研究生"管理信息系统"或"管理信息系统分析与设计"课程的教学之用，也可供其他类型研究生和管理信息系统开发人员学习、参考。就本科生的教学而言，教师可以根据不同的总学时数灵活安排教学计划。

**教学计划安排建议表**

| 序号 | 教学内容 | 学时安排 | | |
|---|---|---|---|---|
| 1 | 第1章　管理信息系统概论 | 3 | 4 | 4 |
| 2 | 第2章　管理信息系统与企业管理变革 | 3 | 4 | 6 |
| 3 | 第3章　管理信息系统采纳 | 2 | 2 | 2 |
| 4 | 案例讨论　场景1～4 | 2 | 2 | 2 |
| 5 | 第4章　管理信息系统开发的方法与规划 | 2 | 4 | 4 |
| 6 | 第5章　系统分析 | 5 | 7 | 7 |
| 7 | 第6章　系统设计 | 4 | 5 | 7 |
| 8 | 第7章　系统实施 | 2 | 2 | 2 |

（续）

| 序号 | 教学内容 | 学时安排 | | |
|------|---------|------|------|------|
| 9 | 第8章 系统维护与评价 | 1 | 2 | 2 |
| 10 | 第9章 贝斯特工程机械有限公司物流管理信息系统 | 2 | 4 | 4 |
| 11 | 第10章 面向对象的系统开发方法 | | 2 | 4 |
| 12 | 案例讨论 场景6~8、10~12 | | 2 | 2 |
| 13 | 第11章 企业资源计划系统 | 2 | 3 | 4 |
| 14 | 第12章 电子商务与管理信息系统集成 | 1 | 2 | 2 |
| 15 | 第13章 决策支持系统 | | 1 | 2 |
| 16 | 案例讨论 场景4~5、9 | 1 | 2 | 2 |
| | 学时总计 | 32 | 48 | 56 |

MBA研究生的教学应注重理念的培养。可参考上述表格适当增加上篇学时，减少中篇学时。在课堂讲授和案例讨论的学时分配比例中，需增加案例讨论的学时数。

本书主要由庄玉良、贺超编写，王辉、杨明智参与了部分章节的编写工作。

行文至此，编者要向对本书编写提供帮助的人们表示深深的谢意。首先，要感谢薛华成教授在百忙之中为本书作序。本书的编写参考了大量的书籍和资料，在此对这些书籍和资料的作者表示感谢。同时，还要感谢为案例编写提供素材的企业领导和管理人员，因出版要求在此恕不实名提及。最后，对机械工业出版社的陈丽芳经理和章集香编辑表示深深的谢意，感谢她们的关心、支持和帮助。

编者为本书的编写倾注了心血，但由于学识有限，本书的错误与不足之处在所难免，敬请读者提出宝贵意见（邮箱：misbook@ yeah. net）。

庄玉良

2011 年 5 月 13 日

# CONTENTS 目　录

上 篇

# 管理信息系统的概念与采纳

**PART1**

# 第1章 CHAPTER1

# 管理信息系统概论

学习目标 >>>

- 了解现代企业的运行环境与竞争特征及其对企业管理者的影响；
- 了解现代企业变革的主要原因与内容；
- 掌握企业信息活动链的结构以及数据、信息、知识三者间的关系；
- 掌握管理信息系统的概念和结构；
- 了解管理信息系统的不同认识视角。

引导案例 >>>

国家大量投资基础设施建设，工程机械的需求量急剧上升，贝斯特工程机械有限公司（后简称贝斯特公司）的产品销量也不断增加。面对攀升的销售业绩，公司股东和中高层管理人员大多希望扩大产能，生产部盛部长则直接提出了扩建新的生产车间的要求。

可陈总经理却很难决策。他被市场需求和公司愿望所鼓动，但近来公司内部营销、生产、物流、采购等部门之间出现的不协调又让他顾虑重重。营销部抱怨生产部不按时交货，生产部抱怨营销部不顾产能限制盲目增加产量，同时也抱怨物流部关键零部件的供应不及时，物流部抱怨因库存数量和品种增加而难以进行有效管理和弄清家底，并抱怨采购部不按时进货，采购部则抱怨关键供应商不遵守供应承诺，更为严重的是有的客户抱怨营销部不按时交货，要取消订单并索要赔偿……

上个星期，人力资源部任部长根据陈总的想法，递交的关于公司组织结构调整和人员大规模培训的报告，陈总也一直没有表态。造成公司现状的原因到底在哪儿？调整组织结构，改善业务流程和决策程序，提高人员素质，增加人员数量，加班加点等办法能解决现存的问题吗？解决问题的关键到底是什么？存在解决问题的关键良方吗？不解决公司内部的不协调问题能简单地扩大产能吗？竞争对手的状况如何？市场需求会发生怎样的变化？如何消除客户抱怨？如何保持和挖掘客户……凡此种种，陈总感觉千头万绪但难以抓其关键。

陈总意识到现在公司面对的外部环境与当年创业时的状况已不可同日而语了，公司内部的管理也变得极为复杂。陈总觉得，现在已经不能仅仅依靠个人魄力去硬闯了，必须根据公司状态、行业状况、国家宏观经济政策、出口国家和地区的经济政治环境等因素审慎决策。

"现在公司内外部的真实状况究竟怎样？好像什么都在变化，这已不是以前那家自己闭着眼睛就能完全掌握的公司了。近段时间心里总觉得不踏实，决策时再也没有以前那样自信和有把握了。"陈总第一次深感无奈和无助，"总不会是42岁的我已经老了，需要仰仗别人的帮助了吧？"陈总不禁自嘲起来。

**问题:**

(1) 该公司为什么会出现部门之间的不协调现象?

(2) 陈总决策时为什么变得缺乏自信心? 应该采取什么样的措施解决这个问题?

1946 年 2 月,世界上第一台电子计算机在美国的宾夕法尼亚大学研制成功,当时,计算机主要为科学计算服务。自 20 世纪 50 年代起,计算机开始应用于企业管理领域。随着社会的发展和计算机软硬件技术的提高,计算机在企业管理领域中的应用日益广泛,作为先进的、利用计算机全面辅助企业管理的手段和工具,管理信息系统随即产生并逐渐受到理论界和企业界的重视。在不断地研究和实践中,管理信息系统的理论和应用趋于完善。管理信息系统成为企业管理现代化的重要标志,是现代企业获得竞争优势的必由之路和必然选择。

## 1.1 现代企业的运行环境与竞争特征

企业环境是指一些相互依存、互相制约、不断变化的企业外部因素组成的系统,是影响企业管理决策和生产经营活动的现实因素的集合。企业环境的可变性、复杂性和交互性决定了管理和运行企业的难度。把握企业环境的变化和竞争特征,并通过先进的管理方法和工具积极应对,是企业获得竞争优势的关键。

### 1.1.1 21 世纪的企业

自 20 世纪 90 年代以来,科学技术和世界经济飞速发展,企业的运行环境发生了深刻的变化,企业在不断的变革中寻求减轻持续增长的生存和竞争压力的机会,试图形成运作效率高、竞争优势强、经济效益显著的新型企业。

#### 1. 企业组织结构的变革

传统企业采用的是德国社会学家马克斯·韦伯(Max Weber, 1864—1920)提出的科层制组织(hierarchy structure),又称官僚制组织,它是一种权力依职能和职位分工与分层,以规则为管理主体的组织体系和管理方式。也就是说,它是一种注重纵向分工、强调命令控制的高耸式等级层次体制。或者说,它既是一种组织结构,又是一种管理方式,如图 1-1 所示。

在这类组织结构中,上层管理者对下层管理者进行监督和控制,下层管理者向上层管理者请示、申诉并执行命令,每个组织均按自上而下的层级结构形成一个指挥系统。这种纵向组织层次结构,具有很大的封闭性,它试图减少环境的影响,其结果是产生一个个职能明确却相互孤立的部门,从而降低了对环境的适应性,管理层次越多、管理幅度越小的组织对环境的适应性越差。以命令执行和办事准确度为评价标准的组织结构,也削弱了下级部门的冒险、创新与协作精神,容易产生以部门利益为主的本位主义,忽视了组织目标和整体利益。

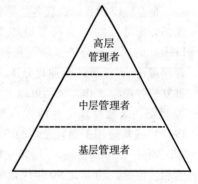

图 1-1 传统的组织结构形式

企业等级结构形成的主要原因是有效管理幅度的限制,当组织规模达到一定程度时,必须通过增加管理层次来保证有效领导,机构趋向臃肿。组织层次过多,会延长信息传递的时间,引起沟通成本增加;组织层次过多,可能会造成信息在传递过程中失真，从而导致决策失误；组织层次过多，也可能会因为某一层次决策的延误而降低信息传递的效率，影响整体决策的时机；组织层次过多，还会导致分工过细，当业务需要从属于不同上级部门的多个职能机构处理时，容易出现扯皮、僵化和官僚主义现象，从而影响业务的处理效率，降低对客户需求等的反应速度。

现代企业面临以"客户、竞争和变化"为特征的外部环境，在激烈的市场竞争中快速满足客户不断变化的多样化需求，成为企业追求的目标。企业组织减少管理层次、实现信息共享、提高业务处理速度和决策效率迫在眉睫。也就是说，实行组织结构变革，建立扁平化的组织结构，分权于了解客户需求和外部环境的基层业务人员，加快决策效率和市场反应速度，获取竞争优势，成为现代企业的重要任务。快速而有效的信息共享、处理和传递机制成为现代企业实现上述任务的内在需求和必要条件。

1981～1990年，美国通用电气公司（GE）所进行的组织结构变革是以扁平化为重心的组织结构变革的典范。1981年杰克·韦尔奇（Jack Welch，1935—）接管GE后，开展了GE称之为"零层管理"的组织结构变革。当时的GE组织结构庞大臃肿、管理层级和审批程序繁多、官僚现象严重、等级制度根深蒂固，其层次自上而下主要包括：公司董事长和最高执行部、公司总部、执行部、企业集团、事业部、战略集团、业务部门、职能部门、基层主管、员工。董事长和两名副董事长组成最高执行部，公司总部中4个参谋部门分别由董事长直属，另外4个由两名副董事长分别负责。公司下设6个执行部，分别由6位副董事长负责，用以统辖和协调各集团和事业部的活动。执行部下设9个集团、50个事业部和49个战略经营单位。虽然庞大的组织结构曾给GE带来丰厚的利润，但其后的发展却阻碍了GE进一步前进的步伐。

GE在扁平化的组织结构变革过程中，大量中间管理层次被取消。GE撤销了执行部，从而减少了近一半的管理层，同时对部门进行削减整合、裁减雇员、减少职位，将原来的24～26个管理层减少到5～6个，而一些基层企业则直接变为零管理层。同时扩大管理跨度，增加经理的直接报告人数，原来的6～7个报告人数上升为10～15个，充分利用人力资源，提高效率。

GE组织结构变革的实施得益于先进的信息技术，不同部门、员工之间通过先进的信息技术实现了信息的高度共享和有效交流，提高了决策的效率。

### 2. 企业业务流程的变革

企业特定的目标或任务依靠具体业务流程的运作而实现，业务流程是为完成企业某一目标或任务而进行的一系列逻辑相关的活动或作业的集合。亚当·斯密（Adam Smith，1723—1790）的"劳动分工原理"和弗雷德里克·泰勒（Frederick Taylor，1856—1915）的"制度化管理理论"，强调按专业化分工，将企业的作业过程分解为最简单、最基本的工序，工人只需重复一种简单工作，从而可以大大提高熟练程度，同时对各个作业过程也便于实施严格控制。20世纪，这两种理论在两大汽车巨人中得到应用和发展。亨利·福特（Henry Ford，1863—1947）将其应用于福特公司的汽车生产，形成了汽车流水作业线，使生产效率倍增；阿尔弗雷德·斯隆（Alfred Sloan，1875—1966）将其应用于通用汽车公司的组织结构完善，加强了部门管理。但是，20世纪90年代以来，基于分工理论的业务流程越来越显示出其弊端。

（1）效率低下。原本连续的流程被人为地分割成细小的环节，整个业务流程的运作，要经过若干个部门和环节，运作时间长、成本高、效率低、风险大，企业对外部环境的反应速度减慢。例如，美国一家大型保险公司，随着业务的迅速发展和管理工作的日益复杂化，客户索赔流程竟然要经过250道程序，结果客户怨声载道，客户数量不断下降。

（2）责任不清。不同部门按照专业职能划分，负责整个业务流程中的一部分，无人负责整个流程，整体质量和进度难以掌握与控制，责任不清，从而弱化整个流程的功效。

（3）适应性差。过细的专业化分工会导致人们把工作重心放在个别作业的效率提升上，而忽视整个流程的使命。过细的分工会增加员工工作的单调性，减少整体意识和全局观念，员工缺乏积极性、主动性、协调性，责任感差，难以适应为满足客户多变的需求而进行的业务流程调整与变革的需要。

（4）资源分散。出于完成各自流程的需要，部门或个人独占信息等资源，舍近求远、闭门造车、重复劳动等现象严重。

基于分工的业务流程存在的问题呼唤"基于流程"的业务流程变革，即系统考虑和设计企业的业务流程，通过信息等有效资源充分共享等途径，使其在成本、质量、服务和速度等衡量企业的关键指标上取得显著提高。

### 3. 企业员工结构的变革

进入 21 世纪，知识成为企业诸多资产中的重要组成部分和重要的生产要素之一。具有大学学历并拥有某项领域专长的知识所有者，一般被称为知识工作者（knowledge worker）。无论是在营销、财务、会计、生产与运作、人力资源管理，还是企业运作中的任何其他领域，大学毕业生走向工作岗位后，从事的大多是知识工作者的角色。1994 年《美国新闻与世界报告》报道，美国知识工作者的人数已经超过了其他类型的工作者。2005 年统计的亚洲四小龙中知识工作者占总就业人口的比例分别为，中国台湾：31%、中国香港：34%、新加坡：37%、韩国：21%。美国巴布逊学院（Babson College）信息技术与管理学总统奖获得者托马斯·达文波特（Thomas Davenport）教授称，如今知识工作者占据了经济发达国家 25% ~ 50% 的劳动力。类似的趋势也在中国发生着。

知识工作者的工作与传统岗位的工作有很大的不同，它一方面需要工作者必须具备相应的知识，同时还需要能够获取和处理足够外部信息的能力。知识工作者需要吸收外部的信息，并结合自身的知识，形成更有效、更完整的信息，以完成自身的工作。如一个会计师，利用企业中的各种凭证、单据，根据自身所掌握的会计知识，制作利润表、现金流量表等。这些都是基于信息的产品，虽然它们可能出现在一张纸上，但是会计师的任务并不是制造出一张纸，而是加工出纸上的信息以供企业其他部门决策之用。

知识工作者的特点和需求，要求企业改变员工的结构，在浩如烟海的数据海洋中，借助于先进的方法和工具，增强信息的获取和处理能力，以及知识的转化能力，充分实现信息和知识的共享，使企业获得全面的竞争优势。

### 4. 数字化企业

企业组织结构、业务流程以及员工结构的变革，是企业应对竞争环境变化和自身发展要求的必然选择。这些变革的实现及其作用的发挥，必须借助于信息技术，实现信息和知识的高度共享，形成数字化企业。企业应建立内部网（Intranet），整合并连接企业内部的不同流程与系统，提供内部系统逻辑上的数据集中存取，形成一个遍及企业的一体化信息网络，实现不同岗位和部门之间的数据共享与协同工作，各部门、各员工都可以从网络中通过不同的媒体、文本、声音和视频获取相关的信息，并为其他人的决策提供信息支持，实现互动应用，从而提高企业的反应速度和科学化管理水平，为企业创造新的战略机会和优势。企业内部网如图 1-2 所示。

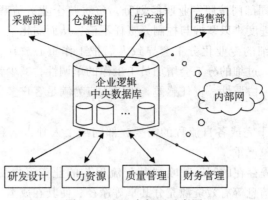

图 1-2　企业内部网示意图

企业内部网可以通过互联网（Internet）技术与企业相关的供应商、分销商和客户连接起来，实现供应链管理和协同商务。

## 1.1.2　企业的运行环境

企业的变革要求和基本特征与其所处的社会、政治、经济环境密不可分。随着社会的发展和技术的进步，物流、信息流和资金流在全球范围内的传输空前迅速，市场空间和竞争范围扩展至整个世界，消费者对产品的个性化需求日益显现，产品生命周期不断缩短，企业在缩短交货期、提高产品质量、降低成本和改进服务等方面面临着巨大的压力。企业必须基于全球视野和系统思考，审视所处的运行环境，通过现代化的管理方法和手段，解决面临的问题并获取竞争优势。

### 1. 竞争全球化

20 世纪 50 年代集装箱出现，六七十年代远洋运输的规模空前增长，由此带动了企业产品全球销售的热潮，经济全球化开始加速。但是远洋运输仅仅解决了产品的物流问题，并不代表国际竞争的真正来临，地区性的企业仍能依靠其灵活的经营和快速的本地反应与跨国公司展开竞争。20 世纪八九十年代以后，国际政治趋于缓和，国际资本的流动大幅度增加，跨国公司开始将生产线向生产成本更低的国家和地区转移，中国随即成为国际资本的一个重要流入地。

跨国公司在全球设厂使得企业必须面临全球性的竞争格局，跨国公司成了全球公司，竞争的全球化并不仅仅表现在产品的市场竞争上，还表现在技术、人力资本、成本等诸多方面。在参与全球竞争的过程中，企业必须能够管理远驻国外的分支机构，与遍布全球的供应商和经销商进行沟通，在不同的国家内保持 24 小时不间断的运行，协调国际化的工作团队服务于本地化的需求，在全球范围内实现资源的有效配置，实现物流、信息流和资金流的快速传递。

处于与国外独资企业、国外合资企业、快速发展并具有竞争优势的国内企业高度竞争的氛围之中，任何企业都必须站在全球竞争的角度思考产品、技术、质量、成本、市场、服务以及资源的有效配置，快速获取、处理各种信息，并实现信息的高度共享。

### 2. 市场多元化

随着经济的发展和消费者生活水平的提高，因地区、文化等差异而形成的消费者个性化需求日益显现并不断得以满足。企业必须克服产品型号规格的单一性，采用多品种、少批量的生产和管理方式赢得客户、占领市场、获得优势。

市场的多元化要求企业注重市场的细分、客户关系的维系和客户需求的分析，实施柔性化生产和管理，借助于信息技术实现生产管理、客户关系管理和电子商务。

### 3. 变革常态化

科学技术的飞速发展推动了市场和企业竞争优势的快速变化，也使得创新成为极受企业和社会关注的主题。社会处在持续的变革和发展之中，企业积极寻求变革和创新，变革也成为企业的一种常态，而不仅仅是企业面临危机时被迫采取的手段。

为了应对变革带来的冲击，很多企业注重自身的主业，而将非核心业务外包出去，以保持企业的灵活性。新的企业往往是扁平化的、分散的、通用型的柔性结构，依赖于及时获取的信息，提供大量满足顾客需求的产品或服务，以具有特色的产品或服务分别满足细分的客户需求。在这种类型的企业中，依靠工作团队、员工的灵活安排以及顾客导向达到员工之间的协调，管理人员则依靠对各流程运行信息的掌握从总体上获知企业的运作状况，但并不过多干涉企业的具体运作过程。显然，这种管理方式只有在信息技术的有力支持下才会成为可能。

### 4. 经济虚拟化

虚拟经济已经成为整个经济非常重要的组成部分。早在 2000 年年底，全球虚拟经济规模是 160 万亿美元，其中股票市值 36 万亿美元，债券市值 29 万亿美元，其他各种金融衍生工具市值 95 亿美元，而当年全球各国 GDP 总和为 30 万亿美元，虚拟经济的规模是实体经济规模的 5 倍以上。起源于 2007 年 8 月的次贷危机让人们清楚地看到虚拟经济的巨大规模以及发展不平衡时的巨大破坏力。

除了金融杠杆的虚拟经济外，实体经济也出现了很多"虚拟"现象。如戴尔集成全球供应商，为消费者提供各种 IT 产品，耐克在世界范围内组织资源进行运动鞋的设计、生产和销售。这些企业在法律上和财务上均是独立的，对消费者而言，就好像有一个超级的虚拟"戴尔"、"耐克"在为其提供服务一样，并不感觉是一群公司的集合，这是信息高度共享的结果。这种经济虚拟化的趋势中，最为引人注目的是信息经济的崛起。

### 5. 信息经济的崛起

信息经济依赖于互联网的飞速发展。美国、西欧、日本等很多工业化国家正由工业经济转变为以信息和知识为基础的服务经济，制造业向人力成本比较低的国家转移。在基于信息的经济中，信息和知识成为创造财富的关键要素。

1976 年，美国办公室工作的白领工人数量超过蓝领工人，标志着信息时代的到来。而今美国的信息经济已占到美国经济的 60% 以上，并吸纳了超过一半的就业人员。信息经济可以提供有形的产品和服务，如信用卡、包裹快递等，也可以提供完全虚拟的产品和服务，如呼叫中心、计算机游戏、网络服务等。网络企业巨人，如微软、Oracle、雅虎以及中国的百度、腾讯、阿里巴巴等，都在信息经济的土壤中成长为新一代的卓越企业。

需要指出的是，信息化不仅对经济环境造成影响，也对社会生活带来了变化。在信息化社会，由于信息高速公路和多媒体技术的发展，人们可以在家中办公、接受教育、去往世界各地旅游、购物、请医生并通过网络看病等，这一切将极大地改变人们的生活习惯、思维方式和行为方式，整个社会的教育、服务和生产制造模式都将发生巨大的变化。另外，信息化并不仅仅带来积极的因素，它也对人类社会提出了新的挑战。美国和西方发达国家通过巨资投入，把信息资源的控制权牢牢掌握在自己手中。他们会通过信息网络无偿侵占不发达国家的信息资源，通过网络系统将他们的文化和价值观向其他国家灌输，为他们的社会、政治、经济和军事目的服务，从而会造成富者更富、贫穷者更加相对贫穷的现象。以互联网 IP 地址为例，美国某些大学的 IP 地址数量甚至超过了中国全国的数量，"数字鸿沟"成为新的南北问题之一。

经济环境的变化对企业的发展提出了挑战，也提供了新的机遇。企业必须在运营模式、管理方法以及信息系统工具等方面提出改进和变革。在应对企业新的运行环境的手段中，管理信息系统作为企业的"神经中枢"，发挥着不可替代的作用。

### 1.1.3 企业与供应链竞争

企业运行环境的变化带来了高度的竞争性，企业要以全新的视角思考竞争优势的获取途径，与运行环境要素间的竞争与合作成为企业追求的发展战略之一，供应链管理受到了企业界和学者们的高度关注。

供应链（supply chain，又称价值链或需求链）是由通过协同合作来共同制定战略定位和提高运作效率的一些相互关联的企业组成的，它包括从供应商的供应商直到客户的客户这些所有相关实体。因此，供应链管理可以理解为对供应商、制造商、分销商直至最终用户之间的物流、信息流、资金流的有效协调与控制，旨在使企业较好地管理由原材料到产品加工再到客户的全过程，最终提高客户的满意度，减少成本，增强企业的竞争力。简言之，供应链管理是一种集成化的管理模式。供应链管理对企业的影响主要体现在以下 3 个方面。

**1. 业务：回归核心**

市场竞争的加剧和需求的不稳定性，使得企业进行多元化经营的难度不断增大。很多企业从多元化的道路上收缩，将有限的资源和精力集中到企业的核心业务上来，这种现象被称为回归核心。

回归核心意味着企业将非核心业务外包给其他企业，这需要与其上下游企业进行更多的协作。回归核心的优点很多，主要体现在以下几个方面。

（1）企业有能力集中资源于核心业务上，进一步增强企业在核心业务上的竞争力。

（2）企业能够以更低的成本获得更好的产品与服务。企业将非核心业务外包给实力更强的企业后，由于专业性及规模效应，对方完全可以以更低的成本提供更为优质的产品和服务。

（3）企业容易转型，更能应对需求变化的挑战。由于企业业务集中，对于不同的需求变化能够有更好的应对能力。

需要注意的是，回归核心并不是只有益处，它也会给企业带来经营上的困难，并会造成一些新的风险。

**2. 协同：跨企业合作**

企业将精力集中在核心业务上，其大量的上下游业务必须由合作伙伴（供应商和分销商等）协作完成。在此种情况下，跨企业的合作成为成功的关键因素。原有的企业管理主要涉及企业内部，由于内部契约的存在，企业的管理主要以行政指令为主，即使是扁平化组织中，上级对下级也会给出一个指导性的意见。而跨企业的合作则不同，由于是不同的企业，企业间只能通过市场化的契约进行协调，即使是非常强势的供应链核心企业，也难以要求合作伙伴为了全局利益而牺牲自身的利益。因此，跨企业的合作存在诸多的困难，供应链的协同运作是当前理论界研究的热点和前沿问题。

（1）跨企业合作的可靠性问题。由于企业采用非核心业务外包后，上下游需要合作的企业非常多。按照系统理论，系统组成部分越多，系统的稳定性越差。为了保证最低的采购价格，企业可选的供应商数量较多，即使同一种产品的供应商也往往非常多。这样，企业会减少每个供应商的采购数量，采购频率也会降低，因此难以建立长期的关系，更无法保证供应商在出现供应紧张时优先确保企业需要的数量。供应链管理强调减少供应商的数量，精选供应商，与之结成战略伙伴关系，将交易关系长期化，以解决合作的可靠性问题。

（2）跨企业合作的成本及利益分配问题。跨企业合作时，企业必然在可选择范围内挑选最优企业进行合作，因此，合作伙伴的成本一般相对较低。但仍然存在不同的环节价值增值不同，成本利益分配不均衡的现象。仅仅依靠市场调节，采用一个长期的采购契约难以有效规定所有例外情况，且谈判成本也会过高。如何对不同企业的成本及利益进行分配，以确保供应链合作的稳定性，是供应链管理面临的另一个难题。

（3）跨企业合作的反应速度及同步性问题。供应链的本质是跨企业独立主体之间的相互沟通和协调。由于彼此之间不能采用行政指令进行协调，以信息技术为主要手段的沟通便成为企业间协同一致的重要桥梁。供应链企业彼此间沟通的不足，会导致供应链对最终需求的反应速度减慢，更为严重的是还容易造成供应链上下游企业难以做到同步，从而出现逐渐放大的牛鞭效应，造成整个供应链的运作紊乱。解决上下游企业间不同步，提高供应链反应速度的重要方法就是在供应链范围内实现信息的共享。信息共享由供应链核心企业建立信息平台，相关企业加入和采纳信息平台，使得所有企业都可以实时查看供应链的运作情况，从而提前调整自己的运营计划。显然，跨企业信息平台的建立和信息的共享，需要考虑各企业已有信息系统的运行方案，在解决技术问题之后，还需要考虑并解决共享平台的实施和管理问题，只有这样，才能低成本、灵活、有效地完成信息共享任务。

### 3. 供应链：竞争的新战场

英国供应链专家马丁·克里斯托夫（Martin Christopher）曾有一句名言：未来的竞争是供应链与供应链之间的竞争。在供应链环境中，企业是供应链的一个组成部分，供应链的绩效依赖于组成供应链的所有企业的运作情况。即使某企业的表现非常优异，但如果供应链上其他企业的运作出现问题，供应链整体的绩效依然会比较低。在满足最终需求的竞争中败给另外一条类似的供应链时，由于某企业所提供的价值无法变现，损耗的资源得不到补偿，那么该企业会面临亏损的境地。

在供应链环境中，企业的竞争意识必须有所调整，企业与上下游的关系不能再像以往一样被看做是一种零和的竞争，彼此间更多的是一种共生关系。企业需要重塑与合作伙伴的关系，相互合作，帮助对方成功，以合作伙伴的成功带来整体的成功，从而自身获益。这是管理理念上的重大变化。

供应链管理是未来管理的一个重要发展方向，在理论和实践上都已取得了较多成果。信息流作为供应链中双向运作的核心流之一，对供应链的运作水平起着举足轻重的作用。因此，作为供应链信息管理手段的跨企业管理信息系统成为重要的研究内容。

 【案例阅读 1-1】

亨利·福特一直有一个梦想，就是福特公司要成为一个完全能自给自足的行业巨头。于是，除了庞大的汽车制造，他还在底特律建造了内陆港口和错综复杂的铁路、公路网络。

为了确保原材料供给，福特还投资了煤矿、铁矿、森林、玻璃厂，甚至买地种植制造油漆的大豆。他在巴西购买了 250 万英亩的土地，建起了一座橡胶种植园，以满足他的汽车王国对橡胶的巨大需求。此外，他还想投资于铁路、运货卡车、内河运输和远洋运输，这样整个原材料供应、制造、运输、销售等都纳入他所控制的范围。

这是他要建立世界上第一个垂直一体化公司辛迪加计划的一部分，本来还有很多很多。

　　但日久天长，福特发现独立于自己控制之外的专业化公司不仅能够完成最基本的工作，有些工作甚至要比福特公司自己的官僚机构干得更好。随着政治、经济环境的不断变化，福特公司的金融资源都被转移去开发和维持自己的核心能力，即汽车制造，销售、运输等制造之外的工作都交给独立的专业化公司去做。

　　福特在此方面的转变表明，在社会分工日益专业化的现代经济中，没有哪一家厂商能够完全做到自给自足，只有将企业有限的资源投入到加强自身的核心竞争力上，才能够成为赢家。同样，如果企业自己不是物流公司，那么最好将企业的物流业务交给一个独立的专业化物流公司去做。

## 1.1.4　环境与竞争对企业管理者的影响

　　管理者是企业管理行为过程的主体，管理者通过协调、沟通和监督其他人的工作来完成组织活动的目标，确保下级的设想、意愿、努力能朝着共同的目标前进。加拿大管理学家亨利·明茨伯格（Henry Mintzberg，1939—）认为，管理者具有 3 大任务，即：人际关系任务、信息任务和决策任务，其中信息沟通是管理者的主要工作。系统组织理论的创始人切斯特·巴纳德（Chester I. Barnard，1886—1961）在其名著《经理的职能》（*The Function of Executive*）中指出，组织具有 3 个要素，即：共同的目标、协作的意愿和信息的沟通，而共同的目标和协作的意愿只有通过信息的沟通才能实现。

　　现代企业的运行环境和竞争特征对企业管理者提出了更高的要求，面对浩如烟海的数据，借助于先进的管理方法和手段采集与处理数据、获取信息，根据自己的丰富经验加工信息，使之成为更高层次的知识和行之有效的决策，并通过先进的方式和途径准确地指挥、协调、沟通和监督下级完成规定的任务，共同实现组织的目标，是现代企业不同层次管理者应尽的义务和应有的能力。

### 1. 企业高层管理者

　　企业高层管理者负责宏观决策，为企业的发展制定战略、指明方向。高层管理者决策过程中需要的信息来源广泛，更多地侧重于企业外部，信息更新慢，精度要求相对不高。不断变化的企业环境和竞争特征，要求企业高层管理者能快速而有效地获知国家的方针、政策，了解竞争对手的状况和行业发展趋势，获取并分析企业产品的市场占有情况、客户关系的状况以及消费者的整体特点，随时获取企业内部的准确信息，全面把握企业自身的运作情况和存在的问题，明确企业的优势和劣势。

　　针对此种要求，在当前的企业运行环境和竞争特征面前，企业高层管理者仅仅依靠自身的能力已难以有效满足，必须借助于先进的方法和手段获取综合性的信息，进而通过自身的分析和判断做出决策。

### 2. 企业中层管理者

　　企业中层管理者主要根据企业的战略制定具体的执行计划，并对其进行管理和控制。在新的企业竞争环境条件下，快速的信息获取使得基层管理者及业务人员可以拥有更大的决策自主权，中层管理者可以从重复性的、低水平的数据处理劳动中解放出来，利用自己的专业知识，借助于先进的方法和手段对已有数据进行加工，通过对比、模拟和预测发现问题，生产出有关本部门新的有价值的信息，为高层决策者提供全面的、综合性的决策依据。

### 3. 企业基层管理者及业务人员

　　企业基层管理者和业务人员是具体计划和活动的执行者。在新的企业竞争环境条件下，企业内外部数据的及时采集、传输和处理是企业基层管理者及业务人员的重要工作。企业基层管理者及业务人员大多以知识工作者的身份出现，需要掌握必要的信息技术及相关知识。

新的企业环境和竞争特征对不同层次企业管理人员的要求如表 1-1 所示。

表 1-1　新竞争环境对不同层次企业管理人员的要求对比

| 项目 | 高层管理者 | 中层管理者 | 基层管理者 |
| --- | --- | --- | --- |
| 专业知识要求 | 不高 | 一般 | 高 |
| 决策能力 | 高 | 较高 | 较高 |
| 沟通能力 | 高 | 高 | 高 |
| 信息来源 | 外部为主 | 内部为主 | 内部 |
| 决策时间 | 较慢 | 快 | 即时 |
| 决策的复杂程度 | 高 | 较高 | 低 |

信息技术对于企业管理者来说是非常重要的工具，它能够提高工作效率和工作能力，帮助人们更好地理解问题、分析问题、解决问题。企业管理者必须能够做到：准确确定自身的信息需求；明确获取信息的位置和途径；理解信息的含义；能够在获取信息的基础上采取适当的行动。

## 1.2　企业信息活动链及其实现工具

企业是从事生产、流通、服务等经济活动，以生产或服务满足社会需要，实行自主经营、独立核算、依法设立的一种盈利性的经济组织，企业的管理和运作过程是为满足社会需要不断制定决策、执行决策的过程，决策的依据则是企业内外部的信息。换言之，企业管理的实质是决策，决策的基础和依据是信息，信息是管理活动的基础和核心，是联系企业管理活动的纽带，是提高企业经济效益的重要保证。

信息的产生和决策的制定有其内在的关联，随着社会的发展和科学技术的进步，先进的方法和工具可以为信息的产生和决策的制定提供辅助功能，从而形成企业管理的新手段、新模式。

### 1.2.1　企业信息活动链

企业的运作过程涉及人、事、物、活动等众多管理对象，这些管理对象是企业发生事件的主体。企业事件的发生及其活动的过程，都伴随有信息的流动，企业从事件发生至决策制定，形成了完整的信息活动逻辑流程，称为企业信息活动链，如图 1-3 所示。

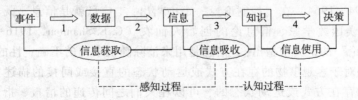

图 1-3　企业信息活动链

国内外研究者一般认为，信息活动链的产生可分为四个阶段：企业经营过程中所发生事件的各种属性通过某种编码方式，变成具有一定结构的数据；数据经一定的处理后，形成更好的结构并具有含义，有利于接收者理解的信息；被理解的信息与信息接收者原有的知识存量相结合，形成新的知识；决策者根据新的知识进行决策活动，形成满意的行动方案。

第1、2阶段是数据的采集、处理和信息的获取过程，它是管理者进行决策的基础。第3阶段是信息接收者根据自身的经验和能力，进一步处理和吸收信息，形成一定的规律性规则，生成知识的过程。第4阶段则是接收者根据现实情况，使用已转化成知识的信息的过程，它是企业信息活动链的目的和指向，即辅助管理者进行更高质量的决策工作。信息的获取、吸收和使用过程是决策者从信息的感知走向认知的过程。

### 1.2.2 数据、信息与知识

#### 1. 数据

客观事物构成了丰富多彩的现实世界。为了描述不同的事物，人们根据需要设定了若干属性，并对其进行度量，这些属性的值被称为数据（data）。可以说，数据是用来记录客观事物的性质、形态、数量、特征的可以鉴别的抽象符号，这些符号不仅仅是以数字形式表现的数值数据，还包括字符、文字、图形、声音等非数值数据。

无论是数值数据还是非数值数据，它们都用于客观事物的描述。数值数据易于运算和处理，是客观事物精密、理性的表述，它们的存在使人们的行为更科学；非数值数据是由于某些属性难以有效量化而存在，它们对客观事物的描述更形象，包含的内容更多，它们的存在使整个世界充满了色彩。

企业管理对象的状态及其变化过程需要通过设定的属性来描述，准确的数据成为企业管理的基础和基本要求。随着科学技术和管理理论的发展，数值数据逐渐易于获取和转化，但是在某些难以量化的管理对象中，非数值数据不可缺少，仍起着重要的作用。比如企业高层管理者所需的有关竞争环境变化、新技术对行业的影响、企业发展状况等方面的内容难以完全用数值数据表达，仍需通过文字等非数值数据作为补充。企业管理者对事件的描述应尽可能数值化，并设法利用更高级的信息技术手段处理非数值数据。

#### 2. 信息

信息（information）一词在我国历史上出现很早，五代南唐时期的李中（约920—974）在其《碧云集》中就有"梦断美人沉信息，目穿长路倚楼台"的诗句，而信息作为一个科学的概念被广泛使用则是近代的事情。信息普遍存在于自然、社会和人类思维活动之中，它是物质形态及其运动规律的体现。随着科学技术的发展，人们日益认识到信息的巨大价值，并将其与物质、能源并列，视其为社会发展的3大资源。关于信息，人们从不同的角度去理解和解释它，因此目前还没有一个公认的定义。1948年，美国著名数学家、控制论的创始人维纳（N. Wiener，1894—1964）在《控制论》一书中指出："信息就是信息，既非物质，也非能量"。1948年，美国数学家、信息论的创始人仙农（C. E. Shannon，1916—2000）在题为"通讯的数学理论"的论文中指出："信息是用来消除随机事件的不确定性的东西。"一般认为，信息是人们对于客观事物的存在方式或运动状态的直接或间接的描述。或者说，信息是反映客观事物存在方式或运动状态的、可以在人们之间传递的情报、指令、数据、信号和消息。

一般地，信息有广义和狭义之分。从广义上讲，信息是指发生源发出的各种被接受体所接收、吸取、利用的信号及其所表示的具体内容的统称。它不仅包括人与人、组织与组织之间的消息交流以及人与社会、人与组织、组织与社会之间的各种交往，而且包括人与自动机、人与自然界之间信号交换以及生命与非生命物质之间的交流作用，甚至包括生物体细胞的自我复制与信息遗传等。狭义上的信息，是指根据一定目的收集起来的，经过加工整理后具有某种使用价值的文字、公式、方法、图形、数据等知识元素的总称。一般而言，信息具有以下几个特征。

（1）事实性。信息是对客观事物属性的描述，事实性是其第一属性。不符合实际情况的信息不仅没有价值，可能还会产生巨大的损失。

（2）时效性。信息的时效性是指信息从产生、发送、接收、加工、使用的整个时间间隔。时间间隔越短，时效性越高，否则越低。信息的时效性历来是各种组织追求的重要目标。

（3）共享性。共享性指信息可以在与其他主体共享情况下，不减少本主体对其的使用。信息不同于物质和能量，在使用上不存在直接的排他性，与他人分享信息并不会减少自身的信息拥有情况。

（4）价值性。信息是经过加工并对人的行为产生影响的数据，它产生于消耗劳动，因而是有价值的。另一方面，信息使用后能够对使用者的行为产生影响，使结果较没有该信息时更优，这二者的差值也是信息的价值。

（5）变换性。信息是可变换的，它可以由不同的方法和载体来描述，比较典型的如压缩、图形化等。从变换性可知，信息可以根据使用者的不同而表现出不同的形态，更好地为使用者服务。

（6）传播性。信息产生以后，总是力图向外传播。信息中心的浓度越高、周围的梯度越大，信息传播得越快。这也可以解释为什么耸人听闻的消息总传播得特别快。当前很多的信息技术也体现在传播上，如光纤、卫星、电报等。

（7）等级性。信息的等级性又称层次性，与信息接收者的层次有关。比如在企业中，与管理者的层次相对应，信息分为战略级、战术级、作业级 3 个层次。不同级别的信息，在其内容、来源、精度、加工方法、使用频率、使用寿命和保密程度方面都不相同。

（8）不完全性。关于客观事实的信息是不可能完全收集到的，这与人们认识事物的程度有关，也与获得信息所付出的成本有关。因此对信息的收集不能以掌握所有信息为目标，而应该立足于成本合理的、可获得的信息进行分析和判断。

现代社会的特点之一就是信息的增长速度十分惊人，变化速度也非常快。在这种情况下，应借助于信息技术，将信息及时生产出来并加以利用，以尽可能地发挥信息的价值。

**3. 知识**

有关知识的概念和定义也有多种，没有公认的说法。

人们通常认为，知识（knowledge）是人类对客观事物规律性的认识成果，它来自社会实践，其初级形态是经验知识，高级形态是系统科学理论；在心理学上，知识是个体通过与环境相互作用后获得的信息及其再组织；国外有学者认为，知识是与经验、情景、解释和思考结合在一起的信息，是一种可以随时帮助人们决策与行动的高价值信息；综合而言，知识是主体获得并经思考和处理，与客观事物存在及变化的内在规律有关的系统化、组织化、更有意义和价值的信息。从是否可表征的角度，知识可分为显性知识和隐性知识两种。

（1）显性知识（explicit knowledge）是指那些能够以语言、文字、数字、图像等明确表达的，易于在人们之间传递和交流的知识，显性知识是客观的、有形的，表现为文件、数据库、说明书、公式和计算机程序等形式。

（2）隐性知识（tacit knowledge）是指难以用语言、文字、数字、图像等明确表达的主观知识，它以个人或组织的经验、印象、感悟、深层次理解、技术诀窍、组织文化等形式存在。日本著名的知识管理专家野中郁次郎（Ikujiro Nonaka, 1935—）认为，隐性知识不同于其他的资产，它具有对其载体的依附性，只能在一定的载体上才能发挥效益，而且，相同的隐性知识在不同的载体上发挥的效益是不同的；隐性知识主体对于自身隐性知识的实际收益很难把握，只能根据自己所处的环境进行主观上的估计。组织在挖掘隐性知识时也很难度量这些隐性知识给组织带来的收益。

企业知识管理的任务是在组织内部通过一定的方法和手段共享显性知识，并且通过学习、交流、模仿等方式挖掘隐性知识，逐渐将隐性知识显性化。

### 4. 数据、信息、知识间的关系

数据是人们采用某种方法对客观事物的属性进行探测和度量而得到的属性值，数据本身是孤立的，没有语义、没有意义。信息是数据经过加工，建立数据间一定关系的结果，有一定的语义和价值。如汽车速度表上显示的车速是数据，并不是信息，只有当司机根据车速数据、道路限速规定等内容，做出加速或减速等决定时，才成为信息。加工数据的方法不同，所得信息可能不同，因此，加工方法、技术和过程的选择成为信息获取的关键。"数据爆炸、信息贫乏"是许多企业的现实描述，反映了数据处理方法和技术对于信息生产的重要性。

信息是有价值的数据，能够影响信息接收者的行为，而相同的信息对不同信息接收者的行为影响程度则可能不同，这是由于信息接收者对信息的主观判断不同造成的，也是对"信息的价值不是由信息发出者决定，而是由信息接收者确定"的最好解释。知识则是信息单元经接收者主观判断并依据一定结构组合而成的。知识提供了更丰富的语义，更具有意义和价值。因此，信息上升为知识才能深刻影响接收者的决策，才能进一步形成一定的隐性知识使得接收者更具有与众不同的竞争力。知识是根据信息而生成的规则、经验和技巧，这些生成的内容对于信息的加工又会有指导作用。在通过数据加工生产信息的过程中，人们常常会用到知识，以加速信息的生产，并提高信息的质量。如经验丰富的司机根据车速表和相关的数据，综合自己的经验，往往能较一般司机更为准确地做出决策，这里的经验就是一种隐性知识。事实上，如果组织成员的知识丰富并具有高度的共享性，则会提高信息生产过程、知识产生过程的效率和效益。

企业管理者要通过各种途径采集数据，真实反映企业的运作状况，根据企业发展战略，融合所有员工的知识和智慧，通过先进的方法和工具处理数据，产生各种有价值的信息；通过学习型组织形成共同的理念、价值观，进而形成趋同的信息判断能力，产生知识，最后通过先进的方法和途径共享知识。

 【案例阅读 1-2】

在国家投巨资于基础设施建设的大背景下，贝斯特工程机械有限公司的销售节节上升。在形势大好的环境下，营销部萧经理却遇到了一个"幸福"的问题：除订单以外，每月生产的产品总是难以满足随时购买的市场需要。这是不可容忍的销售损失，市场份额让给竞争对手实在不甘心。现在已进入 6 月中旬了，7 月应该要求生产制造部生产多少产品呢？萧经理手上拿的是前 5 个月的销售数据，如何由此确定 7 月的需求呢？

如图 1-4 所示，1～5 月的销售数量分别为：58、62、72、88、106，这 5 个数字就被称为"数据"。它们是对贝斯特公司前 5 个月销售数量这个客观事实的一个记录或描述。显然，对于萧经理而言，他所需要的并不是这些数据，而是想知道未来的市场需求情况，也即 6 月、7 月两个月的销售数量，这也是数据，但是却并不是对客观事实的描述，而是对未来的一种预测。

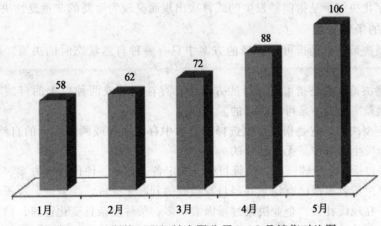

图 1-4　贝斯特工程机械有限公司 1～5 月销售对比图

萧经理决定采用最小二乘法对前 5 个月的数据进行加工，得出 6 月、7 月两个月的销售额预计为：114 和 126。于是决定向生产制造部要求 7 月交付某型号产品 126 台。这里的 7 月预计值 126 台就是"信息"。显然，它是由前 5 个月的"数据"作为原料，采用最小二乘法作为加工方法，加工而成的新的"数据"。这个"新数据"对生产制造部的决策有重要的参考价值。

而随着时间的推进，萧经理很快发现现有方法的不足：该产品销售的季节性非常明显，每年的春季是工程开工期，需求量大涨，而秋冬季则由于农忙和气候的原因，需求量显著下降。完全采用最小二乘法并不适合对产品的预测。于是，生产制造部盛部长决定参考前若干年各月的生产数据，采用周期性指数平滑法预测销售数据。这种新的数据加工方法的确定，就是"知识"。如果经时间验证后，发现采用周期性指数平滑法能够较准确地预测结果，则这个"知识"会形成规则，在企业中被固化下来，提高相关业务的工作质量和效率。

## 1.2.3　决策

著名的管理学家西蒙（Herbert A. Simon，1916—2001）提出："管理就是决策"，可见决策在管理中的重要地位。决策就是做出决定或选择，是指组织或个人为了实现某种目标而对未来一定时期内有关活动的方向、内容及方式的选择或调整过程，主体可以是组织也可以是个人。管理行为就是由一系列的决策所组成的。

在组织中，管理活动非常复杂，管理者会遇到各种类型的决策。决策分类方法很多，主要有以下 3 种。

**1. 按决策的作用分类**

（1）战略决策。它是指有关企业发展战略的重大决策，通常是高层管理人员做出的。

（2）管理决策。它是为保证企业总体战略目标的实现而解决局部问题的重要决策，多由中层管理人员做出。

（3）业务决策。它是指基层管理人员为解决日常工作和作业任务中的问题所做出的决策。

**2. 按决策的程序分类**

（1）程序化决策，即有关常规的、反复发生的问题的决策。

（2）非程序化决策，是指偶然发生的或首次出现而又较为重要的非重复性决策。

**3. 按决策的条件分类**

（1）确定型决策。它是指可供选择的方案中只有一种自然状态时的决策，即决策的条件是确定的。

（2）风险型决策。它是指可供选择的方案中，存在两种或两种以上的自然状态，但每种自然状态所发生概率的大小是可以估计的。

（3）不确定型决策。它是指在可供选择的方案中存在两种或两种以上的自然状态，而且，这些自然状态所发生的概率是无法估计的。

决策的过程包括4个步骤：确定决策目标、拟定备选方案、评价备选方案、选择方案，每一个步骤都需要决策者根据已有信息并经自身经验的判断来完成，换言之，决策者的知识是决策成功的关键。在现代社会，企业决策过程因素众多、条件复杂且变化迅速，信息的获取、知识的储备往往力不从心，因此，利用先进的数据、信息和知识处理工具快速提供全面、系统的依据辅助决策，是企业决策者的理想选择。

## 1.2.4  企业信息活动链的实现工具及其作用

企业信息活动链展示了企业基于数据的信息活动的全过程，每一个环节的实现管理者都需要付出精力和成本。在飞速发展、高度竞争的现代社会，仅仅依靠管理者自身的辛勤工作来获取企业信息活动链并取得最终决策环节的成功，从而为企业获得竞争优势是极其困难的。利用先进的信息技术提供理想的数据、信息和知识处理工具是企业信息活动链有效运作的关键。企业信息活动链的实现工具可用图1-5表示。

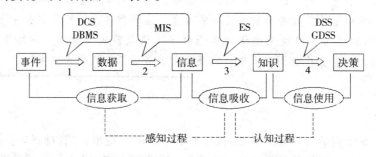

图1-5  企业信息活动链的实现工具

图1-5中的实现工具是基于网络、数据库等信息技术的信息系统。它们的作用是为企业信息活动链各环节的运作提供技术支持，作为有效的工具辅助信息活动的实现，减轻管理者的负担，快速提供更全面、系统、准确的决策依据。实现工具除数据采集系统（DCS）和数据库管理系统（DBMS）外，其核心是管理信息系统（MIS），专家系统（ES）、决策支持系统（DSS）以及群决策支持系统（GDSS）等都是管理信息系统的发展形势。企业信息活动链实现工具的作用如表1-2所示。

表 1-2　企业信息活动链实现工具的作用

| 信息活动阶段 | 信息技术 | 实现工具实例 | 实现工具的作用 |
| --- | --- | --- | --- |
| 事件→数据 | 感测技术<br>网络技术 | 数据采集系统（DCS）<br>数据库管理系统（DBMS） | 提高企业对外部事件的反应能力。将外部事件转变为企业可处理的数据形式 |
| 数据→信息 | 数据库技术<br>存储技术<br>分析技术 | 管理信息系统（MIS） | 提高企业的信息处理能力。根据企业的要求（流程、算法、报表等），对原始数据进行处理，形成所需信息，为企业的组织学习和决策制定做准备 |
| 信息→知识 | 通信技术<br>网络技术<br>智能技术 | 企业内部通信网络（Intra-net）<br>计算机支持协同工作（CSCW）<br>专家系统（ES）<br>经理支持系统（ESS） | （1）提高企业的交流和通信能力。建立良好的组织关系，为组织决策的分权化和组织结构的扁平化提供技术支持<br>（2）提高企业的组织学习能力。将结构化的学习过程（可用计算机表达的过程）固化在信息系统内部，对具有创造性、非结构化的组织学习过程提供支持，发展和改进原有知识结构 |
| 知识→决策 | 决策支持技术 | 决策支持系统（DSS）<br>群决策支持系统（GDSS） | 提高企业的决策制定和决策实施能力。利用智能技术和计算机技术，对重大决策中的创造性思维和推理思维提供积极而灵活的支持能力 |

## 1.3　管理信息系统的概念

　　企业信息活动链中数据的处理、信息的获取是企业管理者决策的基础，随着社会的快速发展，社会的组织化程度和生产的社会化程度越来越高，数据量越来越大，对数据的处理工作也越来越重要。要想随时了解企业的竞争状态和企业生产经营活动中的各种运行情况，并且能够适时地做出决策，必须依靠管理信息系统实现数据处理、信息获取这一企业管理的关键环节，使企业处于一个信息灵敏、管理科学、决策准确的良性循环之中，最终为企业带来更高的经济效益。

### 1.3.1　管理信息及其特征和分类

#### 1. 管理信息的定义

　　管理信息属于狭义信息。它是指反映企业经营管理活动的并对企业管理产生影响的经过加工的信号、资料、情报、指令、消息、数据等的总称。如企业中的调查资料、技术文件、计划文件、工艺规程、原始记录、统计报表以及工作指令等都是管理信息。管理信息通过数字、文字、图表等形式反映企业生产经营活动的运行情况，并通过它来沟通和协调各个环节之间的联系，以便实现对整个企业的有效控制和管理。管理信息是企业计划和决策的基础，是企业内部调节和控制生产经营活动的依据和前提，是联系企业管理活动的纽带，是提高企业经济效益的保证。

#### 2. 管理信息的特征

　　管理信息除了具有信息的一般特性外，还有其自身的特征。

　　（1）系统性。管理信息是在一定的环境和条件下，为实现某种目的而形成的有机整体，它必须能全面地反映经济活动的变化和特征。因此，任何零碎的、个别的信息都不足以帮助人们认识整个生产经营活动的发展变化情况。

（2）目的性。管理信息能反映生产经营过程的运行情况。因此可以帮助人们认识和了解生产经营活动中出现的问题，为各种决策提供科学的依据。对任何管理信息的收集和整理，都是为了某项具体管理工作服务的，都有明确的目的性。

（3）大量性。一方面企业处于一个复杂的、动态的巨大社会经济系统中，企业与其所在环境的联系不断增强。另一方面，随着生产技术的发展，生产规模日益扩大，分工越来越细，协作越来越广泛、深入，企业内部的管理活动呈现出多层次和多样化。因此，管理信息量极大，必须设法及时准确地予以处理。

（4）滞后性。原始数据加工以后才能成为信息，利用信息并经过决策才能产生结果。数据、信息、决策状态的前后之间总有一定的时间间隔，这就是管理信息的滞后性。企业管理工作者应设法缩短它们之间的时间间隔，减少滞后性。

### 3. 管理信息的分类

管理信息的分类是指根据信息管理的要求，按一定标准和属性将信息划分或归并为若干类别。信息分类对于确定信息系统的组织结构、信息加工技术手段的选择、便于检索和使用都有着重要的意义。管理信息的分类方法较多，现介绍几种主要的方法。

（1）按信息反映的时间分。管理信息可以分为历史性信息、现时信息和预测性信息。历史性信息是对过去经营管理活动过程的客观描述，是过去一段时间内经营管理活动状况和发展状态的反映。现时信息是反映当前经营管理活动和市场情况的各种情报。预测性信息是指判断未来生产经营活动发展趋势和变化规律的信息。正确的经营决策既依赖于反映过去的历史性信息，又需要表现现时的现时信息及判断未来的预测性信息。

（2）按信息的来源分。管理信息可以分为企业外部信息和企业内部信息。企业外部信息又称外源信息，它是从企业外部环境传输到企业的各种信息，它可以通过上级主管部门、财政金融部门、有关信息服务中心、供货单位、国内外市场、有关会议传入企业，也可由企业有关人员专门搜集加工后为企业所用。企业内部信息又称内源信息，它是在企业生产经营管理过程中产生的各种信息，如原始记录、定额、指标、统计报表以及分析资料等。

（3）按信息的性质分。管理信息可以分为常规性信息和偶然性信息。常规性信息又称固定信息或例行信息，它反映企业正常的生产经营活动状况，在一定时期内按统一程序或格式重复出现和使用，而不发生根本性的变化。偶然性信息又称突发性信息或非例行信息，它是反映企业非正常事件的无统一规定或格式的非定期信息。常规性信息是企业生产经营活动的主要依据，偶然性信息对企业进行风险决策具有重要意义。

（4）按信息的用途分。管理信息可以分为战略信息、战术信息和作业信息。战略信息又称决策信息，它是企业最高管理层为决定企业发展的战略目标以及为实现这一目标所应采取的对策时需要的信息。战术信息又称管理控制信息，它是企业中层管理人员进行生产经营过程控制所需要的信息。作业信息是反映企业日常生产和经营管理活动的信息，它来自企业的基层部门，主要为企业掌握生产进度、制定和调整生产计划提供依据。

以上从不同的角度对管理信息进行了分类，主要目的是为了进一步弄清管理信息的特点，并根据信息需求者的不同情况提供相应的信息。概括地说，直接指挥日常业务活动的管理者所需的信息主要是历史性的、内部的、常规性的信息，并且信息的内容具体而详细，精度较高，更新较快。对于制定决策和规划的管理者来说，他们所需要的信息主要是预测性的、外部的、非例行的信息，并以综合性信息为主，其精度较低。至于监督控制环节所需要的信息，则介于上述两者之间。它以内部信息为主，但在处理计划执行偏差的影响因素时，又往往需要辅之以外部信息；在分析和总结生产经营情况时，主要依据常规信息，但还要考虑部分偶然信息；监督控制应以已发生的事实为依据，但为了防患于未然，也需要一定的预测信息。这一环节所需信息的综合性要比日常业务管理者要强，其精度和更新间隔时间也与之有差别。总之，不同的管理者对信息的需求特点是不同的，认为无论何种信息都是愈多、愈全面、愈具体、愈精确愈好的看法是片面的。信息提供者必须考虑管理者的特点，为其提供适用的信息，以提高决策的效率和科学性。

## 1.3.2　企业管理中的信息流

现代化企业拥有先进的设备，聚集了大批专业工人、技术人员和管理人员，他们实行严密的分工与协作。如果说企业是社会的一个细胞，那么企业内部就相当于一个小社会。企业的一切工作是围绕产品的生产和销售进行的。为了生产某种产品，需要组织复杂而连续的生产过程；企业通过产品销售回收成本、获取利润，然后重新购进原材料，创造扩大再生产的必要条件。这是一个重复周转的循环过程，通过"循环"，企业不断地为社会创造财富。

这一过程说明，企业在整个生产经营活动中，人、财、物、技术、信息等因素主要构成了两种"流"，一种是"物流"，另一种是"信息流"。物流是指从原材料等资源的输入，经过形态（物理的）和性质（生物、化学的）变化，转换为产品而输出的过程。信息流则是对记录在图纸、工票、统计表上的数据进行收集、加工、变换和传递的过程。物流和信息流贯穿于企业生产和管理的全过程。信息流一方面伴随物流而产生，另一方面又反映出物流状态，控制和调节物流的数量、方向和速度，使之按一定的目的和规则运动。物流是单向不可逆的，而信息流则有反馈功能。企业通过反馈信息对生产经营和管理活动进行控制与调节。物流和信息流在生产经营活动中的关系如图 1-6 所示。图中实线为物流，虚线为信息流。

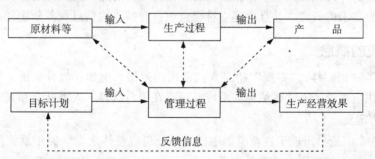

图 1-6　物流和信息流在企业生产经营活动中的关系

从图中可以看出，信息流引导物流做有规律的运动。物流的通畅与否，在很大程度上依赖于信息的组织和流通。

## 1.3.3　企业信息需求的新特点

集团化、多元化是现代企业的发展趋势，同一企业往往跨越不同的国家或地区，所生产的产品也往往涉及多个领域，同行业间的竞争也日益加剧，现代企业的信息需求因此而出现了新的特点。

（1）信息形态多样化。需求信息由以数字形态为主向数字、文字、图形、声音等多种形态的组合形式转化。企业高层领导所需要的信息应更直观、形象。

（2）信息流动双向化。信息的流动从作业处理层、管理控制层、战略决策层的单一流动方向，向低层至高层、高层至低层的双向流动方式转化。不仅要实现由下向上的信息汇报功能，而且要实现高层对于低层的控制与指挥功能，即实现完全意义上的信息共享。

（3）信息需求环境化。企业对于外部环境的信息需求加剧。企业需要全面了解的信息有：销售市场的需求特点和发展趋势、竞争对手的生产经营与市场占有状况、消费者对产品质量的反馈意见、原材料市场、原材料供应厂商、科技、国家的方针政策等方面，并要求信息准确、及时。

（4）信息层次战略化。信息的服务层次包括作业处理层、管理控制层和战略决策层，现代企业更注重向战略层提供信息，因此要求提高信息的加工深度和信息的综合分析能力。

（5）信息服务智能化。为高层服务的信息是在原始数据的统计分析基础上产生的，同时，又要求综合专家的经验和知识，因此应利用决策与决策支持系统技术提供智能化的信息服务。

（6）信息处理弹性化。信息处理的方法、内容不断变化，要求对各种原始数据的处理方式能根据实际情况随时调整。

（7）信息传输多角化。企业除了需要及时处理和共享总部内各部门、各类人员的大量信息以外，还必须及时了解各地分公司的经营状况。

（8）信息浏览异地化。企业的高层领导和销售人员需要在异地及时了解企业的生产经营状况，需要在异地与企业的有关部门交流意见，以便及时决策。

（9）信息更新实时化。信息更新要及时，要实时反映企业的生产经营实际，异地分公司的信息、企业外部环境的信息也要实时反映。

（10）信息界面规范化。信息的输入、输出以及查询界面力求友好，要给用户提供良好和谐的视觉感受。整个系统的界面要规范有规律，有利于用户掌握。

信息是企业的耳目，是企业生存和发展的生命线。在信息和知识日趋重要的现代社会，企业必须注重信息需求的研究，并且要建立符合企业自身特点的信息服务新途径。

### 1.3.4　系统的概念

与"信息"一词一样，"系统"也是人们常用的术语，例如：教育系统、计算机系统、生产系统、物资供应系统、人体系统等。系统普遍存在于自然界、人类社会和人类思维之中。

#### 1. 系统的定义

"系统"这个词最早出现于古希腊语中，是部分组成整体之意。关于系统的公认定义目前学术界尚未统一。一般地说，系统是由若干个相互作用和相互依赖的部分（又称元素）综合而成的具有独立功能的有机整体。

系统的这一概念包括 3 个方面的含义：系统由若干部分组成；系统的各个部分可以识别，能够分离且相对独立；系统各部分间又具有某些关联性。

系统具有目的性，可以执行某些功能。系统的组织方式，正是要适应这种功能和目的的要求。

根据系统原理，系统由输入、处理、输出、反馈、控制 5 个基本要素组成（见图 1-7）。①输入：指系统为产生预期的输出所需要的内容和要求；②处理：为产生预期输出而对输入内容和要求进行的各种加工和变换；③输出：对输入内容和要求实施处理后产生的结果；④反馈：将输出情况返回给输入，以便与预期输出结果比较；⑤控制：为使系统有效运转而对其他要素的活动所实施的监督和指挥。系统控制的依据是反馈，通过实际输出结果与预期输出结果的比较，做出适当的判断，从而对输入内容和处理要素进行必要的调整。

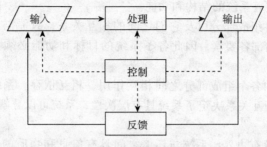

图 1-7　系统的构成要素

在通常情况下，人们将控制和反馈要素与处理要素合并，从而将输入、处理和输出概括为系统的构成要素。

### 2. 系统的分类

系统可以从不同的角度进行分类，主要的分类方法有以下几种。

（1）按系统形成的方式分，系统可分为自然系统和人造系统。自然系统是指客观世界发展过程中自然形成的系统，如天体系统、河流系统等。人造系统是指为了满足一定的目的和需要，人为组织起来的系统，如企业生产系统、管理系统、教育系统等。

（2）按系统与环境的关系分，系统可分为封闭系统和开放系统。系统的组成确定了系统的边界，边界之内为系统，边界之外为环境。系统与其环境之间有物质、能量或信息交换的系统为开放系统；系统与其环境之间不存在任何物质、能量或信息交换的系统为封闭系统。在现实生活中，不受环境影响的封闭系统实际上是不存在的，但作为一种研究需要的抽象概念，可以用它来表示与环境关系极小的系统。

（3）按系统复杂程度分，系统可分为复杂系统和简单系统。简单系统的组成部分数量少且关系简单，复杂系统的组成部分多，关系复杂。一般来说物理系统简单，生物系统复杂，人类社会系统更复杂。简单系统易于研究，复杂系统的研究需要采用逐层分解的方法，分解成子系统研究，然后再逐级集成，全面了解系统的整体运行状况。

（4）按系统输入输出的因果关系分，系统可分为确定型系统和非确定型系统。确定型系统的因果关系明确，它的行为可以预料。非确定型系统的输入输出关系复杂，因果关系不确定，系统的行为具有随机性。

（5）按系统的内部结构分，系统可分为开环系统和闭环系统。开环系统是一种没有控制要素的系统，当系统由于某种原因致使输出出现偏差时，无法使其回到预定状态，因此开环系统不稳定。闭环系统具有控制要素，它能适时调整系统的输入输出，使系统按照预定的方式运行。

企业系统是人造的、开放的、复杂的、非确定性的闭环系统，企业系统的研究应从这几个方面入手：

（1）明确系统的目标，即明确系统的输出，弄清系统是干什么的。

（2）分析系统达到目标的方式方法，即分析系统输入、输出、处理、控制与反馈的流程。

（3）确定系统的边界，明确系统与环境的关系。

（4）将系统自顶向下逐层分解，全面了解子系统；掌握系统的运行机制，优化系统。

### 3. 系统的特征

由以上内容可以概括出系统具有以下特征。

（1）目标性。系统具有明确的目标，系统内的各个组成部分都是为了满足系统的目标而构成的，系统的目标决定着系统的结构和功能。

（2）整体性。系统各组成部分以及它们之间的相互关系，只能与系统整体相协调，不能离开整体去研究和协调内部各要素，因此各子系统的目标和功能必须符合系统的整体目标和功能。

（3）相关性。系统内各个组成部分之间相互作用、相互依存。系统是由有联系的要素构成的整体。系统内部的相互关系决定了系统具有层次性，系统可以分解成具有层次关系的若干子系统。

（4）环境性。系统具有边界，系统与环境之间具有信息和物质的交换。系统的边界是系统设计人员根据一定的条件和需要确定的。

（5）动态性。系统是运动的，系统在不断的运动和变化中生存与发展，人们也是在系统的动态发展中实现对系统的管理和控制。环境的发展变化也要求系统通过运动和发展而保持最佳的适应状态，因此动态性是系统具有适应性的表现。

系统的以上特征是管理信息系统设计者设计系统的出发点，也是评价系统优劣的主要依据。

## 1.3.5 管理信息系统的概念

### 1. 管理信息系统的定义

管理信息系统（management information system，MIS）的定义最早由美国学者瓦尔特·肯尼万（Walter T. Kennevan）于1970年给出：“以书面或口头的形式，在合适的时间向经理、职员以及外界人员提供过去的、现在的、预测未来的有关企业内部及其环境的信息，以帮助他们进行决策。”从这个定义来看，管理信息系统的主要功能是提供信息，它并没有强调一定要使用计算机和现代的信息技术。1985年，管理信息系统学科的创始人之一，美国明尼苏达大学卡尔森管理学院教授高登·戴维斯（Gordon B. Davis）提出了较完整的MIS定义：“管理信息系统是一个利用计算机硬件、软件，手工作业，分析、计划、控制和决策模型以及数据库的用户－机器系统。它能够提供信息，支持企业或组织的运行、管理和决策功能。”这个定义说明了管理信息系统的目标、功能和组成，不仅强调了要使用计算机，而且强调了要使用模型和数据库，反映了管理信息系统当时已达到的水平，说明了管理信息系统的目标是在决策层、管理层和运行层上支持管理活动。美国著名学者劳顿夫妇（Kenneth C. Laudon，Jane P. Laudon）在2002年出版的《管理信息系统》（第6版）中给MIS的定义是：“信息系统技术上可定义为互联部件的一个集合，它收集、处理、储存和分配信息以支持组织的决策和控制。”20世纪70年代末到80年代初，国内部分大学开始引进管理信息系统学科，黄梯云、薛华成等学者也对其提出了一些见解。

一般认为，管理信息系统是用系统的观点建立的、以电子计算机和现代通信技术为基本信息处理手段和信息传输工具、能为管理决策提供信息服务的人机系统。或者说，管理信息系统是一个由人、计算机、通信设备等硬件和软件组成的能进行管理信息的收集、加工、存储、传输、维护和使用的系统。管理信息系统可以实测企业生产经营活动中的各种运行状况，并能利用历史的数据预测未来，能从全局出发辅助管理人员做出科学决策，还可以利用信息控制企业的生产经营活动，并帮助企业实现规划目标。

### 2. 管理信息系统的功能

根据管理信息系统的定义，可以将其基本功能归纳如下。

（1）数据处理功能。管理信息系统能对各种形式的原始数据进行收集、整理、存储和传输，以便向管理者及时、全面、准确地提供所需要的各类信息。

（2）计划功能。能对各种具体工作做出合理的计划和安排，根据不同管理层次的要求提供相应的信息，以提高管理工作的效率。

（3）预测功能。利用数学方法和预测模型，并根据生产经营活动的历史数据对企业的未来状况做出预测。

（4）控制功能。对企业生产经营活动的整体计划和各部门、各环节的计划执行情况进行监测和检查，比较计划和实际执行的差异，根据差异程度采用一定的方法加以调整，以达到预期的目标。

（5）决策优化功能。可以利用运筹学等数学方法为决策者提供辅助决策，也可以模拟决策者提出的多个方案，从中选出最优方案，以便合理利用企业资源，降低成本，提高企业的经济效益。

以上功能中，数据处理是管理信息系统的最基本功能，它为其他功能提供原始数据。在管理信息系统的实际开发过程中，设计人员应根据企业的具体情况，在确保数据处理功能的前提下，再提供其他功能，切勿忽视基础而好高骛远。

### 3. 管理信息系统的特点

管理信息系统具有如下特点。

（1）管理信息系统是一个人机系统。计算机具有强大的数据处理能力和存储能力，对它的利用是管理现代化的客观要求，也是管理信息系统的基本特点。但是，人仍然是系统的主体，系统的开发、维护和协调运行都离不开人的控制和管理，计算机只是辅助管理与决策的工具。因此，管理信息系统是一个人机协调的、高效率的系统。

（2）管理信息系统是一个一体化的集成系统。管理信息系统是以"系统思想"为指导而设计和建立的，它对系统内部的各种资源进行统一规划和管理，因此，它具有整体性，强调统一和协调。信息系统中的数据具有一致性和共享性。现代网络技术和数据库技术使管理信息系统的一体化和系统集成得以更充分的体现。

（3）数据库的应用。具有统一规划的集中数据库是现代管理信息系统的重要特点，它标志着管理信息系统真正实现了数据的集中统一，使信息成为各类用户共享的资源。

（4）数学模型的应用。数学模型是科学的管理方法和决策方法的体现，它可以为管理人员做出最佳决策提供有效工具。依靠计算机强大的计算和逻辑判断能力，利用数学模型来分析数据，进行预测和辅助决策，是管理信息系统的又一显著特点。

人们将以上特点概括为管理信息系统的3大构成要素，即系统的观点、数学的方法和计算机的应用，它们反映了企业在管理思想、管理方法和管理手段方面的先进性，因此管理信息系统是管理现代化的重要标志。

### 4. 管理信息系统的结构

管理信息系统的结构指的是管理信息系统各个组成部分的相互关系的总和，下面通过物理结构、层次结构和职能结构3个侧面，描述其基本结构。

（1）管理信息系统的物理结构。从系统的物理组成来看，管理信息系统包括以下5个部分。

1）硬件设备。管理信息系统运行的物质基础，通常包括实现数据输入、传输、处理、存储、输出的计算机设备，以及数据的采集、准备设备和网络通信设备等。

2）软件。管理信息系统系统赖以运行的程序系统，它包括系统软件（操作系统、数据库管理系统等）和应用软件（专用软件包、自编软件等）两大类。

3）数据资源。数据是按一定组织结构存储起来的各种原始数据和信息。它主要指记录在计算机存储介质上的数据库或数据文件，也包括计算机输出的报表和人工记录的原始单据。

4）系统操作规程。系统操作规程是保证信息系统正常运行的规章制度。它包括指导系统运行、数据录入、系统维护等方面的说明书和为确保系统安全而制定的各种管理规程。

5）系统工作人员。系统工作人员是从事系统开发、维护和保证系统正常运行的人员。它包括系统分析与设计人员、程序设计员、计算机操作人员、系统管理人员等。

（2）管理信息系统的层次结构。按所提供的管理信息的特点和属性以及对管理层次的辅助作用，可将管理信息系统分成与管理职权相对应的 3 个层次。

1）业务处理和作业控制层。任务是在有效地使用现有设备和资源的基础上，确保企业日常作业活动的实施与执行。它通过日常事物数据处理、报表生成、查询处理等模块产生指导事物活动的单据、生成作业统计报表、对有关查询的请求做出响应。在该层中，大多数作业处理活动是具体的、实时的，处理规程是预先确定的，因此大部分工作可由计算机实现。

2）管理控制层。管理控制层为企业各职能部门主要管理人员的管理活动提供用于衡量企业绩效、评价各项计划的完成情况、控制企业生产经营活动、制定企业资源分配方案等活动所需要的信息。它利用计划或预测模型辅助管理人员编制与修改计划，定期生成绩效偏差报告，利用问题分析模型为管理人员提供最佳或满意的处理方案。因此，它除了需要反映作业活动的事物数据之外，还需要有关计划、标准、预算等方面的数据，以及某些有关行业状况、成本指标等外部数据。

3）战略决策层。战略决策层研究为使企业组织达到自身目标所应采取的战略，对企业的经营活动提供决策支持。战略决策层所需要的数据具有广泛性和概括性，它需要根据企业内部的历史数据进行预测和决策，也需要相当数量的外部数据，如当前社会的政治、经济形势和发展趋势；本企业在国内外市场上的地位和竞争能力；新的投资机会和制定投资方案的依据；竞争对手的能力和市场占用率等数据制定企业发展战略。战略决策层往往需要采用数学模型和模拟方法，所用的处理方法较难通过简单的程序实现。它所提供的辅助决策功能往往采用人机对话的方式，尽可能体现有关专家和决策者的管理经验与经营思想。它所提供的信息具有概括和综合性，不能很具体、很详细。

（3）管理信息系统的职能结构。从企业管理职能结构的角度，可以将管理信息系统看成是一个企业内实现各种不同职能的一系列子系统的构成。这种子系统的划分应当在尽量减少各子系统间交叉联系的基础上，而不是按企业的组织机构划分。当然，一个合理的组织机构也应当是按照上述原则设置的，因此，在很多情况下，按职能划分与按组织机构划分是一致的。

由于企业的性质、经营规模和经营方式不尽相同，因此，不可能有一个统一标准的管理信息系统职能结构模式，但对于大多数制造类企业来说，管理信息系统一般由下列几个子系统构成。

1）市场营销管理子系统。包括与产品营销和服务有关的所有管理活动。"业务处理"主要负责销售订单的处理和客户信息管理。"作业控制"主要对日常销售活动进行调度和安排，并进行诸如按顾客、产品或地区分类等的销售情况的统计分析。"管理控制层"通过对销售产品、销售市场、购买客户、竞争对手、销售人员等方面的数据的分析，对市场营销情况做出全面的评价，从销售计划和实际销售情况的比较中，分析偏差原因，以便采取措施确保销售计划的完成。"战略决策层"根据产品、客户、竞争者、购买力、技术发展等方面的信息进行预测和决策，研究市场营销战略和新市场开发战略。

2）生产管理子系统。包括产品设计、工艺改进、生产设备计划、作业计划、质量控制以及生产调度和安排等内容。"业务处理"根据产品订单分解到零部件需求，对加工单、工时单、装配单等原始单据进行处理。"作业控制"主要通过对计划完成情况的分析，及时发现问题、解决问题。"管理控制层"对生产过程的总进度、单位成本、各类物资的消耗情况进行分析比较。"战略决策层"主要对选定和改进工艺过程的各种方案进行评价，确定最优方案。

3）人事管理子系统。包括对人员的录用、培训、考核、工资发放和解雇等方面的信息的管理。"业务处理"主要是对职工档案、工资变化情况、培训情况、考核记录等的处理。"作业控制"通过对考核记录、培训情况的分析，对人员的录用、解雇、培训、改变工资等内容进行处理。"管理控制层"通过对录用人员数量、知识结构、技术构成支付工资、培训费用、劳动生产率等情况的分析，对人事管理现状做出评价，并查找原因与对策。"战略决策层"根据人事管理的现状分析以及企业发展的需要，制定招工、培训、工资、福利等方面的策略。

4）财务管理子系统。主要包括账务处理、报表编制、预算制定、成本核算与分析、资金管理与分析等内容。财务子系统的"业务处理"主要是对每天的单据进行分类、汇总。"作业控制层"对业务处理出现的差错和异常情况提出报告。"管理控制层"负责对预算和成本计划的执行情况进行分析和比较。"战略决策层"根据有关的财务信息和分析报告，制定长远的财务计划、资金筹措计划以及财会政策等。

5）物资供应管理子系统。主要职能包括物资采购计划制定、采购管理、库存管理、物资消耗管理等方面。"业务处理"负责对各种进出库单据、货物验收、库存账目、购货申请单等数据的处理。"作业控制"要对超储和短缺物资的项目、数量和原因等情况提出分析报告，并负责对物资供应厂商进行供货质量、合同履约情况等方面的分析。"管理控制层"负责对各种物资的采购成本、供应计划的执行情况、存货周转率、库存水平等内容进行分析比较。"战略决策层"主要涉及采购战略的制定、物资分配方案的评价等内容。

6）高层管理子系统。主要职能是信息查询和决策支持，它也负责向下属部门或人员发送文件，主要包含上述各子系统的"战略决策层"的功能，又具有高层管理者日常事物（如会议安排、记事、通讯录登记等）管理的职能，因此高层管理子系统也具有层次结构。信息来源包括其他子系统的有关数据、信件以及企业外部数据。企业内部数据常以综合性的报表、图形、声音等直观方式显示。外部数据经过预处理可输入高层子系统，然后再按规定的方法进行统计分析。高层管理子系统涉及数据库、模型库、方法库和知识库，是一个高级管理子系统。

上述职能结构是管理信息系统的一般形式，企业在实施系统开发时，不要生搬硬套，不要盲目追求整体性和综合性，而要根据企业的具体情况，设计开发实用的信息系统。管理信息系统的结构可用图1-8表示。

就系统处理的内容和决策的层次而言，管理信息系统呈金字塔结构。"业务处理与作业控制层"数据处理量大（主要指日常处理量大），它又为其他层次提供基础数据，因此它是金字塔的基础；"战略决策层"数据处理量小，制定战略决策是其主要职能，因此它处于金字塔上部；"管理控制层"的数据处理量和决策的重要程度处于上述两个层次之间，因此它位于金字塔的中间部位。管理信息系统的金字塔结构与企业组织结构的特点相似，并存在对应的信息服务关系。"业务处理与作业控制层"主要为企业管理职能部门中从事事物处理的管理人员服务（高层管理子系统的业务处理层为高层管理者的办公室人员服务），"管理控制层"为部门负责人服务，"战略决策层"为企业高层管理者服务。

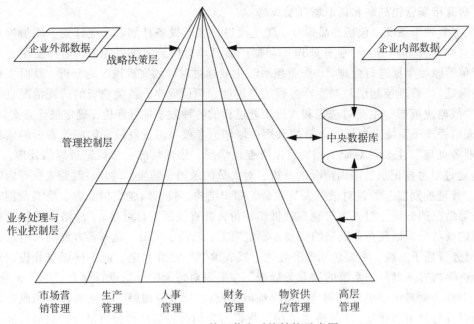

图 1-8　管理信息系统结构示意图

### 5. 管理信息系统的数据处理方式

管理信息系统的数据处理方式有多种，根据系统处理数据时响应时间（数据输入至输出处理结果）的长短，数据处理方式可分为成批处理和实时处理两种。

（1）成批处理方式。成批处理又叫汇总处理，简称批处理。它是按照一定的时间间隔，将数据积累成批后一次性输入计算机集中处理，以便获得所需信息的数据处理方式。批处理的成本低，计算机使用效率较高。它适用于输出结果依赖于规定数量或固定内容的数据，或者只需在固定时间输出处理结果而平时无须输出等情形。批处理是一种早期计算机数据方式，显然批处理不能及时提供信息，灵活性较差。

根据向计算机输入数据的方式不同，批处理又可分为中心批处理、脱机批处理和联机批处理 3 种方式。

中心批处理的特点是将需要处理的数据通过一定的运输途径或运输方式（邮寄或专门运输等）直接送到计算中心，然后将数据输入计算机予以处理。

脱机批处理是将远程数据通过通信线路传输到计算中心，计算中心将收集到的数据暂时记录在磁带、磁盘等可装卸的存储介质上，然后通过这些介质将规定数量的数据输入计算机进行数据处理。

联机批处理是将各远程终端的数据通过通信线路直接传输到计算中心的计算机中，当数据符合数量或时间要求后再由计算机一次性处理。

脱机批处理在数据接收至数据处理之间存在人工操作，而联机批处理的特点是在数据接收至数据处理之间无人工操作，数据接收和处理往往在同一台计算机上进行。

（2）实时处理方式。实时处理是指将数据输入计算机后立即予以处理，并将处理结果立即传送给用户的数据处理方式。它的特点是面向处理，具有响应的即时性，数据处理效率极高，但处理成本也高。实时处理方式应用广泛，如监控系统、银行通存通兑系统、飞机订票系统等都使用实时处理方式。实时处理又可分为联机实时处理和分时实时处理两种。

联机实时处理是指用户通过终端输入的数据立即由中央计算机处理，并将处理结果即时传输给用户。

分时实时处理是指多个用户共享中央处理机时的一种数据处理方式。它的特点是，计算机给每个用户分配一个数据处理时间片（如几分之一或几十分之一毫秒），用户在规定的时间片内轮流享用计算机，如果在规定的时间片内未处理完数据，则等下一轮时继续处理。由于时间片极小，每个用户都有可以通过人机对话独自享用中央计算机的感觉，数据处理具有实时性，因此分时处理又被称为会话处理。

成批处理和实时处理是两种不同的数据处理方式，在管理信息系统的实际开发过程中，设计人员应通过用户信息需求特点的分析，决定采用某种数据处理方式，或者两种方式混合采用。一般情况下，数据更新是实时处理，而报表打印、统计分析是成批处理或两种处理兼可。

### 6. 管理信息系统的发展过程

1946 年 2 月世界上第一台电子计算机研制成功，当时计算机主要用于科学计算。从 20 世纪 50 年代起，计算机开始用于管理领域。1950 年美国统计局利用计算机进行人口普查，1952 年美国 CBS 电台利用计算机分析总统选票，1954 年美国通用电气公司利用计算机计算工资，从此，计算机在管理中的应用日益广泛。从以美国为代表的工业发达国家计算机在管理中的应用过程来看，管理信息系统的发展主要经历了以下 3 个阶段。

（1）单项数据处理阶段（20 世纪 50 年代中期~60 年代中期）。该阶段是电子数据处理（electronic data processing，EDP）的最初阶段。当时，计算机的软、硬件水平较差，计算机处理功能较弱，数据与程序一起输入，处理效率低。人们利用计算机只是单纯地代替部分手工劳动，如工资计算、应收账款统计等事物性工作，解决企业中数据处理量增加与人力局限性的矛盾。该阶段的数据处理方式是中心批处理。

（2）综合数据处理阶段（20 世纪 60 年代中期~70 年代初期）。该阶段计算机软、硬件技术有了很大的发展，出现了磁鼓、磁盘等大容量直接存取的外存储器，出现了多用户分时操作系统。COBOL（common business oriented language，面向商业的通用语言）数据处理语言应用广泛。因此可以通过通信线路连接异地终端，实现数据共享，局限于单项业务的数据处理可以发展成为某个管理系统的多种业务的综合处理，并有一定的反馈功能。如库存管理可以统计每天物资出入库的数量，还可确定物资采购计划和物资合理库存量。该阶段的数据处理方式主要是联机实时处理。

（3）管理信息系统阶段（20 世纪 70 年代初期至今）。该阶段的特点是在企业中全面实现计算机管理。计算机网络、微型计算机、数据库等先进技术的出现和发展，可以在企业各职能部门实现数据处理的基础上，通过计算机网络将企业连接起来，形成分布式企业管理信息系统，实现数据的充分共享，并通过数学模型为企业管理人员提供预测、优化和辅助决策功能。目前，管理信息系统在企业管理和辅助决策中发挥着巨大的作用。随着计算机软、硬件技术的不断提高，人工智能技术的发展，供应链管理的需要，管理信息系统将向决策支持系统（decision support system，DSS）、群决策支持系统（group decision support system，GDSS）、供应链管理系统（supply chain management，SCM）等更高境界迈进。

以上是西方发达国家发展管理信息系统所经历的几个阶段，但不同国家的发展过程有其自身的特点。我国的计算机应用起步较晚，管理信息系统的开发和应用层次不高，但由于计算机和信息技术的高度发展，近年来我国在管理信息系统的研究、开发和应用方面都取得了一定成绩。管理信息系统的开发不需要按部就班地按以上 3 个阶段缓慢进行，企业应根据自己的具体情况，积极创造条件，寻找适合自己的系统开发道路，设计出先进实用的管理信息系统。

## 1.4  管理信息系统的认识视角

管理信息系统是企业数据处理、信息获取的有效工具，由于其具有定义的多样性、发展的快速性、结构的复杂性、运行的抽象性、实施的艺术性、地位的重要性以及管理与技术的融合性等特点，对管理信息系统的完整把握较为困难。在此，从不同的角度去阐述和理解管理信息系统的内容，以期为后续章节的展开奠定更扎实的基础。

### 1.4.1  信息技术与企业管理

#### 1. 企业管理对信息技术的需求

组织战略的实现高度依赖于信息技术的支持，增加市场份额、产品的高质量和低成本、开发新产品、提高员工的生产效率等。它也越来越依赖于组织内部信息技术的品质和类型。企业管理对信息技术的需求主要体现在以下4个方面。

（1）历史数据的准确记录与调用。企业运营是一个连续的过程，管理者当前的决策是建立在既往数据及其决策结果基础之上的，准确记录企业历史经营数据，并对其进行处理和分析，获取新的、有助于管理者决策的信息极为必要。历史数据准确记录与调用的要求推动了信息技术中数据存储和读取技术的快速发展，而今存储介质价格的飞速下降，存储量的迅猛扩大，都为这一要求的满足提供了理想的解决方案。

（2）现实情况的实时反应。当前经营环境多变，及时掌握企业的经营情况成为每个管理者的目标，这就需要信息技术能够对企业的经营情况做出尽可能快的反应。很多企业投入了巨额的资金，基于信息技术建立了强大的竞争优势，如美国沃尔玛、UPS、戴尔等公司，中国联想集团等，都在信息技术上耗费了大量的资本。对企业经营情况的实时反应难度较大，它涉及3个方面：数据的采集、传输和及时处理。

企业的内外部环境或运营状况发生变化后，由探测器检测的相关属性值即发生变化，完成数据采集工作。探测器可能是某种机器，如煤矿瓦斯监控、流水线上的数量监控、仓库口的射频识别器（radio frequency identification，RFID）等，也可能是某个员工，如销售人员填写销售数量、设备使用人员填写使用日志等。无论是机器或员工，其功能都是将被描述实体某一属性的属性值记录下来。探测器记录的及时性、准确性等是数据采集中需要重点考虑的问题。数据传输主要是通过传输设备和媒介，将探测器所记录的数据送到数据加工处，生成信息。传输过程中尤其要注意噪声的干扰，减少数据失真情况，加快传输速度。当数据被相关数据库和信息系统接收后，根据管理者的需要予以加工处理，生成有价值的信息，并将其提交给管理者，作为决策参考。

（3）相关功能的联合处理。企业是一个有机的整体，一个业务的完成往往会涉及诸多的部门，需要多方面的数据和信息。因此，数据获取后，要生成对决策有价值的信息，往往还需要相关功能的联合处理才能完成。如人事招聘业务，开始于各个业务部门的人员需求，汇总到人事部门后，由人事部门负责在人力资源市场上寻找符合条件的潜在员工，经初步遴选后，将数据提交给各业务部门，由业务部门会同相关部门选定时间面试，并将面试结果提交给人事部，最后由人事部与拟聘任人员签订合同。整个流程涉及多个部门，信息不断流转，招聘任务的完成需要企业具有相关功能联合处理的能力。由于不同部门的信息系统有可能不同，跨系统的数据调用则成为非常重要的功能，信息技术的应用应满足此种要求。

（4）决策支持信息和知识的生成。从某种意义上来说，上述三个要求均是为决策支持信息和知识的生成进行铺垫的。对于管理者而言，真正关心的是在决策时能否及时获取准确的、必要的信息。决策信息的生成不但需要准确的原始数据原料，而且还需要有科学的加工方法。这涉及管理科学、数学、信息技术等诸多学科，信息技术成为信息加工和知识生成的基础。

### 2. 信息技术对企业管理的支持

自从迈克尔·波特（Michael Porter，1947—）提出竞争理论以后，竞争战略成为指导企业发展的一个重要思路。迈克尔·波特基于"五力模型"提出的低成本战略、差异化战略和集中化战略在无数企业中得到了广泛的实践，为企业的发展指明了方向。然而，无论是哪一种战略的实现，都离不开信息技术的支持。

（1）低成本战略。低成本战略是指为了防止新的竞争者进入自己的市场，组织可以在不牺牲质量和不降低服务水平的同时，尽一切可能以比竞争者更低的成本生产商品和提供服务。为了降低成本，企业必须从内部和外部同时着手，减少一切不必要的浪费。以企业内部而言，降低成本可以从经营计划、管理控制和生产作业等角度来分析。企业经营计划的制订依赖准确的需求信息，这不但需要准确的历史数据支撑，还需要有优秀的数据分析处理能力；管理控制则应尽可能采用事前控制或事中控制，而减少事后控制，这就需要对企业运营情况及时反应；生产作业管理是低成本运作的核心，日本丰田的准时生产制造是一个典型。以制造业为例，物料采购、物料配送、库存管理、流水线生产、产品配送等业务都环环相扣，需要极度精确。而一个企业中，产品种类众多，物料种类更是庞杂，现代的企业管理离开信息系统根本无法有效进行。由于我国的产业结构特点，很多企业参与市场竞争都采用低成本战略，因此，依靠信息技术建立低成本战略的竞争优势，是每个企业重点关注的内容。

（2）差异化战略。差异化战略是指通过创造独特的新产品和服务，培养客户对品牌的忠诚度。新产品和服务应较容易区别于竞争对手的产品和服务，且不易被当前的竞争者和潜在的竞争者复制。信息技术支持差异化战略可以从两个角度分析。其一，利用信息技术提供差异化的、难以复制的产品或服务。这在金融业、物流业非常显著，在其他行业的销售、客户服务方面也有着非常广泛的应用。其二，利用信息技术进行分析，发现个性化的需求。比较典型的是很多公司利用互联网的低成本、易获得的特点，收集客户的个性化需求，从而利用大规模定制技术为客户提供完全不同的产品和服务。这在服装、家电、汽车等行业都有成功的实践，戴尔的直销战略便是其中的一个典型代表。

（3）集中化战略。集中化战略是指通过识别能以优异方式提供产品和服务的目标市场，建立新的市场定位，并在小范围的目标市场中提供专门的产品和服务，从而胜过竞争者一筹并使新的竞争者望而却步。信息技术在集中化战略中的作用主要体现在市场的发现和深度挖掘上，另外，也有部分作用体现在直接提供产品和服务上。这方面最多的是利用数据挖掘技术，更好地对细分市场进行分析，以提高企业的日常经营和销售技术，为企业建立竞争优势。由于市场竞争的加剧，争取新客户的成本远高于留住老客户的成本，因此相关技术被广泛使用。

在进入市场经济的中国，信息也被看做赢利和竞争所依赖的资源，有的组织将管理信息系统用于内部的综合管理，以组织效率为目标，已具有了战略色彩。但无论企业将信息技术置于何种地位，离开信息技术而进行的企业经营已经是不可想象的了。

### 1.4.2 管理信息系统的视角

以系统论而言，管理信息系统是为了完成某个任务，而由若干个相互联系的部件所构成的有机整体，它可以进行信息的收集、处理、存储和分发，以支持一个组织的决策制定和控制。管理信息系统主要包括软硬件、数据以及管理者。在这三者中，管理者居于主动地位，他既是信息系统的出发点，也是其归宿。软硬件是信息系统的物理基础，体现出最多的技术内容。数据是整个管理信息系统的关键所在，包含了企业运营数据，也是管理信息系统最为宝贵的资产。由于管理信息系统的复合性，从不同的角度看，就会得出不同的观点。一般而言，管理信息系统有技术和管理两个视角，正是管理的需求和计算机技术的发展导致了管理信息系统的诞生并推动了它的发展。

**1. 技术视角**

如前文所述，管理信息系统与信息技术有着极为密切的关系，它是管理信息系统的外壳，以至于很多人误将其看做是一个完全的技术系统。虽然管理信息系统是技术和管理的复合系统，但是不可否认，技术是管理信息系统的重要属性。

（1）硬件技术。管理信息系统采用了大量的现代信息技术。其中，计算机硬件技术包括以下4个内容。

1）信息采集技术。信息采集是获取反映事物特征的属性值的作业过程，所使用的信息技术很多，主要是各类传感器技术以及输入设备。比较典型的信息采集设备，如传感器、激光笔、读码器、RFID、键盘、鼠标、扫描仪、监控设备等。这些信息采集设备中，有些可以直接输入数值数据，有些则输入的是非数值数据。具体信息采集技术的选用，应该根据管理者对信息的需求来确定。

2）信息传输技术。当前的信息都是由计算机进行处理的，因此信息传输主要涉及计算机网络技术。网络技术包含诸如组网、数据交换、路由选择、信号处理与转换等。除了各种计算机通信协议，比较典型的网络技术设备有：调制解调器、网卡、路由器、交换机、集线器、中继器、光纤、ADSL（非对称数字环路）等。

3）信息存储技术。由于数据加工时所需要的各种数据不一定能够同时获得，另外很多数据将来可能还会再次使用，因此数据在使用前后经常会进行存储操作。存储涉及的设备有：硬盘、闪存、光盘、打印机、微缩胶卷、磁带等。不同的存储设备有不同的特性，在选用时应根据对存储的需要确定。

4）信息加工技术。信息加工是管理信息系统信息生成的核心，所涉及的技术基本是计算机技术。在信息加工过程中，硬件技术主要涉及运算速度和精度问题，如CPU（中央处理器）的主频、系统内存和高速缓存的大小、并行运算，以及现在开始引起广泛注意的云计算等。然而，对于信息加工技术而言，更关键的仍是算法，即如何对数据加工的逻辑进行建模和编程，这部分更侧重于软件技术。

（2）软件技术。硬件是管理信息系统运行的基础，然而对管理信息系统影响更为重要的技术是软件技术，其中不但包含相关软件的使用，还包括信息系统本身软件的编制。

1）数据库技术。数据库是对数据进行定义、存储、删除、修改等操作的软件技术，包括关系数据库、层次数据库、网状数据库和面向对象的数据库4种，当前应用最为广泛的是关系数据库。关系数据库的基本组成是表示数据间联系的二维表，若干张相互联系的二维表则构成关系数据库。当前常见的数据库中，大型数据库有：Oracle、Sybase、DB2、SQL server；小型数据库有：Access、MySQL、BD2 等。不同的数据库在开放性、并行性、安全认证、客户端支持等诸多方面均有所不同。当前，企业使用最多的数据库为甲骨文 Oracle 公司的 Oracle，2007年占据数据库领域 48.6% 的市场份额。

2）软件开发平台。软件开发平台的选择是系统分析人员必须考虑的问题，也是决定软件成败关键的因素之一。重点需要考虑开发平台的使用要有利于保持系统的先进性、开放性、与环境的一致性、开发人员的熟练程度等几个方面。这些年来，软件开发平台发展很快，经历几代发展之后，逐步向开放性、分布性和平台无关性等方面发展。比较常见的软件开发平台如Oracle 平台、Java 平台等。

3）数据加工算法。对于企业管理者而言，利用管理信息系统的目的是生成全新信息，以辅助自身决策。新信息的生成方法、逻辑，就是数据加工算法。算法的好坏直接决定着信息的质量，如准确性、时效性等。管理科学学派所研究的成果，大多涉及应用某种算法模型解决企业管理中的某些问题，比较典型的如最小二乘法、指数平滑法、似然估计法、计量经济模型、运筹学模型等。另外，很多数值模拟方法也是重要的加工算法。这些算法解决的问题并不完全相同，各有其假设条件。需要注意的是，现代的很多算法非常复杂，虽然计算机的计算速度已经有了很大提高，但仍有很多算法在某些情况下会出现巨量计算的情况，从而影响了最终信息的获取时间。所以，应根据具体的管理问题，结合各种算法的特点和适用范围，选择合适的算法。

4）软件工程。软件产品的复杂度不断提高，如何集成各种应用系统、如何快速适应变化和如何提高软件研发效率，是当前软件产业面临的三大难题。自从 20 世纪六七十年代的"软件危机"以来，很多程序员试图采用工程的方法来完成软件的编制，以减少成本、提高质量。软件工程是计算机技术的产物，它是用工程、科学和数学的方法研制、维护计算机软件的有关技术及管理方法。它的目标是在给定成本、进度的前提下，开发出具有可修改性、有效性、可靠性、可理解性、可维护性、可适应性、可移植性、可追踪性和可互操作性并满足用户需求的软件产品。管理信息系统中，软件是非常重要的组成部分，也是系统实施过程中的主要工作。随着当前管理信息系统规模的不断扩大，系统的复杂性空前增长，因此系统的开发周期延长、成本上升、维护难度增加，将软件工程的理论引入管理信息系统中，指导信息系统的建设工作，成为各方面的共识。

### 2. 管理视角

虽然管理信息系统与信息技术有着紧密的关系，但管理信息系统毕竟不只是计算机，更为重要的是其服务管理的属性。在复杂性和多变性日益增强的现实世界中，信息的地位和作用逐渐突出，通过近年来的企业管理实践，人们已形成了以下共识：信息的有效开发和充分利用已成为现代企业经营管理成败的关键之一；现在先进与落后的诸多差距中，信息差距是最重要的根源；信息和信息技术已成为促进经济和社会发展的重要因素之一；信息已成为与材料、能源并驾齐驱的重要资源，成为一种可以繁殖的战略资源；在信息社会里，在竞争中起决定作用的不只是资本，价值的增长主要不是依赖体力劳动，而是决定和依赖于信息知识；在企业走向腾飞的各种机会中，实现信息化是最有希望带来突破性进展的最大机会。总之，现代企业要想在一个开放的、信息化的社会中求生存、求发展，在很大程度上取决于企业能否及时、准确、合理地利用信息资源。数据的处理和信息的需求来自于企业的运行和管理，从这个意义上来说，管理信息系统的管理视角较技术视角更为重要。

(1) 管理信息系统反映企业的业务流程。管理信息系统的需求来自于企业的管理实践，其最终目的也是服务于管理者的决策行为，因此与一般的软件工程不同，管理信息系统深深地打上了管理的烙印。管理信息系统都是针对企业中的某一个或几个流程，反映了业务流程中的数据和信息流向，抽象地描述了企业的运行情况。因此，企业管理者在管理信息系统开发前，就应深入思考和设计企业科学的业务流程，在此基础上完善企业的组织结构和规章制度，确保开发完成的管理信息系统反映了企业科学的管理模式，并具有运行成功的基础。

(2) 管理信息系统的实施需要全面管理。管理信息系统的实施指的是企业运行系统直至成功运作的过程，需要的时间长，涉及的人员多，人们对于手工状态下的工作习惯、部门利益的重新划分、部门之间的协调、系统使用培训、数据规范化采集和输入、系统运行出现的问题等方面都需要及时解决，因此管理信息系统的实施过程是企业全员、全过程、全方位的全面管理。业界流传的"管理信息系统的实施不是技术问题而是管理问题"的观点，正是"管理信息系统的实施需要全面管理"的真实反映。

(3) 管理信息系统需要专门人员的负责与管理。管理信息系统是一个人机系统，人仍然是系统的主体，系统的开发、维护和协调运行都离不开人的控制和管理。为保证系统的开发顺利和有效运行，必须在管理思想、管理业务、计算机基础知识、管理信息系统知识等方面对管理人员进行全面的教育和培训，使其具有认真踏实的工作作风、很强的责任感和事业心，并能严格按照管理信息系统的要求操作和运行。管理信息系统需要知识结构合理的项目团队对其实施管理，这个团队要在首席信息执行官的领导下工作。

企业首席信息执行官（chief information officer，CIO）是企业副总裁级的高级行政管理人员。CIO 参与高层决策，负责制定信息系统建设的总体规划、信息政策和信息流程，并对信息资源实施管理与控制。简言之，CIO 是既懂管理业务，又懂信息技术，且身居高位的复合型管理者，在企业内部具有整体协调的权力，其责任是从战略的高度考虑信息系统的规划和实施，掌握信息系统的发展前景。一个企业的成功运作依赖于首席执行官（chief executive officer，CEO）、首席财务官（chief financial officer，CFO）以及 CIO 的密切合作。

## 1.4.3 管理信息系统学科

随着管理信息系统研究和开发的深入，逐渐形成了管理信息系统学科。管理信息系统学科吸收和融合了管理科学、社会学、系统科学、信息科学、计算机科学和现代通信技术的思想、原理和方法，是一门综合性的边缘交叉学科。它探索管理信息系统开发的规律，研究系统开发的思想、原理、方法和工具。它从分析管理系统内部信息需求和业务流程出发，研究信息系统的结构、功能、数据流程以及计算机的实现方法。它强调理论性，也突出技术性和实践性。管理类专业的学生具有较为系统的管理知识，对现代企业的结构和专业管理有比较充分的了解，并初步掌握了利用数学特别是运筹学进行数量分析和建模的方法，通过计算机系列课程的学习，也初步具备了程序设计和数据管理等计算机应用能力，只要经过管理信息系统分析与设计理论的学习，并经过信息系统开发的实际训练，就会为今后在企业或其他组织从事管理信息系统开发和实施工作奠定良好的基础，也会为今后在组织中从事其他专业管理工作时触发基于管理信息系统的管理需求与变革提供知识和能力的保障。管理信息系统的学科体系如图1-9所示。

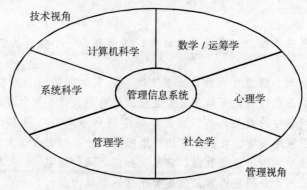

图 1-9　管理信息系统的学科体系

## 本章小结

随着现代社会科学技术和世界经济的飞速发展，企业的运行环境发生了深刻变化。客户的个性化需求日益明显，产品的生命周期逐渐缩短，竞争的范围从区域扩大至全球，企业只有对传统管理模式进行持续不断的变革才能以高质量、低成本的产品快速满足客户多变的个性化需求，全面获取竞争优势。

提高信息的获取和处理速度是企业成功变革的根本保证。企业信息活动链反映了企业信息活动的全过程，利用信息技术提高信息活动链的处理效率，实现企业数据采集、信息共享、知识获取和决策支持的科学化、自动化是企业不断追求的目标。管理信息系统可以帮助企业全面实现数据的有效处理和信息的高度共享，促进企业管理的深层次变革。

管理信息系统是技术和管理的复合系统，其需求来自于企业管理实践，最终目的也服务于管理者的决策行为。因管理系统的不同，管理信息系统具有特定的物理结构、层次结构和职能结构。

## 复习题

1. 21 世纪的企业面临什么样的生存环境？这对企业有什么挑战？
2. 供应链管理对企业的影响体现在哪些方面？
3. 跨企业合作需要考虑哪些关键问题？
4. 企业信息活动链分为哪 4 个环节？
5. 什么是数据、信息和知识？它们之间具有什么样的关系？
6. 信息具有什么特征？
7. 结构化决策和非结构化决策的区别是什么？
8. 什么是管理信息？它具有什么特征？
9. 现代企业的信息需求与传统企业有什么不同？
10. 什么是系统？它由哪 5 个要素组成？
11. 一般而言，系统具备什么样的特征？
12. 什么是管理信息系统？它具有哪些功能？
13. 管理信息系统的发展经历了哪几个过程？
14. 从技术视角而言，管理信息系统所涉及的现代信息技术有哪些？
15. 为什么说管理视角对于认识管理信息系统更加重要？

## 思考题

1. 信息具有可共享性属性，但在现实生活中，保密却是一个值得关注的问题。如何协调二者？

2. 信息已成为与物质、能源并列的三大要素之一，它如何帮助企业获得竞争优势？对于新兴的高科技企业和传统的劳动密集型企业，信息的价值分别体现在哪些方面？

3. 信息活动链是组织中的重要形态，你能举一个跨越不同部门传递信息的例子吗？就信息的加工和利用深度而言，在企业中的应用很多，能否找到 3 个典型的应用？

4. 举一个现实生活中的例子说明数据、信息、知识之间的关系。

5. 结合实例或自己的专业研究内容，叙述管理信息系统的结构。

6. 查找认识管理学系统的资料。你自己如何理解和认识管理信息系统？

7. 如何看待企业首席信息执行官？其作用如何体现？

# 管理信息系统与企业管理变革

**学习目标 >>>**

- 了解企业业务流程重组的背景；
- 掌握业务流程重组的概念和意义；
- 熟悉业务流程重组的基本思想和原则；
- 了解企业业务流程重组的条件；
- 掌握业务流程重组与管理信息系统的关系；
- 熟悉企业组织结构变革的基本原则和变革后组织的典型特征；
- 掌握组织结构变革与管理信息系统的关系；
- 熟悉数据供应与信息生产的含义和关系；
- 基于数据供应和信息生产了解企业信息化建设的对策。

**引导案例 >>>**

贝斯特公司的生产制造部盛部长对物流部吴部长的不满随着公司生产规模的扩大而逐渐增加。实际上他们两人私交很好，以往在业务上的合作也相当默契。两个部门之间出现矛盾的原因还要从贝斯特公司近期的原材料供应情况说起。

贝斯特公司的原材料供应工作由生产部门驱动，即生产部门的员工根据生产需要开具领料单，并经车间主任签字后到物流部领料。物流部的员工根据领料单的要求经审批后开具出库单，将所需的原材料或零部件交给生产部领料员，然后修改库存账和库位账，并将相关的单据送交财务部，登记物资消耗账。这种领料方式减轻了物流部的服务压力，送到生产线上的物料都是生产所需，一般不会出现差错。几年来，这种方式一直运行顺利，即使偶尔出现缺货，也立即得到解决，因此生产部和物流部之间一直配合默契，相安无事。近期，随着公司业务的扩张，产品品种增多，所需的物料种类随之急剧增加，一张领料单上的物料种类也逐渐多了起来。物流部的管理方式主要依靠人工，因此在效率和准确性方面越来越难以完全满足生产部门的要求，领料单上的缺货情况日益增多。当领料单上的物料都缺货时，生产部门的领料员会将领料单带走，过一段时间再来询问；当领料单上的个别物料缺乏时，生产部门的领料员会返回车间并针对现有物料重新开具领料单，再进行领料和出库作业，当所缺物料入库后，再另开领料单。为避免生产制造部领导重复签字带来的麻烦，领料员往往先到物流部询问物料的库存情况，然后再开具领料单，此种做法增加了领料员的工作量，降低了工作效率。近来，生产部门的领料需求常常无法完全满足，造成生产延误，生产制造部对物流部的不满逐渐增加。

**问题：**

贝斯特公司的领料流程合理吗？如果不合理，那么出现问题的根源在哪里？应该如何解决？如果流程不合理，应该如何改进？需要什么条件？

　　管理信息系统是信息技术与企业管理融合的产物，正如信息技术越来越深刻地影响经济的发展和人类社会的进步一样，信息技术的引入必将导致企业管理的变革。传统的业务流程和组织结构遵循经典的管理思想由来已久，随着企业规模的扩大和竞争的加剧，其弊端逐渐显露，但因手工管理方式的局限，弊端的克服难以实现。基于信息技术的管理信息系统要求企业在业务流程、组织结构等方面进行全新的规范和改革，以克服传统管理方式的弊端，最大限度地发挥信息技术的功能和作用。当然，企业在业务流程、组织结构等方面全新的变革方案，只有借助于管理信息系统才能实现。因此，企业管理变革是管理信息系统的促进者，管理信息系统是企业管理变革的使能器。

## 2.1　企业业务流程重组

　　正如第 1 章所述，传统的基于分工的企业业务流程由来已久，并发挥了很大作用。但是，自 20 世纪 90 年代以来，基于分工理论的业务流程的弊端逐渐显现出来，如效率低下、责任不清、适应性差和资源分散等。要解决这些问题，必须实行企业业务流程重组，整合分散的业务流程，并借助于管理信息系统实现流程运作。

### 2.1.1　企业业务流程重组的提出背景

#### 1. 传统的生产管理模式

　　18 世纪工业革命以来，手工业作坊向工厂生产方向发展，出现了制造业。从此，人类社会从农业经济时代正式进入工业经济时代。在工业经济时代，所有企业无一例外地追求着基本相似的营运目标，即最大限度地降低生产成本以期实现企业利润最大化。为了实现这一目标，采取的做法通常包括以下几个方面。

　　(1) 实现劳动分工以提高生产效率。降低生产成本的手段之一就是提高生产效率，从而降低单位产品的劳动成本和设备成本并提高单位时间的产出量。最佳的生产模式就是 1776 年亚当·斯密在《国富论》(*An Inquiry into the Nature and Causes of the Wealth of Nations*，也译为《国民财富的性质和原因研究》) 中描述的扣针工厂，扣针的生产过程被分成 18 道工序，经过分工的工人各自负责别针的一道工序，结果比每个工人都独自完成全过程，生产的效率高几百倍。亚当·斯密指出："劳动生产力最大的增进，以及运用劳动时所表现的更大的熟练、技巧和判断力，似乎都是分工的结果。"

　　可以说，在工业经济时代，企业一般以一种独特的方式生产产品，企业生产适应于制造大量相对简单而又标准化的产品，其关键是使生产的每一步骤规范化和简单化。于是，随着生产规模的扩大，生产单位产品的成本大幅度下降。工业经济时代的特征是分解再分解，成功来自把已知的整体分解为部件，而部件再分解为元件。这个时代的目标是效率，而效率的获得是通过各个元件的最优化生产，从而实现产品整体的生产最优化。

　　(2) 控制库存以降低生产成本。降低生产成本的手段之二就是合理控制库存，减少资金占用，从而降低单位产品的资金成本。为此，人们研究出各种库存控制方法，经过不断发展，形成了后来最有影响的物料需求计划 (material requirements planning，MRP)。企业根据市场需求或订单量，在考虑生产能力许可的情况下，确定生产计划，进而确定为满足生产过程的物料需求计划。根据物料需求计划组织物料采购，从而合理控制库存量，降低单位产品的资金成本。

制订合理的物料需求计划本质上是一个大量信息的处理问题，在传统的手工管理方式下很难达到预期目标。直至 20 世纪 50 年代中期，计算机的商业化应用开辟了企业管理信息处理的新纪元，对企业管理所采用的方法产生了深远的影响。特别是在库存控制和生产计划管理方面，这种影响比其他任何方面都更为明显。

MRP 系统从 20 世纪 60 年代时段式 MRP 系统发展到 70 年代的闭环 MRP 系统，最后发展为 80 年代的 MRPⅡ，进而发展成为 ERP。在 MRPⅡ 和 ERP 中，物料需求计划与库存控制仍然是系统的核心功能。该部分内容在第 11 章有详细介绍。

（3）改善单环节的管理以提高企业竞争力。在工业经济时代，企业依据劳动分工的原则组织大规模生产，为了增强企业在市场中的竞争力，企业注重对内部各个环节的改善。主要有：全面质量管理（total quality management，TQM）和准时生产（just in time，JIT）等。

TQM 注重对生产过程人员和技术的管理，强化各部门的职责，强调生产各环节之间或部门之间以"内部顾客"的概念和形式进行衔接。

JIT 作为一种生产方法，它通过简化生产环节和根除不良库存对生产的影响来优化工厂内部及外部供应的物流过程。

可以说，这些对企业各个业务环节进行改善的各种方法，如果实施得当，也会明显改善企业的管理绩效。但需要指出的是，这些方法都是面向企业业务管理的各个单一环节，而不是面向企业的整个业务流程。

面向单一环节改善管理而没有考虑企业的整体业务流程的合理性与改善，实际上是劳动分工原则应用在企业管理上强调部门职能的表现，这同样是工业经济时代企业管理的又一个重要特点。

### 2. 企业发展的影响因素

人类社会经历了从农业经济时代到工业经济时代的发展，而今正进入知识经济时代。在知识经济时代，企业所处的商业环境已经发生了根本性变化。顾客需求瞬息万变、技术创新不断加速、产品生命周期日益缩短、市场竞争日趋激烈，过去在工业经济时代的商业规则与管理模式已经不再适用于当代企业的发展，甚至严重影响到企业的生存。影响企业生存与发展的因素主要包括 3 个方面。

（1）技术创新持续而快速。在工业经济时代，技术创新具有一定的阶段性，产品变化相对稳定，从而企业可以将产品生产分解再分解，使生产的每一步骤规范化和简单化，并通过规模化大生产降低生产成本，获得市场竞争优势。但是，知识经济时代的创新与工业经济时代完全不同。在工业经济时代，创新没有计划，带有很大的偶然性。知识经济社会中的创新，则是有计划的常规活动；在工业经济时代，创新一般来自杰出的个人。知识经济时代的创新，则主要是集体合作的产物，极少有单独个人的创新；在工业经济时代，创新一旦完成，长时期较少变化，而知识经济时代的创新是连续出现的。

（2）竞争优势来自于变革。在工业经济时代，企业竞争优势来自对效率的追求。因为在存在竞争的情况下，成本最低的生产便会取胜。但在知识经济时代，企业竞争优势来自于适应市场需求的全方位的变革。最先或早期生产新产品、使用新工艺或提供前所未有的服务，可以取得一定时间的垄断利润，从而获得市场竞争的优势地位。

（3）顾客需求呈现多样化。在知识经济时代，那种"生产什么就卖什么"的时代已经一去不复返了。企业往往要根据顾客的需求"量体裁衣"，这样必然形成多品种、小批量的订单，使得企业无法继续享受规模经济的效益。同时，市场竞争加剧，大量的替代产品使得任何一家企业都无法垄断市场，这意味着产品的生命周期不断缩短，企业如果不能及时对市场需求变化做出快速响应，不能在短时间内开发、生产并销售其产品，就会被淘汰出局。

以上几个方面，可以归纳为影响企业生存与发展的 3 股力量，即是"3C"：顾客（customer）、竞争（competition）和变化（change）。时代的变化，要求企业必须审视已经习惯了的管理模式。

 【案例阅读 2-1】

4 月的一天，贝斯特工程机械有限公司营销部萧经理兴冲冲地敲开了生产制造部盛部长办公室的门，"老盛啊，有个好消息，我得咨询一下你才能定。"看到萧经理如此兴奋，盛部长立刻就猜到又有利润较为丰厚的订单了。进入 4 月以来，各地需求量逐渐上涨，营销部经常咨询能否再生产一定数量的产品，只是一般在两个部门的科室之间沟通，萧经理很少到他办公室来。于是，盛部长便友好地问道："老萧，有什么喜事啊？是加急的订单需要我们调整生产计划吗？"萧经理连忙摆摆手说："不，不，是这么回事。我们刚接到一个公司的咨询，他们承接了西藏的一个工程，想向我们购买一批挖掘机，开价很高，我看利润不错，而且也是我们的产品有机会第一次打入西藏市场啊。""唔，那可真是件好事，虽然现在车间非常忙，但是我会调整计划尽量满足的。他们要的是什么型号的车？"盛部长也很高兴，这样一来公司的产品就能覆盖国内绝大多数省份了。转念一想，盛部长感觉不对，不等萧经理回答，便急问道："高原的挖掘机是要特制的，我们没有现成的型号啊？老萧，你没有签合同吧？"萧经理一听就心知不好，"放心，我没有签合同，先来向你咨询一下能不能承接啊。为什么不能接呢？也就是发动机、油管、液压等设备调整一下，适应高原要求就是了。"萧经理颇不甘心。

看到萧经理失望的样子，盛部长只好再做解释道："所有的产品都是由设计部门设计完成后，进行工艺设计。生产不同的产品，生产线需要进行相应的调整，物料不能通用的情况下，采购部门和库存部门也会增加工作量，说实话调整相关流程非常复杂。加之现在生产压力很大，因此可能没有时间调整生产线，更不要说重新设计生产工艺了。依我之见，这个订单我们公司不能满足啊。"听完盛部长的解释，萧经理虽然失望，但是也不好再说什么了，毕竟这些都是事实。此时，萧经理也想起前一段时间部门内部工作研讨时，有营销员向他反映一个客户要求在驾驶室安装驱蚊灯的事情，而且这几年，越来越多的客户提出了特殊的要求，于是便忧心忡忡地向盛部长说道："可近年来，我们感觉客户的个性化需求越来越多，公司仅靠几种常规产品包打天下可能不行啊。而且，通过市场调查和分析，我们发现一些国外竞争对手能够提供个性化的产品，只是价格稍高罢了，当他们的价格降到合理范围，我们再采取应对措施可能就晚了啊。"盛部长缓缓点了点头，"你说的我明白，只是这个问题牵涉面广，而且就我们目前以手工方式进行的采购和库存管理而言，可能无法胜任复杂得多产品、小批量的生产管理。我觉得，我们必须做些什么了。"

**思考：**

1. 贝斯特公司遇到了产品多样化的挑战，你能从哪些方面分析这种压力？
2. 为什么盛部长说这种多品种的生产模式难以实施，你认为困难是什么？
3. 多品种生产已经在很多企业中得到了实践，如丰田、海尔等，甚至能够做到生产线上相邻的两个产品都有所不同。你认为它们是如何做到的？
4. 从管理信息系统角度分析，你认为对多品种、小批量生产的意义是什么？

### 3. 企业业务流程重组的必要性

企业的生存与发展取决于对竞争环境变化的把握和适应能力，企业发展的影响因素要求企业审视传统的生产管理模式，通过变革积极应对客户的个性化、多样化需求，在日趋激烈的竞争中获得优势。

在传统的企业管理模式中，管理过程过度细化，管理成本逐渐上升，被不同职能部门分割的业务流程运行效率低，协调难度大，信息的及时流通和共享成为难以实现的需求。企业管理的研究者和实践者深刻认识到，企业管理出现的问题不在于工作的内容，也不在于工作的员工，而是由整个流程的结构导致的。在信息技术的推动下，基于亚当·斯密提出的"劳动分工理论"而形成的传统业务流程需要实施变革。

20 世纪 80 年代初到 90 年代，西方发达国家经济经过短暂的复苏后又重新跌入衰退状态，许多规模庞大的企业组织结构臃肿，工作效率低下，难以适应市场环境的变化，出现了"大企业病"的现象。1990 年美国麻省理工学院教授迈克尔·哈默（Michael Hammer，1948—2008）经过长期的调查和研究，在"再造：不是自动化而是重新开始"（*Reengineering Work: Don't Automate, But Obliterate*）一文中提出了企业业务流程重组（business process reengineering，BPR）的概念，旨在解决企业存在的问题。1993 年哈默与美国 CSC Index 咨询公司的首席执行官詹姆斯·钱皮（James Champy）合作，出版了专著《重组公司：企业革命的宣言》（*Reengineering the Corporation: A Manifesto for Business Revolution*）。该书曾连续 6 个月被《纽约时报》列为非小说类的头号畅销书，并在出版的当年被译成 14 种不同语言的版本向世界各国传播。1 年半以后已售出 170 万册。此后，BPR 作为一种新的管理思想，席卷了整个美国和其他工业化国家，并随之风靡全球。目前，世界范围内不仅在理论界已形成一股研究和探讨企业业务流程重组理论的热潮，而且在实业界已有许多的企业开始进行业务流程重组的尝试和实践。

## 2.1.2  企业业务流程重组的概念

### 1. 企业业务流程重组的定义

哈默与钱皮认为，"业务流程重组就是对企业的业务流程进行根本性的再思考和彻底性的再设计，以便在衡量业绩的关键方面，如成本、质量、服务和速度等获得戏剧性的改善。"其中，"根本性"、"彻底性"、"戏剧性"和"流程"是定义所关注的 4 个核心领域。

（1）根本性。表明业务流程重组所关注的是企业核心问题，不是枝节和表面，而是本质的，即革命性的，要对现行系统进行彻底的怀疑，如"为什么要做现在的工作"、"为什么要用现在的方式做这份工作"、"为什么必须是由这些人而不是别人来做这份工作"等。要用敏锐的眼光发现企业的问题，只有看出问题、看透问题，才能更好地解决问题。通过对这些根本性问题的仔细思考，企业可能会发现自己赖以存在或运转的商业假设是过时的甚至错误的。

（2）彻底性。再设计意味着对事物追根溯源，对既定的现存事物不是进行肤浅的改变或调整修补，而是抛弃所有的陈规陋习以及忽视一切规定的结构与过程，设计全新地完成工作的方法。它是对企业进行重新构造，而不是对企业进行改良、增强或调整；是动大手术、大破大立，不是一般的修补。

（3）戏剧性。意味着业务流程重组寻求的不是一般意义的业绩提升或略有改善、稍有好转等，进行重组就要使企业业绩有显著的增长，极大的飞跃。业绩的显著增长是 BPR 的标志与特点，通常十倍甚至百倍地提高，是在量变的基础上产生质变，出现突跃点。

（4）流程。业务流程重组关注的是企业的业务流程。哈默指出，要从流程最终所要达到的目标出发，对传统流程进行重组，才能得到绩效的戏剧性改善。BPR关注企业的业务流程，一切"重组"工作都围绕业务流程展开，它强调创新，彻底摆脱企业原有模式的束缚，一切从头开始，对企业流程进行重新设计。BPR是对现有流程和体系结构的变革，是对现有系统的否定。因此BPR给组织带来的变化是剧烈的、跳跃式的，是一种创新。

### 2. 企业业务流程重组的意义

企业业务流程重组的基本内涵就是以作业流程为中心，打破传统的组织分工理论，提倡组织变通、员工授权、顾客导向及正确地运用信息技术，建立企业新型的作业流程，达到适应快速变动的企业环境的目的。BPR要求围绕着新的作业流程对企业组织进行再造。即从组织体制上彻底打破旧有的多层次管理模式，按作业流程或具体任务，将分散于各部门的职能重新组合起来，以项目小组方式，建立横宽纵短的扁平式柔性管理体系，以回归原点和从头做起等零基新观念和思考方式，重建新的管理程序，以集体智慧将企业系统所欲达到的理想功能逐一列出后展开功能分析，经过综合评价和通盘考虑筛选出基本的、关键的、主要的系统功能，并将其优化组合形成企业新的运行系统。企业业务流程重组对企业管理的各方面都具有较大的意义。

（1）影响组织结构。BPR对企业的冲击是巨大的，现代企业的职能部门的数量及层次会大大压缩，企业的组织结构不再是"多级管理"，而是呈现"扁平化"趋势。以专业技术组织的职能部门仍将存在，但部门之间的"边界"大大淡化。部门经理权力有限，一般只是制订战略、培训及管理员工，员工直接服务对象是顾客，而不是"上司"。

（2）突出团队的重要地位。按照一定的流程组成的团队活跃在企业经济活动中，一个团队可以跨越许多专业部门，团队可以是临时的，也可以是永久的。例如，在一个计算机公司内，为了一个项目，可以由市场部、销售部、技术部、维修部、财务部等多部门共同组成一个临时的团队。这样，公司以一个整体共同面向用户，避免了在销售时同一公司的不同部门络绎不绝地出现在同一个用户面前，而在系统维护时用户则不知道去找哪个部门的局面；在一个商场，可以对某类商品的进货，由采购部、商品部、财务部、库房等组成一个永久的团队，用以提高商品进货的效率和商品的适销度。

（3）改变人事管理以及考核和薪酬制度。由于采用"流程"为工作重点，对以官本位为基础的专业职能及人事管理体制产生了较大的冲击。分析并量化工作流程是一项复杂且崭新的挑战，对各级管理人员的评定不再主要是各级行政部门的工作，整个流程的执行结果将是人员考核、薪酬评定的标准。

（4）调动员工积极性。在流程运作中，员工将分为具有领导及沟通能力的"流程领导者"和各类应用专家，每个人可以根据自身特点选择自己的发展方向。这样，只要认真努力，自然会拥有名义及地位。如在微软公司的项目组中，一个级别较低的项目经理可以领导一个技术级别等同于比尔·盖茨的技术专家。在此情况下，每个人追求的将不再是各级"经理"或"处长"等，而是各种"专家"。

## 2.1.3 企业业务流程重组的基本思想

企业业务流程重组的基本思想主要体现在以下几个方面。

### 1. 管理方式：面向业务流程管理

传统的劳动分工理论将企业管理划分为一个个职能部门，各职能部门根据级别高低组成一个树形或金字塔式的结构，这即是"科层制"管理或称职能管理。科层制管理虽然有利于专业化劳动技能与管理技能的发展，也有利于企业的稳定。但这种管理组织注重的是"老板"而不是顾客，没有人对同级部门间的工作进行控制并进行强有力地协调。

业务流程重组强调管理要面向业务流程，对业务流程的管理以产出（或服务）和顾客为中心，将决策点定位在业务流程的执行，在业务流程中建立控制程序，从而可以大大消除原有各部门间的摩擦，降低管理费用和管理成本，减少无效劳动和提高对顾客的反应速度。

### 2. 系统观念：业务流程的整体最优

在传统劳动分工的影响下，作业流程被分割成各种简单的任务，并根据任务组成各个职能管理部门，经理们将精力集中于本部门个别任务效率的提高上，而忽视了企业整体目标，即忽视了以最快的速度满足顾客的不断变化的需求。企业业务流程重组实际上是系统思想在重组企业业务流程过程中的具体实施，它强调整体最优而不是单个环节或作业任务的最优。

### 3. 组织结构：基于业务流程架构

业务流程重组以适应"顾客、竞争和变化"为原则重新设计企业业务处理流程，然后根据业务流程管理与协调的要求设立部门，通过在流程中建立控制程序来尽量压缩管理层次，建立扁平式管理组织，提高管理效率。组织为流程而定，而不是流程为组织而定。

### 4. 员工地位：充分发挥员工潜能

在"科层制"管理下的企业员工，被围于每个部门的职能范围，被评价的标准是在一定边界范围内办事的准确度，任何冒险与创新行为都是不受欢迎的。因此，极大地抑制了个人的能动性与创造性。重组后的企业业务处理流程化要求在每个流程业务处理过程中最大限度地发挥每个人的工作潜能与责任心，流程与流程之间则强调人与人之间的合作。个人的成功与自我实现，取决于其所处的流程及整个流程能否取得成功。

### 5. 流程扩展：供需各方纳入流程

在知识经济时代，仅靠企业自身的资源不可能有效地参与市场竞争，还必须把经营过程中的有关各方，如供应商、制造工厂、分销网络、客户等纳入一个紧密的供应链中，才能有效地安排企业的产、供、销活动，满足企业利用全社会一切市场资源快速高效地进行生产经营的需求，以及进一步提高效率和企业在市场上的竞争优势。换言之，现代企业的竞争不是单一企业与单一企业间的竞争，而是一个企业供应链与另一个企业供应链之间的竞争。这就要求在进行业务流程重组时不仅要考虑企业内部的业务处理流程，还应对由客户、企业自身以及供应商组成的供应链中的全部业务流程进行重新设计。

### 6. 数据资源：分散聚集全面共享

在传统的业务处理流程中，相同的数据往往在不同部门都要进行采集、存储、加工和管理，存在着很多重复性劳动甚至无效劳动。很多企业甚至建立专门的部门，收集和处理其他部门产生的数据。通过业务流程重组确定每个流程应该采集的数据，破除了部门界限和障碍，易于实现数据在整个流程上的共享使用，也有利于信息系统的设计和作用的发挥。

## 2.1.4　企业业务流程重组的条件

企业业务流程重组思想的应用与实践需要遵循一定的原则，它们是 BPR 取得成功的前提条件。哈默在其论文和专著中，设定了企业业务流程重组的 8 大原则，随着各国学者理论研究的深入和对企业业务流程重组实践经验的总结，这些原则被不断补充和完善。2004 年，英国学者阿什利·布拉干扎（Ashley Braganza）在其著作《全面流程重组》（*Radical Process Change*）中，提出了企业业务流程重组的 10 大原则。英国著名的流程重组问题专家乔·佩帕德

（J. Peppard）和菲利普·罗兰（P. Rowland）认为，企业业务流程再造要走上成功之路，必须遵循 15 大原则。这些学者从流程重组设定的目标、流程重组实施的条件、企业管理者的观念更新、信息技术的支持、流程重组项目负责人的选择、流程重组的实施步骤等方面阐述了流程重组的基本原则。

随着理论研究和管理实践的深入，流程重组的原则会不断地得到补充和完善。不管业务流程重组的原则如何阐述，高层管理者的重视和部门间的沟通极为重要，它们是企业业务流程重组取得成功的基本条件。

（1）高层管理者重视并亲自主持。BPR 涉及企业当前及未来发展的全局，其全局性和战略性决定了它的实施必须得到拥有最高权力的企业领导的高度重视和亲自主持。企业领导应与业务流程重组的项目小组一起，对企业的发展及 BPR 的方案有一个整体的切实可行的构想，然后义无反顾地付诸行动，革新业务流程、重构组织结构，最终实现 BPR 的目标。

（2）业务部门的沟通。BPR 将改变企业管理人员多年习以为常的工作方式，并涉及其权力和利益，因此，它的实施必然会带来较大的阻力。企业领导要对职能部门和有关人员进行教育和培训，使他们明确 BPR 的必要性及其对企业发展和职工利益带来的益处，并充分授权，最大限度地发挥各自的创意，从而减少或消除阻力，进一步调动全体员工的积极性，为 BPR 的顺利实施奠定坚实的群众基础。

## 2.1.5　企业业务流程重组与管理信息系统的关系

先阅读下面的实例。

IBM 信贷公司是为 IBM 公司的计算机、软件销售和服务提供金融支持的企业。申请资金的客户要通过一个由很多部门参与的复杂的信用认证过程，整个流程要花费 7 天时间。其传统的业务流程如下：IBM 销售代表根据当地客户申请，通过电话首先向公司提出信贷要求，然后由专门负责信贷的职员将信息输入计算机系统，并考察借贷人的信用情况。然后将结果送到业务部门，由他们根据顾客要求修改贷款合同并更新计算机文件。接着信贷信息传给核价员，核价员确定利率，最后，信贷决策信息传至文秘科书记员，由他们汇总文件并经主管批准，为现场销售员出具报价信并转给客户。IBM 信贷公司传统的信贷业务流程可用图 2-1 表示。

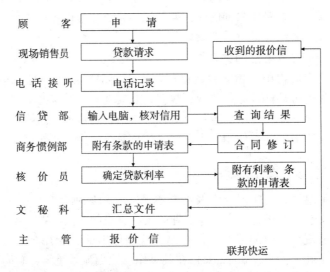

图 2-1　IBM 信贷公司传统的信贷业务流程

IBM 信贷公司的信贷业务流程时间长，涉及的部门和人员多，效率低，客户在漫长的等待中可能另找贷款渠道或另觅条件优惠的供应商，甚至可能因等不及回复而取消订单。等待中的销售员可能不时地打电话询问业务办理情况，但没有人能回答已办到什么程度。

为了解决以上问题，IBM 信贷公司曾尝试过多种办法。他们曾增设监控服务台，每个部门在完成工作后，都要送到监控服务台登记，明确具体的办理情况，然后再由监控服务台将文件送到下一个部门。这个方案可以解决回答销售员打电话询问的问题，但整个流程运作的时间更长。

IBM 信贷公司曾通过采用信息技术来提高办公自动化程度，将有关信贷申请的相关部门联网，而原流程不变。这种改革将减少 10% 的文件传递时间，但各环节依然是部门分头负责，彼此间的协调是个大问题。

随着信息技术的发展，IBM 信贷公司通过改变作业流程并利用先进的信息技术有效解决了出现的问题。他们取消了信用审核员、核价员等专职办事员，设立通职办事员，即交易员对整个流程负责，并开发专门的管理信息系统辅助交易员工作。该方案的运作效率得到了很大提高，处理时间由 7 天减少为 4 个小时，在人员减少的情况下，业务量却增加了 100 倍。重组后的 IBM 信贷公司信贷业务流程如图 2-2 所示。

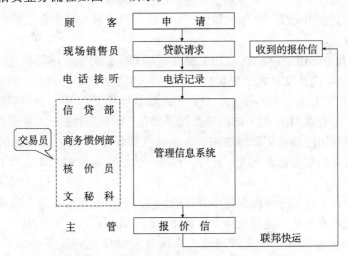

图 2-2　IBM 信贷公司重组的信贷业务流程

从以上 IBM 信贷公司信贷业务流程重组的过程可以看出，企业业务流程重组与管理信息系统之间相互依赖，关系极为密切。

### 1. BPR 的实施离不开 MIS

BPR 是一种思想，而 MIS 是基于 IT 技术。BPR 可以独立于 IT 而存在，但是这种独立是相对的，在 BPR 由思想到现实的转变中，IT 起了一种良好的催化剂作用。上例中，交易员的有效工作必须借助于专门开发的管理信息系统才能实现，否则只有原有冗长的业务流程才能维持工作的开展，实现信息的传递。

现代计算机及其网络通信技术的发展，特别是互联网的发展，使得信息技术正广泛而深入地介入人们的生活，彻底改变了人们做事的方式和企业的经营管理模式。数据库、网络、通信技术的应用可以帮助企业突破分工的束缚，信息共享及其快速流动也大大消除了工作环节中的壁垒和延时。因此，IT 可以更好地实现 BPR 的思想，想脱离 IT 而完成 BPR 几乎难以实现。正因如此，合理运用 IT 技术成为 BPR 的要点所在。充分发挥信息技术在业务流程重组中的作用，是管理者在企业业务流程重组时普遍关心的关键问题。

企业在业务流程重组的实践中，应按照 BPR 的思想实施项目，并将信息技术的核心人员纳入 BPR 项目小组之中，基于企业的战略、BPR 的思想和信息技术的实现设计业务流程重组方案，以达到企业管理和信息技术的高度融合，充分发挥信息技术在企业业务流程重组中的作用。

### 2. MIS 作用的发挥以 BPR 的实施为前提

管理信息系统是基于信息技术的科学管理实现，而管理的科学化不是单纯的信息技术应用问题，业务流程的深入思考和设计是信息技术不能替代的，需要企业员工的系统思考和全新理念，企业未经业务流程的思考和设计而将信息技术简单地应用于企业管理，期望通过自动化解决管理问题、获得竞争优势则是难以有效实现的。可以说，管理信息系统作用的发挥以业务流程重组的实施为前提。上例中，如果不实施业务流程重组，管理信息系统仍然在原有的流程中运行，那么曾经出现的业务处理时间长、部门间协调困难等问题还会存在，管理信息系统的作用难以发挥。

自 20 世纪 60 年代起，计算机大规模应用于企业管理，而计算机在信息处理方面的先进性可以提高企业管理的效率。人们也预期，计算机信息处理技术应用于企业将会极大地提高企业的经济效益。然而，在 20 世纪 90 年代以前，计算机信息处理技术在企业的应用并没有给企业带来预期的经济效益。

20 世纪 80 年代，美国企业在 IT 应用上投资了 10 000 亿美元。尽管投资巨大，但白领人员的生产率在整个 80 年代并没有发生变化。在 1975～1985 年这 10 年间，蓝领工人数量减少了 6%，实际产出增长了 15%，同一期间，白领工人数量增长了 21%，生产率则下降了 6%。这组统计数字表明，企业在 IT 应用上的巨额投资并没有达到预期目标。

资料表明，在我国的信息化管理热潮中，企业投资超过 80 亿元，但是应用的成功率不到 10%，达到预期目标的更是寥寥无几。此外，还有一大批企业组织开发适用于自身的管理信息系统，成功率也不高。

企业信息化建设出现问题的原因是多方面的，但是因企业管理者观念造成的业务流程重组不完善、不彻底或没有实施，是导致企业信息化建设出现问题的主要原因。

（1）企业领导和管理人员认为管理信息系统开发仅仅是开发者针对本企业管理实际的技术实现，因而没有修改更无重组业务流程和组织结构的必要，而让开发者按原有流程实现原始单据的输入、信息的传递和报表的打印，按原组织结构形式划分管理信息系统的功能。

（2）管理信息系统开发成员的知识结构不合理，重计算机技术，轻管理知识。片面追求人机界面的花哨，忽视内在管理业务流程的合理性和科学性。

（3）系统开发完成并投入使用后，随着时间的推移，企业对管理业务原已存在的某些问题有所察觉并设法改革，从而便谋求对管理信息系统修修补补。随着对管理信息系统的频繁修改，抱怨也随之产生，企业最终将责任归咎于开发者或从此将管理信息系统弃之不用。

（4）对于国内或国外业已成熟的先进的管理信息系统软件，企业没有按照软件系统要求的规范流程开展工作，而是以自身的管理业务和组织功能与之对比，不相符之处便大加修改，没有从企业业务流程本身查找原因并寻求变革。二次开发破坏了原软件的设计思想和体系结构，运行过程中问题百出，最终企业管理者便主观地下一个结论：此管理信息系统软件因不符合厂情而无法使用。

另外，因业务流程重组存在问题而出现的具体现象有：办公自动化系统不能实现"无纸化办公"，仍按原有流程和形式报送报告、报表，签字审批的形式也一成不变，办公费用没有减少；为客户服务的流程仍模拟手工业务的处理方式，存在不合理或无效的业务内容（也许手工处理方式下必须存在），缺少客户导向性；企业管理随意性大，签字审批不规范，物料不办理入库手续先使用等现象频发，原有业务处理流程与信息系统处理流程间的矛盾难以解决，数据不准确，管理信息系统的权威性和依赖性无法形成。

管理信息系统实施存在的问题和教训，要求企业注重业务流程重组，从而可以为企业的信息化建设奠定基础，充分发挥管理信息系统的功能和作用。

## 2.1.6　企业业务流程重组实例分析

福特汽车公司是美国三大汽车巨头之一，但到了 20 世纪 80 年代初，福特像许多美国大企业一样面临日本竞争对手的挑战，不得不削减管理费用和各种行政开支。

位于北美的福特汽车公司 2/3 的汽车零部件需要从外部供应商那里购进，为此要有相当多的雇员从事应付账款的管理工作。当时，公司应付账款部有 500 多名员工，负责审核并签发供应商供货账单的应付款项。按照传统的观念，这么大的汽车公司，业务量如此庞大，有 500 多名员工处理应付账款是非常合情合理的。管理人员计划通过业务处理程序合理化和应用计算机系统，将员工裁减到最多不超过 400 人，实现裁员 20% 的目标。在提出这一目标时，管理层认为改革的力度已经很大了，特别是针对这样一家庞大的带有官僚气息的公司。

然而一次出国访问使得这一目标变得几乎可笑。福特公司在当时的日本马自达公司占有22% 的股份，在对马自达公司应付账款部门考察时，福特公司的管理者发现马自达公司仅仅有5 位员工负责应付账款工作。尽管两个公司在规模上存在一定的差距，但按公司规模进行数据调整之后，福特公司仍多雇用了 5 倍的员工，这个比例让福特公司的管理层再也无法泰然处之了。显然，单纯引入管理信息系统绝对无法将几百名员工一下子缩减到原先的 1/5。要想达到和马自达公司相同的效率水平，公司必须从深层次加以改变。

上述实例是业务流程重组的典型，哈默博士在其论著中曾予以引入和分析，福特汽车公司即成为流程重组实践的早期发源地之一。

### 1. 福特汽车公司原付款业务流程

福特汽车公司的原付款业务流程如下：① 公司采购部门向供应商发出采购订货单，并将副本送交给公司财会部门。② 供应商发货并送至公司验收部，同时向公司财会部门开具发票。③ 公司验收货部员工查收货物并填制验货单，副本送交公司财会部门。④ 公司财会部门审核订货单副本、验货单和发票，核定其中的 14 项数据，数据相同则同意付款，并在规定期限内将支票汇出。如果不完全相同，则进行查问，严重不符者，则交由验收部门处理。⑤ 如果验收部门发现货品有质量问题或 3 个书面凭证的内容有较大差异，则由验收办理退货，财会部门再做出相应的账务处理。福特汽车公司原付款业务流程如图 2-3 所示。

福特汽车公司原付款业务流程存在以下问题：① 财会部门的业务量大且烦琐，由于采购批次多，福特公司雇用了近 500 人专门从事审核订货单、验货单和发票的工作。烦琐的审核工作也使公司财会部门难以及时进行应付账款的期限管理和例外事务管理。② 书面凭证在公司各部门之间的传递存在着时滞，且单据为各部门信息交流的主要工具，这样，某一环节书面凭证的抄写错误会导致大量的询问查实工作，如果单据传递不畅，将不能及时发现并处理采购过

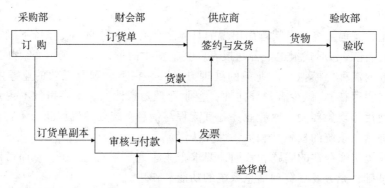

图 2-3　福特汽车公司原付款流程

程中的问题。因此，需要进行大量的数据维护和单据催收工作。③ 验收部收货与退货在时间上可能相距较远，造成财会部门必须在完成购货会计处理之后再做相应的退货会计处理，与供应商的交涉不能及时进行。

可见，降低成本和提高效率是福特汽车公司常规业务处理方式所面临的挑战。

**2. 福特汽车公司付款业务流程重组**

受日本马自达公司的启发，福特汽车公司改革了采购业务的处理方式，构建企业网络化管理信息系统，共享数据，实现采购业务流程的优化。其流程重组后付款业务流程如下：① 公司采购部门向供应商发出订货单，同时将有关内容输入联机数据库。② 供应商发货并送至公司验收部，同时开具发票。③ 公司验收部员工通过计算机终端核对所到货物与数据库中的订货单记录是否相符，如果相符，则接收这批货物并向管理信息系统确认货物已收到。如果发现货物与数据库中订货记录不符，则拒绝接收，将货物退送供应商。④ 公司财会部门审核订货单副本、验货单和发票，核定其中的 3 项数据（零件名称、数量和供应商代码），数据相同则同意付款，并在规定期限内将支票汇出。

福特汽车公司重组应付账款业务流程以后，各部门业务处理环节实现了数据共享，大部分数据项由管理信息系统自动核对，应付账款部门不再需要发票，充分提高工作效率。重组后的应付账款业务流程如图 2-4 所示。

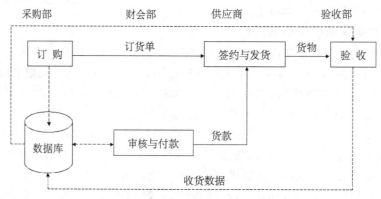

图 2-4　福特汽车公司重组后的付款流程

福特汽车公司应付账款的业务流程重组，将原来由财会部门承担的书面凭证审核工作的大部分内容，交由验收部门核实货品与订货数据、管理信息系统自动核对数据。变革收到了明显效果：① 原有流程应付账款部门需要在订单、验货单和发票中核查 14 项内容，重组后只需核查 3 项，即零件名称、数量和供货商代码。② 应付账款部门人员减至 125 位，并有精力从事应付账款的期限管理、供应商评估和例外管理等工作。这意味着业务流程重组后为福特公司的应付账款部门节俭了 75% 的人力资源，而不是原计划的 20%，并有精力从事其他重要工作。③ 由于订单和验货单的自然吻合，应付账款部门员工不再需要负责应付账款的付款授权，付款及时而准确，从而简化了物料管理工作，并使得财务信息更加准确。④ 公司各部门共享管理信息系统中的采购业务及相关数据，能够实时完成业务处理，降低了数据在传递中发生错误的概率。⑤ 验收部能够及时处理退货业务，其查收货物的业务量没有加重，同时避免了退货时又从库房取货的麻烦。⑥ 财会部门一般不再处理退货业务。

### 3. 福特汽车公司付款业务流程重组的启示

福特汽车公司的业务流程重组说明，业务流程重组不能仅仅面向单一部门，而应着眼于企业全局的业务处理流程。倘若福特公司仅仅重组应付账款部门的流程，那将是徒劳无功的。将注意力放在整个物料获取的流程上，其中涉及采购、验收和应付账款部门，才能获得绩效的显著改善。另外，业务流程重组只有借助于网络化管理信息系统的建立，实现数据的高度共享，才能确保重组流程的成功运作。

## 2.2 企业组织结构变革

现行企业的组织结构大多是基于职能而设置的专业化部门管理模式，企业管理的过程是企业职能部门专业化处理企业业务流程的过程。传统的"劳动分工理论"致使专业化分工越来越细，业务流程被过度分割，组织结构趋于臃肿而庞杂。信息技术的发展和客户导向的理念促使企业实施业务流程变革，按照业务流程或具体任务的整体形式，将分散于各部门的流程重新组合起来，形成完整的、优化的业务流程。企业业务流程变革的实现以管理、协调业务流程的组织结构的变革和支持业务流程、组织结构有效运作的信息技术的引入为前提，可以说，与信息技术的有效支持一样，企业组织结构的变革是业务流程变革取得成功的根本保证。

### 2.2.1 传统组织结构存在的问题

企业管理系统的组织结构是企业管理过程各要素组成的有机整体。具体来说，企业的组织结构是根据企业直接生产过程的运行特点，以及由此产生的一系列生产、技术、经营活动管理上的要求，依据企业一定阶段的目标，将专业管理人员、管理工具等要素组织起来构成的系统。组织结构是企业管理过程与运行状况的直接体现，它的发展与完善，是企业生产力不断发展的一个直接结果。

工业革命初期，"科层制"以其结构稳定、持续并可预见的特点盛行一时。这种注重纵向分工、强调命令控制的高耸式等级体制在目前的企业都能找到其踪影。在这种强调专业分工、注重精细化的组织结构中，职能部门制是造成企业僵化的主要原因。企业僵化主要有如下表现。

（1）每个员工取悦的是自己的上司，因为上司掌握员工的职位等级、薪酬，每位员工可以冷落顾客，但丝毫不敢怠慢上级。

（2）职能部门以专业划分，在企业中形成一个个利益中心，部门之间的边界极为明显。在一项业务涉及多个部门并发生利益冲突时，各部门将精力集中于本部门业务效率的提高和自身利益的维护上，忽视企业整体目标和利益，对企业发展战略和快速变化的竞争环境难以形成有效支撑。另外，协调内部冲突也需要耗去大量的企业成本。

（3）为了加强内部管理，企业建立大量制度及审批手续，但几乎很少是为了更好、更快地向顾客提供优质服务的条款，基本上是监督内部职工的规定。层层审批、众多领导签字制，不但大大降低了企业的运行效率，也是推卸责任的最好方式。

（4）公文旅行存在于各个企业，对公文、报告、表格的检查、校对及控制成为企业工作极其重要的内容，甚至可以压倒一切。

总之，在传统的以职能组织为中心的管理模式下，业务流程隐蔽于臃肿的组织结构背后，流程运作复杂、效率低下、协调困难、决策迟缓、本位主义、手续繁多、权责不明和顾客抱怨等问题层出不穷。对于企业的普通员工而言，一方面被组织所控制和管理，另一方面，组织的存在也会给员工提供心理和实质上的依赖感。针对这个问题，很多企业已开始关注业务流程，但是，如果仍把重点放在保持现有组织结构而不考虑组织变革，就会只见树木不见森林。当把企业战略目标分解到各个部门作为考核指标时，就不可避免地产生自扫门前雪的情况。当员工目标与企业目标产生矛盾时，大部分员工只关注于能够控制的范围，而不是自身不可控制的企业目标。这是组织和员工不关注整体流程造成的。

## 2.2.2 基于业务流程重组的企业组织结构变革

### 1. 组织结构变革：业务流程重组的必然要求

企业业务流程重组为业务流程的高效协调和低成本运作创造了条件，但是这并不能表明可以实现整个组织运作的高效率和企业整体经营的高效益。企业的组织结构是企业内部各组成要素相互作用的联系方式，是组织管理模式和业务流程的最直接反映，业务流程仅仅是企业组织系统的一个组成部分，是组织结构监督、协调、指挥的对象。随着市场竞争激烈程度的加剧，企业经营的目标发生了深刻变化，从过去仅仅强调效率、成本与控制转变为目前注重创新与速度、服务与质量。新的竞争环境和经营理念要求企业实施业务流程重组，组织结构的变革既是业务流程重组的内在要求，也是其外在表现的形式之一，是业务流程重组的必然趋势。传统的建立在劳动分工基础上的职能制组织结构片面而零碎，缺乏足够的维持创新与速度、服务与质量的集成性；组织内成员习惯于用个别的、狭隘的部门目标替代企业的整体运作目标。当工作任务从一个人传到另一个人、从一个环节传到另一个环节、从一个部门传到另一个部门时，程序繁多，过程冗长，延误和出错是不可避免的。企业必须在业务流程重组的基础上，变革企业的组织结构和规章制度，变革建立在劳动分工原则理论基础上的组织体系，打破旧的职能界限，构造跨越部门界限的、以活动为基础、以团队为工作方式、以流程为核心的组织体系，从而增强企业的灵活性和对市场变化的快速反应能力，实现企业的价值增值，提高整个企业的经营绩效。

### 2. 组织结构变革的基本原则

传统组织结构的变革在业务流程重组和信息技术的支持下成为可能，在企业管理实践中，组织结构变革应遵循以下基本原则。

（1）面向业务流程的组织设计思想。强调以价值流为中心，以业务流程或任务的活动过程为组织设计基础，以团队或小组作为组织的基本构成单元，从根本上改变以劳动分工为基础的组织设计思想，彻底消除传统的功能部门的界限及其管理模式。

（2）充分分权和授权的组织原则。在信息技术的支持下，基层管理人员和一线员工能获取大量的客户信息、掌握市场动态，因此应充分授权，消除层层请示的权利集中控制形式，以适应多样化的客户需求和变化动荡的市场环境。

（3）自主管理和间接控制为主的组织手段。现代企业中处于基层的员工不仅具有坚实的专业知识、丰富的工作经验和熟练的工作技能，并且具有较强的自行决策、自主管理的能力，因此，应给予基层员工一定的自主管理空间，发挥个人潜能。

（4）以人为本及人性化管理的企业文化。信息时代即知识或人才时代，有了人才才能掌握最佳资源，善于开发利用人才才能发挥员工创意，取得效益，因此企业必须重视人的价值，实行以人为本和人性化管理。

### 3. 新型组织结构的基本特征

基于业务流程重组的组织结构没有固定的模式，但应具有如下的某些基本特征。

（1）组织结构扁平化。企业的组织结构是围绕有明确目标的核心业务建立起来的，而不是基于职能部门构建的，职能部门的职责也随之逐渐淡化。在信息技术的支持下，组织结构应减少管理的中间层次，将多层级的金字塔式的结构变革为扁平化的组织形式。与扁平化组织结构相对应的信息流程在纵向信息沟通的同时，必须加强横向联系，使企业中的信息流通更加迅捷和有效。一般来说，横向信息流是企业内部具有相同或相近权力、地位、职能等级者之间的信息交流，是协调组织行为、解决实际问题的重要途径，它与纵向的信息交流是互相联系的。扁平化的企业组织是一种高度分权化的组织结构。

（2）组织结构柔性化。面对复杂多变的外部环境，企业要想在激烈的竞争环境中取胜，其组织结构必须灵活而具有韧性，即组织结构柔性化，能根据环境的变化调整组织结构，建立以任务为导向的团队式组织。这种团队根据所面临的机遇或联盟的要求而临时组建，并随着机遇的消失和联盟的解体而解散。团队有很强的自治能力，具有自组织和自适应能力，能很好地适应环境变化，并在动态中寻求最优。团队成员来自不同的部门、具有不同的技能，一旦进入团队就不再受原来的部门约束，同时团队成员仍然和专业职能部门保持着密切的联系，可以充分得到职能部门的有效支持。柔性化组织，既对环境、技术和顾客需求具有敏感性和灵活性，又要通过高层次控制实现总体目的，实现对组织活动和人员的高层次调节。这种结构可以充分利用企业的内外部资源，增强企业对市场变化与竞争的反应能力，有利于企业实现集权与分权、稳定性与变革性的统一。很显然，柔性化的组织结构强化了部门间的交流合作，让不同方面的知识共享后形成合力，有利于知识技术的创新。

（3）组织结构虚拟化。虚拟化的组织结构是指企业只保留规模较小，但具有核心竞争能力的部门，并依靠外部组织以合同为基础进行制造、分销或其他业务的经营活动。虚拟组织结构成为在信息技术驱动下企业组织结构演进的必然产物。参加虚拟组织的企业都是为了提高市场占有率和利润。一般而言，处于动态联盟中心的企业是盟主企业，其他企业是伙伴企业，两者都是虚拟组织的成员企业。虚拟组织的出现，反映了在信息技术条件下企业组织的"法定"界限已被打破，传统的组织概念也开始发生根本性变化。

### 4. 组织结构变革案例分析

柯达电子（上海）有限公司是美国柯达公司在上海的全资子公司，1996 年 3 月建成投产，现有员工 400 多人，该公司主要负责柯达相机的生产，其销售则由柯达公司上海总部负责。该公司产品主要有 APS 相机、CBIO 相机与一次性相机等。公司成立之初，采用了传统的以职能为取向的组织结构模式，如图 2-5 所示。

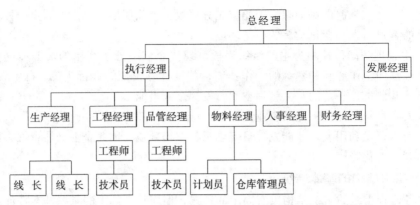

图 2-5　柯达电子（上海）有限公司业务流程重组前的组织结构

在此组织结构中，公司的生产运作由执行经理负责，其下属的生产经理负责生产、工程经理负责工艺过程和成本控制、品管经理负责质量管理、物料经理负责物料管理的采购和库存。该公司产品生产的业务流程如图 2-6 所示。

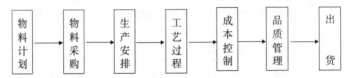

图 2-6　柯达电子（上海）有限公司产品生产的业务流程

图 2-5 和图 2-6 表明，产品生产的业务流程被职能部门严重割裂。物料计划、生产安排由生产经理负责；物料的采购与出货由物料经理负责；工艺过程与成本控制由工程经理负责；品质管理则由品管经理负责。产品生产业务流程的各环节分别由不同的部门经理负责，无人对整个产品生产的业务流程负责。在公司的运作过程中，问题丛生，矛盾不断，生产效率低下。各部门负责人都以做好本部门的工作为己任，对其他部门的工作则漠不关心，他们都只对执行经理负责。各部门之间的矛盾由执行经理协调，整个流程如出现问题则同样由执行经理处理，从而使客户满意度问题的处理也落到了执行经理身上。也就是说，客户对产品的满意度与客户满意度的制造者——各部门经理无关，却成了执行经理的事务。

面对存在的问题，公司决定对其产品生产的业务流程进行重组，客户满意度问题交由产品经理负责（见图 2-7）。

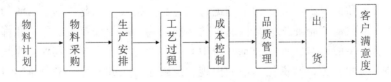

图 2-7　柯达电子（上海）有限公司重组的产品生产业务流程

原产品生产的业务流程已较为完整，重组后只是将由执行经理负责的客户满意度问题交由产品经理负责。重要的是，为了确保图 2-7 的产品生产业务流程消除割裂、保持完整、有效运作，必须进行组织结构变革。公司将以职能部门为主体的组织结构，变革为以产品生产业务流程为中心组建的流程小组作为主体的组织架构。原有的职能部门经理，如能胜任产品生产的整个业务流程的管理工作，则被任命为流程小组负责人或称产品经理，不能胜任者则另行安排。变革完成后的组织结构如图 2-8 所示。

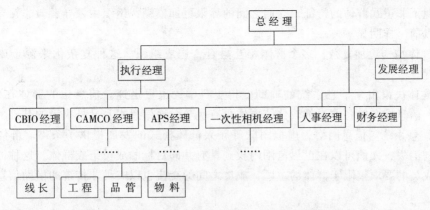

图 2-8 柯达电子（上海）有限公司变革后的组织结构

按照变革后的组织结构，产品经理们不再是某一职能部门的负责人，而是承担某一产品从投入到产出，直至客户满意度问题处理的整个管理工作。CBIO 经理、CAMCO 经理、APS 经理及一次性相机经理均需对所生产产品的整个流程负责。流程不再是片断化的碎片连接，而是一个完全的整体。在原业务流程中客户是被忽视的对象，而在变革后的业务流程中客户的地位显赫，组织结构的变革也能确保客户满意度问题的处理，最终能为产品质量的提高提供直接的信息来源以及创新的压力和动力。

### 2.2.3 信息技术与企业组织结构变革

#### 1. 信息技术对企业组织结构的影响

信息技术改变了传统的信息收集、加工和处理方式，增加了信息的处理量，加快了信息的处理速度，并提高了信息处理的准确度。同时，信息的传输能力大大加强，在同一时间可以将信息在整个组织范围内扩散，可以免去中间层的上传下达，减少信息流通的中间环节，弱化中间管理层的效用，推动企业组织结构的变革。企业利用信息技术建立管理信息系统，实现信息的高度共享，从而可以打破信息的等级界线，发挥出信息的最大价值。信息技术强大的信息处理能力和传输能力，使得各层管理部门的内部交易成本大大下降，从而扩大了管理的幅度，更加扁平化的组织结构在信息技术的支持下能够有效建立。

#### 2. 信息技术对组织员工的影响

从组织员工的个体层面看，组织员工发生了新的分化。部分适应新技术要求的员工利用信息技术取得优势地位，即使员工并没有在组织中担任职务，也会在组织目标制定、组织运行、利益的划分等方面占得先机。信息系统的广泛应用，使得组织员工的行为方式被约束，行为被引导，组织运行有序稳健，组织能发展得更好；信息系统对员工也可能带来负面的影响。掌握信息技术的员工地位上升，就会使另一部分员工失去传统优势，这就是信息化组织中技术人员与行政人员的矛盾，这种矛盾有时甚至会导致信息化建设项目的失败，使组织运行处于一种无序的状态，组织行为无目标也无准则，危及组织的生存与发展。

从群体层面看，由于信息化带来的变化表现在以下几个方面。

（1）组织结构从形式上较传统层级结构松散，组织成员同化的可能性变弱，群体成员个性张扬，构成群体的个体差异加大。

（2）正式群体与非正式群体的交叉性更强。由于信息技术赋予了人们更强的工作技能，组织成员之间更多地以感情、兴趣、价值观、信息沟通等非工作性要素来组织工作性群体，正式群体体现了非正式群体的特征，它们之间的界限更加模糊，组织中领导者与非领导者的区别也不再像以前一样明显。

（3）群体结构更加复杂，多个群体相互融合，构成组织。这种复杂化来源于成员个体差异的明显性。

（4）群体决策由于信息系统的辅助变得更科学，也更迅速。信息化的群体在信息收集、信息处理、信息发布等各方面都较传统群体更有优势，而信息本身又是决策的基础。

（5）信息系统与信息网络为虚拟团队等新兴群体模式的发展提供了条件。群体形成在空间上的限制消失，人们可以在世界范围内找到具有共同目标的成员组成群体，这种群体是开放性的，对成员的要求仅限于群体的主题，成员之间的交流也以一种非传统的借助信息技术的方式进行。

信息化对群体的影响是积极的，但也可能有消极作用存在。在信息化过程中，组织运行流程发生着改变，组织转型期会伴随有各种问题出现，群体之间会有各种摩擦，信息化本身带来的组织的迅速改变也会影响到组织内部的群体，使群体变动加快，不稳定性变强，带来群体的动荡，即群体不断分拆、重组、再分拆、再重组，而这种动荡是信息化组织的基本特征，所以，消极的因素也就时时存在。

面对信息技术对组织结构和员工的影响，企业高层管理者应充分发挥信息技术的积极作用，降低不利影响，特别要做好中层管理者和有抵触情绪员工的沟通和培训工作，促使他们积极参与业务流程重组、组织结构变革和信息化建设项目，确保企业在持续创新中获得优势。

## 2.3  基于管理信息系统的数据供应与信息生产

管理信息系统的运行目标是为决策者及时提供准确的信息，而准确信息的产生以向管理信息系统提供满足需要的、高质量的数据为前提。因此，企业业务流程重组和组织结构变革为管理信息系统的成功开发奠定了基础，而管理信息系统有效作用的发挥则需要高质量的原材料——数据的提供，并且通过面向企业战略和发展目标的数据处理设计，获取所需信息。可以说，在关注信息技术之前，基于管理信息系统的数据供应和信息生产是企业管理者必须关注的重要内容，也是企业管理变革的深层次诱因。

### 2.3.1  数据供应与信息生产的含义

#### 1. 数据供应与信息生产的关系

如果把数据看成原料，把信息看成产品，把对数据的处理、分析看成是产品的生产加工过程，那么，企业的管理信息系统就可以比作一个生产制造系统，并可以利用传统的产品生产模型来解释企业信息化建设所出现的问题。原料、生产设备（工具）、生产者是构成传统生产模型的三个要素，数据、信息系统（信息技术）、信息管理人员则是信息管理的三个要素，而与生产系统中原料供应和产品生产过程相对应的则是信息系统中的数据供应和信息生产（见图2-9）。

#### 2. 数据供应及其要素

数据供应就是向信息系统提供数据的过程，它是信息生产的基础，也是企业信息化建设的前提。现代企业的经营管理离不开信息，满足企业人员对信息的需求是信息系统的最高目标。

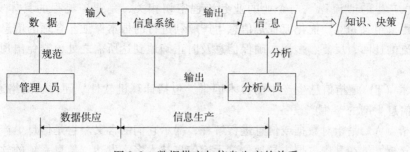

图 2-9　数据供应与信息生产的关系

要提供所需信息就必须获得能够"生产"这些信息的原料，即数据，因此数据供应水平的高低直接影响着企业信息化建设的成功与否。信息化程度高的企业管理科学、精细，对信息的依赖性强（也即数据重视度强），信息化程度低的企业管理粗放，对信息的依赖性差（也即数据重视度差）。

数据供应包含 3 个要素，即范围（area）、时间（time）和质量（quality），它们决定了数据供应的水平。

范围（A）是指需要哪些数据，即哪些数据应该进入信息系统，相当于对原料种类和数量的要求；时间（T）是指数据的获取是否及时，相当于对供料时间的要求；质量（Q）是指获取的数据是否真实反映企业的客观情况并且容易利用，相当于对原料品质的要求。3 个要素相辅相成，范围限定数据的内容，时间决定了数据的时效性，质量决定了数据可被利用的程度，只有 3 个要素都适合，数据供应才能符合信息生产的需求。

### 3. 信息生产及其要素

信息生产是将数据转变成信息的过程，包括数据的分类、排序、汇总、计算、选择、分析等步骤。数据丰富，信息贫乏的例子并不少见，许多企业守着堆积如山的资料文档、体积庞大的数据库却得不到所需信息，在数据海洋中不知所措。这种现象的出现有两个原因：一是企业自身缺乏信息生产的意识，没有认识到数据与信息的区别，对已有的数据熟视无睹；另一原因就是虽已认识到信息生产的重要性但没有足够的信息生产能力，无法将数据加工成所需信息。要解决这两方面的问题，前者必须加强企业对信息的认识，树立信息管理的正确观念。至于后者，需要研究与信息生产能力相关的因素。

信息生产也包含 3 个要素，即流程（process）、技术（technology）和分析（analysis），它们决定了企业信息生产能力的高低。

（1）流程（P）是指将数据加工成信息的过程。企业决策需要各种各样的信息，某些信息的产生需要以另一些信息的存在为前提，也即某些信息是进一步生产其他信息的"原料"。因此，信息生产的"流程"实际体现了企业信息产生和流转的过程。

比如，当某种原料的库存数量低于安全库存警戒线时，信息系统会向生产部发出警告，生产经理得到这个信息后根据生产计划中的原料需求数据向采购部发出采购申请，采购经理得到申请单后查阅供应商数据，同时参考安全库存和经济批量等相关信息做出采购决策。在这个过程中，先由库存量数据产生"缺料"信息，这个信息被传送给生产部，生产经理根据生产计划中的原料需求量向采购部发出采购申请信息，采购经理得到申请信息后，再根据供应商数据获取最佳供应商信息，最后综合各方面信息做出原料采购的决策。在这个过程中，采购申请信息由缺料信息、生产计划信息综合加工而来，并且信息产生的时间和地点都有一定的先后顺序，类似于生产制造中的工艺流程。

企业信息产生的"流程"与企业的业务流程密切相关，是业务流程的具体实现，因此，通过业务流程重组（BPR）优化流程是信息生产顺利进行的根本保证。合理的信息生产流程可以避免信息流的迂回、反复、多源，确保信息及时正确地到达所需之处，避免出现信息与需求的不匹配。

（2）技术（T）是指信息生产中的技术因素，包括计算机软件、硬件、网络通信设施等，这些相当于信息生产的"生产设备"。

（3）分析（A）是指对数据或信息进行解释，揭示它们的含义。它是信息生产中最重要的一个因素，分析人员在其中占据主导地位。无论信息技术多么发达，信息系统的软件功能多么强大，它所能做的只是辅助人们分析。人可以将自己的一些判断规则编成计算机程序来代替人脑加工信息，但是计算机软件永远无法完全代替人在分析中的地位和作用。信息技术可以缩短数据与人脑之间的距离，但是永远不能逾越人脑。

信息生产的3个要素也是相互融合的，技术因素同时应用在流程和分析中，分析可能是流程中的一个环节，也可能是分析人员对信息系统所产生信息的解释、内化过程，只有3个方面都科学有效，企业的信息生产能力才能提高。

## 2.3.2　企业信息化建设存在的问题

### 1. 数据和信息意识淡薄

企业往往将主要精力放在信息系统的技术构建上，忽视对信息系统处理对象和输出目标（即数据和信息）的分析与研究。近几年来，信息技术的飞速发展使人们盲目乐观，许多企业认为只要使用先进的信息技术就可以解决企业管理的所有问题。全国每年有上百亿的资金投入到信息技术中，企业信息管理部门大多将注意力集中在计算机软硬件技术及网络设备的采购、连接和维护上。频繁的软硬件升级给信息系统穿上了时髦而昂贵的外衣，但这些先进的信息技术并没有给企业带来预期的成功。美国咨询家汤姆·彼得斯（Tom Peters，1942—）认为，信息系统的成功5%在于技术因素，而95%在于心理因素，大多数的企业并没有花费足够的精力来研究后者。相同的软件系统应用在不同的企业可能会带来迥然不同的结果，可以肯定并不是信息技术本身完全决定企业信息化建设的成败，其中还会有很多复杂原因。构建信息系统的目的是为了有效获取信息，不能把计算机设备和信息系统当做装饰品来显示企业的现代化。如果企业自身没有信息管理的正确观念，日常运营数据的描述缺少规范，与数据传输和信息处理密切相关的业务流程不科学合理，那么无论使用何种信息技术，信息化建设都不会成功。

### 2. 数据供应水平低

信息化建设取得成功的企业有这样的经验，实施信息化是"三分技术、七分管理、十二分数据"，这足以显示数据供应的重要性。想生产出优质的产品必须有合格的原材料，数据供应直接决定信息系统所能提供的信息，低水平的数据供应是企业信息化建设失败的重要原因。下面围绕数据供应的3个要素展开分析。

（1）数据供应的范围界定不清。企业经常存在这样的现象：操作员每天必须输入大量原始数据，部门主管却不知这些数据的输入意义何在，经理不断抱怨得不到想要的信息。这是数据供应的范围界定不清造成的。数据范围由用户的信息需求所决定，包括数据的种类和数量两个方面，但在系统开发之初，需求分析往往不到位，用户们不能自如地表达自己的信息需求，不知信息应该由哪些数据体现，数据又该从何处获得。系统分析人员得到的是模糊不清的文档描述，难以发现用户的真正需求。不少企业在信息化建设过程中又过分贪"全"，希望系统包含所有功能，结果弱化了核心功能，既加大了软件开发的工作量又增添了数据录入的负担，给系统留下大量"垃圾"数据。因此，系统设计之初一定要明确系统的核心功能（即主要解决什么问题），围绕核心功能界定数据输入的范围。

（2）数据供应时效性差。信息具有时效性。数据输入必须及时，系统中的数据要反映企业的现实情况。信息系统最大的优点就是能够快速、便捷地传递和共享数据，但这取决于数据录入的及时性，否则也只能快速传递过时的甚至是垃圾数据。某些企业数据更新往往不及时，最主要原因是数据流程的问题。数据流迂回、重复，中间环节偏多，会造成数据供应延迟和错误增加。不少企业管理人员仍习惯于先形成书面文档再进行数据输入，这既浪费了纸张又延误了时间。企业必须增强对管理信息系统的依赖性，摒弃传统的办公习惯，学会通过信息系统处理日常工作。如果从信息系统得到相关数据的速度还不如传统纸质文件传递的速度，这样的信息系统显然没有价值。其次是制度规范问题。许多企业没有基础数据的管理规范，甚至没有专职的数据录入人员，经常出现数据录入人员临时被抽走的情况，造成数据录入不及时。另外由于企业对数据录入工作要求不严，不能做到日清日结，数据录入人员将本该每日录入的数据集中几天输入（比如年末、月末输入），也会影响数据的实效性。

（3）数据供应质量低。数据质量直接影响最终产品，即信息的质量。数据不准、精度不够会直接导致错误信息的产生，数据粗糙、繁冗、难以利用会给信息生产增加困难。比如某工厂实行浮动工资，将工人的奖金与利润挂钩，如果该工厂生产成本中原材料的比重很大（占80%），而原料消耗量的统计数据精度不够，就会使原料成本的计算值和实际值产生偏差，这个偏差对于占生产成本 80% 的原材料来说微不足道，但对于工人所能获得的奖金来说起决定性作用，可能直接影响工人的士气，给企业带来不可估量的损失。此外，某些数据获取困难，但对企业的高级经理却非常重要，比如竞争对手和市场情况的数据，这些企业外部数据种类繁多、数量庞大、来源不确定，收集、整理需要花费大量的工作，即使得到这些数据，加工利用也有很大难度。如何处理和管理这类数据是近些年管理信息系统研究的一个热点，经理信息系统（executive information system，EIS）和企业战略信息系统（strategy information system，SIS）是目前比较好的解决方案。

### 3. 信息生产能力差

信息系统中的原始数据必须经过加工处理才能成为有用的信息。现在各公司对于他们所经营的每一项内容几乎都能记录和收集数据，信息系统在收集和处理交易数据方面又特别有效，但这些数据很少被转化为信息和知识。比尔·盖茨（Bill Gates，1955—）在《未来时速》（*Business @ the Speed of Thought*）中这样写道："众多的高级经理人员常常将实时信息的缺乏视作理所当然，长期以来，他们一直生活在没有随手可得信息的日子里，以至于他们没有意识到自己失去了什么。"信息生产能力差使企业空守着丰富的数据资源却又极度缺乏信息，提高企业信息生产能力已经成为信息化建设的当务之急。下面以流程、技术、分析 3 个信息生产要素为对象讨论造成企业信息生产能力差的原因。

（1）流程设计不合理。信息生产有一定的先后顺序，它是信息流产生的过程，不合理的流程设计会降低信息流动的速度，增加不必要的工作量，提高出错几率。比如前文提到原料采购的那个例子，如果重新设计流程，系统发现库存低于警戒线后直接将缺料警报传送至采购部，同时也将该原料的生产需求数据一起传递，这样采购经理就可以根据各种信息和数据直接做出采购决策，从而减少生产部门进行采购申请的环节，大大加快信息生产的效率。我国学者梅绍祖教授认为：当相同的信息在不同部门间不停地往来时，无论它是以什么形式（书面的或电子的）传递，其发出的都是同样的信息，说明企业的信息流设计不合理，人们不是从源头上一次性输入数据，反复共享，他们花了过多的时间进行彼此的沟通联络。再强调本章前面的案例。福特公司订购原材料的信息在财务和采购、财务和仓储部门间重复传递，财务部门要等待仓储部门的确认信息才能付款，一旦数目对不上或出现退货情况还需要财务部门将信息通知采购部处理，信息流明显重复、迂回。重新设计业务流程后，大大简化了核查付款流程，既节省了人力也降低了错误的发生。福特公司应付账款处理流程的改革体现了科学合理的流程对于信息生产的重要性。

（2）技术水平低。技术水平低包含两个方面的含义。一方面是指采用的技术落后于时代，不能适应企业当前发展的需求。我国与发达国家之间在这方面还存在着不小的差距。世界零售业巨头沃尔玛公司拥有自己的卫星，世界各地的分店每天将经营情况传送到美国沃尔玛总部。戴尔电脑公司的信息系统将客户的网上订单自动分解，同时自动向下游配件供应商发出子订单，配件供应商发出的电脑配件上都有身份识别标志，戴尔电脑装配车间的自动分拣机器人根据配件上的标志将同一订单的配件分拣到一起，大大降低了人力成本。与此形成对比的是据原国家经贸委统计，我国只有18%的企业拥有内部网，有46%的企业仍通过相对落后的拨号方式接入互联网。技术水平低的另一方面是指企业没有充分发挥技术的优势。我国不少企业不惜重金引进世界知名公司先进的管理信息系统软件，这些软件功能强大、技术优良，但是企业由于自身管理水平的限制，无法理解软件的设计思想，不能和企业自身情况相结合，致使软件的功效难以发挥。技术水平的发挥程度与技术使用者的素质有关，人员素质对信息系统功能的实现有重要影响，只有具备高素质的人才，才能提高信息系统的使用水平。

（3）分析能力差。分析能力差是指企业缺乏从数据中获取信息的能力。正如前文所述，很多企业积累了大量的数据，但从中获取的有用信息并不多。销售点的数据很少被处理并用来指导具有高度针对性的市场营销工作；信用卡公司积累的业务数据很少用来甄别顾客信用等级的高低；数据库中成千上万条关于库存、采购、人员的记录没有被分析；大多数的信息系统不过是将数据输入系统，然后让它们一直"睡"在那里。企业守着如此丰富的数据资源却又高呼缺乏信息。将数据转化为信息的研究已经成为热点，数据挖掘、知识管理等理论都提出了从数据中获取信息的方法。目前，国内企业还难以达到如此高度，只有少数企业具备有限的数据分析功能。

提高信息分析能力还需要发挥具有丰富实践经验的管理者的作用。信息系统的软件分析功能与信息分析人员相结合才能不断提高信息生产能力。我国企业过分强调信息系统的能力而忽视人对数据的内化和对信息的分析作用，信息分析工作者缺乏，也不注重培养，在信息系统和高层决策者之间缺少桥梁和纽带，高层决策者的信息分析负担仍然较重。

### 2.3.3　企业信息化建设的对策

#### 1. 提高数据供应水平

提高数据供应水平可以从3个方面进行。

首先，需要界定数据供应的范围，弄清用户所需要的数据。有一种简单的信息管理工具，信息图能告诉员工寻找特定类型数据的方法和途径，它是一种简单而行之有效的工具。先在图中列出需要寻找的信息，然后标出这些信息由哪些数据、文件、规则和其他相关信息得到，最后标出获取这些数据、文件、规则和相关信息的途径。按照这个过程不断重复，最终形成一个部门乃至整个企业的"信息图"。信息图可以用来检查企业员工是否明确查找所要数据的途径，信息系统是否可以提供这些内容。信息图适用于系统需求分析时与用户进行沟通。

其次，要保证数据的时效性。数据录入一定要及时，同时简化数据流程，加快数据采集速度。要制定严格的规章制度，对于拖延数据报送的部门和个人必须进行处罚，以增强员工对数据重要性的认识。

最后，严格控制数据的质量。错误的、不标准的、不精确的数据不能进入系统，对进入信息系统的数据进行必要的审查和整理，同时利用计算机程序对输入数据参照完整性等规则进行检验。

提高数据供应水平必须从基础数据管理做起，这方面宝钢信息化建设的经验值得我们借鉴。宝钢在信息化建设过程中高度重视基础数据的准备工作，狠抓数据编码和标准化，他们总结出的重要经验是：信息化前的数据基础工作一定要做好，做到"数据不落地"。数据全部由机器处理，不加入人为因素。加入人为因素就是"落地"，就不透明了。宝钢以工业自动化促进资源信息化，资源信息化带动工业自动化，通过规范的信息资源管理、统一的代码设计和数据字典以及应用规范的标准化，做到"数据不落地"，以此作为企业信息化的先决条件，最终取得了良好的效果。

### 2. 增强信息生产能力

增强信息生产能力也可以从以下 3 个方面入手。

首先，设计合理的信息流程，即面向信息系统对现有的业务流程进行再造（BPR），使信息的传递更加迅速，效率更高。福特公司的应付账款处理重新设计了业务流程，建立共享数据库，原本需按先后次序进行的作业流程，可以同时进行，减少了 2/3 的冗员，节约了作业流程的时间，提高了信息生产的效率。

其次，要充分利用信息技术的优势，加快信息处理的速度和效率。信息系统的数据加工能力强，能替用户分担大量的数据处理工作，因此要充分利用信息技术，以获取全面反映企业运营情况、相关度高、离决策者更近的信息。

最后，提高企业对信息的分析能力。要利用数据仓库、数据挖掘和商业智能领域的研究成果，使信息系统趋于智能和完善，以承担更多的信息分析功能。国外的一些公司在这方面成效较大。亚马逊书店通过分析网站上每本在线出售的图书被点击的次数来判断哪类图书最受到读者的关注；信用卡公司通过分析历史数据确定哪些人有可能恶意透支；沃尔玛超市更是通过数据挖掘不可思议地发现了"啤酒"与"尿布"之间在销售上的关系。信息系统可以帮助人们整理、分析数据，挖掘数据之间的关联，但缺少人类的直觉和灵感（经验丰富的营销人员可以在拥有少量资料的情况下凭经验准确判断出市场需求的走势，这一点再先进的分析软件也望尘莫及）。企业在利用高质量信息系统的同时，也要依靠高素质的信息工作者，以增强信息生产的能力。信息分析工作者要研究信息需求并设计数据处理方案，在软件处理的基础上综合诸如社会、政治、人际关系等对企业有影响的因素，根据经验，利用隐性知识，通过对比、分析、总结，形成离决策者更近的信息。

企业的信息化建设需要熟悉管理业务，善于从全局出发发现、比较和分析问题，又了解信息技术的信息分析工作者，他们是增强企业信息生产能力不可或缺的关键人员，应重点培养和使用。他们首先是具有丰富实践经验的管理者，并参加信息化建设项目，又得到软件供应商的培训。世界著名软件供应商 SAP 公司非常注重培养"用户专家"。SAP 从用户中挑选一些精通业务又熟悉信息技术的人员进行重点培养，让他们理解 SAP 软件的设计理念和管理思想，训练他们利用 SAP 先进的信息技术解决企业经营管理问题，培养他们对信息系统的驾驭能力。

SAP 给通过考试的人员颁发证书，以证明这些人员在信息管理方面具有特殊技能。企业应选拔优秀的管理人才，并与专业软件供应商合作培养理想的信息分析工作者。

## 本章小结

企业的生存与发展取决于对竞争环境变化的把握和适应性，现代企业必须审视传统的生产管理模式，通过变革积极应对客户的个性化、多样化需求，在日趋激烈的竞争中获得优势。

基于亚当·斯密提出的"劳动分工理论"而形成的传统业务流程需要实施重组，即基于系统思想，以作业流程为中心重组传统业务流程，达到适应快速变动的企业环境的目的。企业组织结构的变革是业务流程重组取得成功的根本保证，必须面向业务流程变革企业组织结构，实现组织结构的扁平化和柔性化。

企业业务流程重组和组织结构变革离不开管理信息系统的支持，管理信息系统作用的有效发挥以企业业务流程重组和组织结构变革为前提。企业管理变革是管理信息系统的促进者，管理信息系统是企业管理变革的使能器。

基于管理信息系统的数据供应和信息生产是企业管理者必须关注的重要内容，也是企业管理变革的深层次诱因。提高数据供应水平，增强信息生产能力是企业信息化建设的有效策略。

## 复习题

1. 什么是业务流程重组？它具有什么样的特点？
2. 业务流程重组的意义体现在哪几个方面？
3. 企业实施业务流程重组时所遵循的基本思想主要体现在哪些方面？
4. 业务流程重组与管理信息系统间的关系如何？
5. 传统企业职能僵化的表现有哪些？
6. 组织结构变革的基本原则有哪些？
7. 面向未来的新型组织结构的基本特征是什么？
8. 从群体层面看，由于信息化带来的变化表现在哪些方面？
9. 我国企业信息化建设中存在的问题表现在哪些方面？
10. 企业提高数据供应水平可以从哪几个方面进行？
11. 企业提高信息生产能力可以从哪些方面入手？

## 思考题

1. 当前企业外部环境变化迅速，业务流程重组成为企业关注的重点。业务流程重组与管理信息系统有什么关系？是相互促进，还是相互影响？如果是相互促进，哪一个为主因？如果是相互影响，原因是什么？班中学生可以分成两组，各自收集资料进行辩论。
2. 在当前的经济环境下，管理信息系统如何才能应对业务流程的经常性变动？
3. 顾客需求多样化对于企业的管理信息系统提出了什么样的要求？
4. 组织结构的扁平化趋势中，管理信息系统扮演了什么角色？
5. 很多企业在管理信息系统建设过程中为了提高数据供应水平，强调信息技术的应用，尤其是先进的信息技术。你怎么看信息技术和数据供应的关系？

# 管理信息系统采纳

学习目标 >>>

- 了解西诺特模型和米切模型；
- 熟悉诺兰模型的特征及其对管理信息系统应用的阶段划分；
- 掌握管理信息系统采纳的定义；
- 了解管理信息系统采纳的相关理论；
- 熟悉影响管理信息系统采纳的技术、组织和环境因素；
- 熟悉管理信息系统采纳的观念；
- 了解管理信息系统采纳的相关策略。

引导案例 >>>

针对物流部存在的管理问题，陈总召开会议并决定在物流部开展管理信息系统建设。会议一结束，这一消息便在全公司传播开来。员工们的看法各不相同，议论和观望者居多。物流部的员工心情复杂，其态度概括起来有三类。第一类态度以去年刚进公司的大学毕业生小毕为代表，他们对管理信息系统抱有很高的期望。小毕是物流管理专业的本科毕业生，希望到公司发挥自己的特长。进入公司后小毕到一线锻炼，熟悉业务。从上班的第一天起，小毕发现自己被众多简单而重复性的业务弄得焦头烂额，每天都疲于应付不同部门的员工，一度心情沮丧。这类员工在物流部具有一定的代表性，他们希望自己从众多的重复性的工作中解脱出来，从事较高层次的管理工作，解决公司深层次的物流管理问题。听说公司要实施管理信息系统，他们认为这是解决物流管理问题的理想途径，表示大力支持。第二类态度以仓库科的劳科长为代表，他们对物流部实施管理信息系统不太支持。这部分员工数量不多，但由于他们以参与公司创业的老员工为主，因此影响力不容小视。他们认为，管理信息系统也未必能解决现存问题，而一旦改变现有做法，可能会造成一定的混乱，再说，管理信息系统实施失败的例子也时常听说，因此没有必胜的把握，还是保持现状为好。不过，按小毕的说法，劳科长等老员工因缺少计算机应用知识，对计算机应用有些排斥，他们认为物流部无需使用管理信息系统，现有做法可以满足公司的物流管理。第三类员工则对管理信息系统的建设没有非常明确的态度，认为是否实施信息化都是公司的决定，自己无需操心。在物流部这类员工为大多数。物流部吴部长的考虑似乎较为深远，有别于上述三类员工的态度。他不止一次地说，必须要统筹考虑，不能只看自己的工作，要从物流部甚至整个公司的角度考虑物流部的信息化问题。对于吴部长的说法，物流部的员工不便多说什么，在点头称是的同时总觉说法过于空洞，也难以把握吴部长的真实态度。

在员工们不同的心态中，贝斯特公司物流部的管理信息系统建设拉开了序幕。

**问题：**

你如何评价贝斯特公司物流部对于管理信息系统建设的态度？是否可能带来不良影响？你认为怎样才能确保管理信息系统实施成功？

企业通过业务流程重组、组织结构变革等管理革新，为企业信息化建设的有效开展创造了条件。管理信息系统的广泛应用，为一些企业赢得了竞争优势，创造了价值，但在某些企业中也出现了不容忽视的问题。据国家有关部门统计，我国仅有9%的企业基本实现了信息化管理，4.7%的企业基本实现了信息共享，1%的企业基本实现了电子商务，18%的企业拥有自己的内部网。又据有关专家估计，我国企业的信息化普及水平与发达国家相比至少落后了10～20年。在企业信息化普及率不高的同时，我国信息化建设的成功率也较低。20多年来，我国企业仅在管理信息系统方面的投资就超过80亿元人民币，但成功率却不到10％，此种现象严重阻碍了信息化建设的进一步发展。在成功与失败一直相伴相随的企业信息化建设进程中，人们逐渐认识到，企业信息化建设的成功不是单纯的技术问题，在很大的程度上是组织和管理问题。企业与管理信息系统的有效融合，企业采纳管理信息系统的影响因素、观念、策略以及个体和组织行为等，已成为备受理论界和企业界关注的研究课题。

# 3.1 管理信息系统采纳概述

企业信息化建设是信息技术与企业管理融合成为管理信息系统的过程。作为技术先进、结构复杂、涉及企业整体流程、需要全体员工参与开发和实施的管理手段，管理信息系统带来了企业管理的变革，部门利益重新划分，员工面临工作内容和工作方式调整、学习压力和心理挑战增强等诸多问题。因此，管理信息系统采纳不可能一蹴而就，是一个长期并需要解决特殊问题的过程。

## 3.1.1 管理信息系统建设的发展规律

### 1. 诺兰模型

1979年，美国哈佛大学教授、管理信息系统专家理查德·诺兰（Richard L. Nolan）通过对200多个公司、部门应用与发展管理信息系统实践和经验的总结，提出了著名的管理信息系统进化阶段模型，即"诺兰模型"，又称"诺兰阶段理论"。诺兰认为，任何组织由手工管理系统向以计算机为基础的信息系统发展并逐步走向成熟的过程，都存在着客观发展规律。他将以计算机为基础的管理信息系统的发展过程划分为6个阶段（见图3-1）。

（1）初始阶段：组织引入了诸如管理应收账款和工资等数据处理系统，各个职能部门（如财务）的专家致力于发展自己的系统。人们对数据处理费用缺乏控制，信息系统的建立往往不讲究经济效益，用户对信息系统也是抱着敬而远之的态度。

（2）普及（传播）阶段：信息技术的应用开始扩散，数据处理专家开始在组织内部宣传自动化的作用。这时，组织管理者开始关注信息系统方面投资的经济效益，但是实质性的控制还不存在。

（3）控制阶段：出于控制数据处理费用的需要，管理者开始召集来自不同部门的用户组成委员会，以共同规划信息系统的发展。管理信息系统由一个正式的部门负责，以控制其内部活动，启动了项目管理计划和系统发展方法。应用开始走向正规，并为将来的信息系统发展打下基础。

（4）整合阶段：组织从管理计算机转向管理信息资源，这是一个质的飞跃。从第一阶段到第三阶段，通常产生了很多独立的部门信息系统。在此阶段，组织开始使用数据库和远程通信技术，努力整合现有的信息系统。

（5）数据管理阶段：信息系统开始从支持单项应用发展到在逻辑数据库支持下的综合应用。组织开始全面考察和评估信息系统建设的各种成本和效益，全面分析和解决信息系统投资中各个领域的平衡与协调问题。

（6）成熟阶段：中上层和高层管理者开始认识到，管理信息系统是组织不可缺少的基础，正式的信息资源计划和控制系统投入使用，以确保管理信息系统支持业务计划。信息资源管理的效用充分体现出来。

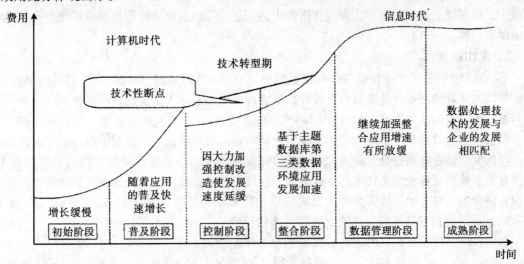

图 3-1　诺兰模型图

诺兰强调，任何组织在实现以计算机为基础的信息系统时都必须从一个阶段发展到下一个阶段，不能实现跳跃式发展。诺兰模型总结了发达国家信息系统发展的经验和规律，对发展中国家的信息系统建设具有很好的借鉴意义。

"诺兰阶段理论"是企业信息化建设成长过程研究领域中影响深远的经典理论，它以企业在信息系统应用上的资源投入大小为主要尺度，试图在企业个体层次上辨析出信息技术向经营活动渗透，企业信息管理水平提升的成长过程。"诺兰阶段理论"的重要意义在于它在一定程度上较为简明地描述了信息技术作为企业变革力量的发展路线以及企业在信息技术环境中的演进过程。对于企业的信息化管理人员而言，正确地理解和辨识信息技术的发展状况以及本企业在信息技术潮流当中所达到的阶段和所处的位置，必然大有裨益。

## 2. 西诺特模型

信息技术飞速发展，企业竞争日趋激烈，现代组织更加迫切地依赖信息系统为其决策提供科学依据。组织在信息管理方面仅仅通过信息系统来实现方便、快捷的数据处理目标已经远远不够，信息系统的开发还应充分考虑信息资源的最优配置，以形成差别化竞争策略等问题。而"诺兰模型"主要体现的是信息技术扩散的一般规律，对于组织信息管理模式的调整并未给出明确的回答，对于处在激烈竞争环境中的组织，若仅仅通过时间维度来进行信息管理模式的选择、判断并借此做出调整，将面临较大的不确定性，同时也伴随着较大的风险。

1988 年西诺特（W. R. Synnott）参照"诺兰阶段理论"并考虑信息的作用随时代变迁的特点提出了一个新模型，他用 4 个阶段的推移来描述计算机所处理的信息。从计算机处理原始数据的"数据"阶段开始，逐步过渡到用计算机加工数据并将其存储至数据库的"信息"阶段；接着，进入把信息当做经营资源的"信息资源"阶段；最后到达将信息作为带来组织竞争优势的武器的阶段，即"信息武器"阶段。

西诺特还提倡，随着计算机处理信息的作用的变化，作为信息资源管理者的首席信息官（CIO）的重要性应当受到重视。当前，发达国家都接受了西诺特对"诺兰模型"的改善，将信息资源管理作为企业的重要事情来抓。

"西诺特模型"不仅强调了信息处理程度的差别在组织经营与管理中具有不同的意义，而且还突出了信息资源管理者本身在组织信息管理模式选择中所处的特殊地位和作用。从西诺特模型中，还可得到这样的启示，即现代组织中的信息管理应加强战略信息资源转化为竞争武器的速度和力度。

### 3. 米切模型

"诺兰模型"和"西诺特模型"均把系统整合（集成）和数据管理分割为前后两个阶段，似乎可以先实现信息系统的整合后再进行数据管理，但后来的大量实践表明这种划分存在一定的问题。美国的信息化专家米切（Mische）于 20 世纪 90 年代初对此做了进一步修正，揭示了信息系统整合与数据管理密不可分，系统整合期的重要特征就是搞好数据组织，或者说信息系统整合的实质就是数据整合或集成。此前的研究仅仅集中于数据处理组织机构的管理和行为，而没有更多地研究各种信息技术的整合集成，忽视了将信息技术作为企业的发展要素而与经营管理相融合的策略。米切的信息系统发展阶段论研究成果可以概括为：具有"四阶段、五特征"的企业综合信息技术应用连续发展的"米切模型"。

米切将综合信息技术应用的连续发展划分为 4 个阶段，即：起步阶段（20 世纪六七十年代）；增长阶段（20 世纪 80 年代）；成熟阶段（20 世纪八九十年代）和更新阶段（20 世纪 90 年代中期至 21 世纪初期）。其特征不只是在数据处理工作的增长和管理标准化建设方面，而且涉及知识、理念、信息技术的综合水平及其在企业经营管理中的作用及地位，以及信息技术服务机构提供成本效益和及时性都令人满意的解决方案的能力。决定这些阶段的特征有 5 个方面，包括：技术状况，代表性应用和集成程度，数据库和存取能力，信息技术融入企业文化，全员素质、态度和信息技术视野。其实，每个阶段的具体属性还有很多，总括起来有 100 多个不同属性。这些特征和属性可用来帮助企业确定自己在综合信息技术应用的连续发展中所处的位置。

"米切模型"可以帮助企业和开发机构把握自身所处的发展水平，了解自身的 IT 综合应用在现代信息系统的发展阶段中所处的位置，它是研究企业的信息体系结构和制定变革途径的认识基础，由此就能找准企业建设现代信息网络的发展目标。参照"米切模型"，可以发现在综合信息技术应用连续发展方面的差距，并能找到改进的方向，从而做到在不同阶段采取不同的措施，对症下药。例如对于家电制造企业的信息化工作，起步阶段可先建立简单存供销系统；增长阶段开始建立管理信息系统，数据处理应用面扩大了，但数据的管理仍未有效加强。成熟阶段实现内部计算机应用高度集成化，同时，与外域自动进行信息交换，即与客户、物流商等业务伙伴，海关、质检等政府部门，以及代理、银行、保险等中介和服务部门之间实现数据自动交换，达到更大范围和更深层次上的开放性集成。从而实现企业整体业务流程的高效、低耗运行。

【案例阅读 3-1】

贝斯特工程机械有限公司考虑到库存管理的混乱局面，决定在企业内部实施信息化建设。然而决心好下，具体工作却存在诸多困难，获知国内外管理信息系统实施的高失败率，陈总经理甚至有些担心贝斯特公司也会成为这诸多失败案例中的一个。

为了避免出现问题，公司决定在项目实施前进行统筹考虑。首先需要成立相关的机构，确保项目实施工作的协调和领导。信息中心主任的人选格外重要。此人需要有足够的威望，以协调信息化建设过程中的大量工作，同时还必须对信息技术有一定的了解。为此，由人力资源部推荐并经陈总同意，产品研发部的邢副主任改任新成立的信息中心的主任，直属陈总领导。邢副主任是电气专业出身，对信息技术较为熟悉，进入公司的时间也很长，有着较高的威望。虽然临近退休，但是人力资源部门认为由其负责为期 1～2 年的信息化建设工作还是足够胜任的。为加强信息中心的工作，人力资源部将前年才进入公司工作的小杨从营销部调入信息中心，作为邢主任的助理，进行重点培养。小杨在大学学的是电子商务专业，对公司内部的信息系统建设非常有兴趣，参加工作以来曾两次向公司建议在物流部进行管理信息系统建设。

人员确定后，需要对公司的管理信息系统建设确定一个全局的、长期的规划。国外的管理信息系统发展阶段模型很多，比较常见的如诺兰模型、西诺特模型以及米切模型等。考虑到公司的情况，邢主任决定以诺兰模型为基础，对公司的管理信息系统进行简单规划。贝斯特公司早就在财务部门开展了计算机应用，使用的是金蝶公司的财务软件，物流部虽然没有管理信息系统，但早就配备了计算机。因此，邢主任判断公司处于管理信息系统建设的普及期，或者说增长期。这个时期的特点是，企业的不同部门和职能开始开展计算机应用，但仍处于计算机时代，无法对企业的信息处理做整合研究，以形成企业的核心竞争力。只有将企业各个职能管理信息系统的数据充分整合以后，才能说企业进入了信息时代，并能依据管理信息系统提供的信息改进企业的管理水平，提高经营效益。于是，邢主任在信息中心成立的第一天就向所有员工强调，物流部信息系统建设只是贝斯特公司信息化建设的第一步，必须要为未来的发展留有充分的余地，尤其是管理对象的代码设计、数据接口以及数据库设计等。在邢主任的领导和相关人员的积极配合下，贝斯特公司物流部管理信息系统的建设正式开始。

**思考：**

1. 贝斯特公司在信息化建设前进行了组织构建，你认为合适吗？请简述你的理由。
2. 贝斯特公司选择邢主任为信息中心负责人合适吗？请简述对这个职位的要求。
3. 小杨担任邢主任的助理，你认为合适吗？
4. 你认为贝斯特公司的信息中心与现在很多企业设立的信息部门是一样的吗？如果不同，请说明区别在哪里？
5. 信息中心的成立会为贝斯特公司带来竞争优势吗？请简述你的理由。
6. 你认为邢主任关于公司处于管理信息系统普及期的判断正确吗？这个时期，企业需要注意什么问题？
7. 请试用西诺特模型或米切模型对贝斯特公司的管理信息系统建设做一个简要的规划。

## 3.1.2 管理信息系统采纳的概念

综合而言，管理信息系统建设具有一定的发展规律，但就企业个体来说，也不能生搬硬套，应根据企业自身的特点，采取有针对性的措施开展信息化建设，有效采纳管理信息系统。

### 1. 管理信息系统采纳的定义

采纳，即采用、接受的意思。采纳过程是指一项新产品，服务或者思想在被接受前，潜在采纳者经过的一系列不同阶段。美国学者罗杰斯（E. M. Rogers）定义的采纳过程为："个人或者组织从创意到创新，形成一定的态度，决定采纳和实施采纳决策的过程。"信息系统采纳是指组织做出投资某种信息系统的决策行为和投资后信息系统的实施、使用行为。投资决策是组织引入信息系统的一个转折点，从变革管理过程看，组织从此时开始向变革过程转变。信息系统采纳的过程包括采纳前和采纳后两个阶段，如图 3-2 所示。

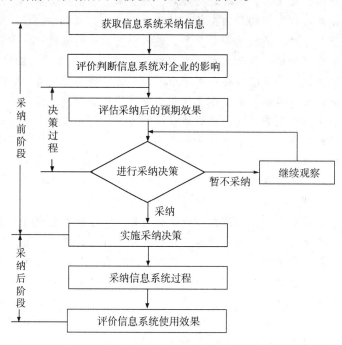

图 3-2　企业管理信息系统采纳过程示意图

### 2. 管理信息系统采纳理论

国内外对管理信息系统采纳理论的研究从个体层面和组织层面展开。

（1）个体层面的管理信息系统采纳理论。个体层面的信息系统采纳理论研究是信息系统采纳理论中相对成熟的领域，形成了较多的理论和流派，主要有：Ajzen 和 Fishbein 提出的理性行为理论（theory of reasoned action，TRA）、Davis 提出的技术接受模型（technology acceptance model，TAM）、Venkatesh 等提出的技术接受和使用统一模型（the unified theory of acceptance and use of technology，UTAUT）等，它们在国外信息系统采纳研究中得到了广泛应用。个体层面的信息系统采纳理论是基于行为科学和社会心理学而展开研究的，不同的理论模型之间的主要区别在于：变量选择与认识上的差别以及各变量之间的因果关系的描述与认识上的不同。尽管不同的模型在具体结构和关系的假设上存在差异，但是有着共同的基本概念框架，即均以个体的使用态度、使用意图和使用行为作为因变量。

（2）组织层面的管理信息系统采纳理论。信息系统在组织层面的采纳是以大量微观的、个体层面的采纳行为为基础所形成的总体表现，是各个体的"微观扩散"导致的在整个组织层面的"宏观扩散"。

组织层面的管理信息系统采纳研究主要是基于创新扩散理论来展开的。罗杰斯（Rogers）的创新扩散理论（innovation diffusion theory，IDT）可以较好地解释信息系统在企业中被采纳进而发生扩散的过程。

Tomatzky 和 Fleischer 对经典的创新扩散模型进行了扩展，提出了一个更加全面的研究框架，即技术（technology）、组织（organization）、环境（environment）模型（TOE 模型）。TOE 模型认为，组织对一项创新技术的采纳受到技术本身特征、组织以及环境等 3 个方面因素的影响。其中，技术特征主要关注技术本身的一些特性如兼容性、相对优势等；组织因素是指应用技术的组织的经济类型、组织自身的规模与范围以及组织现有的信息技术基础设施等；外部环境指的是组织运行所处市场竞争程度、政府政策等。TOE 模型系统考察了组织内外因素和技术本身特点，具有较强的系统性，近年来被广泛应用于组织技术的采用影响因素分析中。

## 3.2  管理信息系统采纳的影响因素

企业信息系统采纳的影响因素主要指企业信息技术采纳前的决策影响因素，以及在采纳后的组织调适与技术使用过程中这些因素影响作用所发生的变化。如果以信息系统开发和实施决策为分界点，将采纳活动细分为采纳前的决策活动以及采纳后的调适与接受活动。采纳前阶段的技术采用结果势必会对原有的技术、组织、环境造成影响，进而影响到采纳后阶段的调适与接受活动。

基于 TOE 模型，影响信息系统采纳的因素可以从技术、组织和环境 3 个方面进行总结，弄清这些影响因素，并树立正确的观念、采取积极的应对策略，对于管理信息系统的有效采纳和作用发挥具有重要意义。

### 3.2.1  技术特性影响因素

技术本身的特性一直是组织信息系统采纳的重要影响因素，包括技术的相对优势、复杂性、兼容性、可试验性和可观察性等。这些因素在解释组织技术创新和信息系统采纳中得到广泛的应用。

#### 1. 技术的相对优势

技术的相对优势，指潜在的接受者对于即将采纳的信息技术优于企业现有技术程度的一种感知。即接受者对于技术主观感觉到的优势，而不是技术实际的客观优势。研究表明技术相对优势对于最终信息技术的采纳有正向影响。企业家越能体会到信息技术的相对优势，就越会倾向于采纳新的信息技术，其实施情况也越乐观。

#### 2. 技术的复杂性

技术的复杂性，指信息系统被采纳用户理解和采纳的困难程度。这一特性与信息系统被采纳的程度成负相关关系。有研究结果显示，系统的采纳者并不会因为复杂性过高而不采纳某项新技术，因为一方面他们认为，如果该技术是企业必需的，那么一定能想尽办法克服困难，另一方面由于系统供应商提供的是完整的解决方案，新技术如有复杂性问题，也会转移到供应商身上，并不会影响到企业采纳的决策。当然，在采纳决策后的实际运行当中，复杂的新技术往往需要较长的学习过程，采用者难以把握，其采纳可能受到一定影响，但随着技术的不断改进和采纳者技术水平的不断提高，采纳效果会逐渐改善。

#### 3. 技术的兼容性

技术的兼容性，是指信息系统与现有的社会系统价值观、以往的各种实践经验以及与采纳者需求相一致的程度。技术的兼容性与信息系统采纳意愿正相关，也就是说企业希望新的信息技术与业务需求一致、与组织价值观相一致并且能够得到合作伙伴的支持。考虑这些因素可以在很大程度上防止旧系统向新系统过渡时产生的混乱。因此，技术的兼容性越好，企业越愿意参与，信息系统使用效果也会相对更好。

兼容性对组织的信息系统采纳意愿具有重要影响。信息系统的技术架构如果与组织现有架构不兼容，将在系统输出的数据格式、系统运营安全性等方面出现问题；如果蕴涵的管理理念、流程与组织的需求不兼容，将直接导致系统调适工作量大，如果调适不良甚至可能会导致信息系统不被采纳和使用。在我国企业的信息系统应用实践中，技术的兼容性对企业信息系统采纳意愿的重要影响已得到充分证实。

### 4. 技术的可试验性

技术的可试验性，指技术在有限的范围内能够被试验的程度。可试验性（或可试用性）会直接影响信息技术潜在采纳者的采纳态度，并间接影响信息技术潜在采纳者的采纳意向，可以试验的信息技术通常比那些不可试验的技术更快得到采纳。

### 5. 技术的可观察性

技术的可观察性，指信息技术使用成果能够被其他人看到的程度。技术的可观察性与技术的采纳率正相关。信息系统产品或服务的特性，包括技术的相对优势、复杂性、兼容性、可试验性等因素的价值效度都要建立在采纳者体验的基础上。

## 3.2.2 组织特性影响因素

组织特性对信息系统采纳的影响因素，包括组织的高层支持、集权化、正规化、知识存量和资源富余量等方面的程度。

### 1. 组织的高层支持

由于企业的决策权在高层，高层的意图自然会反映企业整体的走向。一方面，高层对信息系统的偏好或支持程度会直接表现在企业的决策过程；另一方面，企业高层的言行将会影响企业员工在行动中所使用的解释方式和解释内容，影响到员工对信息系统的关注程度，从而造成企业整体的信息系统偏好；最后，企业高层拥有的权力将影响到企业财力的划拨、信息技术部门的地位等方面。

### 2. 组织的集权化

组织的集权化一般体现在管理等级的多寡和高层领导授权程度的高低。集权化程度较高的企业，决策权集中在少数的管理者手中，高层主管能够对所属部门间的活动进行有效协调和控制，下属仅通过正式的机制和渠道来实施这些决策。当组织中越多部门需要新的信息技术时，集权化程度越高的组织越能促进该新技术的采纳。

### 3. 组织的正规化

组织的正规化程度，是指企业运用组织规则、程序、章程、说明书以及政策来规范组织任务和工作行为的程度。正规化程度高的组织体现在企业的各项活动均设置有严格的规章制度，各项工作程序均有明确的规定，高中级领导经常检查下属员工的行为等。一般来说，组织的正规化程度越高，越能够对企业内部资源和外部环境进行科学准确的分析与把握，制定合乎企业实际的发展规划，为创新技术的采纳提供源头上的保证。此外，正规化程度高的企业可以通过规章制度建立一套严谨的决策程序，有助于创造一个规范化的工作环境，有利于进行员工培训和组织控制，为创新技术的采纳提供过程上的保证。

#### 4. 组织的知识存量

组织的知识存量，是指某一阶段内企业对知识资源的占有总量。企业信息系统应用的技巧性知识是技术实施过程中组织学习的成果。这类知识主要来自于 3 个方面：①技术相关知识，即信息系统软硬件架构、技术安全性等与信息系统本身有关的知识；②信息系统项目相关知识，即与项目的应用开发、实施过程、人员参与等有关的项目管理知识；③与特定业务流程优化有关的应用知识。对相关应用知识的缺乏将形成阻碍组织采纳新技术的壁垒。

#### 5. 组织的资源富余量

组织的资源富余量可用来测量组织是否具有足够的资源来承担对信息系统的采纳。这里所说的资源，既包括人力资源、财力资源，也包括技术资源。资源富余程度主要强调组织对采纳信息系统所需资源的准备能力。

除上述因素外，组织的规模也常被认为是影响信息系统采纳决策的重要因素。从总体而言，规模大的组织出于降低交易成本的考虑，更倾向于使用信息技术；即使在小企业中，规模的大小对于企业信息技术的采纳也有显著影响，规模相对稍大的企业比稍小的企业更倾向于使用信息技术。从组织的地域范围来看，跨越地域范围越大的组织，更倾向于使用信息技术。

### 3.2.3　环境特性影响因素

环境特性对信息系统采纳的影响因素，主要包括竞争压力和强制压力。

（1）环境的竞争压力。来自潜在竞争对手的压力、供应链上下游企业信息技术创新的压力、现有竞争对手信息技术创新的压力以及商业模式的发展趋势带来的压力等都是组织所能感知到的竞争压力。组织感知到的竞争压力越大，为了获取和维护竞争优势，越可能采纳创新技术。

（2）环境的强制压力。强制压力是指某些组织拥有某种权力或资源，强制组织服从而给组织带来的压力。这些拥有权力的组织包括：政府、行业协会、强势伙伴。这些组织有能力进行人为的促进行动。政府通过政策进行资源调控，行业协会通过业内活动进行协调，而强势伙伴通过建议、要求、奖励和惩罚（如：配额、服务）等促使实施某项活动。

## 3.3　管理信息系统采纳的观念与策略

管理信息系统的开发与实施是企业摆脱落后的管理方式，实现管理现代化的有效途径。随着社会的发展、科技的进步和竞争的加剧，管理信息系统的采纳日益成为现代企业追求的目标。但是，总体而言，目前已实施完成的信息化项目在较大程度上未能发挥预期的作用。在新的信息技术不断涌现、开发工具日趋成熟的现代社会，仍有众多的信息化项目效果不理想，甚至有相当数量的项目最终归于失败的行列。造成这种状况的主要原因是有关管理信息系统采纳的观念与策略正确与否，而不是单纯的开发技术和软硬件系统的先进性。换言之，正确的观念和策略是企业管理信息系统开发和实施取得成功的根本保证。

### 3.3.1　管理信息系统采纳的观念

#### 1. 信息化不是局部设计，而是总体规划

管理信息系统的最大特点是它的结构、开发和实施过程都具有极强的系统性，也只有面向企业整体的管理信息系统才能发挥有效作用、取得应有效益。管理信息系统要求将企业各部门

的管理业务通过数据有机地联系起来，实现数据的"一次输入，高度共享"，因此站在企业的全局和高度提出总体规划是信息化成功并达到整体最优的关键之一。各部门如果仅仅按照自身的需要和条件设计与实施信息系统，企业则会形成若干"信息孤岛"，难以实现信息的高度共享和整体应用，高层决策者也难以及时获取企业的综合信息。消除已经形成的"信息孤岛"现象则有可能停止使用、重新设计某些系统，造成资金的浪费，也容易挫伤企业信息化建设的积极性。因此，企业高层领导应与信息化建设工作者一起，根据企业的现状和发展战略并结合企业信息化的内在规律，对目标系统的业务流程方案、开发组织、投资规模、软硬件结构和实施进度等各方面做出全面规划。

### 2. 信息化不是一蹴而就，而是循序渐进

企业信息化建设，总体规划必不可少，但在开发和实施上不能急于求成、全面铺开、不顾实际并规定完成期限下死命令（有的企业往往用建设其他类型项目的思路下命令），而应选择重点、循序渐进、分步实施。所选对象应是企业管理的关键环节，并力争投资省、见效快。"总体规划，分步实施"符合人们分析问题、解决问题的普遍规律，有利于企业积累信息化建设的经验，增强企业决策者全面推进企业信息化的勇气和决心。

### 3. 信息化不是手工翻版，而是管理变革

企业信息化应以追求管理业务流程、数据管理及组织结构的科学化和规范化为主导。如果基于原有的管理方式和组织结构，使企业信息化项目成为原手工管理的单纯翻版和简单模拟，将不合理的组织结构和业务流程实现程序化，从而形成"新瓶装旧醋"的局面，那么企业信息化建设是难以达到预期目标的。换言之，面向信息技术、变革业务流程和组织结构是企业信息化建设取得成功的条件。简而言之，业务流程重组（BPR）和组织结构变革是信息化建设的关键战略和成功前提。需要强调的是，业务流程重组是面向信息技术的，不能针对手工管理来评价业务流程的科学与否。站在手工管理角度是科学合理的业务流程，面向信息技术则可能是不合理、不科学的，也需要重组。如在手工管理方式下，银行取款业务必须要两个业务人员在规定的流程下完成，其业务流程是科学的、不能简化的，而面向信息技术银行取款业务则需要重组，一个业务人员在信息系统的辅助下就可以完成具体业务而不违反财务制度。

### 4. 信息化不是自动实现，而是辅助管理

面对日趋激烈的市场竞争环境，企业决策者努力寻求摆脱困境、获得竞争优势的手段和方法。受成功企业和不同宣传途径的影响，有的企业往往在新颖的信息化词汇的冲击下追求时髦，不顾条件和策略地实施信息化，把企业成功的希望寄托在信息化建设项目上，希望能从中自动获取企业经营的利器和战胜竞争对手的法宝。这些想法是片面的，是对企业信息化建设的苛求。信息化建设所提供的是一种手段，这种手段的作用的发挥依赖于企业管理的科学与规范、依赖于手段使用者的经验和智慧；管理信息系统是对管理者管理与决策过程的有效辅助，是触发管理者经验和智慧的信息来源，是延伸管理者决策能力的有效工具。因此，企业信息化不是自动化，作用发挥的关键仍在于企业管理和企业管理者，建立在混乱管理和随意决策的管理者之上的信息化不会有利于企业，反而会出现负面影响甚至是障碍。

### 5. 信息化不是完全委托，而是多方合作

企业信息化建设有两种方式：定制开发和外购商品化软件。随着企业管理的规范化和商品化软件的逐渐成熟，企业购买商品化软件以实现信息化目标的方式不断增多。由于信息化建设的专业性强，有些企业往往将项目的开发和实施完全委托给软件开发商或供应商，自身只是按照合同要求等待验收。这种策略不利于信息化建设的成功。企业信息化建设不能依赖和等待。

无论是定制开发还是外购商品化软件，项目实施完成后，维护和运行管理是长期的、技术性较强的工作，这些工作不能完全依赖于软件的开发商或供应商，应逐步依靠企业自身的力量去完成系统的维护和稳定运行。为此，企业必须抽调专门人员，建立结构合理的小组，参与信息化建设项目的整个过程，在合作中学习和掌握有关知识，逐步形成一支既懂企业管理又具有信息系统维护能力的专业队伍，确保企业信息化建设项目的不断完善和自主发展。另外，在项目的实施过程中，聘请具有丰富经验的信息化专家作为企业实施顾问，是企业信息化建设的应有举措。实施顾问可以为企业信息化提供良策，对软件的开发商或供应商也可以起到监督作用。因此，企业信息化实施小组、软件的开发商或供应商、外聘的实施顾问通力合作，才能形成企业信息化建设的良好局面，并能确保管理信息系统能长期、稳定地运行。

### 6. 信息化不是部门负责，而是高层关注

企业信息化建设是一项复杂的系统工程，它的建设周期长、投资大、涉及范围广，企业的某些业务流程、机构、人员和规章制度可能要做较大的调整，这些事关全局的重大问题，某个部门难以协调和解决，只有最高领导高度重视并亲自参与才能解决。在此意义上，企业信息化建设是"一把手"工程。最高领导要亲自负责制定信息化建设的总体规划、基础数据的规范标准、数据编码标准以及信息系统管理规章等，负责审定业务流程重构方案，时刻关注项目的进展情况，通过主动检查和听取汇报等方式及时发现问题并加以解决。最高领导责成某个部门负责（常见的是责成信息中心）而自己不管不问的做法难以确保信息化建设的顺利进行，最终会导致项目的失败。

### 7. 信息化不是小组单干，而是全员参与

企业信息化的建设过程涉及企业诸多部门，需要相关领导和管理人员的共同参与才能明确现有信息需求、挖掘潜在需求，设计出科学、实用、符合企业发展战略要求的信息化建设方案；信息系统的使用和维护过程涉及诸多用户，系统的使用效果与他们密切相关。因此，信息化建设不是由少数人组成的信息化实施小组所能完成的，它需要企业全体员工的共同参与。为了确保信息化建设过程和系统使用过程的有效性，企业员工素质的提高极其重要，必须在管理理念、管理业务、计算机基础知识、信息系统知识等方面对管理人员进行有计划、有步骤的全面教育和培训，使其具有认真踏实的工作作风、很强的责任感和事业心，并能严格按照信息系统的要求操作和运行。管理人员素质的提高也有助于增强他们的自信心和参与意识，有利于形成共同关心信息化建设命运的良好局面。

### 8. 信息化不是遇难而退，而是坚持不懈

企业信息化是对人们长期形成的业务流程、工作习惯的变革，需要管理者适应新的工作环境和工作方式；信息化建设是不断增加新知识的过程，需要管理者不断学习，提高素质；信息化造成利益的重新分配，可能会使一些管理者甚至是中高层领导失去部分权力、利益和权威；信息化项目投入使用之初，系统初始化的数据输入量很大，手工和信息系统并行，需要增加工作量；系统按照设计的流程运行，缺少灵活性，需要使用者适应信息系统；系统使用过程中会出现一些问题（如病毒侵害、软硬件故障等），给工作带来麻烦……企业信息化建设初期会遇到很多困难和不习惯，信息系统的使用者会因此而抱怨甚至牢骚满腹。企业高层领导不能被这类现象和言论所迷惑，要克服困难，及时解决出现的各种问题。要追究造成系统不良运行、瘫痪或擅自停止使用系统的相关领导及操作者的责任，使企业顺利渡过信息化建设的阵痛期。知难而上、遇难而进、坚持不懈是信息化建设的成功之道。

### 3.3.2 管理信息系统采纳的策略

根据管理信息系统采纳的正确观念，企业应制定行之有效的信息系统采纳策略，才能确保管理信息系统开发和实施工作沿着正确的轨道进行。

**1. 总体规划，分步实施**

选定成熟的软件开发商或供应商，聘请经验丰富的咨询公司或顾问，与企业的高层管理者一起，全面、系统地开展技术调查、行业调查，并根据企业的发展战略，制定企业信息化建设的总体规划。以企业的核心流程或部门为实施对象，先期开展信息化建设，并力争取得成效，增强企业领导全面建立管理信息系统的勇气和决心。根据企业的实际情况，再按计划和步骤分步开展企业信息化建设工作，最终实现企业信息化建设总体规划的目标。

**2. 合作建设，自主发展**

企业建立管理信息系统主要有定制开发和软件外购两种方式，定制开发又有自主开发和合作开发两种形式。自主开发的前提是企业必须拥有专业人员，并具有丰富的开发经验，如果缺乏此类人员应设法培养，否则无法担当系统开发的重任；软件购买后一般需要经过二次开发，才能符合本企业的实际，因此企业必须具有较强的软件维护队伍。选择高等院校、科研机构或专业公司进行合作开发是弥补企业开发力量薄弱及开发经验不足的一种理想方式。但企业应该注意的是，合作开发也不能依赖和等待，需要全程参与。因此，总体而言，企业应着重培养既懂企业管理又懂计算机知识，并能熟练掌握系统分析与设计理论、技术和方法的信息系统开发和维护队伍，参与管理信息系统建设的整个过程，确保管理信息系统的自主消化。

**3. 面向基础，重在实用**

有关专家曾将管理信息系统的特点概括为"三分技术、七分管理、十二分数据"，它有力地说明了准确、及时的数据在管理信息系统中的地位和作用。管理信息系统开发必须首先面向企业基层管理部门，将重点放在能方便、快速地进行数据处理的功能上，突出系统的实用性和基本功能的实现。然后面向企业中高层，在技术上"求全求新"，为领导提供决策支持功能。

**4. 流程重组，系统设计**

企业管理者和系统开发工作者必须克服传统习惯，抛开旧有模式，从"企业应该是怎样"的全新角度，对企业管理业务进行重新思考和系统设计，并制定严密的规章制度，形成高效的企业管理模式，最终借助管理信息系统予以全面实现。业务流程再造涉及企业员工的工作习惯和切身利益，必须加强思想教育，避免出现反感和排斥。

**5. 面向用户，明确需求**

企业管理信息系统直接为用户服务，因此"一切从用户要求出发"的用户观点应贯穿于系统开发的始终。要吸收有关管理人员参与系统开发，及时与用户交流和讨论开发过程中遇到的各种管理业务的处理问题，明确用户的需求。

**6. 步骤清晰，计划严密**

随着计算机软硬件技术的提高，管理信息系统的开发方法也有了很大的更新和发展，如结构化生命周期法、快速原型法、面向对象的设计方法和计算机辅助软件工程生命周期法等。虽然这些方法的适用范围不完全相同，但都强调系统开发计划严密、步骤明确。因此，管理信息系统开发必须制订计划，严格按步骤进行，尤其要纠正"管理信息系统开发就是程序设计"的错误观念，重视系统分析和系统设计。

### 7. 理应兼顾，技管同行

企业管理信息系统的开发一定要避免技术人员"闭门造车，埋头苦干"，防止脱离管理实际而盲目追求理论上的高深和人机界面的花哨，应遵循"理论与应用兼顾，技术与管理同行"的原则，努力提高系统的实用性和可操作性。

### 8. 资料标准，文档齐全

管理信息系统的开发和实施过程涉及从事分析、设计和软件编制等的众多人员，为了便于交流和工作接替，开发过程中的调查资料和设计方案必须按照标准化、规范化的原则形成文档后予以保存。管理信息系统文档也是系统鉴定和验收的基本内容，是用户对管理信息系统实施维护和管理的重要依据。

### 9. 严格规章，科学运行

影响管理信息系统正常运行的主要原因是计算机硬件系统的损害、非法更改数据和计算机病毒的侵袭，为了避免这些问题的出现，必须严格管理。企业主管部门要制定数据标准、信息保密、信息资料库、网络、计算机操作、软件、磁盘等方面的管理制度，并由专人负责。严禁与管理信息系统无关的人员操作，严禁有关人员在运行管理信息系统的设备上使用其他软件。在管理信息系统运行期间，为了完善系统功能、解决出现的问题和错误，需要对管理信息系统实施维护。维护工作在一定程度上会影响系统的正常运行，因此必须按严密的步骤进行（即提出维护要求、领导审批、分配维护任务、验收、修改有关文档），并将维护档案完整保存。

### 10. 系统升级，继承为先

企业管理信息系统总是建立在特定的管理业务和管理方法基础之上的。随着企业外部环境和内部管理的变化，对数据处理提出了更广范围、更深层次的要求，当现有管理信息系统的简单维护与完善已经不能满足时，必须对其实行重构和升级。为了减少人力、物力的投入，并确保用户的使用习惯，管理信息系统的重构合升级应重视对现有系统在功能、数据、数据库结构、人机界面等方面的继承，努力提高软件的复用率，实现数据的再用和转换。管理信息系统的重构和升级要加强领导，有组织、有步骤地进行。工作完成，新旧系统要并行一段时间之后，新系统才能单独运行。

## 本章小结

管理信息系统开发与建设存在的问题促使理论界和企业界展开研究，寻求管理信息系统建设的规律，探讨管理信息系统采纳的影响因素，总结管理信息系统采纳的观念和策略。

诺兰模型、西诺特模型、米切模型生动形象地表达了管理信息系统建设的发展规律，为信息化建设者提供了阶段判断和选择的依据，有利于提高信息化建设的针对性和效果。

管理信息系统采纳的影响因素包括技术特性、组织特性和环境特性等方面。把握这些影响因素可以为信息化建设提供准确指导，促进管理信息系统的深度采纳。

以 8 个"不是……而是……"概括而成的管理信息系统采纳观念，以及 10 项管理信息系统采纳策略，是信息化建设的经验总结和理论升华，简单之中见深度，朴素之中有内涵，至关重要，值得管理信息系统的建设者和管理者借鉴与参考。

## 复习题

1. 什么是诺兰模型？它分哪 6 个阶段？
2. 什么是西诺特模型？它有什么特点？

3. 米切模型分为哪几个阶段？其提出的意义是什么？

4. 管理信息系统采纳的含义是什么？

5. 技术对管理信息系统采纳的影响体现在哪几个方面？

6. 组织对管理信息系统采纳的影响体现在哪几个方面？

7. 企业在促进管理信息系统采纳结果时，应该注意哪些方面的问题？

8. 管理信息系统采纳可以采取哪些对策？

## 思考题

1. 不同的管理信息系统应用模型，即诺兰模型、西诺特模型和米切模型各有什么特点？如何应用？

2. 个体层面与组织层面的管理信息系统采纳模型的联系是什么？

3. 企业管理信息系统采纳的若干影响因素中，有些人认为应该从技术角度予以解决，提供更美观、更人性化的管理信息系统就可以促进用户接受，因此管理信息系统采纳的核心因素是技术；另外一些人则认为，既然同样的管理信息系统在类似的企业中会产生完全不同的效果，那么管理问题是影响管理信息系统采纳的关键性因素。就此不同观点在班级中组织讨论。

4. 上网查找联想集团、中远集团等国内外知名企业的信息化建设资料，阐述信息化实施的困难和问题可能有哪些？

## 案例讨论

根据本篇的基本内容，针对"综合案例　贝斯特工程机械有限公司的信息化建设之路"中的场景 1~4，开展案例讨论。讨论的问题可参考各场景后所列的题目，也可由教师自行提供。

中 篇

# 管理信息系统的开发与建设

PART 2

# 管理信息系统开发的方法与规划

- 掌握管理信息系统结构化开发方法与原型化开发方法的思路、步骤以及两者的区别；
- 了解面向对象的开发方法和计算机辅助软件工程；
- 了解管理信息系统开发的组织机构设立与开发计划；
- 了解企业管理信息系统规划的原因和意义；
- 熟悉系统的初步调查方法和步骤；
- 了解企业系统规划法、关键成功因素法和战略目标集转法；
- 熟悉管理信息系统可行性分析的内容。

　　贝斯特公司物流部管理信息系统实施一事确定以后，陈总的心情好了很多。根据陈总的要求，信息中心邢主任、物流部吴部长带领有关人员，深入同行业了解情况，参观了几家软件公司，顺便拜访了管理信息系统领域的专家和教授。出差返回，邢主任向陈总汇报几天来的调研情况。

　　邢主任简单介绍了调研经过，并向陈总叙谈调研的收获和现有的疑虑："陈总，临行前我们对于管理信息系统实施的认识较为模糊，此次调研，收获很大。我们可以直接购买现成的商品化软件，如不能完全满足我们的需求，也可以进行二次开发。我们也可以直接与软件公司合作，根据物流部的特殊需求自行开发，不知陈总的意见怎样？"对于这个问题，陈总不便直接回答。"经过调研，你们应该比我有把握回答这个问题，"陈总毫不犹豫地说："如果很难权衡，还可以继续向有关专家请教。我的意见是，速度要快，费用要省。我感觉物流部门的管理信息系统建设不会有太大的难度。"

　　听完陈总的话，邢主任点点头，继续说道："陈总，这个问题，我们也难以回答。调研过程中，我们经常被问及公司的战略、物流管理的需求以及计算机应用的基本情况，这些问题与上述管理信息系统的实施策略密切相关，但我们仍不清晰。"听了邢主任的这番话，陈总心里不禁开始担心起来："是啊，从长远看，物流管理到底要解决什么问题？怎样才能与公司的其他部门充分协调，更好地为公司的发展服务？公司信息系统应用人才怎么解决？问题成堆啊。这样吧，先让物流部提出需求，人力资源部也拿一个信息系统人才培养的意见。"陈总说道。

　　邢主任听后，心里踏实了许多。"还有最后一个问题，"邢主任补充说道："在调研过程中，专家、教授反复强调，信息化建设是一个长期的过程，物流部门的需求应服务于公司的发展战略，物流部门的管理信息系统建设应符合公司信息化建设的整体规划，否则不会达到预期的效果，对未来公司的信息化建设可能会带来严重影响，造成资金等的浪费。陈总，看来，在物流部开始全面建设管理信息系统之前，还有许多工作要做啊，我们该怎么着手呢?"邢主任的问题让陈总陷入了沉思，不知如何回答。他似乎明白，物流部的管理信息系统并不是想象的那么简单，需要涉及更多的人员、更大的范围，需要设计规划和方案，深入讨论和分析其可行性，但又觉得专家、教授们有些言过其实，甚至有点耸人听闻。公司经历过许多项目，决策和实施过程都不复杂，效果也都比较理想，这次需要完成的项目真的需要涉及这么多问题并有这么大的难度吗? 左思右想，陈总还是没有答案。邢主任开始担心起来，他希望陈总有一个明确的说法，指导他们的下一步行动。

**问题:**

贝斯特公司决定实施管理信息系统项目，但行动方案不明。对于专家的观点，陈总存在担心和疑虑。在全面建设管理信息系统之前，公司是否应该完成特定的工作? 又应该完成哪些工作呢?

在企业内部开发和建立管理信息系统是企业摆脱落后的管理方式、实现管理现代化、获得竞争优势的有效途径。美国等发达国家自 20 世纪 60 年代末在企业内部全面开发管理信息系统，目前已走上成熟发展的轨道。国内外学者和实践者在总结管理信息系统开发的成功经验和失败教训的基础上，形成了科学的管理信息系统开发的思想和方法，并初步形成了研究管理信息系统的学科体系。利用科学的方法，按照系统规划、分析、设计、实施、维护等步骤，管理信息系统的开发才能提高效率，并达到预期的目标和效果。

# 4.1 管理信息系统开发的基本方法

管理信息系统的开发是企业从战略目标出发，在企业管理中引入信息技术，按照科学的方法和步骤，建立管理信息系统并使之有效运行，实现数据实时处理和信息快速获取的过程。管理信息系统的开发方法是指导开发者按照科学规范的思想、方式和步骤，开发管理信息系统的有效手段和工具。

## 4.1.1 管理信息系统开发方法概述

根据系统开发过程的不同特点，管理信息系统开发的基本方法主要有: 结构化系统开发方法、原型化方法、面向对象的系统开发方法以及计算机辅助软件工程。

### 1. 结构化系统开发方法

结构化系统开发方法（structured system development methodology，SSDM），又称结构化分析设计技术（structured analysis and design technology，SADT），或结构化系统分析与设计（structured system analysis and design，SSAD）方法，它是系统工程思想和工程化方法在管理信息系统开发中的具体应用。它将管理信息系统看做一个工程项目，对整个系统进行分解和抽象，按照规定的步骤，遵循自顶向下的、结构化和模块化的原则进行系统的分析与设计。它的特点是在管理信息系统的生命周期内，后一阶段的工作严格地建立在前一阶段工作成果的基础上。结构化分析设计技术是基于自顶向下的结构化生命周期思想的系统开发方法，是管理信息系统开发方法中应用最普遍、最成熟的一种。它也是本书的重点介绍内容。

### 2. 原型化系统开发方法

原型化系统开发方法（prototyping system development methodology，PSDM）是 20 世纪 80 年

代伴随着计算机软件技术的发展，特别是在关系数据库管理系统（relational data base management system，RDBMS）、第四代程序生成语言（4th generation language，4GLs）和各种系统开发生成环境产生的基础上，提出的一种从设计思想、工具、手段都全新的系统开发方法。与结构化系统分析与设计方法相比，它扬弃了那种先进行周密细致的调查分析，然后整理出文档资料，最后才让用户看到结果的烦琐做法，而是在系统开发之初就凭借系统开发人员对用户要求的理解，在强有力的软件环境支持下，给出一个实实在在的系统原型，然后利用原型引导、提炼用户需求，并与用户反复协商修改原型，最终形成一个完整的运行原型（见图4-1）。运行原型可能成为一个新的应用系统，也可作为应用系统开发的基础。

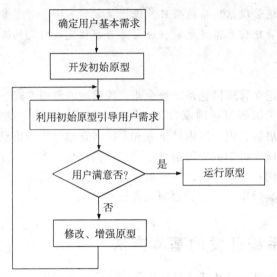

图4-1　原型化系统开发方法的管理信息系统开发流程

　　利用原型法开发系统过程中，需要有高性能的开发工具辅助原型的快速构造和修改。与结构化分析与设计相比，原型化方法具有开发周期短、开发费用少、用户培训时间短的特点，但开发过程的管理困难，对于复杂的大系统也较难使用原型法。因此原型法比较适用于用户需求不明确，管理业务处理不稳定，系统规模小并且较为简单，系统要求在短期内运行的信息系统开发工作。

### 3. 面向对象的系统开发方法

　　面向对象的系统开发方法（object oriented system development methodology，OOSDM）是20世纪80年代中后期在面向对象程序设计语言（如C++）的基础上逐步形成的一种方法。C++具有丰富的库函数，程序是由一个个相互嵌套的函数构成，程序通过函数的调用实现功能。受C++结构的启发，便产生了面向对象的系统开发思想。即：将常用的信息处理功能统一开发成一个个库函数，在系统开发时首先将管理业务进行分类划分，使其成为可以直接由一个或多个函数完成的功能模块，通过函数的调用实现功能。因此，面向对象的系统开发方法的主要思路是：开发工作围绕对象展开，在系统分析中抽象地确定出系统的各个对象以及相关属性，在系统设计中对对象做进一步的归类、规范和整理，再将分析的结果映射到某种实现工具的结构上，最终产生应用软件系统。也就是说，面向对象的系统开发方法是在系统调查和需求分析的基础上，通过面向对象分析（object oriented analysis，OOA）、面向对象设计（object oriented design，OOD）和面向对象程序实现（object oriented programming，OOP）等步骤来完成系统开发任务。

面向对象的系统开发方法解决了传统的结构化方法中客观世界描述工具与软件结构的不一致性问题，简化了从分析、设计到软件模块结构之间的多次转换映射的繁杂过程，缩短了开发周期。但面向对象的系统开发方法也是建立在对系统进行全面调查分析的基础上，因此与结构化方法相互依存、不可替代。

### 4. 计算机辅助软件工程

管理信息系统的开发是一项大型的软件工程。传统的系统开发方法主要依靠手工进行系统的分析、设计和程序设计，因此开发周期长，工作效率低，系统维护工作量大，文档资料不规范。为提高系统开发的自动化水平，20 世纪 80 年代产生了计算机辅助软件工程（computer aided software engineering，CASE）开发环境。CASE 是在计算机辅助编程工具、4GLs 以及绘图工具的基础上发展起来的大型的、综合的软件开发环境。它与结构化方法、原型法等具体的开发方法结合，可辅助系统开发人员进行需求分析、功能分析，并可生成各种结构化图表（如数据流程图、数据字典、功能结构图等）、应用程序和说明性文档。

CASE 技术减轻了开发系统的手工工作量，提高了系统开发的效率和质量，可以保证数据的协调和统一，使系统容易扩充和维护，并可确保开发文档的规范化和标准化，从而使系统开发成为一个工程化的软件项目。

目前，市场上比较有影响的 CASE 产品有：Rational Rose、Visio、VSS、Together 等。

严格来说，计算机辅助软件工程不是一种开发方法，而是为辅助管理信息系统开发而提供的集成化环境和技术。

综上所述，管理信息系统开发的基本方法各有特点。结构化分析与设计方法能全面支持系统开发的整个过程，其他方法尽管各有许多优点，但目前只能作为结构化系统开发方法在局部开发环节上的补充，暂时不能居于系统开发的主导地位。

管理信息系统开发方法通过可视化、软件复用等技术，在计算机辅助软件工程（CASE）、软件开发工程（software development engineering，SDE）以及集成化项目或程序支持环境（integrated project/programming support environment，IPSE）的支持下，形成较为全面的管理信息系统开发方法体系（见图 4-2），从而更能提高管理信息系统开发的效率和质量。

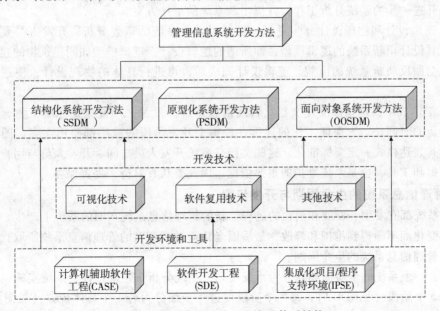

图 4-2　管理信息系统开发方法体系结构

### 4.1.2 结构化系统开发方法

20 世纪 70 年代，一些西方发达国家在总结以往管理信息系统开发的经验和教训之后，逐步形成并提出了结构化分析与设计的思想和方法，简称结构化系统开发方法。该方法要求管理信息系统的开发工作严格按规定的步骤，使用一定的图表工具，在结构化和模块化的基础上进行。该方法将系统作为一个大模块，根据系统分析与设计的不同要求，进行模块的分解和组合工作，并将这一思想贯穿于系统开发的始终。

#### 1. 结构化系统开发方法的基本思想

具体来说，结构化系统开发方法的基本思想主要体现在以下几个方面。

（1）严格按阶段开发。将管理信息系统开发的整个过程划分为若干个阶段，每个阶段都有明确的任务、目标和实施步骤。这种做法不仅条理清楚，便于计划和控制，而且，后一阶段的工作以前一阶段的成果为依据，基础扎实，不易返工。

（2）充分考虑情况的变化。管理信息系统的业务内容和所处的环境都有可能发生变化，因此，系统设计时要尽量考虑可能发生的变更，使新系统具有较强的灵活性、可变性和环境适应性。

（3）采用结构化和模块化的方法。管理信息系统的开发要采用结构化、模块化的设计方法，使新系统的各个组成部分独立性强，便于设计、维护和修改。模块划分要自顶向下逐步细化。

（4）建立面向用户的观点。用户的要求是管理信息系统开发的出发点和归宿，系统的成败取决于系统是否符合用户要求，用户对它是否满意。因此，在管理信息系统开发的整个过程中，要一切从用户的利益出发，尽量吸收企业领导和管理人员参与。要与用户始终保持联系，让他们了解开发的进程。对系统开发过程中出现的问题要及时与用户交流并协商解决。对用户提出的要求，经通盘考虑，尽量予以满足。

（5）加强调查研究和系统分析。为使管理信息系统全面反映科学的企业业务流程，充分满足用户的要求，要对现行系统进行全面深入的调查，提出业务流程重组方案。在调查研究的基础上展开进一步的系统分析工作，并提出新系统的最佳方案。

（6）逻辑设计和物理设计分步进行。经过对现行系统的调查分析，开发人员要利用一定的图表工具设计出新系统的逻辑模型，即所谓的逻辑设计。逻辑模型如同建筑物的建筑图纸一样，它能全面反映新系统的面貌。逻辑设计完成后，再进行具体的物理设计，使逻辑模型具体化。

（7）工作成果要建立标准化文档。管理信息系统开发是一项复杂的系统工程，参加的人员多，经历的时间长。为保证工作的连续性，每个开发阶段的成果都要用文字、图表表达出来，并且其表达格式一定要标准化。这些文档是系统开发人员之间、开发人员与用户之间交流协调的依据和工具，也是系统维护的重要依据，因此要认真对待，妥善保存。

#### 2. 管理信息系统的生命周期与开发步骤

任何系统都有发生、发展和消亡的过程。新的管理信息系统在旧的系统上产生，它随着运行环境的变化而不断得到维护和修改，最后因老化而被更新型的管理信息系统所取代。这一过程被称为管理信息系统的生命周期。

通常，一个系统的生命周期划分为系统规划、系统分析、系统设计、系统实施以及系统维护与评价 5 个阶段（见图 4-3），每一个阶段可进一步细分为若干个具体步骤（见图 4-4）。前

3 个阶段由系统开发人员和用户共同承担，最后一个阶段由用户在管理信息系统的实际运行中完成。

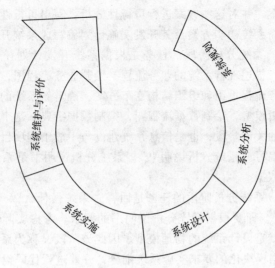

图 4-3　管理信息系统的生命周期

管理信息系统生命周期中的任何一个阶段、步骤都不是孤立的，它们不仅有时间上的继承关系，而且还有内在的逻辑联系。某一步骤的欠缺，问题会在后续步骤中暴露出来，从而导致修正或返工。因此，一定要按照系统生命周期的规律，从事系统的开发和维护工作。

现根据图 4-4 将管理信息系统生命周期中各阶段的主要工作内容简要介绍一下。

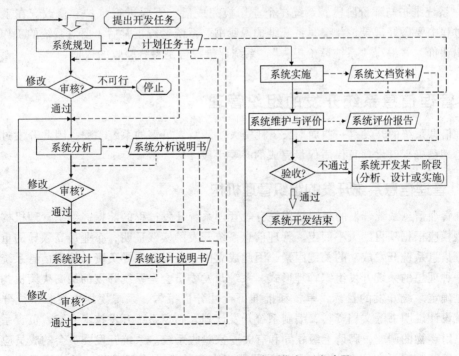

图 4-4　管理信息系统的生命周期与开发步骤

（1）系统规划阶段。开发管理信息系统，首先要进行系统规划。系统规划阶段的任务是对企业的环境、目标、现行系统的状况进行初步调查，对建立新系统的要求做出分析和预测，同时要考虑建立新系统所受的各种约束，以及建立新系统的必要性和意义。根据需要与可能给出拟建新系统的备选方案，并对这些方案进行可行性分析，写出可行性分析报告。可行性分析报告经审议通过后，将新系统初步方案及其开发实施计划编写成系统开发"计划任务书"。

（2）系统分析阶段。系统分析阶段的任务是根据系统开发计划任务书所确定的范围，对现行系统进行详细调查，描述现行系统的业务流程，绘制业务流程图，指出现行系统的局限性和存在的问题，提交业务流程重组和组织结构变革方案，确定新系统的基本目标和逻辑功能要求，即提出新系统的逻辑模型，绘制数据流程图，编制数据字典。这个阶段又称为逻辑设计阶段，它是整个系统开发的关键阶段，也是信息系统建设与一般工程项目的重要区别所在。

系统分析完成后要编写"系统分析说明书"。系统分析说明书是系统开发的必备文件，是系统设计和系统验收的依据。

（3）系统设计阶段。系统分析阶段的任务是回答"系统做什么"，系统设计阶段要解决的问题则是"系统怎么做"。即要根据系统分析说明书的要求，考虑实际条件，具体设计实现逻辑模型的技术方案，也就是设计系统的物理模型。因此该阶段又称为系统的物理设计阶段。

系统设计阶段要根据模块化的要求实施系统细分，并要进行代码设计、输出设计、输入设计、数据库设计、人机界面设计和安全保密设计等具体物理设计。该阶段的成果要编入"系统设计说明书"。

（4）系统实施阶段。系统实施阶段的主要任务是设备的购置、安装和调试，程序设计语言的选择，程序设计，程序的输入和调试，系统测试，人员培训，系统切换等。该阶段要编写"程序设计说明书"、"系统测试报告"、"系统使用说明书"等文件。

（5）系统维护与评价阶段。系统在企业切换完成后，需要进行维护和修改。在系统运行和维护过程中要做好记录，并编写系统维护说明书。系统运行正常后，要对系统的工作质量和需要做出评价，并编写"系统评价报告"。系统评价报告是系统验收的依据。

## 4.2 管理信息系统开发的组织管理

管理信息系统的开发是一项周期长、耗资大、涉及人员多的系统工程，因此开发过程中的组织与管理是确保开发项目保质保量完成的必要手段。

### 4.2.1 管理信息系统开发的组织管理机构

建立管理信息系统开发的组织机构是有效管理系统开发过程的前提，组织管理机构的组成形式和规模应根据项目的大小而定。管理信息系统开发的实践证明，企业最高领导的重视和参与是管理信息系统开发成功的关键因素，因此成立由企业最高领导负责的管理信息系统开发委员会是一种理想的系统开发组织管理形式。系统开发委员会是系统开发的最高决策机构，其主要职能是确定系统开发的目标，审核和批准可行性分析报告、系统规划方案、系统分析说明书、系统设计说明书等文档资料，编制系统开发计划，制定系统开发技术方案，负责系统开发期间人、财、物的调配，聘请上级领导和有关专家验收系统。系统开发委员会的成员应包括企业信息主管（如果没有信息主管，则应按照具有丰富的企业管理经验，了解管理信息系统的基本知识，并富有组织管理能力的原则选定主管，信息主管是系统开发完成和系统开发委员会解散后整个管理信息系统的最高负责人）、各有关部门的负责人、各有关部门今后使用信息系统的代表（一般一个部门一人）、外聘的企业信息化专家、系统开发的技术人员等。企业信息主管是系统开发委员会的召集人，直接向企业最高领导负责并贯彻有关政策。系统开发委员会下设系统开发部。系统开发部是系统开发的具体工作机构，受企业信息主管直接领导，可以设立系统分析组、系统设计组、程序设计组、系统硬件组、人员培训组、文档管理组、计划控制组、管理规范组等开发小组。系统开发部下设开发小组的性质、数量及其规模可根据信息化项目的具体情况而定，小组成员也可跨小组兼职。

管理信息系统开发的组织管理机构可参考图 4-5 所示。

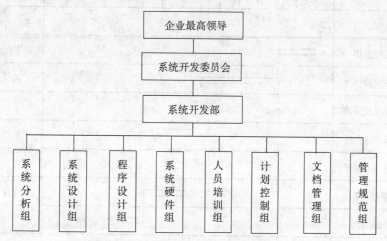

图 4-5　管理信息系统开发的组织管理机构

管理信息系统开发部下设开发小组的职责可参考表 4-1 所示。

表 4-1　管理信息系统开发小组职责

| 开发小组 | 职责要求 |
| --- | --- |
| 系统分析组 | 系统调查分析、业务流程重组、组织结构变革、目标系统逻辑设计、编写系统分析说明书等 |
| 系统设计组 | 系统机构设计、代码设计、输入输出设计、数据库设计、系统安全保密设计、编写系统设计说明书等 |
| 程序设计组 | 设计、调试应用程序等 |
| 系统硬件组 | 物理系统设计、设备选型、设备购买、设备安装与调试等 |
| 人员培训组 | 对用户实施计算机基础知识、管理信息系统理论、系统操作、网络管理等方面的培训等 |
| 计划控制组 | 编制和控制管理信息系统开发计划、协调各小组工作、对外（包括用户）联系等 |
| 文档管理组 | 编制和管理信息系统开发中的各类文档 |
| 管理规范组 | 对用户各部门的管理业务、数据格式等提出规范要求，并实施监督；制定管理信息系统运行管理的各种规章制度 |

## 4.2.2　管理信息系统开发的计划与控制

对管理信息系统开发的计划与控制的目的是确保开发项目在一定的资源条件下，能够保质保量按期完成。系统开发计划与控制的内容一般有以下几个方面。

（1）资源保证。人、财、物等方面的资源是完成系统开发计划的基础，因此各项资源的按期提供是系统开发组织与管理的首要任务。

（2）进度控制。在计划执行过程中，要制定具体的办法和措施，对各个阶段的进度进行监督和检查。当某个阶段的任务不能如期完成时应设法补救，如按时完成确有困难，应及时调整计划。为便于进度的控制与检查，可绘制进度图表，明确进度与责任。图4-6为某管理信息系统的开发进度图，各阶段可再绘制分进度图。

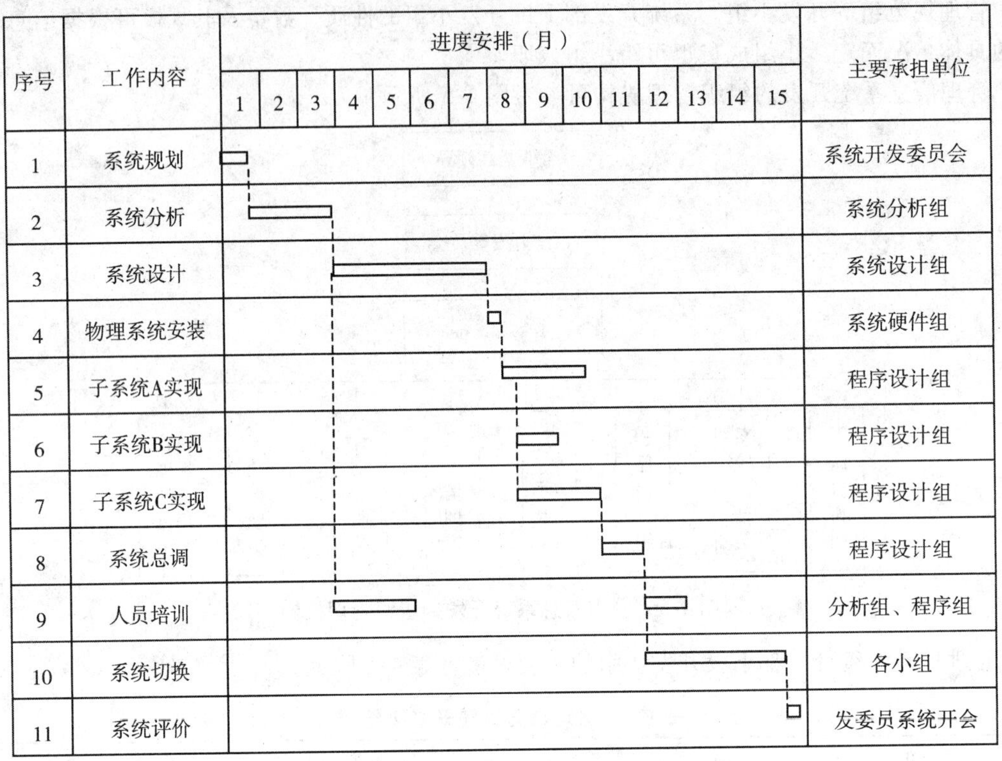

| 序号 | 工作内容 | 进度安排（月） | | | | | | | | | | | | | | | 主要承担单位 |
|------|----------|---|---|---|---|---|---|---|---|---|----|----|----|----|----|----|------------|
| | | 1 | 2 | 3 | 4 | 5 | 6 | 7 | 8 | 9 | 10 | 11 | 12 | 13 | 14 | 15 | |
| 1 | 系统规划 | | | | | | | | | | | | | | | | 系统开发委员会 |
| 2 | 系统分析 | | | | | | | | | | | | | | | | 系统分析组 |
| 3 | 系统设计 | | | | | | | | | | | | | | | | 系统设计组 |
| 4 | 物理系统安装 | | | | | | | | | | | | | | | | 系统硬件组 |
| 5 | 子系统A实现 | | | | | | | | | | | | | | | | 程序设计组 |
| 6 | 子系统B实现 | | | | | | | | | | | | | | | | 程序设计组 |
| 7 | 子系统C实现 | | | | | | | | | | | | | | | | 程序设计组 |
| 8 | 系统总调 | | | | | | | | | | | | | | | | 程序设计组 |
| 9 | 人员培训 | | | | | | | | | | | | | | | | 分析组、程序组 |
| 10 | 系统切换 | | | | | | | | | | | | | | | | 各小组 |
| 11 | 系统评价 | | | | | | | | | | | | | | | | 发委员系统开会 |

图4-6　某管理信息系统开发进度安排

（3）检查审核。每个阶段的任务完成后，应及时检查和审核，以确保每个阶段的工作质量，避免对后期开发造成影响，防止事后返工。

（4）费用统计。按项目进度及时统计费用支出情况，根据费用开支计划，控制和调整开发费用。

## 4.3　管理信息系统开发的系统规划

系统规划是对管理信息系统开发必要性和可行性的论证，它指明了系统开发的方向、目标、结构、规模以及计划，它从系统整体的高度，对管理信息系统的开发和建设勾画出战略蓝图，因此系统规划是企业信息化建设的重要环节。

### 4.3.1　系统规划的内容和步骤

系统规划是管理信息系统开发的准备阶段，它的主要任务是根据企业提出的开发新系统的要求，由专门成立的系统开发委员会组织专人开展初步调查，就管理信息系统开发的必要性和可行性提出分析报告，给出开发新系统的结论性意见。系统开发的可行性分析报告获得系统开发委员会批准后，则制订包括系统开发方案和开发计划在内的系统开发计划任务书，并交由系统开发部进入系统分析阶段，正式进行管理信息系统的开发工作。

根据系统规划的主要任务，系统规划的内容和步骤如图4-7所示。

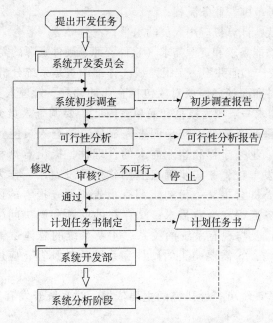

图 4-7　系统规划的内容与步骤

## 4.3.2　系统开发任务的提出

企业管理信息系统开发任务的提出一般出于以下几个方面的原因。

（1）管理人员在数据处理过程中遇到了现行系统难以解决的问题和困难。如上级要求报表上报时间提前；负责某项业务的人员减少；业务内容和业务范围突然增加等情况会促使用户萌生开发系统的念头。

（2）业务内容规律性强，但单调、烦琐、重复劳动现象严重且重复周期短。

（3）因企业规模的扩大，信息处理量猛增。

（4）历史数据的查询工作频繁；为了分析客户与市场，需要经常利用历史数据进行统计分析和预测。

（5）在原有管理信息系统的基础上，实现更大范围内的信息管理自动化。

（6）企业管理上台阶，使其更加规范、科学。

（7）新的信息处理技术的发展，使原来期望开发而在技术上或经济上不可行的系统变为可行。

（8）上级主管部门的要求。

系统开发任务提出以后，企业要组织人员进行初步调查和可行性分析，主要目的是从总体上确定管理信息系统的目标、结构和规模，并对系统开发所需的各种费用进行测算。根据调查结果和预算情况，并从技术、经济以及组织实施等方面进行可行性分析后决定是否开发，如需开发系统则应制订计划任务书，如与外单位合作开发则必须签订开发合同。

## 4.3.3　系统初步调查

系统初步调查的任务是根据新系统开发的请求，企业组织专门的人员和专家开展初步的调查研究，以便决定项目开发是否合理有效，是否可行。系统初步调查的内容包括以下几个方面。

（1）组织结构、业务范围、业务流程；

（2）计算机应用现状、计算机应用人员的水平；

（3）用户对系统的功能需求和资源需求（软件资源、硬件资源的需求）。

初步调查的涉及面较广，但并不一定很详细（详细调查是系统分析阶段的任务）。初步调查的方式可以是查阅资料和面谈，面谈对象包括企业的领导、管理人员和当前计算机应用人员。初步调查时企业的需求一般较为概括和简单，因此需要调查人员分析和引导，真正将管理现状和需要解决的问题调查清楚。初步调查完成后，调查人员应针对调查结果进行分析和总结，分析组织结构、业务流程和企业需求的合理性，提出意见和建议。系统初步调查完成后，应拟定合作开发单位，并初步确定应用软件开发费用。作为调查成果，系统初步调查人员应向系统开发委员会提交一份初步调查报告。调查报告的内容包括：①调查的内容，包括组织结构、业务流程和企业需求；②存在的问题和解决问题的意见与建议；③新系统的目标、主要功能以及与现有系统的关系；④新系统的总体逻辑结构（主要是总体数据流程）和总体物理结构；⑤需要购买的硬件和系统软件预算，应用软件开发预算；⑥系统开发的进度计划。

系统初步调查报告是系统可行性研究的主要依据，对系统开发有重要影响，因此应有理有据。

## 4.3.4　系统规划方法

在系统初步调查过程中，根据企业发展战略和实际情况，确定管理信息系统的目标和战略，进而确定管理信息系统的整体结构和功能体系，是极为关键的一个环节，是系统规划的重要内容。在管理信息系统开发实践中，人们往往通过调查、分析和研讨，实现新系统的整体描述，这对于小型的企业和管理信息系统而言，基本可以完成战略目标的转化任务。但对于大型管理信息系统的开发，则还需要利用一定的方法，辅助制定系统规划。

目前，系统规划的方法主要有：企业系统规划法（business system planning，BSP）、关键成功因素法（critical success factor，CSF）以及战略集转化法（strategy set transformation，SST）。在此，简要介绍这些方法。

### 1. 企业系统规划法

企业系统规划法（BSP）是 IBM 公司在 20 世纪 70 年代提出的，旨在帮助规划人员根据企业目标制定管理信息系统的规划，以满足企业近期和长期的信息需求。它从企业目标入手，逐步将企业目标转化为管理信息系统的目标和结构，从而更好地支持企业目标的实现。它的基本思想是：先自上而下识别企业目标，识别企业过程，识别数据，然后再自下而上设计系统。如图 4-8 所示。

从企业战略目标开始，企业系统规划法的工作过程可以归纳为 3 个阶段：定义企业过程、定义数据类、定义信息系统总体结构。

定义企业过程是指识别企业逻辑上相关的一组决策和活动的集合。企业管理活动是由许多企业过程组成的，可以归纳为计划与控制、产品和服务、支持资源 3 个方面。识别企业过程，实际上就是识别这 3 个方面的过程。

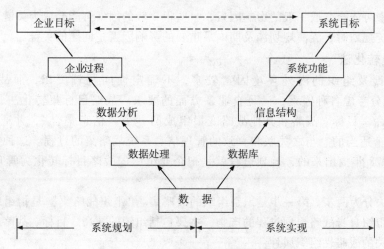

图 4-8　企业系统规划法的逻辑思路

数据类，是指支持企业所必需的逻辑上相关的数据。定义数据类是指对能够激发企业管理工作活动所需数据的识别，其目的是了解企业当前的数据状况和数据要求，查明数据共享的关系，并建立数据过程矩阵，为设计信息系统的体系结构提供依据。

BSP 方法将企业过程和数据类两者作为定义企业信息系统总体结构的基础，利用过程/数据矩阵（也称 U/C 矩阵）来表达两者之间的关系。U/C 矩阵将数据对照企业过程安排在一个矩阵中，矩阵中的行表示数据类，列表示过程，并以字母 U（Use）和 C（Create）来表示过程对数据类的使用和产生。

U/C 矩阵所绘出的管理信息系统总体结构图，可以很清楚地表示每一个子系统的范围，及其产生和使用的数据，由此可以明确各子系统间的数据传递关系以及数据共享情况，也有助于数据管理部门进行有效的数据逻辑结构设计和对分布式数据的处理。

### 2. 关键成功因素法

组织的信息需求分析方法有两大类：一类是全面调查法，另一类是重点突破法。企业系统规划法（BSP）属于前一种方法，而关键成功因素法（CSF）则属于后一种方法。1970 年哈佛大学教授 William Zani 在管理信息系统模型中使用了关键成功变量，这些变量是确定管理信息系统成败的因素。10 年后，MIT 教授 John Rockart 把关键成功因素提升为管理信息系统战略的影响因素，用以满足高层管理的信息需求，特别是解决那些被大量报表淹没，却几乎找不到任何有价值的信息的问题。关键成功因素指的是对企业成功起关键作用的因素。关键成功因素法就是通过分析找出使得企业成功的关键因素，然后再围绕这些关键因素来确定信息系统的需求，并进行规划。例如 1 个超市的良好经营可能有以下 4 个关键因素：有适当的商品结构、货架上保持有这些商品、有优良的广告吸引顾客上门、合适的定价，建立的超市管理信息系统就必须能连续地监测和报告反映这些问题的数据。

关键成功因素的识别，是指与系统目标相关的主要数据类及其关系的识别，常用的识别工具为树枝因果图。关键成功因素法适用于高层领导的决策和规划，因为企业组织的高层领导经常考虑关键的影响因素。

需要指出的是，在不同的业务活动中，关键成功因素有很大的不同，即使在同一类型的业务活动中，在不同时期内，其关键成功因素也不相同，即不同的管理信息系统，其信息需求各不相同，同一个管理信息系统的信息需求在不同的时期也会不同。随着时间的改变，某个时期的关键成功因素可能会变成一般的影响因素，一些很一般的因素可能会成为关键成功因素。制定管理信息系统规划时，弄清规划涉及期内最重要的影响因素是问题的关键。

### 3. 战略集转化法

战略规划涉及组织的内外环境因素较多，不确定性问题较突出，而战略集转化法（SST）可以充分考虑各种因素，满足企业各方面的要求。战略目标集转化法是将整个战略目标看成由使命、目标、战略和其他战略变量组成的一个"信息集合"，并通过某种映射，将之转换成一个适当的、与之关联和一致的管理信息系统战略集的过程。这种方法是由 William King 于 1978 年提出来的，规划过程就是把企业组织的战略目标转化为管理信息系统战略目标的过程。

战略集转法分为两步。第一步是识别组织的战略集。"组织战略集"是指组织的要求和方向等元素，是组织自身战略规划过程的产物，主要包括组织的使命、目标、战略以及一些同管理信息系统有关的战略性组织属性。

第二步是将组织战略集转化成管理信息系统战略集。管理信息系统战略集的元素构成管理信息系统战略规划的要素，由系统目标、系统约束和系统设计战略组成。这个转化的过程应将企业组织的目标、约束、设计原则转化为管理信息系统的目标、约束，并提出一个完整的管理信息系统结构，将其提交给企业负责人审查。

战略集转化法从另一个角度去识别企业组织的管理目标，清楚地反映了各类人员的要求，最后将企业的战略目标转化为管理信息系统的战略目标，描述全面，缺点是重点不突出。

战略集的转化过程难以形成规范的形式，因为对于不同的组织，其战略集的内容相差很大。本方法的每一步结束后都应由组织的最高负责人审查，以确定管理信息系统的目标能够有效支持企业战略的实现。

在系统规划制定过程中，上述三种方法各有优势，也各有不足。关键成功因素法能抓住主要矛盾，使目标的识别重点突出。战略集转化法从另一个角度识别管理目标，它反映不同种人员的要求，而且给出按这种要求的分层，然后转化为信息系统的目标。它能保证表达的管理目标比较全面，遗漏较少，但它不如关键成功因素法突出重点。企业系统规划法虽然也首先强调目标，但它没有明显的目标引出过程。它通过识别企业过程引出系统目标。这样可以定义新的系统以支持企业过程，也即把企业的目标转化为系统的目标。

## 4.3.5 可行性分析

可行性分析（又称可行性研究）是指在对现行系统初步调查研究的基础上，根据企业的要求和新系统的目标，并考虑系统开发所受到的各种制约条件，研究系统开发的意义和可行性。可行性分析是对系统开发的全面论证和把关，因此必须予以高度重视。可行性分析涉及技术、经济和实施等几个方面。

### 1. 技术上的可行性

技术上的可行性分析指的是根据现有的技术条件并结合信息技术已达到的水平，分析所提出的目标能否实现。技术条件主要包括硬件、软件条件以及从事系统开发的技术人员的数量和水平。

硬件方面主要考虑计算机的内存、处理速度、功能、联网能力、安全保护设施，以及输入、输出设备，外存储器和联网数据通信设备的配置、功能和效率等。软件方面主要考虑操作系统、数据库管理系统等系统软件的功能以及现成可用的应用软件。计算机技术的飞速发展，为管理信息系统的开发提供了强有力的技术保证。

系统开发的技术人员方面不仅要考虑数量，更重要的是要考虑质量，考察其从事网络连接以及应用软件开发的能力。

## 2. 经济上的可行性

经济上的可行性分析是指将管理信息系统开发所需的费用及将来的运行费用与新系统的收益进行比较，衡量是否有利。费用主要包括设备费用、开发费用和运行费用 3 个方面。

（1）设备费用。包括计算机硬件，网络连接设备，输入输出设备，电源、空调及其他机房设备，设备的安装和调试，购入的软件等方面的费用。

（2）开发费用。包括系统开发（系统分析、设计、实施、维护、培训等）的费用及其他有关费用开支。

（3）运行费用。包括保证系统正常运行所需要的人员费用、材料（存储盘、纸张、水、电）费用、设备维护费用及其他与系统运行有关的费用。

在费用估算时，维护费经常容易被忽略。一些单位只考虑购买设备的费用，一次性投资的金额可以通过，但每年的维护费用却没有预算，出现"买得起，养不起"的局面。

收益（或效益）一般是指管理信息系统正常使用后在管理上取得的经济效果。收益难以定量化，因此它的估算比较复杂。收益可以从以下一些方面尽可能地进行定量估计。

（1）信息系统可以提供以前提供不了的信息；

（2）信息提供的速度增快；

（3）提供信息的质量（精确度、输出方式）提高；

（4）完成以前不能做或不能及时做的数据处理工作；

（5）调查和利用信息的方便程度提高；

（6）节省人力，减少费用，减轻劳动强度；

（7）改进薄弱环节，完善科学管理；

（8）为企业领导和各层次管理人员的决策提供帮助；

（9）加强企业与外部环境的联系和数据处理工作；

（10）改善经营管理，减少资金积压，提高计划的准确性。

收益的估算应由系统开发人员、企业领导和有经验的管理人员一起参与。

## 3. 实施上的可行性

实施方面的可行性分析指的是对管理信息系统开发完成并投入使用后能否正常运行和取得预期的效果展开分析，它不是从系统本身去研究，而是从以下几个方面进行论证。

（1）是否具有保证系统正常运行和维护的系统操作人员、技术人员和管理人员？如不具备，能否确保在系统开发完成前培养？

（2）现行系统的科学化、规范化管理如何？能否为系统的正常运行及时提供准确的原始数据？

（3）能否合理安排因系统使用而冗余的管理人员？

（4）因系统使用而引起的组织结构、管理方式的变化和对人员素质要求的提高是否会造成人为的抵触和阻力？

实施上的可行性分析非常重要，它会直接影响新系统的正常运行，通过分析研究找出问题并采取措施予以解决，从而为管理信息系统的顺利实施铺平道路。

可行性分析工作完成后，要写出管理信息系统开发的可行性分析报告。如果可行性分析报告通过，则可进入系统分析与设计阶段；如果条件不成熟，则通过调查研究、增加资源、改变新系统目标等方式创造条件，并再次进行可行性论证；如果不可行，则应停止开发。可行性分析报告的格式和内容可参考表4-2。

表4-2 管理信息系统开发可行性分析报告的格式和内容

管理信息系统开发可行性分析报告

1. 概述
   （1）系统名称、提出单位、拟合作单位
   （2）系统开发的目的、意义
2. 现行系统调查研究
   （1）组织结构
   （2）业务流程
   （3）存在的主要问题和薄弱环节
3. 新系统的目标
4. 新系统的方案
5. 新系统开发计划
6. 新系统投资计划
7. 可行性分析
8. 结论

可行性分析报告是管理信息系统进一步分析与设计的指导性文件，也是系统评价的依据，因此必须认真编制，反复审核。

可行性分析报告通过以后，应编制计划任务书，确定各阶段的开发内容、达到的目标、开发进度、开发费用和人员安排等。企业如与外单位合作，则需要与合作开发单位签订开发合同，明确双方的权利和义务，规定开发计划、开发费用、移交成果、验收标准等内容。

最后，系统开发部根据计划任务书的要求，组织协调开发人员，全面进入管理信息系统的开发阶段。

 【案例阅读4-1】

根据企业的战略和物流中心的实际运作情况，贝斯特工程机械公司完成了物流管理信息系统的可行性分析报告。报告的简要内容如下。

1. 系统名称：贝斯特工程机械有限公司物流管理信息系统。开发工作由公司内部新成立的信息部和外请软件公司共同完成。新系统的用户为公司内部与物流业务有关的部门和人员，主要是物流部门和采购部门。

2. 现行的组织机构、职能分工。此处不再赘述。

3. 现行物流流程简要介绍。如生产物流、供应物流、仓储管理、采购物流等。同时介绍现有的管理信息系统资源情况，如已有系统情况、现有的计算机和网络资源情况、相关人力资源情况、数据积累情况等。

4. 分析贝斯特工程机械公司当前存在的问题。这些问题可能是由于流程不合理造成的，也可能是流程效率太低造成的（流程本身合理）。贝斯特公司仓储管理中单据的核对是现有流程中的一个瓶颈环节，效率非常低，而这个流程在现有情况下是合理的，难以提高效率。只有实现信息化管理以后，才可能大幅度提高效率，解决瓶颈问题。

5. 新系统的目标

（1）实现对公司现有内部物流的全面管理，尤其要解决仓储管理中存在的问题。

（2）保证公司内部物流供应的及时性、准确性，缺货率低于 1%，供货不及时率低于 1.5%。

（3）解决相关业务流程的效率问题，能够在最短的时间内（30 分钟内）回应供应商付款的需求。

（4）降低库存成本，在提高管理水平的前提下，使库存成本下降 20%。

（5）提高对公司各部门物资使用的管理水平，全面推行预算管理和定额管理制度。

（6）为企业供应商管理提供信息支持，确保决策的科学性。

6. 新系统的建议方案

（1）系统功能模块规划。系统功能模块初步设定为仓储管理、用料定额管理、采购订单管理、供应商管理 4 个模块。每个模块需要完成的主要业务不再详述。

（2）系统软硬件规划。本系统客户端拟在 Windows 2000 及以上操作系统上运行，开发工具采用 Oracle 平台和数据库，网络由公司内部网支持。

7. 新系统开发计划

新系统开发时间定为 6 个月：前 1 个月进行需求详细调查；中间 4 个月进行系统开发；最后 1 个月完善系统并将其予以实施。

8. 新系统可行性分析

可行性可以从经济、技术、管理以及人员等方面展开，在此不再赘述。

通过以上分析，开发部认为贝斯特公司的内部物流管理信息系统规划可行，具备开发条件。

**思考：**

你认为贝斯特工程机械公司的内部物流管理信息系统可行性分析报告还能从哪些方面加强分析？

## 本章小结

管理信息系统的开发方法是指导开发者按照科学规范的思想、方式和步骤，开发管理信息系统的有效手段和工具。管理信息系统开发的基本方法主要有：结构化系统开发方法、原型化方法、面向对象的系统开发方法以及计算机辅助软件工程。结构化系统开发方法具有规定的步骤，并使用一定的图表工具，符合人们分析问题、解决问题的一般思路，是管理信息系统开发的常用方法。

管理信息系统开发过程中的组织与管理是确保开发项目按质按量完成的必要手段，应成立组织管理机构，并实行严格的计划与控制。

管理信息系统规划是企业信息化建设的首要环节，它从系统整体的高度，对管理信息系统的开发和建设勾画出战略蓝图，系统规划的方法主要有：企业系统规划法（BSP）、关键成功因素法（CSF）以及战略集转化法（SST）。

可行性分析报告和计划任务书是系统规划的主要成果，也是管理信息系统开发后续阶段的主要依据。

## 复习题

1. 简要叙述管理信息系统结构化开发方法、原型法和面向对象开发系统方法的思路。它们各有什么优缺点？
2. 结构化开发方法的基本思想是什么？
3. 简要叙述结构化开发方法的步骤。
4. 管理信息系统的开发组织包括哪些具体的职能部门？
5. 系统规划的含义是什么？为什么要做管理信息系统规划？
6. 企业管理信息系统开发任务提出的原因有哪些？
7. 系统初步调查的内容包括哪些方面？
8. 什么是系统规划的 BSP 法？它的过程分为哪些步骤？
9. 什么是 U/C 矩阵？其作用是什么？
10. 什么是关键成功因素法？什么是战略目标集转化法？
11. 可行性分析的含义是什么？它包括哪些方面？
12. 经济可行性分析从哪几个方面展开？

## 思考题

1. 现在的很多技术类的书籍都强调面向对象的开发方法，你认为它与生命周期法和原型法有何关联？为什么现在强调面向对象的开发方法呢？
2. 面向物联网是管理信息系统未来的一个重要发展方向，你认为在这样的环境下，未来的管理信息系统开发方法应该具有什么样的特征？
3. 试讨论管理信息系统规划与可行性分析是什么关系？
4. 从 CSF 系统规划方法的初衷和在企业中的应用结果，你能得到什么启示？
5. 初步调查的目的是什么？其结果应包含哪些主要内容？

# 系 统 分 析

- 了解需求分析的基本任务；
- 熟悉系统分析的内容和步骤；
- 了解系统需求调查的内容和方法；
- 熟悉现行系统组织结构的调查内容与方法；
- 掌握现行系统业务流程调查的方法和业务流程图的绘制方法；
- 熟悉新系统目标包含的内容；
- 了解可行性审核的内容；
- 掌握数据流程图的绘制方法和步骤；
- 熟悉数据字典的目的和内容；
- 熟悉处理逻辑的 3 种表达工具；
- 了解系统分析说明书包含的内容。

易得维软件公司的杨经理在陈总经理主持的首次见面会结束后便着手进行业务需求调查工作。杨经理根据自己的经验，建议首先在公司召开一个动员会，以统一公司内部对管理信息系统的认识。陈总由于工作繁忙，一直没有空余时间，而部长们大多认为此事并不涉及自身，也不积极支持召开公司规模的动员会。无奈之下，杨经理找到吴部长，要求首先在物流部内进行动员。

为了不影响工作，会议安排在周六的上午进行。原计划上午 9 点会议开始，然而直到 9 点半钟仍有个别员工没有到会。时间紧张，杨经理开始动员。杨经理从管理信息系统的意义和作用、贝斯特公司物流管理存在的问题、管理信息系统实施的步骤和可能遇到的问题、物流部员工在管理信息系统实施中的具体要求等方面做了讲解。杨经理发现，2 个小时的会议，大家情绪平平，后期还出现躁动。杨经理心情复杂，感觉不好。

第二天，杨经理开始参与分组调研。他带人调查发料业务，正好遇到小毕负责。小毕对杨经理非常热情，详细介绍了发料流程，并提出了存在的问题和改进的意见。杨经理觉得自己的调查很有成效，心情逐渐好转，并提出自己动手参加发料。通过几次发料业务的操作，杨经理对业务流程有了更深的了解，并与小毕有了更多的话题和相似的看法。

下午，杨经理拜访劳科长，想探讨一些深层次的问题，验证小毕的看法。劳科长也很热情，但杨经理觉得劳科长的介绍和回答有些避重就轻，没有小毕坦率，不涉及实质性的问题。下午的拜访，话题不多，时间较短，收效不大。后续的调查会是什么样子？能否反映真实的情况和需求？能否发现存在的问题并找到解决问题的共同思路？杨经理又开始担心起来。

**问题：**

杨经理的调研工作不太顺利，原因是什么？杨经理的工作方式是否存在问题？需求分析需要注意哪些事项才能收到实效？

系统分析是管理信息系统正式开发的第一个阶段，是整个系统开发过程的关键环节和工作基础。它从调查现行系统的基本情况入手，弄清现行系统的结构、业务流程和运行状况，找出存在的问题，明确新系统的目标，设计新系统的逻辑模型，解决新系统"干什么"的问题，因此系统分析又被称为新系统的逻辑设计。

## 5.1 系统分析概述

系统分析具有特定的内容和步骤，必须按照科学的方法和规定的步骤完成系统分析工作。系统分析的基本任务、主要内容和基本步骤是管理信息系统开发者必须明确并据此展开工作的系统分析要点。

### 5.1.1 系统分析的基本任务

系统分析（system analysis）一词源于美国的兰德公司（Research and Development Corporation，RAND）。1945 年，兰德公司在研究与咨询活动中，以系统为中心，以系统结构、系统观点为主导，创立了一整套解决问题的有效方法，即系统分析法。该方法主张从系统的观点出发，对事物进行分析与综合，找出各种可行方案，以供决策者选择。具体而言，系统分析人员利用科学的分析工具和方法，对系统的目标、功能、环境、费用、效益等进行充分的调查研究，并收集、处理和分析有关的数据，据此建立若干个替代方案和必要的模型进行仿真试验，整理出完整、可行的综合材料，提出可行性报告，写出系统分析说明书，送交主管人员判断、选择和审批。

管理信息系统的系统分析引用了上述系统分析法的思想，其工作状况直接关系到管理信息系统的设计质量和运行效果，因此系统开发者必须予以高度重视。系统分析的基本任务主要包括需求分析和新系统逻辑模型设计两个方面。

（1）需求分析。需求分析是指在对现行系统的调查基础上，以现代管理理论和方法为指导，对现行系统的经营管理目标、功能和信息流程进行分析和研究，指出存在的问题，提出改进的意见。

（2）新系统逻辑模型设计。新系统逻辑模型设计是指在需求分析的基础上，提出新系统的逻辑模型，从总体上规定新系统的结构。

系统分析可采用"自顶向下"和"自底向上"调查研究相结合的方式进行，即先由总体向局部分解，然后自底层向上层归纳，以便设计出整体最优的新系统。

### 5.1.2 系统分析的内容和步骤

系统分析的内容和步骤可用图 5-1 表示。

（1）现行系统调查。现行系统的调查指的是通过多种途径对现行系统的组织结构、业务流程及其相互关系做全面细致的调查研究，充分了解物流和信息流（包括各种输入、输出和

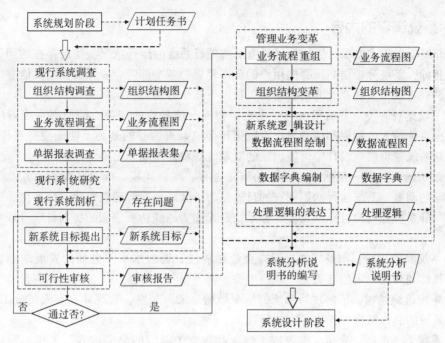

图 5-1　系统分析的内容和步骤

处理），以获取有关现行系统运行的详细资料。调查完毕要绘制现行系统的组织结构图、业务流程图，并整理各种单据和报表。

（2）现行系统研究。全面分析现行系统的调查结果，找出存在的问题，特别是对于不合理的业务迂回和业务分解应重点研究和诊断，提出新系统的目标，并结合系统规划阶段的可行性分析报告进行新系统目标实现的可行性审核，最后编写可行性审核报告供主管领导审阅。

（3）现行系统管理业务变革。针对审批完成的可行性审核报告，以企业整体为对象变革管理业务。首先要全面制订业务流程重组的战略方案，重点阐明发生变革的关键性的业务流程；其次根据业务流程重组的方案变革组织结构，建立横宽纵短的结构形式，提高管理的灵活性和有效性。

（4）新系统逻辑模型设计。在现行系统调查和管理业务变革的基础上，利用一定的图表工具绘制和描述新系统的逻辑模型，以便为新系统的全面设计提供蓝图。

（5）系统分析说明书编写。将系统分析阶段的成果按一定的格式编制系统分析说明书，供系统设计员进行新系统物理设计之用。

系统分析的涉及面广，会受到各种因素的制约。在调查研究和新系统模型的设计过程中，一定要处理好外部环境与内部条件、当前利益与长远利益、局部利益与整体利益、理论与实际、主观与客观等方面的关系，使系统分析的方案合理、优化。

## 5.2　现行系统调查的内容和方法

现行系统的调查是系统分析阶段的首要工作，管理信息系统开发者必须明确调查内容，并采用正确的方法开展调查，调查工作要一定要全面、细致。

### 5.2.1 系统调查的内容

系统开发项目正式立项以后，为了详细了解现行系统的运行状况，找出存在的问题，明确新系统的目标，系统分析员必须要向用户的各级领导、各个部门、业务人员及其他有关人员进行全面的调查。现行系统调查的内容主要包括以下几个方面。

（1）系统运行环境。弄清系统与环境之间物流、信息流的交换，即调查系统向环境输出以及环境向系统输入的物流和信息流。系统运行环境调查的目的是为了明确现行系统的边界，同时也为新系统逻辑模型设计中可能出现的对系统环境的重新界定奠定基础。

（2）系统运行状态。包括现行系统的演变过程、现行规模、经营状况、业务范围、管理水平等方面的调查。系统运行状态调查的目的是为了弄清企业管理规范化、标准化、科学化的程度，以明确系统开发的目标以及要确保系统开发和实施成功所应做的提高科学管理水平方面的工作。

（3）系统发展战略。向高层领导调查企业在规模、管理水平等方面的发展战略，以便在新系统的目标和功能上定位准确。

（4）系统组织结构。了解现行系统的组织结构、隶属关系、管理体制、人员分工等情况，明确现行系统的总体结构，找出存在的问题。

（5）系统业务流程。全面、细致地了解企业各有关部门的业务内容、工作流程以及物流和信息流的流通情况，对部门间的输入、输出也要认真调查。业务流程的调查将为系统进一步的分析和设计工作展示现行系统业务运行方式的蓝图。

（6）各种单据、凭证、台账、报表。它们都是信息的载体，在很大程度上现行系统的单据和报表也是新系统数据输入、输出处理的对象。在调查中，凡是与业务有关的所有单据、凭证、台账和报表，都要全面收集，并了解其产生和使用的部门、发生的周期、用途以及所包含的每一个数据项的含义、类型、宽度、来源和算法等内容。

（7）管理业务中的标准、定额、指标和编码。它们是现行系统正常运行和考核的依据，一般情况下，它们也是新系统的构成要素。

（8）管理工作的制度和方法。全面调查各有关部门和主要岗位的管理制度和方法，以明确新系统的运行规范。

（9）系统资源条件。调查有关系统开发和实施的资源条件，包括人力、物力、资金、设备、建筑以及布局等方面的情况。明确企业参与系统开发和实施的人员的计算机理论知识和应用能力，以确定新系统的平台和界面形式以及人员培训的规模和方式。对现有计算机设备，要调查其型号和配置，以决定设备能否再用。

（10）系统薄弱环节。通常情况下，现行系统中存在的薄弱环节和难题是用户希望新系统要解决的内容之一，是新系统目标的组成部分。因此，在调查中要注意收集用户的各种意见和要求，找出系统存在的问题，分析其产生的原因，设法在新系统中予以处理和解决。

### 5.2.2 系统调查的方法

现行系统的调查分析是一项复杂而艰巨的工作，在很多情况下，企业用户只能给系统开发人员简单提供自己的工作内容，通常不能将自己的业务用局外人能够充分了解的方式表达出来，并且很难提出对管理信息系统的要求和希望实现的功能，因此，系统开发要求提出以后的大量工作是系统开发人员对于用户的询问和诱导，以便从中了解用户需求，而不能仅仅依靠用户描述来展开系统分析。为了能完整地收集到准确反映现行系统运行状况的信息，使该阶段的任务能顺利完成，系统分析人员必须借助于一定的调查方法和手段，从具体到抽象，经过综合、分析、再综合的多次反复才能达到全面掌握现行系统运转情况的目的。常用的系统调查方法有：开座谈会、发调查表和参加业务实践这 3 种。

### 1. 开座谈会

开座谈会是系统调查中最常用、最有效的方法之一。系统分析人员通过与用户单位领导、管理人员的直接接触，采用有目的座谈方式获取所需资料。座谈会一般分 3 个时段。首先是系统分析人员针对事先拟好的访谈提纲向被调查者提问，这个时段主要是收集易于表达的结构化程度较高的定量信息；然后是与会人员的自由交谈，此时段可以了解结构化程度差、被调查者不能用书面方式确切表达的定性信息；最后时段是系统分析人员针对座谈情况的总结，以便补充、修改所收集的信息。

座谈会应根据系统开发的进程来决定座谈的对象。系统开发之初，应召集企业的高层领导和各部门的主管，主要了解现行系统的总体状况以及对新系统的具体要求。随着调查的深入，应分部门座谈，以便了解各部门的业务流程和信息载体。

座谈调查的方式能形成较轻松、灵活、自由的气氛，有利于了解对方的观点和感觉，有助于联络感情，消除书面表达造成的误解和系统开发过程中可能遇到的阻力。但这种方式费时、费力，不仅要求座谈前充分准备，而且座谈中也要有一定的方法和艺术，以引导座谈对象积极、主动、客观、明确地表达出系统分析人员需要了解的内容。

### 2. 发调查表

发调查表是一种耗时短、调查范围广的调查方式。系统分析人员根据管理信息系统开发的一般调查内容，精心设计出目的明确、内容清楚的信息调查表，分发给有关人员填写。

调查表的格式通常有两种，一种是自由式的，另一种是选择式的。自由式的调查表格是将问题的简单罗列，被调查者可以自由填写，它适用于收集有关经验和意见方面的信息，有助于深入讨论某一问题或业务过程。选择式的调查表格对被调查者回答问题的可能性答案做出规定，它迫使被调查者对重大的问题必须采取一种立场或一种观点。调查表的格式根据系统分析员是否明确对所提问题的全部可能答案以及被调查者的知识水平和业务能力来确定。在实际工作中，这两种格式通常结合起来使用。

调查表中所提问题的设计应遵循一定的原则。

（1）问题应限于单一主题；

（2）问题应适合回答者的文化程度、工作经验和业务范围；

（3）问题应便于统计分析；

（4）问题描述客观准确，避免掺杂系统分析人员的主观意见；

（5）问题措辞准确、词义清楚，易于回答。

通常，系统分析人员可依据以下问题来进一步设计调查表的内容和格式（即：可用以下问题直接提问，也可进一步提供多项选择）。

（1）你所在的工作岗位是什么？

（2）你的工作性质是什么？

（3）你的工作任务是什么？

（4）你每天怎样进行工作时间的安排？

（5）你的工作结果与前/后续工作如何联系？

（6）你所接触的报表和数据有哪些？准确程度如何？

（7）你所在的工作岗位是否恰当？工作量如何？

（8）你所在工作岗位存在的问题是什么（组织不力、规划不好、信息不畅……）？

（9）你的工作计划不能合理安排的原因是什么？

（10）你通常采取什么手段提高工作效率？

（11）如增加激励（如奖金、鼓励、新技术等），你所在部门的效率是否会有提高？

（12）从有效组织生产的角度出发，你的权限是否适当（大、小）？

（13）你认为影响企业经营效益的关键问题是什么？

（14）从全局的利益出发，你认为现有的管理体制是否合理？

（15）你认为提高生产产量的潜力在哪里？

（16）你认为现存的管理体制有哪些问题？

（17）你认为你所在部门的业务流程是否合理？如何改进？

（18）影响降低生产成本的途径有哪些？

（19）信息系统的开发在本单位是否有必要？

（20）你认为新的信息系统应该重点解决哪些问题？

（21）你所在工作岗位的工作方式可用哪些定量化管理方法或模型提高工作效率？

（22）你所在部门计算机的配置如何？使用状况怎样？

（23）你利用计算机通常做什么工作？理论基础和熟练程度如何？

（24）在你所了解的管理决策工作中，你认为有哪些是可以由计算机处理，哪些是不能够处理的？

（25）如果建立信息系统，你愿意学习何种操作（包括汉字输入等）并经常使用它？

发调查表的调查方式在被调查者为数众多的情况下是一种最经济、最有效的信息收集方式，特别是选择式调查表更易于管理，也便于统计和分析。但此种方式较难反映深层次问题，如果被调查者不认真填写，则更会影响调查的有效性，需要系统分析人员进一步调查核实。

### 3. 参加业务实践

为了全面深入地了解现行系统的实际情况，系统分析人员可以有目的有选择地参加某些部门或岗位的管理工作。通过亲身实践，系统分析人员可以弄清业务流程以及数据发生、传递、加工与存储的各个信息处理环节，明确现行系统的功能、效率以及存在的问题，从而可以与管理人员探讨深层次的管理问题，研究出有效解决问题的切合实际的方法。

参加业务实践的过程中，系统分析人员可以通过报表填写等工作了解管理业务以及数据的来源、去向和算法，证实或修改其他途径所获取的信息。系统分析人员也可通过查阅文件和资料了解业务状况和存在的问题，通过询问、观察和分析了解管理人员特别是高层管理人员决策时的信息需求，有助于设计出实用先进的管理信息系统或辅助决策系统。

## 5.3　现行系统的调查

现行系统的调查包括组织结构调查、业务流程调查、单据和报表的调查等3个方面，它们从宏观至微观，逐步表达企业或其他组织管理活动的过程及其信息流动的全貌。

### 5.3.1 现行系统组织结构的调查

如前文所述，企业管理系统的组织结构是企业管理过程各要素组成的有机整体，是企业管理过程与运行状况的直接体现，它的发展与完善是企业生产力不断发展的一个直接结果。因此，对现行系统的调查应从组织结构开始。

现行系统中的信息流动是以组织结构为背景加以体现的。在一个组织中，各部门之间存在着各种信息和物质的交换关系。物质材料由系统的外界流入，进入组织中的某一部分，进行加工或处理后，又流向组织中的另一部分，最终作为输出产品流出系统。企业的生产状况和物质流动本身产生各种数据并通过一定的途径流向管理部门，按一定规则和意图加工所得的信息再流向相关部门和组织领导，组织领导按照上下级关系下达各种命令（信息）以控制和调节物质流动的数量、方向和速度，确保物质流动规则有序。总之，组织结构中包含了多种关系，概括起来主要有：上下级的领导关系、物质的流动关系、资金的传递关系、信息的传递关系等。一般情况下，物质的流动和资金的传递都伴随有信息的传递，而信息的传递关系是系统进一步设计的依据和对象。

组织结构中的各种关系可以借助于组织结构图予以表现，部门间的层次关系即表示上下级的隶属关系（简化的组织结构图仅表示隶属关系），其他相互间的传递关系可用一定的符号表示。某企业组织结构图如图 5-2 所示。

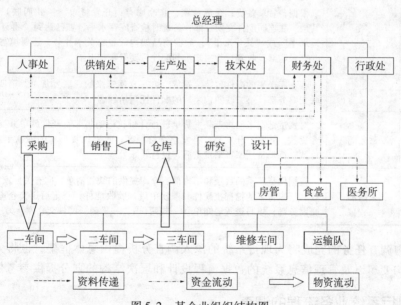

图 5-2　某企业组织结构图

组织结构的调查是系统分析人员了解现行系统的首要环节，其重点应放在调查各部门的职责以及部门间的关系上。实际上，企业的组织结构往往较为复杂，组织结构图很难将部门间的所有关系都表达清楚。通常，组织结构图着重反映部门间的上下级隶属关系；各部门的职责通过专门的表格详细阐述，从中可以弄清各部门的主要职能；部门间的其他关系则通过业务流程图表达。

贝斯特挖掘机配件公司是贝斯特工程机械有限公司（见本书后附案例）的控股企业，该公司独立运作，面向挖掘机生产企业（包括贝斯特工程机械有限公司）销售挖掘机零配件。图 5-3 是贝斯特挖掘机配件公司的组织结构设置。

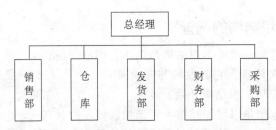

图 5-3 贝斯特挖掘机配件公司组织结构图

表 5-1 是贝斯特挖掘机配件公司各部门的主要职责。

表 5-1 贝斯特挖掘机配件公司各部门主要职责调查表

| 公司简介 | 贝斯特挖掘机配件公司是一家销售公司，它从有关厂家批发购进挖掘机配件，然后向挖掘机生产或修理企业出售。该公司销售的配件共有 1 200 余种，平均每天发生 50 笔交易 | |
| --- | --- | --- |
| 部门编号 | 部门名称 | 部门职责 |
| 01 | 销售部 | 接受顾客订货，校验订单，将不合格订单退回顾客；查阅库存记录，如缺货则开具缺货通知单交采购部，并保存缺货订单留待以后处理，如果可供货则修改库存量并开具备货单交仓库；收到来自采购部的所缺货物的进货通知单后，修改库存记录并处理缺货记录，填写曾缺货现可供货的备货单交给仓库，将已处理的缺货订单存档保存 |
| 02 | 仓库 | 根据备货单备货；登记台账，修改库存；开发货单（一式四联），第一联留底，其余三联连同配件交发货部；备货时检查库存水平，如已达到"再订货水平"、"危险水平"或"缺货水平"，除在物品架内放置有关卡片外，还要填写再订货通知单并交采购部；收到进货通知单和配件后要登账和上架 |
| 03 | 发货部 | 将仓库送来的配件包装、发货，填写仓库送来的三联发货单，第四联留底，第三联交财务部，第二联随包装后的配件托运给顾客 |
| 04 | 财务部 | 对发货部送来的第三联发货单进行计价；记销售账，开催款单并交顾客；收到顾客货款，转账，开发票，将发票寄给顾客；收到供货厂家的催款单后，记购买账，付款；待供货厂家寄来发票后，进行转账处理 |
| 05 | 采购部 | 根据供货厂家的目录和销售部、仓库提供的缺货清单，向有关厂家发出购货订单；收到厂家寄来的挖掘机配件和催款单后，验收配件，登记后送交仓库，并将催款单交财务部；填写进货通知单（一式两份），一份随同配件交仓库，另一份交销售部 |

组织结构调查任务的完成将为现行系统的深入调查分析提供总体框架，也将为业务流程重组、组织结构变革以及管理信息系统的数据流程设计和层次结构的划分提供参考依据。

## 5.3.2 现行系统业务流程的调查

组织结构图描述了现行系统中各部门之间的隶属关系、物质流动关系和信息流动关系，但这种方式只是一种概括性的描述，不能全面反映现行系统的业务流程情况。为了明确现行系统内部各部门的信息需求和信息流向，必须对业务流程再做进一步的调查分析，即按照现有信息的流动情况，逐个调查和描述各个环节的业务处理顺序、处理内容和处理时间的要求，弄清各个环节所需信息和所供信息的内容、来源或流向、时间要求以及信息的表现形式（文字报告、数据清单、屏幕显示、存放介质等）。简而言之，现行系统业务流程的调查就是要弄清各个环节信息输入与输出、信息处理以及信息存储的内容与顺序。

业务流程的调查应围绕业务的处理来展开，即围绕业务处理调查与之相联系的所有输入、输出和存储。业务流程的调查可以以发放调查表的形式进行，调查表的格式需要系统分析员自行设计。表5-2为业务流程调查表的一种形式。

表5-2　现行系统业务流程调查表

| 部门名称： | | 部门编号： | | | 填表人： | | | 填表日期： | |
|---|---|---|---|---|---|---|---|---|---|
| 处理（职能） | | 输入 | | | 输出 | | | 存储 | |
| 编号 | 名称 | 编号 | 名称 | 来源 | 编号 | 名称 | 去向 | 编号 | 名称 |
| | | | | | | | | | |
| | | | | | | | | | |
| | | | | | | | | | |
| | | | | | | | | | |

表5-2中，"来源"栏填写外部门的名称或外部实体，本部门可不填；"去向"栏填写外部门的名称或外部实体；"存储"指处理完成的存放在本部门的信息载体。

通过调查表的发放和填写，系统分析员可以了解各部门的具体业务流程。调查过程往往不是一次就能完成，需要经过调查、总结、再调查的多次反复。调查完成后，系统分析员应进行总结和整理，并填写业务流程调查表（即表5-2）。调查表的填写要求如下。

（1）调查表分部门并按处理顺序填写。最后填写整个系统的调查表，从总体上反映系统的输入、输出和存储，以便明确系统环境。

（2）调查表中处理的编号按部门编号加顺序号的形式编制，输入、输出和存储的编号按部门编号加类型编号（输入为1、输出为2、存储为3）再加顺序号的形式编制。

（3）如果对于某一处理而言为输出或存储的信息，同时又是另一处理的输入，则采用同一编号。这种现象如跨部门发生，则以提供信息部门的相应编号为同一编号。

（4）不同处理如有相同的输入、输出或存储，则编号和名称必须一致。

例如，表5-3为贝斯特挖掘机配件公司发货部的业务流程调查表。

表5-3　贝斯特挖掘机配件公司业务流程调查表

| 部门名称：发货部 | | 部门编号：03 | | | 填表人：李雷 | | | 填表日期：3月5日 | |
|---|---|---|---|---|---|---|---|---|---|
| 处理（职能） | | 输入 | | | 输出 | | | 存储 | |
| 编号 | 名称 | 编号 | 名称 | 来源 | 编号 | 名称 | 去向 | 编号 | 名称 |
| 0301 | 包装，发货 | 02203 | 发货单（2） | 仓库 | 03201 | 已包装挖掘机配件 | 顾客 | 03301 | 发货单（4） |
| | | 02204 | 发货单（3） | 仓库 | | | | | |
| | | 02205 | 发货单（4） | 仓库 | 03202 | 发货单（2） | 顾客 | | |
| | | 02206 | 挖掘机配件 | 仓库 | 03203 | 发货单（3） | 财务部 | | |
| 0302 | 发货统计 | 03301 | 发货单（4） | | 03204 | 发货统计表 | 经理室 | | |

在对各部门业务流程进行充分的调查分析基础上，可以绘制各部门的业务流程图以及现行系统的业务流程总图，以全面反映现行系统业务流程的细节和全貌（系统业务单一或简单时，可仅绘制系统业务流程总图）。业务流程图所用的符号及含义如图5-4所示。

业务流程图是对调查完成的业务流程的图形表示，它是系统分析员、管理人员相互交流的工具，可为进一步分析研究现行系统业务流程的合理性提供方便。通常情况下，业务流程图的

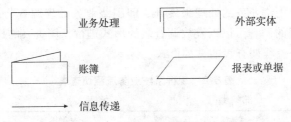

图 5-4　现行系统业务流程图所用符号

上方为业务部门，纵向为各部门对应的业务处理流程，各部门间的信息传递关系也可以清晰地表示出来。图 5-5 为贝斯特挖掘机配件公司的业务流程总图。

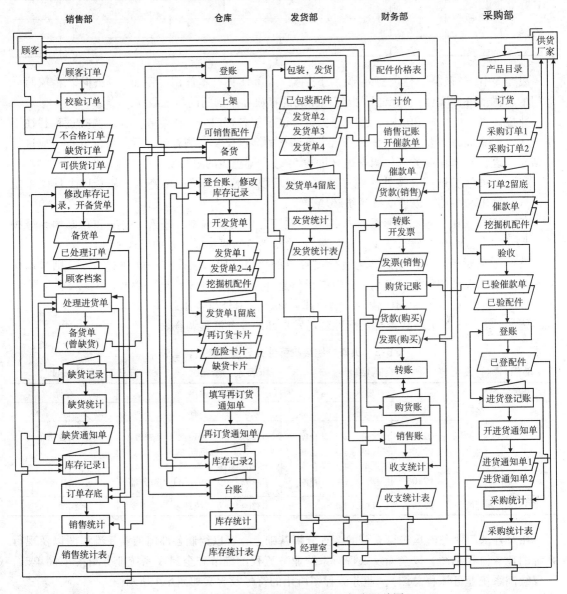

图 5-5　贝斯特挖掘机配件公司业务流程总图

### 5.3.3 单据和报表的调查

业务流程图描述了系统内部各部门的业务处理过程以及部门间的信息传递关系，明确了系统中单据和报表的名称、数量以及它们的数据来源和产生途径，但是单据和报表的内容、数据项的构成等对系统进一步设计有重大影响的数据细节仍没有被描述出来，因此，需要对单据和报表这些数据载体做进一步的调查。

单据和报表的调查应分部门进行，即针对各部门业务流程图中反映的输出和存储载体，对其中各数据项的名称、类型、计算方法、宽度、小数位数等属性做详细描述，以便为数据分析和存储设计提供依据。

单据和报表的调查也可采用分发调查表的方式进行，表 5-4 为调查表的格式。

#### 表 5-4 单据或报表调查表

部门名称：　　　　　　部门编号：　　　　　　填表人：　　　　　　填表日期：

| 单据或报表的名称 | | | | 编号 | | | |
|---|---|---|---|---|---|---|---|
| 发生时间 | | | | 发生周期 | | | |
| 序号 | 数据项名称 | 类型 | 取值范围 | 计算方法 | 宽度 | 小数位数 | 备注（计量单位等） |
| | | | | | | | |
| | | | | | | | |
| | | | | | | | |
| | | | | | | | |

调查表中的"计算方法"一栏是指该数据项的具体算法。如果数据项是直接填写的原始数据，则"计算方法"一栏不用说明。如果该数据项是由本表的其他数据项或者其他表的数据项计算而得，则必须通过一定的引用和符号约定指明计算过程。如式子"（02＋10×10）／04"表示该数据项由第 2 项、第 4 项和第 10 项计算而得，式子"01304#08×（03＋06）"则表示该数据项是由编号为 01304 的报表中的第 8 项与本表的第 3 项、第 6 项综合计算的结果。

填写完毕的调查表经核实、整理后应按部门归类。调查表应附有对应的原始单据或报表，最好是有实际数据的样品或复印件。单据或报表调查表中的编号必须与业务流程调查表中的编号一致。

## 5.4 现行系统的分析研究

在现行系统调查的基础上，系统开发人员应对现行系统的业务流程、组织结构以及单据和报表等调查结果进行详细、深入的分析研究，找出存在的问题，提出改进的意见和建议。

### 5.4.1 调查资料的整理与归档

现行系统的调查形成了大量的调查资料，概括起来主要有以下几种。

（1）单据和报表的样品或复印件；

（2）分发并收回的调查表；

（3）调查访问的记录和初步归纳的文字资料；

（4）调查访问后加工形成的图表和文字资料。

由于系统调查的时间较长，参加调查的人员数量较多并且其背景和经验不同，因此在资料的管理上必须建立严格的制度。将有联系的资料按部门整理、编号、归档，访问记录和文字资料应整理、打印，形成的档案要经负责人签字后保管。

### 5.4.2 现行系统薄弱环节分析

通过对现行系统调查资料的分析，找出存在的问题和薄弱环节，以此作为新系统要解决的问题和实现的目标。

现行系统存在的问题和薄弱环节主要体现在以下几个方面。

（1）业务流程环节偏多，不合理的迂回严重。某项业务的处理或某种单据的传递需要经过多个环节或多次反复，这些反复迂回的现象影响工作效率。

（2）业务流程衔接不畅。某些业务的处理需要依靠一个或多个必需的前续环节，而前续环节的业务处理在时间上滞后或数据不全，严重影响本业务的按期处理或准确处理。

（3）单据或报表不规范。单据或报表在格式上、在数据项反映内容的表达上不规范，对信息的进一步处理带来不便甚至难以正确实现。

（4）单据或报表中的数据不准确。因原始单据不全或统计口径不统一造成数据的不准确或数据的不一致。如：两种报表具有反映同一内容的数据，由于来源于不同的统计口径造成两种报表的数据不一致。

（5）定量分析欠缺。在计划编制、市场预测、定额制定等方面凭经验，很少采用现代化的定量分析技术和方法。

（6）管理不规范、制度不健全。在管理上随意性严重，单据的填写、报表的生成缺少严格的规章，对新系统的开发带来很多不利。

（7）管理人员素质低。管理人员缺少正规的训练和教育，现代化意识淡漠，对新系统的开发被动应付甚至不予合作。

（8）领导短期行为现象较严重。新系统的开发出于上级领导的压力或赶时髦，缺少解决管理深层次问题的想法和动力，新系统开发的资金投入不积极。

在现行系统存在的问题中，业务流程的不畅和组织结构的不合理是需要重点解决的，它们是影响管理信息系统有效运行的关键因素之一，因此应对业务流程和组织结构进行重点分析，并实施必要的管理变革。

### 5.4.3 新系统目标的提出

系统开发人员在充分调查研究的基础上，根据现行系统的具体情况和存在的问题，并考虑用户多方面的意见和要求，经过与用户反复协商讨论后，提出新系统的具体目标。新系统目标是新系统建立后所要达到的运行指标，是可行性审核、系统设计和系统评价的重要依据。因此，新系统目标的提出必须慎重、周全。新系统目标具有以下特点。

（1）战略性。新系统的目标是系统开发的努力方向，它影响和指导着系统分析、设计、实施和应用的全过程，在整个系统生命周期中都起着重要作用。

（2）整体性。新系统的目标是系统全局必须实现的指标，各个子系统的目标和功能必须符合整体目标的要求，各分目标共同配合发挥作用才能实现整体目标。

（3）多重性。新系统的目标不是单一的，而是多方面的。一般情况下，系统目标是一组目标体系，这些目标既有联系也有差异，并有主次之分，因此应根据实际区别对待。

（4）依附性。信息系统的目标不是凭空想象孤立制定的，它依附于现行系统的战略目标。根据现行系统的目标和功能，找出其薄弱环节，才能进一步推导和发展，提出新系统的目标和功能。

（5）长期性。信息系统目标的实现是一个长期的过程，要根据资源条件、开发力量等制约因素分期、分批实现。

（6）适应性。信息系统的运行依赖于外部环境，当环境发生变化时，系统的功能和目标应随之而变。因此，新系统的目标应具有良好的适应性，以增强新系统对外部环境的适应能力。

根据以上特点，新系统目标应该充分体现系统的战略方向和发展趋势，对系统分析、设计、实施、运行和维护均有直接的指导意义。此外，新系统目标既要与现行系统的基本功能密切相关，又要高于现行系统，能解决现存的问题和薄弱环节，富有挑战性和号召性，能鼓舞人们为目标的实现而努力。

管理信息系统的目标视现行管理系统的不同而不同，也与用户的要求以及资源条件、开发力量等制约因素有关。总体而言，新系统的目标一般围绕以下几个方面提出。

（1）管理方面

1）提高工作效率，减轻劳动强度；

2）减少管理人员；

3）减少日常费用开支，降低成本；

4）信息充分共享，提高信息传递速度；

5）提高预测和决策的速度和准确性。

（2）性能方面

1）准确可靠；

2）响应速度快；

3）安全保密；

4）操作方便；

5）便于扩充维护；

6）通用性强。

（3）功能方面。提出新系统在输入、输出、查询、辅助决策等方面的具体功能要求。

需要指出的是，新系统目标是新系统实现的总体要求，在调查研究阶段不可能提得非常具体和确切，随着系统分析和设计工作的进展和深入，新系统目标将更加具体。

## 5.4.4 可行性审核

可行性审核是指在对现行系统详细调查和分析研究的基础上，根据用户的要求和新系统的具体目标，并考虑系统开发所受到的各种制约条件，结合系统规划阶段的可行性分析报告，进一步审核系统开发的意义和可行性，提出新系统实现目标的修改意见。可行性审核是对系统深入开发的进一步论证和细化，分析完毕需撰写可行性审核报告。可行性审核报告是对系统规划阶段可行性分析报告的修改和细化，包括组织结构调查、业务流程调查、单据和报表调查的结果与图表以及现行系统存在的问题分析、系统业务重组和新系统的目标等内容，可行性审核报告还包括有关专家和领导的审核意见与建议。可行性审核报告是系统进一步分析和设计的依据。

### 5.4.5 现行系统管理业务变革

第2章较为全面地阐述了管理信息系统与企业管理变革的关系，强调了业务流程重组和组织结构变革是管理信息系统开发取得成功的前提。可以说，基于管理业务变革是管理信息系统开发的基本战略。针对具体的管理信息系统开发项目，系统开发者必须审视现行系统的业务流程，根据基于信息技术的管理变革理论，提出业务流程重组方案，并据此形成组织结构变革的新架构。

表5-1和图5-5较为清楚地反映了贝斯特挖掘机配件公司组织结构的职责及其业务流程关系，体现了现行系统的边界、环境、输入、输出、处理和存储等内容。从这些图表中，也可以发现业务流程和职责划分方面存在的问题。就管理规则而言，采购部负责采购业务的同时又负责验收业务，缺少监督和制衡，流程不科学。另外，受跨部门管理能力的限制，在手工状态下，某些业务流程是较为合理而有效的，但基于信息技术支持的视角现行业务流程仍存在一些问题，如：库存记录在销售部和仓库分别登记和修改，工作重复并易于造成数据的不一致；采购部进货登账、销售部处理进货单以及仓库进行登账处理，业务处理重复，如某一环节出错，则会出现各部门的统计结果不一致的现象，进而可能会对采购和销售部门的工作产生误导。因管理能力限制产生的问题实际上是数据资源的共享问题。在手工状态下出于本部门数据处理、信息掌握的需要，跨部门又难以及时获取所需信息，则会出现业务处理重复的现象并较难避免（例如，销售部修改库存记录是为了掌握库存信息，以便准确校验订单和处理缺货问题，而此信息如从仓库获取又存在不便），但利用信息系统则很容易解决此类数据资源共享问题。换言之，开发贝斯特挖掘机配件公司管理信息系统不能完全照搬原业务流程，需要对其实施重组。重组后的业务由销售管理、仓库管理、财务管理和采购管理4个部分组成，业务内容不重复，确保数据登录和修改工作交由某一部门统一进行。根据重组后的业务流程（图5-6所示，阴影和虚线部分为重组的业务流程），即可展开管理信息系统的深入设计。因统计汇总需要而进行的有关本部门工作过程和状态的数据管理业务（上述进货业务的多部门登账等，图5-6没有全部统一归口，读者可自行完善），在管理信息系统的数据库设计环节可基于数据共享设置规则，易于实现。

重组后的管理业务分别由销售部、仓库、财务部和采购部承担，原发货部取消，其管理业务并入仓库。变革后组织结构的各部门职责如表5-5所示。

经过管理信息系统开发者的进一步设计，贝斯特挖掘机配件公司业务流程和组织结构的优化目标将成为现实。

**表5-5　贝斯特挖掘机配件公司组织结构变革后的主要职责**

| 部门编号 | 部门名称 | 部门职责 |
|---|---|---|
| 01 | 销售部 | 接受顾客订货，校验订单，将不合格订单退回顾客；查阅库存记录，如缺货则开具缺货通知单交采购部，如果可供货开具备货单交仓库 |
| 02 | 仓库 | 根据备货单备货；开发货单，包装、发货，修改库存；收到配件后，验货，上架，修改库存记录 |
| 03 | 财务部 | 根据仓库开具的发货单进行计价；记销售账，开催款单并交给顾客；收到顾客货款后，转账，开发票，并将发票寄给顾客；收到供货厂家的催款单后，记购买账，付款；待供货厂家寄来发票后，进行转账处理 |
| 04 | 采购部 | 根据供货厂家的目录和销售部提供的缺货记录，向有关厂家发出购货订单；收到厂家寄来的挖掘机配件和催款单后，送交仓库，修改缺货记录，并将催款单交财务部 |

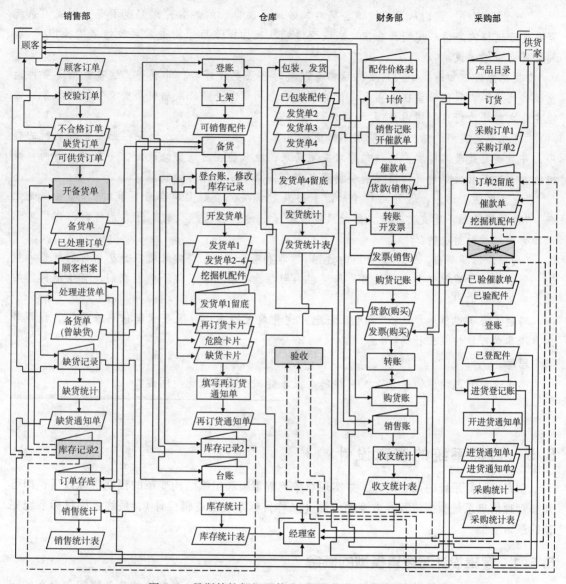

图 5-6 贝斯特挖掘机配件公司重组后的业务流程图

【案例阅读 5-1】

## 人力资源管理信息系统遇到的麻烦

"喂,是菲利普吗?我是人力资源部的玛丽,我们在使用你们公司开发的人力资源管理信息系统时遇到一个问题,一个员工想把她的名字改成汀斯丽·斯派克,而系统不允许修改,你能帮忙解决这个问题吗?"

"她嫁给了一个姓斯派克的人吗?"菲利普问道。

"不,她没有结婚,而仅仅是要更改她的名字,"玛丽回答道,"可我们只能在员工婚姻状况改变时才能更改姓名。"

"当然是这样。我们从没想过谁会莫名其妙地更改自己的姓名，你们也不曾告诉我们系统需要处理这样的事情。你们只有在完成改变婚姻状况的操作后才能进入更改姓名的操作。"菲利普理所当然地说。

"我想你应该知道每个人只要愿意都可以随时合法更改姓名。菲利普，这事我们不要再追究谁的问题了。我们希望在下周五之前能解决这个问题，否则汀斯丽将不能支付她的账单。你能在此之前修改好这个错误吗？"玛丽急切地问道。

"这并不是我们的错！我们从来不知道你们需要处理这种情况。我现在正忙于编制新的程序，并且还要处理其他客户的一些需求变更请求，我只能在月底前修改好，一周内没时间，很抱歉。下次若有类似情况，请提前告诉我并把它们写下来发邮件给我。"

"没法提前告诉你，遇到问题才知道需要及时解决，否则上司会责怪我的。"玛丽很是无奈，"如果汀斯丽不能支付账单，那她只能挂账了，她也会抱怨我的。开发系统时，你们可承诺如有问题及时解决的。"

"玛丽，你要明白，这不是我们的过错。"菲利普坚持道，"如果需求分析时你们就告诉我们，要求能随时更改某个人的姓名，那现在的问题就不会出现。你不能因我们没有猜出你们的需求就责备我们。"

玛丽不得不愤怒地屈从："好吧，好吧，这种烦人的事让我恨死管理信息系统了。我等着你，请你尽可能快点，行吗？"

**思考：**

出现这种问题的原因是什么？应该怎么做才能减少或避免此类问题？

## 5.5 目标系统的逻辑设计

在完成现行系统的调查研究，并实现业务流程重组和组织结构变革的预期目标以后，即可开展管理信息系统数据流程等方案的设计（又称目标系统的逻辑设计），最终提供目标系统完整的逻辑模型。

### 5.5.1 逻辑设计与逻辑模型的概念

目标系统的逻辑设计是指通过对现行系统的调查研究，明确了系统的业务流程和存在的问题，并在新系统目标提出、业务流程重组和组织结构变革的基础上，设计目标系统总体方案，解决目标系统"干什么"问题的过程。目标系统的逻辑设计是对现行系统合理内容（组织结构、业务流程、单据报表等）的继承，也是对现行系统不合理内容的否定，并通过管理变革抽象出目标系统的总体框架。目标系统的逻辑设计抛开目标系统具体的物理实现，可确保目标系统的整体合理和优化，使管理信息系统开发的整个过程更加科学，避免因过早涉及物理细节而造成返工现象严重和人力物力浪费的不良局面。可以说，目标系统的逻辑设计将为系统的物理设计提供总体蓝图，是系统分析阶段向系统设计阶段过渡的桥梁。

目标系统的逻辑模型是目标系统逻辑设计的结果，是系统分析人员与用户一起，经过反复讨论、研究、分析、比较和修改后得出的一组总体设计图表，它们在逻辑上表明要达到新系统目标所应具备的各种功能，同时还表示了数据输入、输出、存储、处理、流向以及系统界限等目标系统的概貌。

目标系统的逻辑模型主要由数据流程图、数据字典和处理逻辑表达工具等图表工具构成。数据流程图是对新系统数据输入、输出、存储、处理、流向等的总体描述，是新系统逻辑模型的核心，总图上的处理功能可以细化为不同层次的子系统数据流程图；数据字典是对数据流程图中输入、输出数据流和数据存储的详细描述；处理逻辑表达工具则用于阐明数据流程图中处理功能的具体逻辑。这些图表工具逐步细化，逐级补充，共同配合，构成较为完整的新系统逻辑模型。

目标系统的逻辑模型是系统分析的主要成果，是对新系统全貌的逻辑描述，要求具有准确性（准确描述处理过程和处理内容）、完备性（模型表达完整）、一致性（模型中的所有描述无矛盾）和可变性（模型可以扩充和修改）等特点，为管理信息系统的进一步设计提供科学、具体的依据。

## 5.5.2　数据流程图

### 1．数据流程图的基本概念与组成

数据流程图（data flow diagram，DFD）是新系统逻辑模型的主要组成部分，它摆脱了业务流程图中所有的物理内容（如物流等），准确地描述了目标系统在数据输入、输出、存储、处理、流向等方面的逻辑关系，抽象而概括地反映了目标系统的全貌。

数据流程图使用了 4 种基本符号，即外部实体、数据流、数据处理和数据存储。

（1）外部实体。外部实体（external entity，简记为 E）是指系统以外的事物、人或部门，它不受系统控制，表示系统数据的外部来源或去向。例如：系统以外的供应商、顾客、分销商等。外部实体也可以是系统以外的另一个管理信息系统，它向该系统提供数据或接受该系统发出的处理结果。

外部实体用正方形，并在左上角外另加一个直角来表示，正方形内写明外部实体的名称。为了避免或减少数据流程图中线条的交叉，同一个外部实体允许在一张图上出现多次。在此约定，再次出现的同一个外部实体应在正方形右下角内增加一个反斜线标记。数据流程图中外部实体的表示方法如图 5-7 所示。

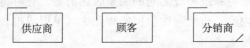

图 5-7　外部实体的符号

（2）数据流。数据流（data flow，简记为 F）是指系统内部数据流动的方向，它用单向或双向的箭头表示。为便于用户或系统设计人员理解数据流的含义，可在箭头的两侧对数据流进行简单描述，为了叙述和数据字典编写的方便，也可对数据流加以编号，如图 5-8 所示。

图 5-8　数据流符号

数据流可以由某一个外部实体产生，也可以产生于某一个处理逻辑，也可来源于某数据存储。

（3）数据处理。数据处理（data process，简记为 P）是指对数据的逻辑处理功能，也就是对数据的加工功能。数据处理由 1 个在纵向分成 3 部分的长方形表示，这 3 部分为标识部分、功能描述部分和功能执行者说明部分，如图 5-9 所示。

图 5-9 数据处理符号

标识部分通过编号唯一地标识该处理功能，如 P1、P1.1 等。功能描述部分通过简洁的短语对处理功能进行简单而明确的描述，如编制计划、录入入库单等。功能执行者说明部分用于说明执行该功能的部门或个人，如财务科、仓库保管员等。表示数据处理的长方形符号框中功能描述是必不可少的一部分，其余部分是应便于理解和进一步说明的需要而设立的，在无需详细说明的情况下可以省略。

（4）数据存储。数据存储（data store，简记为 D）是指数据保存的逻辑描述（而不是物理介质），一般指存储在介质上的数据库。在数据流程图中，数据存储用右边开口的长方条表示。长方条分成两部分，第一部分为起唯一标识作用的编号，如 D1、D5 等，第二部分为数据存储的名称，如申请计划、储备定额等。与外部实体一样，为减少或避免线条的交叉，允许在同一张数据流程图上重复出现相同的数据存储，只需在再次出现的数据存储符号的左侧加上一条竖线即可。数据存储如图 5-10 所示。

图 5-10 数据存储符号

数据流与数据存储的结合形成了数据读写的图形表示，指向数据存储的数据流表示将数据送入数据存储（存放或改写），从数据存储流出的数据流表示从数据存储中读取数据。

一般情况下，外部实体向管理信息系统提供单据，管理信息系统向外部实体输出单据或报表，因此为了将数据流程图与系统环境之间的关系表达清楚，有时将单据或报表作为管理信息系统与外部实体间交流的内容，也绘制在数据流程图中。单据或报表的符号沿用业务流程图中的符号。

### 2. 数据流程图的绘制方法

目标系统数据流程图的绘制方法是：采用结构化系统分析与设计技术（SADT），遵循"自顶向下逐层分解"的原则，由整体到部分，由粗到细，将目标系统逐步分解成若干简单的数据流程细节图。首先，将整个目标系统作为一个处理功能，绘制顶层图（又称 TOP 图），描述外部实体以及目标系统的数据输入和数据输出；其次，将此处理细化成若干处理功能，并描述每一个处理的数据输入、数据输出和数据存储，明确各处理间的数据传递关系；最后，再细化各处理功能，绘制各数据流程图，直至处理功能足够简单，不可再分或仅由一个模块就能直接描述处理逻辑为止（此类处理称为基本处理逻辑）。

数据流程图的详细程度由目标系统的大小和具体需要而定，绘制过粗可能会导致信息丢失和表达不清，绘制过细则会使图面烦琐，整体性较差，不能一目了然。总的来说，绘制完成的目标系统数据流程图由顶层图、底层图和中间层的数据流程图所组成。顶层图只有一张，它表明了系统的边界，即系统输入、输出的数据流（见图 5-11）。底层图有若干张，每一张由不必再分解的处理逻辑所组成。在顶层图和底层图之间是中间层图。小系统可能没有中间层，而大系统的中间层可能有 7、8 层之多，一般为 2 ~ 3 层。为了表明流程图的层次关系，通常将顶层称为 0 层，其余各层按 1、2、3……的顺序编号。为了表明流程图的从属关系，通常把上层图称为下层图的"父"图，下层图称为上层图的"子"图。

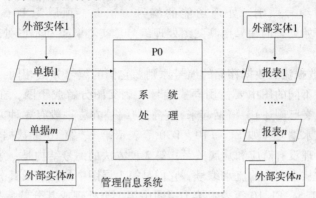

图 5-11  数据流程图顶层图的一般形式

数据流程图的绘制是一项重要而复杂的工作，系统分析人员要有足够的耐心和细致，并要与用户领导及各层管理人员反复讨论和分析，直至绘制出用户满意的数据流程图。

### 3. 数据流程图绘制注意事项

数据流程图的绘制应注意以下几个方面的要求。

（1）由左至右绘制数据流程图。数据流程图的绘制一般由左至右进行。从左侧开始标出外部实体，然后画出由外部实体产生的数据流，再画出处理逻辑、数据流、数据存储等元素及其相互关系，最后在流程图的右侧画出接受输出信息的系统的外部实体。

（2）父图与子图的平衡。子图是对父图中处理逻辑的详细描述，因此父图中数据的输入和输出必须在子图中反映出来，即父图与子图必须平衡，或者说，父图与子图必须具备接口的一致性。

父图与子图的平衡是分层数据流程图的重要特性，因而在绘制分层数据流程图时，必须认真检查相互的"平衡"，特别是当子图有若干张，数据流被分成若干条时，更应慎重核查。用虚线框将子图中由父图分解展开的处理内容框起来，则有利于弄清输入输出数据，便于与父图比较。需要强调的是，就数据流而言，因父图分解成子图并且父图中的某一数据流在子图中出现多个流向时，该数据流在子图中的编号应加以区分，编号方法是："父图数据流编号"、"－"、"顺序号"三者相连，以表明数据流的分解和继承关系。如"F5"与"F5－1"、"F5－2"既表明"F5"在子图中出现了两个流向，又说明了继承关系。

（3）数据流至少有一端连着处理框。数据流不能从外部实体直接传送到数据存储，也不能从数据存储直接传送到外部实体。

（4）数据存储流入流出协调。数据存储必定有流入的数据流和流出的数据流，缺少任何一种数据流则意味着遗漏某些加工。

（5）数据处理流入流出协调。只有输入没有输出则数据处理无须存在，只有输出没有输入则数据处理不可能满足。

（6）合理命名，准确编号。数据流程图绘制过程中，对外部实体、数据流、处理逻辑以及数据存储都必须合理地命名。数据流程图正式完稿后还要对这些元素进行编号，以便进一步编写数据字典，利于系统设计人员和用户阅读与理解。

1）合理命名的原则。名字要反映元素的整体性内容，而不能只反映部分内容，以避免引起错觉；名字必须唯一地标识该元素，要与含义类似的元素加以区分；名字要避免空洞。如"数据"、"信息"、"输入"、"输出"等名字缺乏具体含义。

2）数据处理的编号原则。处理功能的编号方法是：顶层为 P0，第一层为 P1、P2、P3，…，从第二层开始处理的编号由其父图处理编号、实心圆点和本图处理的顺序号所组成，如 P1.1、P2.1.2 等。

3）外部实体、数据流、数据存储的编号原则。它们的编号方法相同，通常从第一层图开始编号，同一元素在不同的图中要使用同一编号（因父图分解成子图，在子图中被分解后的数据流的编号方法上文已阐述）。概括起来，它们的编号方法一般有 3 种方式。第 1 种方法是自始至终从小到大流水编号，如 F1、F10、D30 等表示第 1、第 10 个数据流和第 30 个数据存储，编号与具体的处理没有对应和从属关系；第 2 种方法的编号结构是：第 1 层图中的处理顺序号、实心圆点以及从小到大的流水编号，它们是第 1 层图中的处理及其分解后的处理所产生或输入的内容，如 F1.5、F1.10 等表示第 1 层图中第 1 个处理或其分解后处理产生的第 5、第 10 个数据流，D2.5 表示第 1 层图中第 2 个处理或其分解后处理产生的第 5 个存储；第 3 种方法是编号由本处理编号、小数点和顺序号所组成。如 F1.1 表示第 1 个处理输出或输入的第 1 个数据流，而 D1.1.10 表示第 1 个处理的第 1 个子处理产生的第 10 个数据存储。上述方法中的第 1 种方法适用于小系统，第 3 种方法适用于复杂的系统，第 2 种方法适用的系统介于两者之间。不管采用何种方法编号，外部实体、数据流、数据存储的编号都具有继承性，即本图中的外部实体、数据流、数据存储如已在上层图中出现过则沿用以前的编号。

**4. 数据流程图绘制实例**

（1）实例一：华胜管理学院管理信息系统数据流程图。

下面以华胜管理学院管理信息系统的开发为例，说明数据流程图的绘制方法。

华胜管理学院隶属于某大学，它主要负责本科生、研究生的培养。它下设办公室、学生科、教务科、阅览室、图书室、实验室、管理工程系、会计学系和工商管理系。办公室主要负责人事管理、文件收发、对外接待等方面的工作；学生科负责学生档案管理、评奖、毕业生就业等工作；教务科的主要职责是教学计划制订、教学安排、教学质量评价、选课、工作量计算和学生成绩管理；阅览室负责杂志的征订和借阅；图书室负责图书的征订和借阅；实验室负责学生上机安排和设备管理；管理工程系、会计学系和工商管理系负责教学的日常安排和管理。

随着学院的发展，教学管理的要求逐渐提高，教学管理的任务也日趋繁重，手工管理低效率、单调、烦琐、准确性差等现象较为突出地显露出来。通过对教学管理的业务流程、信息需求、信息结构、信息特点等的全面调查（业务流程图此略）后认为，必须设法解决以下几个方面的问题。

1）教学计划相对稳定，但在执行过程中需要根据实际情况做相应调整，与教学计划有关的表格、文字说明等内容应随之而变；

2）各专业每学年、每学期的教学安排是在教学计划的指导下进行的，但与教学计划不完全一致。例如，某些课程可能比教学计划中的规定时间提前或推迟安排；某些课程为新增加的；教学计划中的某些课程可能不安排等。这些情况需要花费大量的时间和精力予以处理，并要求长期保存变化内容，以保持教学安排的连贯性；

3）科研、论文、著作等内容反映了学院的教学科研水平，是学科点评估、硕士点申报等工作的重要依据，需准确登记并妥善保存；

4）教师教学质量的评价需要在全面、客观的评价指标基础上长期进行，它要求数据处理正确，并能实现横向、纵向对比；

5）各种档案需长期保存，既可随时查询，又能及时准确地对其进行统计分析，以便为学院领导提供决策依据。如，根据杂志的借阅情况确定其订购的种类和数量；借助于学生就业情况制定调整专业方向的策略；根据对学生成绩的综合分析制定加强学风建设的措施；通过教学质量的横向、纵向对比明确需重点培养和帮助的教师对象等。

为解决手工管理方式存在的问题，实现教学管理科学、准确和高效之目标，开发以计算机网络为手段的华胜管理学院管理信息系统（management information system of huasheng management school，HMS-MIS）将为学院的改革和发展提供帮助。

HMS-MIS 的目标是：① 全面实现各系、科、办公室的数据处理工作；② 确保数据的可靠性、有效性、共享性、完整性、独立性和安全性；③ 技术先进、结构合理、功能齐全、操作方便；④ 统计分析功能强，以报表、图形等多种形式为管理人员和学院领导提供分析结果；⑤ 具有较强的灵活性和可扩充性。HMS-MIS 的数据流程顶层图如图 5-12 所示。

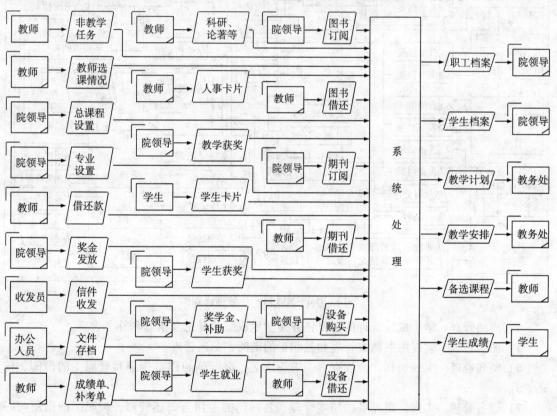

图 5-12 华胜管理学院管理信息系统数据流程顶层图

图 5-12 描述了 HMS-MIS 的数据来源和信息去向，反映了系统的轮廓和范围。显然，图 5-12 很粗略，需要进一步分解。图 5-13 是分解系统处理后的第一层数据流程图。分解后的系统处理包括人事管理、学生管理、教学管理、成绩管理、图书管理、期刊管理、设备管理、院办管理和院长查询等 9 个方面。

1）人事管理。按照教育部对高等院校教职工的信息需求，完成包括基本信息、科研信息、论文论著信息、获奖信息在内的32类信息的处理。

2）学生管理。实现学生从进校至毕业期间的档案管理以及毕业后的跟踪管理，包括档案管理、班级划分与管理、评优管理、奖学金和补助管理、就业及其跟踪管理等。

3）教学管理。实现从教学计划制订至教学任务完成期间的管理，包括学院课程档案管理、专业设置、教学计划管理、教学安排管理（基于教学计划的年度课程安排，课程有取舍、增加）、选课管理、工作量管理等。

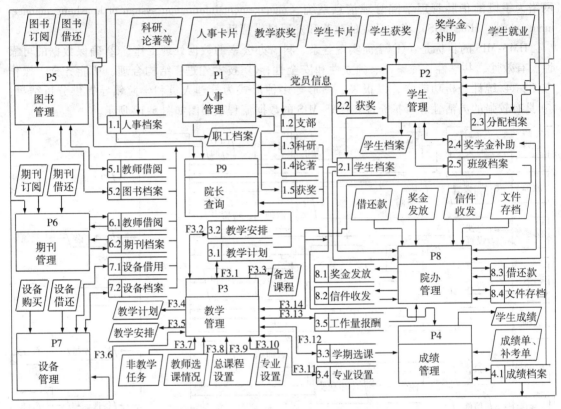

图 5-13　HMS-MIS 第一层数据流程图

4）成绩管理。学生成绩管理的主要任务是学生成绩的登记及重修和补考管理。

5）图书管理。实现图书档案管理和教职工的借阅、归还管理。

6）期刊管理。实现期刊、会议资料、毕业论文、报纸等的档案管理和教职工的借阅、归还管理。

7）设备管理。实现院属设备的档案管理、各部门的占用与归还管理、教职工的借用与归还管理。

8）院办管理。主要任务是财务管理、信件收发管理、教职工报纸杂志订阅管理、文件档案的登记管理、教职工暂付款管理等。

9）院长查询。实现对其他各系统主要信息的查询，并提供统计分析与辅助决策功能。

为了便于图形的绘制，减少线条间的交叉，图 5-13 舍去了外部实体（可以与图 5-12 对照查看），并将单据和报表布置在图形内部。为了叙述的需要，外部实体和数据流的编号仅对"教学管理"处理进行了编写。

图 5-13 的各个处理框需进一步分解。图 5-14 为"教学管理"处理的分解图。

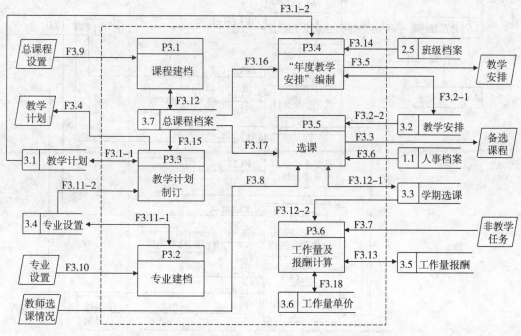

图 5-14 HMS-MIS "教学管理"处理（P3）的分解图

"教学管理"处理可分解为课程建档、专业建档、教学计划制订、"年度教学安排"编制、选课、工作量及报酬计算等处理。"课程建档"的主要任务是建立院总课程档案。"专业建档"的主要任务是建立专业档案。"教学计划制订"是"教学管理"的主要处理功能之一，它根据学生的培养目标，编制各专业的教学计划。"'年度教学安排'编制"是在专业教学计划的基础上，编制未来年度各学期的具体教学计划。年度教学安排的主要依据是专业教学计划，但可能有所变化和调整。"选课处理"指的是任课教师根据未来学期的课程设置情况，选择自己所任课程。"工作量及报酬计算"的作用是计算各任课教师的课程教学工作量及其酬金，并计算非教学工作量及其酬金。

图 5-14 已经展示了"教学管理"处理的基本内容，但具体细节还需依靠处理的进一步分解来了解。图 5-15 为"教学计划制订"处理的分解图，它包括专业课程制订、教学环节制订、外专业辅修本专业的课程制订、面向全校开设的选修课程制订、教学计划打印等处理，这些处理无须再次细化，已成为基本处理逻辑，即可以为系统设计者提供较为明确的设计依据和思路。

按照以上方法和过程，可以将华胜管理学院管理信息系统数据流程顶层图（见图 5-13）中各个处理分解细化成基本处理逻辑，从而可为用户和系统设计者提供清晰的数据流程和基本处理逻辑。

（2）实例二：贝斯特挖掘机配件公司管理信息系统数据流程图。

根据上一节对贝斯特挖掘机配件公司业务流程重组内容的介绍，经综合分析和研究，目标系统的第一层数据流程图可绘制成图 5-16 的形式。

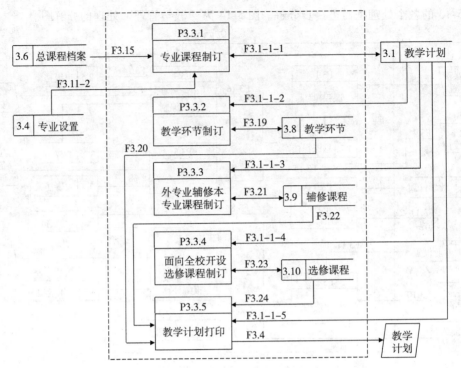

图 5-15　"教学计划制订"处理（P3.3）分解图

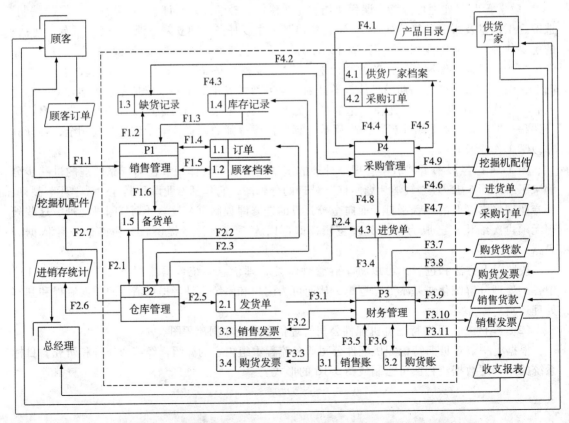

图 5-16　贝斯特挖掘机配件公司管理信息系统第一层数据流程图

图 5-16 反映的贝斯特挖掘机配件公司管理信息系统的处理内容和数据流程是基于重组后的业务流程（见图 5-6）设计的，与原业务流程（见图 5-5）相比有了较大的变化，目标系统的处理功能联系紧密，数据共享充分，数据流程简洁，各处理功能稍加分解细化即可提供清晰完整的数据流程模型。例如，"仓库管理"处理功能还可细化为"验收管理"、"入库管理"、"出库管理"等处理，"验收管理"与"采购管理"、"财务管理"等处理功能结合，基于数据共享可有效解决挖掘机配件验收及其付款问题。

### 5.5.3 数据字典

数据流程图描述了目标系统的总体结构及其分解过程，为系统分析人员与用户讨论、理解、分析目标系统的逻辑结构提供了直观而有效的工具。但是，数据流程图缺乏对所包含的各成分内容的详细描述，例如，图 5-15 中的数据存储"教学计划"（D3.1）的具体内容图中没有反映，系统设计人员据此不能了解数据存储的细节。为此必须借助于其他工具对数据流程图加以补充说明和管理。

数据字典（data dictionary，DD）就是具有这种功能的工具之一，它主要用于描述数据流程图中（通常为底层的数据流程图）的数据流、数据存储、处理过程和外部实体，是关于数据的数据。数据字典有一个总编号，其中的描述元素还需标明其在数据流程图中的编号，以便管理和查询。

数据字典的产生有两种方式：一种是手工字典，另一种是计算机自动化字典。手工字典是指由人工将数据字典的元素填写在格式固定的卡片上，并由人工来修改和管理的字典形式。自动化字典是由数据字典软件管理字典的数据字典形式。这种软件能自动地修改、补充及查询数据字典。不管采用何种存储方式，数据字典都要有专职的数据管理员管理，任何人要修改数据字典，都必须通过数据管理员的审核，并由数据管理员统一修改，以保证数据的统一性和完整性。

这里以华胜管理学院管理信息系统数据流程图为例，介绍以卡片方式产生和存放的数据字典（外部实体卡片以贝斯特挖掘机配件公司管理信息系统第一层数据流程图为例）。

#### 1. 数据存储的描述

数据存储的描述是数据字典中的重要内容，它可为数据存储的详细设计奠定基础。数据存储卡片应对该存储的含义做简单描述，说明数据的来源和去向，表明数据存储的构成。数据存储构成的表示方法有两种。一种是详细说明每一个数据项的名称、类型、宽度和小数位数，并对需要进一步描述的数据项在备注栏内注明数据字典的编号，如表 5-6 所示，该方法的使用以卡片编写者明确各数据项的具体细节为前提。另一种是仅说明各数据项的名称，各名称间以"+"号相连，如表 5-7 所示。

**表 5-6　数据存储卡片格式（一）**

| 数据存储卡片 | | | 总编号：005 |
|---|---|---|---|
| 名称 | 教学计划 | 编号 | D3.1 |
| 简述：D3.1 存储某专业的课程教学计划 | | | |
| 来源：F3.1（P3.3.1→D3.1） | | | |
| 去向：F3.1-1-2（D3.1→P3.3.2）、F3.1-1-3（D3.1→P3.3.3）、F3.1-1-4（D3.1→P3.3.4）<br>F3.1-1-5（D3.1→P3.3.5） | | | |

（续）

| 序号 | 名称 | 类型 | 宽度 | 小数位数 | 备注 |
|------|------|------|------|----------|------|
| 1 | 课程编号 | 字符 | 5 | | 见 010 卡片 |
| 2 | 课程名称 | 字符 | 20 | | |
| 3 | 课程性质 | 字符 | 4 | | 必修或选修 |
| 4 | 设课学期 | 数字 | 1 | | 1~8 中的某个数 |
| 5 | 课程学时 | 学时 | 2 | | |
| 6 | 课程学分 | 数字 | 4 | 1 | |
| 备注 | | | | | |

表 5-7　数据存储卡片格式（二）

| 数据存储卡片 | | 总编号：008 | |
|------|------|------|------|
| 名称 | 专业设置 | 编号 | D3.4 |

简述：D3.4 存储学院设置的专业情况

来源：F3.11 - 1（P3.2→D3.4）

去向：F3.11 - 2（D3.4→P3.3.1）

构成：专业编号 + 专业名称 + 本科代码 + 专科代码 + 大专起点代码

| 备注 | 本科代码、专科代码和大专起点代码是为便于"教学计划"的管理而设立的，某专业的"教学计划"存储可以通过上述代码识别。代码的编写要求见 018 卡片 |
|------|------|

## 2. 数据流的描述

数据流卡片的格式与数据存储相同。数据流来自于某个外部实体、某个处理功能或某个存储。来自某个处理功能的数据流往往流向某个存储，来自某个外部实体的数据流流向某个处理功能，然后再通过该处理功能生成某一存储，因此在管理信息系统中数据流与数据存储之间关系密切，它的结构一般与相应数据存储的结构一致或者是其中的一部分，其内容可以通过在备注栏内注明参阅相应的数据存储卡片而得以简化。从某处理功能流出并流向某外部实体的数据流的格式通常是某报表的格式或是其一部分格式，与业务流程图反映的某报表相比，如未变更，则只需在备注栏内注明业务流程图中的报表编号即可，如是自行设计的报表则需将数据流卡片编写完整。

总之，数据流卡片可通过某数据存储卡片或报表的引用而简化编写，如数据流特殊则需完整编写数据流卡片。

## 3. 数据项的描述

数据项是数据存储或数据流中最小的数据组成单位，如在数据存储卡片或数据流卡片中未能完整说明数据项取值的特点，可通过数据项卡片阐明，该卡片的格式如表 5-8 所示。表中取值的范围指的是数据项取值的范围（如 0~100）或可能性（如"男"或"女"），取值的含义通常指取值是代码时各码值的含义（如由 6 位构成的学号，前两位代表入学年号、中间两位代表专业代号、后两位代表顺序号等）。

表 5-8　数据项卡片格式

| 数据项卡片 | | 总编号：010 |
|---|---|---|
| 名称 | 课程编号 | |
| 简述 | 对全院开设的课程规定唯一编号 | |
| 类型 | 字符型 | |
| 宽度 | 5 | |
| 小数位数 | | |
| 取值范围（含义） | 课程编号由 5 位数字字符组成，前两位为学院的编号（本学院为08），后 3 位为课程顺序号 | |
| 备注 | 学院的编号是为考虑系统的扩充而设立的 | |

### 4. 处理过程的描述

处理过程卡片主要描述数据流程图中复杂处理功能的处理过程，卡片的内容包括处理名称、功能、输入输出数据以及处理逻辑等，如表 5-9 所示。

表 5-9　处理过程卡片格式

| 处理过程卡片 | | 总编号：030 |
|---|---|---|
| 名称 | "年度教学安排" 编制 P3.4 | |
| 简述 | 根据某专业的教学计划，编制未来学年或学期的教学安排 | |
| 来源 | F3.1－2、F3.16、F3.14、F3.2－1 | |
| 去向 | F3.5、F3.2－1 | |
| 处理说明 | 从 "教学计划" 存储与 "教学安排" 存储的对比中，显示该专业尚未安排的课程，从中挑选未来学年或学期计划安排的课程，如要增补不属于 "教学计划" 内容的课程，则从 "总课程档案" 中挑选。形成的教学安排存入 "教学安排" 存储，打印后交教务处审批 | |
| 备注 | | |

### 5. 外部实体的描述

外部实体卡片说明外部实体的数据来源和去向，如表 5-10 所示。

表 5-10　外部实体卡片格式

| 外部实体卡片 | | 总编号：060 |
|---|---|---|
| 名称 | 总经理 | |
| 简述 | 公司最高领导，负责审阅统计报表 | |
| 来源 | "财务管理P3" 产生的 "收支报表" F3.11、"仓库管理P2" 产生的 "进销存统计" 报表 F2.6 | |
| 去向 | 无 | |
| 备注 | | |

## 5.5.4　处理逻辑表达工具

数据字典已对数据流程图中的处理逻辑做了简要的、概括性的有关数据转换的文字描述。但是，对于某些处理来说，一般性的文字说明仍存在含糊不清之处，需要利用专门的工具详细描述此类处理逻辑的输入与输出的数据流，以及这些数据的基本转换路径和策略。目前较为流行的处理逻辑表达工具有 3 种：即结构化语言（structured language）、判定树（decision tree）和判定表（decision table）。

### 1. 结构化语言

结构化语言是一种专门用来描述处理逻辑的语言形式。结构化语言不同于自然语言，不需要像自然语言一样用很长的篇幅才能将处理逻辑表达清楚，而是用极其有限的语句和词汇简洁明确地描述处理逻辑。结构化语言也不同于程序设计语言，程序设计语言有一套严格的语法规定，一般的用户很难读懂，而结构化语言没有严格的语法规则，借助于简单的祈使句、判断语句和循环语句即可清楚地表达处理逻辑的含义。

（1）祈使语句。祈使语句指出要做什么事情，包括一个动词和一个宾语。动词指出要执行的功能，宾语表示动作的对象。例如，计算工资等。

（2）判断语句。判断语句的形式类似结构化程序中的判断结构。其一般形式是：

> 如果　　条件 1
> 则　　动作 A
> 否则（条件不成立）
> 就　　动作 B

判断语句中的"如果"、"否则"要成对出现，以避免多重判断嵌套时产生二义性，另外书写时要表明层次性。

例如：某公司的优惠政策如下。

顾客每年的交易额在 50 000 元以上，最近 3 个月中无欠款时折扣率为 15%，最近 3 个月中有欠款与本公司交易 20 年以上时折扣率为 10%，最近 3 个月中有欠款与本公司交易 20 年以下时折扣率为 5%；顾客每年的交易额在 50 000 元以下时无折扣。

上述例子用判断语句可表示如下：

> 如果　　交易额在 50 000 元以上
> 则　　如果　　最近 3 个月中无欠款
> 　　则　　折扣率为 15%
> 　　否则　　如果　　与本公司交易 20 年以上
> 　　　　则　　折扣率为 10%
> 　　　　否则
> 　　　　　就　　折扣率为 5%
> 否则
> 　就　无折扣

（3）循环语句。循环语句表达在某种条件下，重复执行相同的动作，直到这个条件不成立为止。

例如：

> 基本工资超过 500 元的职工
> 　计算工资总额

### 2. 判定树

如果某个动作的执行不是只依赖于一个条件，而和若干个条件有关，那么这项策略可用判定树、判定表等图表的方式来表达其逻辑关系。

判定树是由左边（树根）开始，沿着各个分支向右看，根据每一个条件的取值状态，可以找出相应的策略（即动作），所有的动作都在判定树的最右侧。

上述有关优惠政策的例子可用判定树直观表示，如图 5-17 所示。

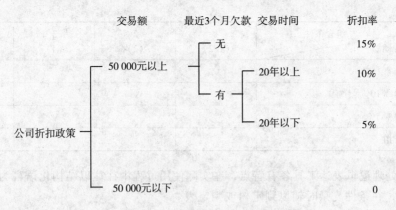

图 5-17　判定树的应用

### 3. 判定表

判定表是采用表格方式表示处理逻辑的一种工具。它将所有的条件列在表中，通过条件的组合，表明应采取的策略。判定表特别适用于条件很多，而且每一个条件的取值有若干个，相应的动作也很多的情形。图 5-17 的例子可用表 5-11 表达。

表 5-11　判定表的应用

| 条件和行动 | 组合条件 | 1 | 2 | 3 | 4 | 5 | 6 | 7 | 8 |
|---|---|---|---|---|---|---|---|---|---|
| 条件 | 交易额在 50 000 元以上 | Y | Y | Y | Y | N | N | N | N |
| | 最近 3 个月无欠款 | Y | Y | N | N | Y | Y | N | N |
| | 与公司交易 20 年以上 | Y | N | Y | N | Y | N | Y | N |
| 行动 | 折扣率 15% | √ | √ | | | | | | |
| | 折扣率 10% | | | √ | | | | | |
| | 折扣率 5% | | | | √ | | | | |
| | 无折扣 | | | | | √ | √ | √ | √ |

判定表的编制方法如下。

（1）列出所有的条件 $N$；

（2）列出所有的条件组合，条件组合数最多为 $2^N$；

（3）按全部条件组合列出其对应的行动方案；

（4）整理方案。有些条件组合在实际中可能是矛盾或无意义的，需要将它们剔除；某些不同组合条件下的行动是相同的，需要将它们合并。表 5-11 可以整理成表 5-12，其中 " – " 表示 "Y" 或 "N"。

表 5-12　整理后的判定表

| 条件和行动 | 组合条件 | 1<br>(1/2) | 2<br>(3) | 3<br>(4) | 4<br>(5/6/7/8) |
|---|---|---|---|---|---|
| 条件 | 交易额在 50 000 元以上 | Y | Y | Y | N |
| | 最近 3 个月无欠款 | Y | N | N | — |
| | 与公司交易 20 年以上 | — | Y | N | — |

（续）

| 条件和行动 | 组合条件 | 1<br>(1/2) | 2<br>(3) | 3<br>(4) | 4<br>(5/6/7/8) |
|---|---|---|---|---|---|
| 行动 | 折扣率15% | √ | | | |
| | 折扣率10% | | √ | | |
| | 折扣率5% | | | √ | |
| | 无折扣 | | | | √ |

以上3种处理逻辑表达工具各有特点，在实际使用过程中往往以结构化语言为描述处理逻辑的基础工具，在条件复杂时辅以判定树或判定表。

## 5.6　系统分析说明书

目标系统的逻辑设计完成以后，管理信息系统的系统分析工作基本结束。为了全面总结系统分析阶段的成果，并为系统设计阶段提供依据，系统分析人员需要编写系统分析说明书（又称系统分析报告）。

系统分析说明书的主要内容如下。

### 1. 引言

说明系统名称、提出单位、开发单位以及管理信息系统开发的目的、意义。

### 2. 现行系统概述

概要说明现行系统的主要业务流程、组织结构、存在的问题和薄弱环节，并附上组织结构图和业务流程图。

### 3. 新系统的目标

说明新系统的目标以及为达到目标所应采取的措施。

### 4. 现行系统管理业务变革概述

说明需要重组的业务，给出变革后的业务流出图和组织结构图。

### 5. 新系统逻辑模型

列出新系统的数据流程图、数据字典和处理逻辑说明。

### 6. 系统设计计划

提出系统设计阶段的计划以及各阶段的费用预算，并说明为保证系统开发顺利所应提供的条件。

系统分析报告必须呈送主管领导审批。审批后该报告将作为系统开发的权威性文件，要求系统设计人员遵照执行。

### 本章小结

系统分析是管理信息系统正式开发的第1个阶段，是整个系统开发过程的关键环节和工作基础。系统分析的基本任务主要包括需求分析和新系统逻辑模型设计两个方面。

现行系统的调查、研究与变革是需求分析的基础和条件。现行系统的调查应明确内容并采用合适的方法。现行系统研究与业务流程、组织结构等变革方案的提出将使需求分析更为切实可行。

新系统逻辑模型是在现行系统调查和变革方案的基础上，利用数据流程图、数据字典、处理逻辑表达工具等图表工具绘制的，用于为新系统的全面设计提供蓝图。

系统分析说明书是系统分析阶段主要成果的概括和总结，是系统设计阶段的主要依据。

## 复习题

1. 系统分析包括哪些内容？
2. 现行系统的调查包括哪些方面？
3. 系统调查的方法有哪些？各有什么特点？
4. 什么是业务流程？业务流程的调查主要解决什么问题？
5. 业务流程调查中所使用的业务流程调查表主要包括哪些内容？
6. 系统调查所得到的资料一般包括哪些？
7. 系统调查中发现的问题一般集中在哪些方面？
8. 新系统的目标具备什么样的特点？
9. 新系统的目标一般包括哪些方面？
10. 什么是可行性审核？其意义是什么？
11. 逻辑设计的含义是什么？
12. 系统的逻辑模型主要由哪些工具进行描述？
13. 数据流程图是什么含义？包括哪 4 种基本符号？
14. 数据流程图绘制时应注意哪些方面的具体要求？
15. 数据字典的主要功能是什么？
16. 处理逻辑主要解决什么问题？它有哪几种可供使用的工具？
17. 判定表、判定树和结构化语言的优缺点各是什么？
18. 系统分析说明书一般包括哪些主要内容？

## 思考题

1. 系统分析在企业中涉及的人员非常多，怎样才能将业务人员的需求准确地收集上来？
2. 由于系统的使用者并不是计算机专家，因此他们往往并不清楚计算机究竟能够做什么。在需求调查时，系统分析人员在与用户的交流过程中，需要引导用户提出自己的需求。然而，在引导和提示过程中，有时又会出现系统分析人员以个人的主观想法取代客户实际需求的倾向。你怎么看这两方面的问题？
3. 贝斯特公司业务流程重组前后变化最大之处在哪里？管理信息系统在业务流程重组中起到了什么样的作用？
4. 组织功能分析的目的是为了使企业的组织设计与其功能相匹配。管理信息系统要对企业的管理方法保持一定的柔性，你认为管理信息系统的功能划分和企业的组织功能划分是否应该一致？组织功能分析对于管理信息系统的设计有什么意义？
5. 系统分析中花费了大量的时间和精力进行业务流程图和数据流程图的绘制，它们的目的是什么？

6. 业务流程重组在管理信息系统实施过程中起着非常重要的作用。企业往往在对原有流程深入调查的基础上画出业务流程图，再进行业务流程重组，如本书介绍的那样。但是有些流程存在的问题可能会在数据流程图的绘制中暴露出来，因此也有人主张在对原有业务流程调查后，绘出其数据流程图，然后在此基础上进行业务流程重组。你怎么看这个问题？

7. 系统分析是通过对企业相关部门业务流程的调查，得到管理信息系统的需求。在这个过程中，你认为需要外聘专家吗？请说明你的理由。

# 系 统 设 计

第6章

学习目标 >>>

- 了解系统设计的原则、内容和步骤；
- 熟悉模块化设计的基本概念；
- 了解模块化设计的基本原则；
- 掌握模块结构图的绘制；
- 熟悉代码设计的原则和种类；
- 掌握代码设计的校验；
- 熟悉输入输出设计的概念及评价标准；
- 了解人机界面设计的基本概念；
- 掌握数据库的设计步骤及范式理论；
- 了解范式理论与 E-R 方法的结合；
- 熟悉系统的保密设计；
- 了解系统的物理结构设计。

引导案例 >>>

　　易得维软件公司的杨经理在查看刚刚经过统计得到的供应商数量时发现，贝斯特公司的供应商总数超过 1 200 家，而不是采购部何部长所说的 1 000 家左右。杨经理将此情况告知信息中心邢主任，邢主任觉得很奇怪，"不至于有那么大的差距吧。何部长是一个非常细致的人，不可能出现这种情况。"看到邢主任的这个反应，杨经理替何部长解释道："我们的数据是从采购部获取的，不同的采购员给予某个供应商的名称可能不一样，我们也无法准确区分，从而会出现将一个供应商当成两个甚至多个不同供应商重复计数的情况。因此，实际上只有 1 000 家左右的供应商就可能超过 1 200 家了。"听到杨经理的解释，邢主任明白供应商超额的原因了。"供应商的数量问题与管理信息系统的设计有关系吗？"邢主任还有不解。"不是数量问题，而是这个数字反映出来的管理问题必须重视。管理对象必须唯一性识别，即使使用简称、惯称，也必须设法建立起唯一性关联。只有这样，才能反映真实情况，便于统计和分析。"杨经理的解释终于让邢主任彻底明白了。

　　"看来类似于供应商这样的管理对象的唯一性识别问题，我们都必须设法解决。"邢主任向杨经理表达了自己的看法。杨经理回答道："是啊，现在的问题是供应商的唯一性识别怎么设计。"邢主任似乎有办法，"那就按顺序编号吧。"邢主任的回答捅开了杨经理的话匣，"供应商的唯一性识别设计又称代码设计，按顺序编号设计代码当然可以实现唯一性，但是这样的代码不能表达特定的含义，不直观也不便于统计分析。比如，居民的身份证号码按 18 位设计，既实现唯一性又能获知居民的省份、地区、出生年月、性别等信息，方便查看与统计，如果按顺序编号就会带来很多不便。供应商的代码设计需要考虑较多的因素，采购部何部长说，为了使用方便，建议代码中能识别所供应的物料类别，如钢结构类、玻璃产品类、电子产品类、橡胶产品类、机电产品类等。我们觉得这种设计方式确实便于管理工作的开展，但是如果一个供应商供应多种不同类型的物料，代码设计就遇到麻烦了。看来，供应商的代码设计真是个不小的难题。"杨经理的话引起了邢主任的共鸣，"看似小问题实有大学问啊，"邢主任由衷地感叹道。

**问题：**

代码设计是系统设计的一个重要组成部分，你认为该如何解决上述供应商的代码设计问题？应遵循哪些原则？

系统设计又称目标系统的物理设计，它是指根据系统分析阶段提出的目标系统的逻辑模型，建立目标系统的物理模型。也就是说，根据目标系统逻辑功能（即"系统干什么"）的要求以及实际的技术条件、经济条件和社会条件，进行目标系统的各种具体设计，完全解决"系统如何干"的问题，从而为系统实施提供详尽方案。

系统设计是管理信息系统正式开发过程中的第 2 个重要阶段，它的主要目标是：科学、合理地满足目标系统逻辑模型的功能要求，尽可能提高系统的运行效率、可变性、可靠性、可控性和工作质量，合理投入并充分利用各种可以利用的人、财、物资源，使之获得较高的经济效益和社会效益。

# 6.1　系统设计概述

系统设计阶段具有规定的设计内容和步骤，系统开发者应按照系统分析说明书的要求，进一步明确设计原则和设计细节，据此展开规定内容的设计。

## 6.1.1　系统设计的内容和步骤

系统设计一般分为初步设计和详细设计两个阶段。初步设计又称总体设计或概要设计，它的主要任务是完成系统总体结构和基本框架的设计。详细设计的主要任务是在系统初步设计的基础上，将设计方案进一步具体化、条理化和规范化。具体来说，系统设计的主要内容和步骤可以概括如下。

（1）系统总体结构设计。根据系统分析阶段确定的目标系统的目标和逻辑模型，科学合理地将系统划分成若干个子系统和模块，确立模块间的调用关系和数据传递关系。

（2）代码设计。将系统处理的实体或属性，设计成易于处理和识别的代码形式。

（3）人机界面设计。从系统角度出发，按照统一、友好、漂亮、简洁、清晰的原则，设计人机界面。

（4）输出设计。根据用户的要求设计报表或其他类型信息的格式。

（5）输入设计。设计原始单据的输入格式，使其操作简单。

（6）数据库设计。根据数据字典和数据存储要求，确定数据库的结构。

（7）安全保密设计。为确保管理信息系统的运行安全和数据保密，提出安全保密设计方案。

（8）物理系统设计。根据管理信息系统的功能结构和数据存储、传输、处理等方面的要求，设计出实用而先进的物理系统。

（9）编写系统设计说明书。按照规定的格式，汇总系统设计的成果，完成系统设计说明书的编写，为系统实施提供依据。

系统设计的内容和步骤可用图 6-1 表示。

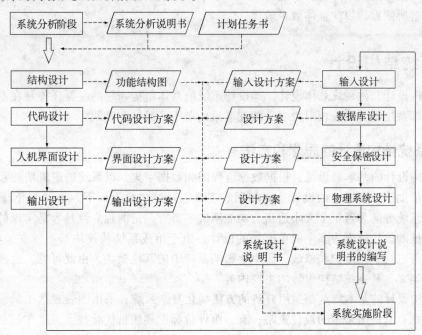

图 6-1　系统设计的内容和步骤

## 6.1.2　系统设计的原则

系统设计工作的优劣直接影响新系统的质量和经济效益，为提高系统设计的质量，设计工作应遵循以下原则。

（1）简单性原则。在系统达到预定目标、完成规定功能的前提下，应该尽量简单。具体来说，在设计过程中，要设法减少数据输入的次数和数量，提高数据的共享性；要使操作简单化，使用户容易理解操作的步骤和要求；增强系统的防错和容错能力，确保用户的主动地位；系统结构清晰合理，易于理解和维护。

（2）可靠性原则。系统的可靠性是指系统在运行过程中，抵御各种干扰、确保系统正常工作的能力。这种能力具体体现在检查错误、纠正错误的能力以及系统一旦出现故障后重新恢复的能力等方面。系统设计人员应采取各种措施，避免因人为的（病毒、无意的错误操作等）、自然的（地震、火灾、突然停电等）原因造成系统瘫痪，避免计算机犯罪等影响系统安全的不良现象的出现。

（3）完整性原则。系统是一个独立而统一的整体，因此设计过程中要做到处理功能完整、数据表达统一、设计要求标准、数据传递一致、人机界面规范。

（4）灵活性原则。系统对外界环境的变化要有很强的适应能力，系统容易修改和维护。因此系统设计人员要有一定的预见性，要从通用的角度考虑系统设计。

（5）经济性原则。系统应能给用户带来一定的经济效益，系统的投资和运行费用应能得到补偿。因此要降低设计成本，减少不必要的费用开支，在软硬件的选择上应尽可能提高性能价格比，降低运行维护费用。

以上所述是系统设计的基本原则，在系统的具体设计过程中，还要根据实际情况和用户的要求，考虑其他的因素。另外，系统设计的要求和原则在一定程度上存在着联系和矛盾，在实际工作中可有所侧重，以使整体效果最优。

## 6.2 系统结构设计

系统结构设计又称系统总体设计，即设计系统的总体结构。它的主要任务是在系统分析的基础上将目标系统划分成既相对独立又相互联系的若干子系统和模块。

### 6.2.1 系统结构设计的思想和方法

系统结构设计的基本思想是：根据数据流程图和数据字典，以系统的逻辑功能和数据流关系为基础，借助于一套标准的设计准则和图表工具，通过"自上而下"和"自下而上"的多次反复，把系统分解为若干个大小适当、功能明确、具有一定的独立性且容易实现的模块，从而把复杂系统的设计转变为多个简单模块的设计。由于组成系统的模块基本独立，功能明确，因此对系统可进行单独维护和修改，而不会影响系统中的其他模块。由此可见，合理地进行模块的分解和定义，是系统结构设计的主要内容。

系统结构设计的基本特点是：用分解的方法简化复杂系统；采用图表表达工具；有一套基本的设计准则；有一组基本的设计策略；有一组评价标准和质量优化技术。

### 6.2.2 模块的基本概念

#### 1. 模块的含义

所谓模块（module），是指可以分解、组合及更换的单元，是组成系统、易于处理的基本单位。在管理信息系统中，任何一个处理功能都可以看做是一个模块。

模块可以理解为能被调用的"子程序"，它具有输入和输出、逻辑功能、运行程序和内部数据4种属性。模块的输入和输出是模块与其外部环境的信息交换；模块的逻辑功能是指它将具体的输入转换成输出的功效；运行程序是模块逻辑功能的计算机实现；内部数据是指模块内部产生和引用的数据。输入、逻辑功能、输出构成模块的外部特性，运行程序和内部数据则是模块的内部特性。系统结构设计主要关心模块的外部特性，模块的内部特性是程序设计阶段要解决的问题。

模块的大小是一个相对的概念，因为模块的分解、组合要视具体的状态环境而定。一个复杂的大系统可以分解为几个大模块，每个大模块又可以分解为多个小模块。在一个系统中，模块都是以层次结构组成的，从逻辑上说，上层模块包括下层模块，最下层是工作模块，执行具体功能。层次结构的优点是严密，管辖范围明确，通信渠道简单，便于管理，不会产生混乱现象。

由于系统的各个模块功能明确，且具有一定的独立性，因此模块可以独立设计和修改，当把一个模块增加到系统中或从系统中去掉时，只是使系统增加或减少了这一模块所具有的功能，而对其他模块没有影响或影响较小。正是由于模块的这种独立性，才能确保系统具有较好的可修改性和可维护性。

**2. 模块凝聚**

模块凝聚（module cohesion）是衡量一个模块内部各组成部分间整体统一性的指标，它描述一个模块功能专一性的程度。简单地说，理想凝聚的模块只完成一件事情。根据模块内部构成的可能性，模块凝聚可划分为 7 个等级，这 7 个等级的模块凝聚程度具有由弱到强变化的特点。

（1）偶然凝聚。一个模块是由若干个毫无关系或无实质性关系的功能偶然地组合在一起构成的，这种模块凝聚方式称为偶然凝聚（coincidental cohesion）。为了缩短程序长度而将具有部分相同语句段的无关功能组合在一起，则会形成偶然凝聚。偶然凝聚模块内部结构的规律性最差，无法确定其特定功能，因此凝聚程度最低。

（2）逻辑凝聚。由若干个结构不同但具有逻辑相似关系的功能（如各种类型的数据输入）组合在一起合用部分程序代码而构成的模块，称为逻辑凝聚（logical cohesion）模块。一个逻辑组合模块通常包括若干逻辑相似的处理动作，对各处理动作的调用，常常需要有一个功能控制开关，根据控制信号，在多个逻辑相似的功能中选择执行某一个功能。逻辑凝聚模块的凝聚程度较差，个别功能的修改很可能影响整个模块的变动，因此可修改性差。

（3）时间凝聚。将若干个几乎在相同时间内执行，但彼此关系不大的功能放在一起构成的模块，称为时间凝聚（temporal cohesion）模块。如系统的初始化功能是在系统运行之初所做的多项相互关系不大的工作（如数据库清空等），因此它属时间凝聚。在系统运行时，时间凝聚模块的各个处理动作，必须在特定的时间限制之内执行完成，其凝聚程度中等偏下，可修改性较差。

（4）过程凝聚。将受同一控制流支配，并由其决定执行次序的若干个彼此没有什么关系的功能组合在一起构成的模块，称为过程凝聚（procedural cohesion）模块。过程凝聚模块的所有处理动作彼此无关，只是因受同一控制流支配而聚集在一个模块中，它可能是一个循环体，也可能是一个判断过程，还可能是一个线性的顺序执行步骤。其凝聚程度中等，可修改性不高。

（5）数据凝聚。将使用相同输入数据或产生相同输出数据的若干个功能组合在一起构成的模块，称为数据凝聚（data cohesion）模块。数据凝聚模块的缺点是容易产生重复的连接或重复的功能，维护不方便。但它能更合理地定义模块功能，结构比较清楚，凝聚程度为中上。

（6）顺序凝聚。模块内部各个处理功能密切相关，顺序执行，前一个处理功能所产生的数据直接作为下一个处理功能的输入数据，这种模块称为顺序凝聚（sequential cohesion）模块（如"成绩输入与平均成绩计算"模块）。顺序凝聚模块包含了一个线性的、有序的数据转换链。其凝聚程度较高，但维护仍很不容易。

（7）功能凝聚。为执行同一个功能并且只执行一个功能而将若干个处理功能凝聚在一起构成的模块称为功能凝聚（functional cohesion）模块。一般来说，功能凝聚模块的名称只有一个动词和一个特定目标，如"打印库存月报表"、"输入职工档案"等。功能凝聚是一种理想的凝聚方式，具有"黑箱"的特征，独立性最强，复用性好，模块也便于修改。

以上 7 种凝聚模块的性能比较可用表 6-1 表示。

表 6-1  7 种凝聚模块的性能比较

| 凝聚方式 | 联结形式 | 可修改性 | 可读性 | 通用性 | "黑箱"程度 | 凝聚性 |
|---|---|---|---|---|---|---|
| 偶然凝聚 | 最坏 | 最坏 | 最坏 | 最坏 | 透明 | 0 |
| 逻辑凝聚 | 最坏 | 最坏 | 不好 | 最坏 | 透明 | 1 |
| 时间凝聚 | 不好 | 不好 | 中 | 最坏 | 半透明 | 3 |
| 过程凝聚 | 中 | 中 | 中 | 不好 | 半透明 | 5 |
| 数据凝聚 | 中 | 中 | 中 | 不好 | 不完全黑 | 7 |
| 顺序凝聚 | 好 | 好 | 好 | 中 | 不完全黑 | 9 |
| 功能凝聚 | 好 | 好 | 好 | 好 | 黑箱 | 10 |

判断一个模块属于何种凝聚，可借助于图 6-2 所示的判断树。

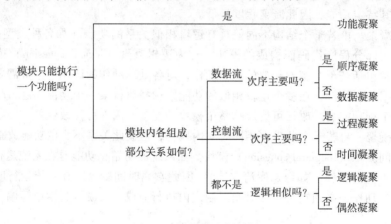

图 6-2  模块凝聚判断树

在模块设计与分解过程中，有时很难确定模块凝聚的级别，事实上也没有必要精确判定其级别，重要的是力争做到设计模块的高凝聚，避免模块的低凝聚。

### 3. 模块耦合

模块耦合（coupling）是衡量某模块与其他模块在联结形式和接口复杂性方面相互作用关系的指标。如果两个模块中的每一个模块无须另一模块的存在而能独立工作，则它们彼此没有联系和依赖，模块耦合程度为零。但是，一个系统中的所有模块间不可能都没有联系。模块耦合有以下 3 种类型。

（1）数据耦合。两个模块之间的联系通过数据交换实现，这种耦合称为数据耦合（data coupling）。这是一种理想的耦合，耦合程度最低，模块的独立性强，模块的可修改性和可维护性高。

（2）控制耦合。两个模块之间，除了传递数据以外，还传递控制信息，模块间的这种联结关系称为控制耦合（control coupling）。这种耦合对系统的影响较大，因为它直接影响到接受控制信息的模块的内部运行过程，模块就不再是一个"黑箱"了。特别是来自下层模块的控制标志（根据下层模块的信息决定本模块的运行），较多地影响了模块的独立性，使系统维护工作更加复杂化。因此，在设计中应尽量减少或避免控制耦合。

（3）内容耦合。一个模块直接与另一个模块的内容发生联系，即一个模块在执行过程中，直接从该模块转移到另一模块中去运行，这种耦合称为内容耦合（content coupling）。内容耦合的两个模块是病态联结，修改其中一个模块时，将直接影响到另一模块，产生波动现象，以致影响整个系统的性能。内容耦合的模块其独立性、可修改性和可维护性最差。因此，在系统设计时，应完全避免这种模块耦合。

### 6.2.3　模块设计与分解的基本原则

模块设计与分解的合理性直接决定了系统设计的质量，那么如何衡量模块设计的合理性呢？通常，它应遵循以下基本原则。

（1）高凝聚，低耦合原则。模块的凝聚度越高，模块的独立性越强；模块的耦合程度越低，说明模块间的联系越简单，一个模块的错误就越不容易扩散而影响其他模块。因此，"高凝聚，低耦合"成为模块分解设计的一个基本原则。

（2）影响范围与控制范围一致性原则。模块的影响范围是指受它的逻辑判断影响的模块。模块的控制范围是指受它调用的模块。模块的影响范围与控制范围应该一致。当模块的逻辑判断信息向上传递时，会出现影响范围与控制范围的不一致。因此，模块分解设计时应尽量避免逻辑判断信息向上传递。

（3）基层模块易于处理原则。最基层的模块功能单一，易于单独修改和测试。

（4）军事调用原则。模块间的调用关系符合军事调用原则，即上级模块调用下级模块，下级模块不能调用上级模块，同级模块的调用只能通过其上级模块才能完成。

### 6.2.4　模块结构图

模块分解是根据目标系统数据流程图的分解过程，遵照模块分解的基本原则，将系统处理逐层分解的过程。分解完成的系列模块应反映数据流程图所规定的各项任务和处理顺序，但并非一定是数据流程图中各处理的简单排列，而是根据模块分解基本原则所进行的优化分解的结果。模块分解没有固定的答案，通常情况下，各子系统都设立原始数据的输入模块、查询模块、报表输出模块、统计分析模块，以及其他特殊处理模块，另外，还设立系统管理模块，用于系统的初始化、数据备份、主要选择项目（如部门、职称、民族等）的管理。

模块分解的具体步骤如下。

（1）根据顶层数据流程图的分解情况，将目标系统分解成若干子系统；

（2）根据各子系统的分解过程，将子系统逐步分解为若干按层次分布的模块；

（3）按照模块分解的基本原则，为便于管理和应用，优化模块分解，调整模块调用关系；

（4）绘制系统层次化模块结构图。

系统层次化模块结构图（简称模块结构图或功能结构图）是从结构化设计的角度提出的一种工具，它将系统分解结果用层次化的图形形式表现出来。模块结构图中的一个方框代表一个模块，方框间的连线代表调用关系，模块可按层次编号，编号规则与数据流程图中处理的分解规则相同。

根据第 5 章的数据流程图，华胜管理学院管理信息系统的模块结构图可设计成如图 6-3 所示，其中教学管理子系统的模块结构图如图 6-4 所示（后 4 个模块需继续分解）。

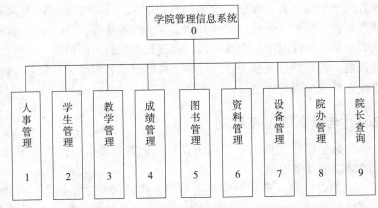

图 6-3  华胜管理学院管理信息系统模块结构图

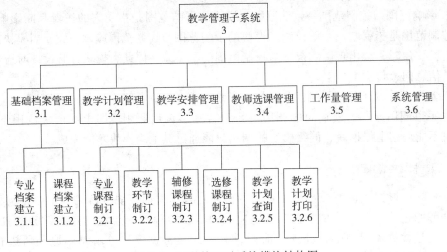

图 6-4  教学管理子系统模块结构图

## 6.3  代码设计

现代企业的管理活动中产生的数据量很大、数据种类繁多，各种管理职能和各个管理层次对信息的需求也逐渐增强，因此如何将庞大多样并且为减少冗余而分库存储但相互间存在着联系的数据，应管理人员的需要进行有效的分类、排序、统计和检索，便成为企业管理信息系统的主要任务。要实现这一任务，必须对分类、排序、统计和检索的对象进行唯一性识别，即系统设计者需要针对被识别对象的特点进行代码设计。

### 6.3.1  代码的概念

所谓代码，它是指代表事物名称或属性的符号，它一般由数字、字母或它们的组合构成。唯一性是代码的突出特点，即每一个代码都代表唯一的事物或属性。因此利用代码便于反映数据或信息间的逻辑关系，易于计算机识别和处理，也可以节省存储单元，提高运算速度。例如，在物资管理系统中，通过物资代码就可以反映出物资的名称、种类、规格、型号等内容，因此可以减少计算机的数据处理量，提高处理速度，节省存储空间。

代码设计是对数据字典中没有确定的数据项（数据流或数据存储中的关键项）所进行的系统设计，它又为下一步的数据存储设计和程序设计提供依据，因此代码设计承上启下，是一个很重要的环节。

## 6.3.2 代码设计的原则

代码贯穿于程序编制和数据处理的过程，代码设计影响着程序设计的质量和程序维护的难易程度，因此代码设计是整个管理信息系统的重要一环，必须认真对待，全面考虑。代码设计应遵循以下"三性三化"原则。

### 1. 唯一性

每一个代码只能唯一代表系统中的一个事物或属性，系统中每一个事物或属性也只能由一个代码表示。

### 2. 系统性

代码设计要从整个管理信息系统出发，便于整个系统内部的数据处理、数据交换和数据共享。

### 3. 适应性

代码设计要全面考虑系统的发展变化，要增强代码的适应能力，便于代码所代表的事物或属性的增减和扩充。

### 4. 标准化

代码设计要尽量采用国际、国内或行业内的标准，便于信息的交流和共享，增强系统的通用性，减少系统维护的工作量。

### 5. 简单化

代码结构要简单明了，要尽量缩短代码的长度，以利于提高处理效率，方便输入，减少记忆，避免读写差错。

### 6. 规范化

在整个系统内部，代码的结构、类型、编码格式、长度必须规范，便于识别和处理。

## 6.3.3 代码的种类

代码的种类繁多，概括起来主要有以下几种。

### 1. 顺序码

顺序码是指用连续数字代表编码对象的代码。例如，某单位内部的职工代码可以设计成顺序号：001、002、003…999。

顺序码的优点是简单、易于处理。缺点是顺序码不能反映编码对象的特征，代码本身无任何含义。另外，由于代码按顺序排列，新增加的对象只能排在最后，删除对象则要造成空码，缺乏灵活性。因此，顺序码通常作为代码的一个部分，与其他种类的代码配合使用。

### 2. 层次码

层次码是指按编码对象的特点将代码分成若干个层次，每个层次通常用顺序码表示编码对象的某一特征。例如，某企业的职工代码是 5 位数字的编码形式，它分成两个层次，第 1 层次两位数字，用顺序码表示部门（如，01 表示人事部、02 表示生产部等），第 2 层次 3 位数字，用顺序码表示某部门的职工号（如，001、002 等）。

层次码的优点是从结构上反映了编码对象的类别，便于计算机分类处理，插入和删除也比较容易。它的缺点是代码的位数一般较多。

### 3. 助忆码

助忆码是用可以帮助记忆的字母或数字来表示编码对象的代码形式。例如，用 TV – C – 42 表示 42 厘米的彩色电视机。

助忆码的优点是直观、便于记忆和使用。缺点是不利于计算机处理，当编码对象较多时也容易引起联想出错，因此助忆码主要用于数据量较少的人工处理系统。

### 4. 缩略码

缩略码是将人们习惯使用的缩写字直接用于编码的代码形式。例如，用 kg 表示公斤、cm 表示厘米等。

缩略码简单、直观，便于记忆和使用。但是使用范围有限，适用于编码对象较少的场合。

## 6.3.4 代码的校验

### 1. 代码校验的含义

代码作为代表事物名称或属性的符号是用户分类、统计、检索数据的一个重要接口，是用户输入系统的重要内容之一，因此它的正确与否直接关系到数据处理的质量。为确保代码输入的正确性，人们利用在原有代码的基础上增加 1 个校验位的方法进行代码输入的校验。即通过事先规定的数学方法计算出校验位（长度一般为 1 位），使它成为代码的 1 个组成部分，当带有校验位的代码输入到计算机中时，计算机也利用同样的计算方法计算原代码的校验位，并将其与输入的代码校验位进行比较，以检验是否正确。

利用增加代码校验位的方法校验代码可以检测出代码的易位错误（如，1234 输入成 1243）、双易位错误（如，1234 输入成 1432）或其他错误（如，1 输入成 7）等。

### 2. 代码校验的步骤

（1）对原代码的每一位乘以一个权数，并求出它们的乘积之和。

假设原代码有 $n$ 位：$B_1 B_2 B_3 \cdots B_N$

对应的权数因子为：$d_1 d_2 d_3 \cdots d_N$（权因子可以是自然数、几何级数、质数或其他数列。）

它们的乘积之和为：$S = B_1 d_1 + B_2 d_2 + B_3 d_3 + \cdots + B_N d_N$

（2）对乘积之和取模，并算得余数。

$R = S_{\text{mod}}(M)$，其中：$R$ 为余数，$S$ 为乘积之和，$M$ 为模数（选用 11 为常见）。

（3）将余数或模与余数之差作为校验码 $B_{N+1}$。

（4）将 $B_1 B_2 B_3 \cdots B_N B_{N+1}$ 输入计算机（输入过程可能出错），计算机利用以上方法计算前 $n$ 位代码的校验位 $B'_{n+1}$，如 $B_{N+1} = B'_{n+1}$ 则认为输入代码正确，否则认为输入代码有误。

## 6.3.5 代码设计说明书

代码设计完成后要填写代码设计说明书，它是系统设计文档的重要组成部分，必须认真填写，并妥善保管。

代码设计说明书的基本格式如表 6-2 所示。

**表 6-2 代码设计说明书**

| 编号：DM010 | | 填表人：赵圣 | | 填表日期：5 月 18 日 |
|---|---|---|---|---|

| 编码对象名称 | 班级 | | |
|---|---|---|---|
| 代码种类 | 层次码 | 代码位数 | 7 |

代码结构

```
101  0  11  2
               └─ 小班号
            └──── 年级
        └──────── 专业性质 (1: 本科, 0: 专科)
 └─────────────── 专业代号
```

| 校验位 | 无 |
|---|---|
| 备注 | 专业代号的含义见"专业设置"存储卡片 |

## 6.4 人机界面设计

管理信息系统是由计算机硬件、软件和操作人员共同构成的人机系统，人与硬件、软件的交叉部分即构成人机界面，人机界面的设计关乎操作人员的操作习惯和操作行为，是管理信息系统运行有效性的重要影响因素。

### 6.4.1 人机界面的基本概念

#### 1. 人机界面的定义

人机界面（又称人机接口或用户界面）是介于用户和计算机系统之间，人与计算机传递和交换信息的媒介，是用户使用计算机系统的综合操作环境。通过人机界面，用户向计算机系统提供命令、数据等输入信息，这些信息经计算机系统处理后，又通过人机界面将产生的输出信息回送给用户。可见人机界面的核心内容包括显示风格和用户操作方式，它集中体现了计算机系统的输入输出功能，以及用户对系统的各个部件进行操作的控制功能。

随着计算机理论与技术的深入发展，以及计算机应用领域与用户队伍的迅速扩大，人机界面已成为计算机系统和软件发展的重要组成部分而备受重视。人机界面的优劣与系统的成败休戚与共，息息相关。在用户是上帝的商业原则下，计算机系统的研究机构、厂商、高等院校都极其重视人机界面的研究和产品开发，不断推出更受用户喜爱，更能吸引用户的系统和产品。人机界面已成为一门以研究用户及其与计算机系统关系为特征的主流学科之一。

#### 2. 人机交互系统

交互（即对话）是指两个或多个相关的但又是自主的实体间所进行的一系列信息交换的作用过程。

人机交互是指人与计算机之间通过某种对话语言，以一定交互方式，为完成确定任务而进行的人机之间的信息交换过程。

人机交互系统是指实际完成人机交互的系统，它由参与交互的各个体（如人与计算机）所组成。

#### 3. 人机交互方式

人机交互方式是指人机之间交换信息的组织形式或语言方式，又称对话方式、交互技术等。人们通过某种人机交互方式完成人向计算机输入信息及计算机向人输出信息的操作过程。目前常用的人机交互方式有：问答式、菜单式、命令语言式、填表式、查询语言式、自然语言式等。使用的难易程度、学习的难易程度、响应速度、用户友好性等指标是评价人机交互方式优劣的基本标准。

人机交互技术的发展是与计算机硬件技术、软件技术的发展紧密相关的。目前的交互方式较多地沿用了文字对话形式，随着计算机技术的发展，语音、文字、图形、图像以及人的表情、手势等方式，将被人机交互所采用，这些技术是人工智能及多媒体技术的研究内容。

**4. 交互介质**

交互介质是指用户和计算机完成人机交互的媒体，一般可分为以下几种。

（1）输入介质：完成人向计算机传送信息的媒体。常用的输入介质有键盘、鼠标、光笔、跟踪球、操纵杆、图形输入板、声音输入设备等。

（2）输出介质：完成计算机向人传送信息的媒体。常用的输出介质有屏幕显示器、平板显示设备、声音输出设备等。

**5. 用户友好性**

用户友好性是指用户操作使用系统时主观操作的复杂性，如主观操作的复杂性越低，即系统越容易被使用，从而说明系统的用户友好性越好。

## 6.4.2　人机界面的设计原则

设计一个友好的用户界面应遵循以下原则。

（1）用户针对性。用户针对性原则指的是在明确用户类型的前提下有针对性地设计人机界面。明确用户类型是指界定使用系统的用户（最终用户），它是人机界面设计的首要环节。根据用户经验、能力和要求的不同，可以将其分为偶然型用户、生疏型用户、熟练型用户和专家型用户等类型。对于前两类用户，要求系统给予更多的支持和帮助，指导用户完成其工作。而对于熟练型用户特别是专家型用户，要求系统有更高的运行效率，使用更灵活，而提示或帮助可以减少。

（2）减少用户工作。在分派人机系统各个体所应完成的任务时，应该让计算机更积极、更主动、更勤劳，做更多的工作，而让人更轻松、更方便，尽可能少做工作。人机界面越完美、越形象、越易用，用户就越能以更少的脑力及体能完成所应完成的工作。

（3）减少用户记忆。用户在操作计算机时，总需要一定量的存于大脑中的知识和经验即记忆的提取。一个界面良好的系统应该尽量减少用户的记忆要求。对话、多窗口显示、帮助等形式都可减少用户的记忆要求。

（4）应用程序与人机界面相分离。应用程序与人机界面相分离的思想类似于数据库管理系统中数据和应用程序的分离。数据的存储、查询、管理可由专用软件即数据库管理系统完成，应用程序不再考虑系统中与数据管理相关的细节工作，而将精力集中于应用功能的实现上。在人机交互系统中，也同样可以把人机界面的功能，包括人机界面的布局、显示、用户操作等由专门的用户界面管理系统完成，应用程序不再管理人机交互功能，也不与人机界面编码混杂在一起。应用程序设计者致力于应用功能的开发，界面设计者致力于界面开发。人机界面和应用程序的分离可使应用程序简单化和专用化。

（5）人机界面一致性。人机界面的一致性主要是指输入和输出方面的一致性，具体是指在应用程序的不同部分，甚至是在不同应用程序之间，要具有相似的界面外观和布局，具有相似的人机交互方式及相似的信息显示格式等。一致性原则有助于用户学习和掌握系统操作，减少用户的学习量和记忆量。

（6）人机界面图形化。图形具有直观、形象、信息量大等优点，使用图形作为人机界面可使用户操作及信息反馈可视、逼真。

（7）系统反馈及时性。人机交互系统的反馈是指用户从计算机一方得到的信息，它表示计算机对用户的操作所做的反应。如果系统没有反馈，用户就无法判断其操作是否为计算机所接受、操作是否正确、操作的效果如何。反馈信息可以以多种方式呈现，如响铃提示出错；高亮度提示选择；如果执行某个功能或命令需要较长的时间时，则应提示用户"少安毋躁"、"耐心等待"等。

（8）出错处理及帮助功能完整性。系统应该能够对可能出现的错误进行检测和处理。出错信息包含出错位置、出错原因及修改出错建议等方面的内容，出错信息应清楚、易理解。良好的系统还应能预防错误的发生，例如，应该具备保护功能，防止因用户的误操作而破坏系统的运行状态和信息存储。此外，系统应提供帮助功能，帮助用户学习使用系统。帮助信息应该在用户出现操作困难时随时提供。帮助信息可以是综合性的内容介绍，也可以是与系统当前状态相关的针对性信息。

## 6.5　输出设计

用户是管理信息系统的最终使用者，而用户往往不是系统的直接设计者，因此对用户来说，系统只不过是能执行特定功能的"黑箱"（black box），用户只需知道系统需要输入以及能输出的内容，而无需关心其内部结构。

系统的各种输出，是管理人员处理日常业务和各级领导进行经营决策所需要的信息。系统输出的各类报表，是管理信息系统的最终产品，是用户评价系统应用效果的依据。用户往往通过输出来了解系统的面貌，输出的正确与否直接影响着系统的成败。另外，从系统开发的整个过程而言，输出决定输入。因此，输出设计至关重要。

### 6.5.1　信息输出的方式

目前被广泛使用的信息输出方式有如下几种。

#### 1. 屏幕显示输出

用人机对话的方式在显示屏幕上输出信息，这种方式常常用在查询和检索系统。屏幕显示输出具有速度快、无噪声等特点，用户可通过"菜单点取"（用鼠标或方向移动键点取）、"直接回答"（回答"是"或"非"）或输入组合条件等方式让系统显示信息。显示输出方式实用性强，但输出的信息不能保存。

#### 2. 打印机输出

当输出信息需要长期保存或在较广泛的范围内传递时，须将信息打印输出。打印设备是各种形式的打印机，输出媒体是各种规格的打印用纸。

#### 3. 绘图机输出

计算机辅助设计的结果、各种复杂的统计图，需要借助于绘图机以图形的形式输出。绘图机输出是一种特殊的打印输出。

下面仅介绍屏幕显示输出设计及打印输出设计。

### 6.5.2 屏幕显示输出设计的原则

**1. 屏幕显示的信息类型**

（1）响应信息：计算机对用户提出的操作请求所做的反应；

（2）提示信息：计算机向用户发出的系统正在进行以及下一步操作的提示；

（3）出错信息：当用户操作错误或系统运行出错时向用户提供的出错信息或警告信息；

（4）运行结果：以文本、图形、声音、图像等方式提供给用户的系统运行结果的信息；

（5）帮助信息：在用户的要求下，计算机系统向用户提供关于计算机系统功能、性能、操作使用方法等信息。它和提示信息不同的是，提示信息是系统自动提供的，其内容较短且针对性较强。而帮助信息是系统应用户请求而提供的，其内容更全面、更详细，甚至可以包括系统的整个用户手册。

**2. 屏幕显示的设计原则**

通常，管理信息系统用户对系统显示信息提出的要求是：系统提供易理解、内容丰富、简明扼要的显示信息，显示方式前后一致，响应速度尽可能快。因此，系统设计者应该按以下原则进行屏幕显示设计。

（1）系统性原则。通盘考虑每一屏幕显示信息的内容、布局及格式。

（2）面向用户原则。屏幕输出应面向用户，指导用户，以满足用户使用要求为目标。首先，在满足用户要求的前提下，应使显示的信息量减到最小，避免显示与用户要求无关的信息。其次，显示信息应能被用户正确理解和使用。最后，要使用用户熟悉的术语。

（3）重点突出原则。反馈信息应突出重点，可利用加大亮度、闪烁、反相显示及彩色等方式强调某些显示信息。彩色显示可美化人机界面，改善用户视觉印象，加快信息的寻找速度。

（4）可读性原则。完善显示信息的可读性，合理安排显示信息的顺序，屏幕显示应美观、简洁、清楚、合理。表格显示是增加信息可读性的较好显示方式。

（5）一致性原则。屏幕显示风格应前后一致，特别是相同类型的信息在显示风格、布局、位置、所用颜色等方面尽量一致。

（6）礼貌原则。使用礼貌用语；使用肯定句，不用否定句；使用主动态，不用被动态。

（7）文本与图形相结合原则。合理选择文本和图形等显示方式。如果要做详细分析或获取准确数据，则应使用字符、数字式显示；如果对数据的具体数值的要求并不严格，只需了解数据的总体特性或变化趋势，则使用图形方式显示更理想。

（8）多窗口原则。尽量采用多窗口方式显示信息。

### 6.5.3 打印输出设计的原则

（1）打印操作界面设计。打印操作界面应显示打印报表的名称，每一份报表的页数，允许用户决定打印的份数及每一份报表的始页和终页（可以部分打印），并可决定打印完一页后是否暂停，从而为用户提供最大的方便。

（2）报表生成设计。打印速度是一个值得考虑的因素，应避免边计算边打印，而应先计算再打印。为满足此种要求，应事先设计一个中间数据库，其结构与报表每一行的格式相同，其记录即为报表内容，该库将生成的计算结果存放起来，打印时直接将其记录取出。

（3）报表格式设计。

1）上报的报表按有关部门的规定打印输出。

2）自行设计的报表应注明标题、日期及页码，整个版面应清晰、美观，便于用户使用，易于阅读理解。尽量将相类似的项目归类编排；项目之间尽可能留有空间，籍以醒目；数据位数要考虑结果的最多可能位数；字符从左开始输出，空格和数字右对齐；将已代码化的名称复原，以求一目了然。

## 6.5.4 输出设计的内容

输出设计包括输出内容设计和输出格式设计两个方面的内容。

输出内容的设计是指根据数据流程图、数据字典和模块结构图等方面的文档资料，对屏幕显示或打印报表内容的具体规定。输出内容应围绕以下几个方面展开设计：各数据项的名称、类型、计算方法、宽度、小数位数等。输出格式设计是指根据输出设计的原则和输出媒体（屏幕或打印纸）的具体情况，合理安排和美化输出内容的过程。输出设计的结果应填入如表6-3所示的输出内容设计说明书。

表 6-3 输出设计说明书

| 编号： | | | | 填表人： | | | 填表日期： | | |
|---|---|---|---|---|---|---|---|---|---|
| 输出名称 | | | | 所属模块 | | | 输出方式 | | |
| 输出内容 | 序号 | 数据项名称 | 类型 | 取值范围 | 计算方法 | 宽度 | 小数位数 | 备注 |
| | | | | | | | | | |
| | | | | | | | | | |
| | 备注 | | | | | | | | |
| 输出格式 | | | | | | | | | |
| | 备注 | | | | | | | | |

表6-3中的"输出内容"既为输出格式界定了范围，又将为今后的存储设计和程序设计提供具体依据（计算方法的表示可参阅表5-4）。"输出内容"如来源于系统分析阶段所形成的文档中的单据、报表、数据流或数据存储，则可在备注栏内注明名称和编号，具体细节可略去不填。

表6-3中的"输出格式"填入打印报表的样式或屏幕显示的具体形式。打印报表根据上述设计原则设计或附上现有报表。屏幕显示无固定格式，系统设计人员可按屏幕显示的设计原则设计出独特、美观的格式。一般来说，屏幕显示格式可设计成如图6-5的形式，其中的显示体是对输出内容的格式化。状态或操作提出行是对当前状态的说明或是为操作者提供的操作功能，操作功能通常以按钮的形式出现。在输出界面中的操作按钮是为方便用户查看显示体而设置的，通常具有前后翻页、快速查询（快速定位于需要查找的对象）和结束查询的功能。当然，屏幕显示格式也可直接采用开发工具提供的报表预览功能。

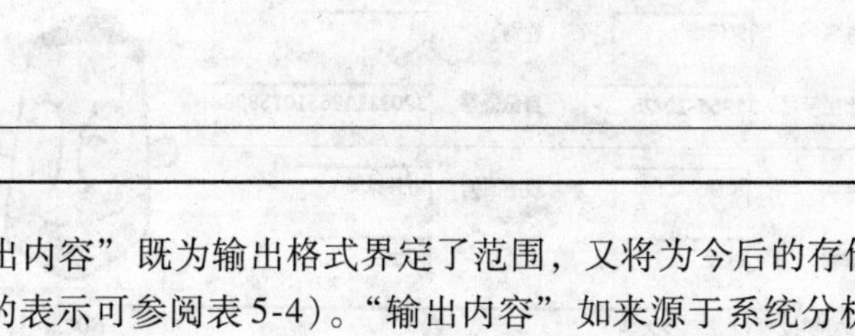

| 系统名称 | 功能名称 | 当前日期 |
|---|---|---|
| 标 题 | | |
| 显 示 体 | | |
| 状态和操作提示行 | | |

图 6-5 屏幕显示的一般格式

华胜管理学院人事管理系统的人事档案查询按原人事档案卡片格式设计屏幕显示格式，设计结果填入表6-4。设计完成的显示格式经程序设计予以实现，程序运行后的界面如图6-6所示。

**表6-4 人事档案卡片输出设计说明书**

编号：SC1001　　　　　　　　填表人：王　军　　　　　　　　填表日期：6月1日

| 输出名称 | | 人事档案 | | 所属模块 | 模块1.1 | 输出方式 | 屏幕显示 |
|---|---|---|---|---|---|---|---|
| 输出内容 | 序号 | 数据项名称 | 类型 | 取值范围 | 计算方法 | 宽度 | 小数位数 | 备注 |
| | 备注 | 输出内容为人事档案卡片规定的内容，请参见单据调查表DJ001 | | | | | |
| 输出格式 | 人事管理系统　　　　人事档案查询　　　　登录日期 | | | | | | |
| | 人事档案卡片<br>（原卡片格式） | | | | | | |
| | 前页　　后页　　快选　　结束 | | | | | | |
| 备注 | | | | | | | |

图6-6　人事档案查询界面

## 6.6　输入设计

输入设计的根本任务是确保数据快速、正确地输入系统。所谓"垃圾进，垃圾出"、"三分技术、七分管理、十二分数据"都说明必须重视输入设计，要避免不合法的、不完整的、不正确的数据进入系统，设法保证输入数据的正确性、输入过程的有效性。

### 6.6.1　输入设备

输入设备是实现系统输入功能的物质基础，常用的输入设备有以下几种。

（1）键盘。键盘是传统的字符式输入设备，也是最主要的输入设备。它由标准的打字机键盘、功能键和光标控制与编辑键 3 部分组成。它有不同的结构、外形及键码排列方式。目前最常用的是 19 世纪 70 年代出现的 QWERTY 键盘。

（2）鼠标器。鼠标器是 1964 年发明的，它有定位、卡定、按动、释放、拖动、双卡定等操作方式。

（3）跟踪球。跟踪球的工作原理与鼠标器相同，在结构上可以看做是鼠标器的倒置。

（4）操纵杆及操纵开关。操纵杆是一种间接的定位设备，它是一个可前后左右扳动的杆，它不是用来直接控制屏幕光标位置，而是用来控制屏幕光标移动的方向和速率。操纵开关是操纵杆的变形。

（5）接触控制屏。它是在屏幕表面直接安装透明的二维光敏器件阵列，通过用户直接用手指接触它时光束的被阻断来检测位置。它适用于简单的菜单选择，而不适用于编辑或绘图。

（6）光笔。光笔是一种直接的点取设备，它能够从画在屏幕上的图形目标上感受和检测光线，从而获取光笔视野所指向的屏幕位置。

（7）数字化输入板。它是间接的定位设备，由输入板和上面的指示设备所组成。指示设备是一个手动的指示器，它可以在图形板上移动。指示器上部透明的十字标记帮助用户对准目标，下部带有的几个按钮供用户选取或输入命令。

目前，数字化输入板可附加字符识别软件，使它完成文本输入、定位、识别等功能。

### 6.6.2　输入设计的原则及输入方式

#### 1. 输入设计的原则

输入设计的目标是在保证输入信息正确性的前提下，做到输入方法简单、输入速度快速。因而输入设计应遵循以下原则。

（1）提示直观、自然。输入界面担负着引导用户输入数据的任务，因此其提示内容必须直观、简洁、自然、易懂、没有二义。具体来说，应按以下要求设计提示内容。

1）填表输入。界面显示一张待充填的表格，用户按表格栏目的提示输入数据，直观清晰，符合用户的心理和习惯。表格尽量按原始单据原样显示。需自行设计的表格，其格式应征得用户的同意。

2）面向用户设计提示信息。提示信息要遵循管理专业化的原则，而非计算机专业化。例如，合同管理信息系统中修改合同时需根据供应商查找合同，如未找到则应显示"与该供应商未签合同，请检查输入是非有误"，而不应显示"记录不存在"。

3）系统内部处理过程，应给予提示。数据输入过程中，系统经常需要花费时间进行查找或计算，此时界面应有相应的提示，不要给用户造成死机现象而任意按键或重启计算机。

（2）操作简单、易行。

1）减少汉字输入。管理信息系统的单据一般有较大的汉字输入量，应通过代码、选择等方式替代或减少汉字输入。

2）提供默认值。可根据实际情况，默认与上一输入个体相同，或某项有默认值，减少输入量。例如，在物资管理信息系统中，出入库单据经常有雷同之处。如同一单位领用不同物资，不同单位领用同一物资等，可设置按钮或功能键复制上一单据，达到灵活提供默认值的目的。另外，出入库时间、仓库名称、计价单位等可通过参数设置默认值。默认值应允许修改。

3）全屏幕输入。无论是 DOS 环境还是 Windows 环境，用户都能实现全屏幕输入。避免数据输入时出现"只能下不能上，只能右不能左"的不良现象。

4）选择输入。采用选择方式输入某些总体项目固定的内容，降低错误率，减少输入量。

5）有联系的项目，只输关键项。某些项目有直接联系，可只输其中的关键项，其他项目通过已经建立的字典库自动查找显示。例如，物资编码、物资名称、型号规格、计量单位、计划单价等都表示某一物资的属性，在实际操作中，可只需输入物资编码或物资名称，其余项目可自动查找并显示。

（3）处理方便、快速。尽量缩短数据输入时系统的查找和计算时间，以避免用户出现烦躁与不安。当然通过改善硬件和系统软件的方法可提高速度，但在输入程序的设计中也应选择理想的方法降低时间占用。

（4）帮助完整、简洁。完整、简洁的帮助系统可对用户起"导航"作用。帮助一般有两种，一是对于每一输入项目在底行提供简单、清晰的提示；二是提供较为详细、完整的在线帮助，用户可随时单击按钮或按功能键查看帮助信息。

（5）出错宽容、友好。校验功能强，能够及时检查及纠正数据输入过程中的错误，提高数据输入的正确性。识别输入错误并允许用户改正错误是输入设计的基本要求。对于用户操作上的错误（如击键错误、未按要求操作）、数据输入错误（如类型错误、数据不合理、数据越界等）、多用户环境冲突等必须给予提示，并让用户予以纠正。

（6）用户随意、灵活。用户是在程序的控制下工作的，但不能给用户造成受控制的感觉。用户的数据输入过程应随意灵活地处于主导地位。用户可一次性输入所有单据，也可分批输入；用户可输入，也可修改；用户随意输入，但如有错误则随时提示；用户可通过运行其他功能缓解数据输入的单调感受和疲劳感觉。总之，输入界面应减少约束、增加自由。

（7）形式协调、雅致。输入界面要给用户提供一个良好和谐的视觉感受，不要过分追求丰富艳丽的色彩、强烈悬殊的反差，而应根据内容的需要实现形式美。空间比例要疏密均匀；主题、子主题和内容的字符形状要搭配得当；图形、数据、文本的大小和方位要协调；标题的字体、套色和背景衬托要和谐。从而形成赏心悦目的输入界面。

（8）界面标准、规范。整个系统的输入界面要形成标准、规范的风格。

1）提示信息、操作按钮的位置统一；

2）色彩的分类规范。如主界面、一般提示、出错提示、窗口、操作键等的色彩应分类，并且在整个系统的界面内统一；

3）用键标准。如 F1 代表在线帮助、Esc 代表退出、PgUp/PgDn 代表翻页等，整个系统前后一致。

**2. 数据输入的方式**

填表输入是常用的数据输入形式，界面类似于在纸上的表格，直观自然。系统设计者应根据数据输入的原则，让用户按照表格并尽可能方便地输入数据。屏幕显示一张待充填的表格，用户可以按提示填写或选择合适的数据。填表输入易于实现基于全屏幕的以个体为单位的数据输入，与数据库管理系统相对应，填表输入是最合适的数据输入方法。

## 6.6.3 填表输入设计

当管理信息系统需要输入大量相关数据时，表格界面是最理想的数据输入界面。填表输入界面设计分两大步骤，一是表格设计，二是表格在屏幕上的显示及数据编辑输入的设计。

### 1. 填表输入的特点

（1）良好的填表输入界面可将系统需要的数据按提示准确输入。用户可以不经学习、训练，也不必记忆有关的语义、语法规则，便可以在系统引导下，完成数据输入工作。

（2）填表输入界面充分有效地利用了屏幕空间。用户可同时进行相关内容的输入，输入要求清晰完整。

（3）整个屏幕以一个个体为单位进行布局，数据之间联系紧密，有利于用户识别输入。

（4）填表输入过程是可视的，出现的错误可显示、可修改。

### 2. 表格的设计规则

为了向用户提供快速、方便、准确无误的填表输入界面，首先必须设计一个完善的表格。表格设计应满足以下要求。

（1）要使设计完成的表格的组织结构与用户的任务相一致，将相关的输入内容组织安排在一起，并按照使用频率、重要性、功能关系或使用顺序进行表格中输入内容的排序和分组，每组间可使用空格、空行或不同的颜色加以区分。

（2）表格的标题及各表项的名称、提示应明确和简练。

（3）表格显示应美观、清楚，避免过分拥挤。

### 3. 填表输入的设计要求

（1）具备显示保护功能。输入内容以外的其他所有区域，用户不能改动（包括由某些输入数据计算而得的项目）。

（2）提供输入内容的可选择性。有些内容必须输入，而有些内容可输可不输。

（3）用户在只能选择输入的位置，不能修改成选择项以外的内容。

（4）提供输入内容的缺省值。某些内容没有输入时，系统取其缺省值。

（5）为某些输入提供帮助信息。

（6）提供光标在表格中的自由移动，可使用鼠标器、键盘中的方向键等自由移动。

（7）提供出错修改功能。

（8）设置表格输入结束功能。

## 6.6.4 输入内容和输入格式设计

输入内容的设计是指根据数据流程图、数据字典和模块结构图等方面的文档资料而对输入内容的具体规定。输入内容应围绕以下几个方面展开设计：各数据项的名称、类型、计算方法、宽度、小数位数等。输入格式设计是指根据输入设计的原则，合理安排和美化输入内容的过程。输入设计的结果应填写如表 6-5 所示的输入内容设计说明书。

表 6-5 中的"输入内容"既为输入格式界定了范围，又将为今后的存储设计和程序设计提供具体依据（计算方法的表示可参阅表 5-4）。"输入内容"如来源于系统分析阶段所形成的文档中的单据、数据流或数据存储，则可在备注栏内注明名称和编号，具体细节可略去不填。

表 6-5 中的"输入格式"无固定形式，系统设计人员可按照设计原则设计出独特、美观的格式。一般来说，屏幕输入格式也可设计成如图 6-4 的形式，其中的显示体是对输入内容的格式化。状态或操作提出行是对当前状态的说明或是为操作者提供的操作功能，操作功能通常以按钮的形式出现。在输入界面中的操作按钮应具有对非当前显示的内容的输入和修改功能，因

此与输出界面的按钮相似，输入界面的操作按钮也应具有前后翻页、快速定位（快速定位于需要查找的对象）和结束输入的功能。

**表6-5 输入设计说明书**

编号：　　　　　　　　　　　填表人：　　　　　　　　　　　　　　　　填表日期：

| 输入名称 | | | | 所属模块 | | | | 输入方式 | |
|---|---|---|---|---|---|---|---|---|---|
| 输入内容 | 序号 | 数据项名称 | 类型 | 取值范围 | 计算方法 | 宽度 | 小数位数 | 备注 | |
| | | | | | | | | | |
| | | | | | | | | | |
| | 备注 | | | | | | | | |
| 输入格式 | | | | | | | | | |
| | 备注 | | | | | | | | |

华胜管理学院人事管理信息系统设计了教学质量测评功能，主要任务是记录学生和教师对任课教师的测评情况，并累计计算测评结果。输入设计填入表6-6。设计完成的输入格式经程序设计予以实现，程序运行后的界面如图6-7所示。

**表6-6 人事管理信息系统输入设计说明书**

编号：SJ1001　　　　　　填表人：李利民　　　　　　填表日期：6月10日

| 输入名称 | | 教学质量测评情况 | | 所属模块 | | 模块1.4 | | 输入方式 | 键盘鼠标 |
|---|---|---|---|---|---|---|---|---|---|
| 输入内容 | 序号 | 数据项名称 | 类型 | 取值范围 | 计算方法 | 宽度 | 小数位数 | 备注 | |
| | | | | | | | | | |
| | 备注 | 输入内容为教学质量测评表规定的内容，请参见单据调查表DJ011 | | | | | | | |
| 输入格式 | | | | | | | | | |
| | 备注 | "测评结果累计"是对各表的累计计算（按"确认"按钮后显示新的结果），更改"学期"或"班级"时需按"新建"按钮 | | | | | | | |

输入格式区域内容：

| 人事管理系统 | 教学质量测评 | | 登录日期 | |
|---|---|---|---|---|
| 学期： | | 班级： | | |
| 教学质量测评 | 编号 | | 测评结果累计 | |
| 教师 | 课程 | 优良中差弃权 | 累计值 | 百分比 |
| | | | | |
| | | | | |
| | | | | |
| 新建　首表　末表　上表　下表　确认　退出 | | | | |

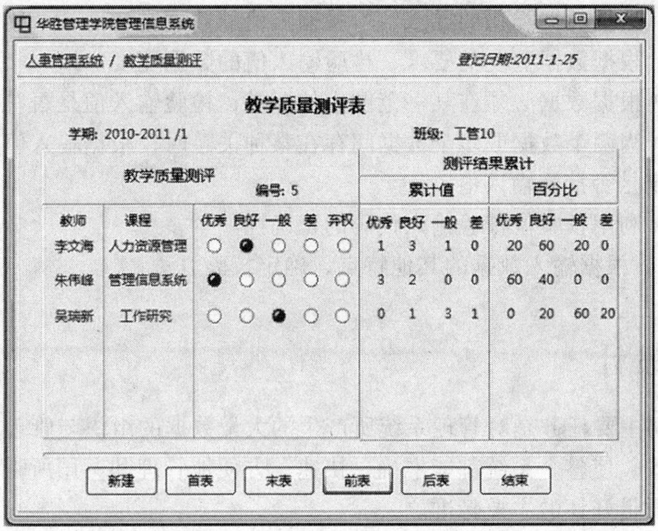

图 6-7    华胜管理学院教学质量测评输入界面

## 6.6.5    输入数据的校验

确保输入数据的正确性是输入设计必须重点考虑的内容，设计者应根据输入数据的特点、内在联系、重要程度，采取各种措施对输入数据实施校验，尽可能避免"病从口入"，从而提高管理信息系统的运行质量。

根据校验工作量的大小，输入数据的校验方法可分为人工校验和自动校验两种。

### 1. 人工校验

人工校验是一种校验工作主要由人工完成的方法。数据输入完成后，将其显示或打印出来，由用户进行校验。人工校验方法效率低，适用于数据量少、对输入和处理速度要求不高的场合。

### 2. 自动校验

自动校验是一种校验工作由用户和计算机共同参与，但主要工作由计算机完成的方法。系统设计者根据输入数据的特点和相互关系，在程序中规定输入数据的要求和校验过程，数据错误则拒绝接受。自动校验的特点是校验工作在数据输入过程中由计算机自动完成，用户友好性强。随着编程工具的完善，自动校验越来越容易实现。自动校验一般有以下几种方法。

（1）二次输入校验。将一批数据重复输入两次，输入完成后由系统比较这两次输入的数据，如果同一位置的数据相同则认为数据正确，否则将其显示出来由用户校对后修改。二次输入的校验方法方便、快捷，能校验任何数据类型的数据，适用于数据输入量大的场合，因此它是数据录入中心普遍采用的校验方法。

（2）重复性校验。在项目不允许重复的情况下，根据输入的关键字（通常是代码）是否与已有的项目相同来决定是否接受数据。

（3）选择性校验。当输入数据的可能性确定时（如性别、民族的输入），根据输入值是否包含在选择范围内来决定是否接受数据（设计成选择输入则不存在这种错误的可能性）。

（4）存在性校验。当事物中的某一数据必须存在，不允许是空白时，根据输入值是否是空白来决定是否接受数据。

（5）类型校验。根据数据类型的要求，检验输入值的数据类型。

（6）宽度校验。根据数据宽度的要求，检验输入值的数据宽度。

（7）界限校验。根据数据必须在某一范围内的要求，检验输入值是否符合要求。

（8）关系校验。当两个数据或多个数据间存在某种关系时，根据输入值与其他数据是否满足规定的关系来决定是否接受输入值。

（9）代码校验。利用校验位校验输入代码的正确性。

（10）其他校验。根据输入数据的其他特点，确定校验方法。

## 6.7 数据库设计

管理信息系统的主要任务是对管理系统所产生的大量数据的组织与管理，因此建立良好的数据存储与管理模式，使整个系统都能准确、快速、方便地管理和调用所需要的数据，是衡量管理信息系统开发质量好坏的主要标准之一。

数据库是数据组织与管理的最新技术，是计算机软件的一个主要分支，目前，管理信息系统的开发基本上都以数据库作为重要工具。因此，数据库在现代信息社会中举足轻重，它是管理信息系统的基础和核心，数据库设计是系统开发的重要组成部分。

### 6.7.1 数据库系统的基本概念

20 世纪 50 年代后期，随着计算机技术的发展，磁鼓、磁盘等大容量直接存取外部设备的出现，数据管理从此进入了数据文件管理阶段。数据文件在解决当时因社会发展和企业规模扩大而造成的数据处理量猛增的数据管理问题方面起到了一定的作用，但数据文件的缺陷较多。首先是数据独立性差。数据文件是根据某个具体应用程序的需要而建立的，应用程序和数据文件虽然在物理存储上相互独立，但是由于数据文件的逻辑结构需要由应用程序定义和描述，因此程序和数据文件之间的相互依赖性仍很强。数据逻辑结构的修改要求程序必须做相应的改动，从而导致了数据文件不易扩充和修改的缺点。其次是数据共享性弱。不同应用程序所用的数据只要在逻辑结构上稍有不同，就不能共享某一数据文件，必须建立与本程序对应的文件。再次是数据冗余度高。数据共享性弱意味着文件之间存在着很多相同的数据，大量数据的重复不仅造成了存储空间的浪费，而且会给文件的更新与管理造成很大的麻烦。最后是数据关联困难。文件之间有关系的数据的关联操作很不方便。

针对文件系统存在的不足，20 世纪 60 年代中期产生了数据库这一最新的数据管理技术。数据库技术发展迅速，现在它已成为计算机科学的重要分支。

关于数据库，目前还没有一个公认的、统一的定义。一般认为，数据库是以一定方式组织和存储起来的数据以及数据逻辑关系的集合体。数据库具有结构化程度高、数据独立性强、数据冗余度低、多用户数据共享充分、易于扩充等特点，因而应用广泛。

根据数据库中表达数据间逻辑关系所采用的方法的不同，可以将数据库分为 3 种基本类型，即层次型、网状型和关系型。层次型数据库中数据间的逻辑关系如同一棵倒长的树，由根长出若干分支，每一分支又长出若干更小的分支，树中的节点为记录实体，它的特点是：有且仅有一个节点无双亲，其余节点有且仅有一个双亲。网状型数据库中数据间的逻辑关系呈网状结构，它的特点是：可以有一个以上的节点无双亲，至少有一个节点有多于一个的双亲。关系型数据库中数据间的联系可由二维表反映，每一行为一个记录个体，每一列为一个属性（称为字段），因此一个关系型数据库由若干二维表式的库文件所组成。关系型数据库发展较晚，但由于其数据结构简单、明了、直观、容易理解和掌握，层次型和网状型数据结构又都可以通过一定方法转化为关系型数据结构，因此关系型数据库得到了迅速发展和广泛应用，同时它也是数据库的发展方向。

数据库由专门的数据库管理系统（data base management system，DBMS）负责组织与管理。换言之，数据库管理系统是一组专门的数据库管理软件，它在操作系统的支持下，接受和完成用户程序或命令提出的访问数据库的各种请求（如建立、组织、存储、操作、控制和通信等），它是用户和数据库之间的接口，因而是数据库技术的核心。

计算机系统中引进数据库后即构成数据库系统。一般而言，数据库系统由数据库、数据库管理系统和用户组成。用户使用数据库是目的，数据库管理系统是帮助用户达到这一目的的工具和手段。

数据库系统的组成可用图 6-8 表示。

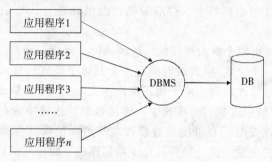

图 6-8　数据库系统的组成

## 6.7.2　数据库的模式结构

数据库的结构分为 3 个层次，又叫 3 个模式，即对应于全局逻辑级的模式（概念模式），对应于用户级的一个或多个子模式（外部模式）、对应于物理存储级的存储模式（内部模式）。这 3 级模式之间的关系如图 6-9 所示。

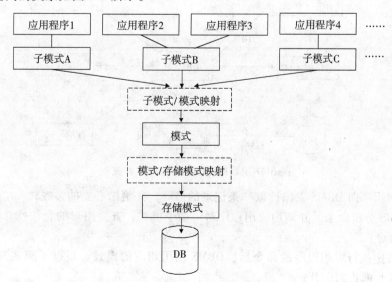

图 6-9　数据库 3 级模式之间的关系

概念模式是对数据库数据内容的完整表示，是对数据整体逻辑结构和授权规则的描述，它体现了全局和整体级的数据观点。概念模式简称模式，有时又被称为源模式、组织模式或企业模式，它是一个描述数据库所有数据元素类型及其相互联系的结构图，是装配数据的总框架。概念模式由模式数据描述语言描述。

全局数据的逻辑结构复杂而全面，数据库的一个用户一般只用到模式中的一部分记录或记录中的部分数据项，因此还必须定义与应用程序有关的局部逻辑结构，即子模式。子模式又叫外部模式、分模式、用户模式或局部模式，它是模式的一个子集，它最靠近用户，代表了用户的观点。一个数据库可以有任意多个子模式，而且可以根据需要随时增添新的子模式或删除原有的子模式。根据一个子模式可以编写多个应用程序，但一个应用程序只能利用一个子模式。子模式由子模式数据描述语言描述。

存储模式是对数据库的物理描述，它完成数据组织并存储到物理存储器中形成物理数据库的定义。存储模式又叫物理模式、内部模式或目标模式。存储模式包含记录的顺序、物理存储块的大小、记录的寻址（定位）技术、存取策略、溢出处理方式等信息。存储模式由物理数据描述语言描述。

数据库的三级模式是由两个映射连接的。所谓映射，是指一种对应规则，它规定从一种模式到另一种模式的转换。子模式/模式映射确定一个具体子模式与模式之间的对应关系，即使模式改变，也有可能通过修改映射而使子模式保持不变，从而不必修改程序，使程序与数据具有逻辑独立性。模式/存储模式映射将模式中的连接数据描述转换为存储模式中的物理地址和存取路径，在存储模式改变时，有可能通过修改此映射而使模式保持不变，从而不必修改程序，使程序与数据具有物理独立性。显而易见，数据库的三级模式结构对于提高程序与数据的独立性具有重要意义。

数据库三级模式之间的转换由数据库管理系统来完成。假定某一应用程序要从数据库中读取一条记录，则数据库管理系统与应用程序和操作系统（operating system，OS）之间的活动可用图 6-10 表示。

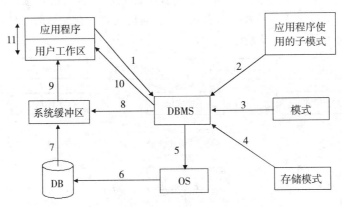

图 6-10　数据库读取数据的工作过程

（1）应用程序向 DBMS 发出读取一条记录的命令，并给出必要的参数；

（2）DBMS 分析命令，并调用应用程序对应的子模式，查验用户的合法性，决定是否执行应用程序的命令；

（3）在决定执行应用程序的命令后，DBMS 调用相应的模式，根据子模式和模式的映射，决定应读取哪些模式的记录；

（4）DBMS 调用物理模式，根据模式与物理模式的映射，确定要读取的记录的存储位置；

（5）DBMS 向 OS 发出读取所需记录的请求；

（6）OS 控制存有所需记录的物理存储器的工作，读取数据；

（7）OS 将读取的数据送入系统缓冲区；

（8）DBMS 经过子模式与模式的比较，从系统缓冲区找出应用程序所需的记录，并进行必要的转换，将记录变成应用程序所需的格式；

（9）DBMS 将数据从系统缓冲区传送至应用程序的工作区；

（10）DBMS 在程序调用的出口（返回点）提供执行情况的状态信息；

（11）应用程序对工作区中的数据做进一步处理。

以上为读取一条记录的工作过程。如要修改一条记录，则操作过程与上述过程类似。即：先读取记录至工作区，然后由应用程序在工作区进行修改，再向 DBMS 发出写记录的请求，DBMS 根据模式在缓冲区做必要的转换，最后 DBMS 向 OS 发出写记录的命令。

### 6.7.3 数据库的设计

数据库设计是指在确定的数据库管理系统环境下，从整个管理信息系统数据输入、输出的特点和要求出发，设计最优的数据模型和处理模式，构建既能满足系统数据需求和处理要求，又能安全、有效、可靠地存取数据的数据库。数据库设计的主要内容和步骤包括以下几个方面。

**1. 用户需求分析**

用户需求分析的主要任务是深入用户调查分析数据的需求及其处理过程，弄清整个系统的数据流程。

（1）数据需求。数据需求是指用户对所要建立的管理信息系统的数据存储以及数据获取的要求，包括数据类型、数据长度、数据量、取值范围以及对数据可靠性、安全性和保密性的要求。数据通常以原始单据和报表为载体，因此单据和报表的搜集与分析是数据需求分析的有效途径。

（2）处理过程。处理过程是指数据在系统中的处理和流动过程，包括数据的处理方法、处理顺序、处理量、处理频率和数据流程。

用户需求分析侧重于数据内容和数据流程的调查与分析，事实上，这方面的工作已由管理信息系统开发的系统分析阶段（单据和报表调查、数据流程图绘制、数据字典编制）和系统设计阶段（输入、输出设计）完成，因此在此无须赘述。

**2. 概念结构设计**

概念结构设计的主要任务是用一个"概念性数据模型"将用户的数据要求明确地表达出来，即完成从现实世界（存在于人们头脑之外的客观世界）到观念世界（现实世界在人们头脑中的反映）的转换。概念性数据模型是一种面向问题的数据模型，独立于特定的 DBMS，从用户角度反映数据库的实体环境，它是层次模型、网状模型和关系模型等各种模型的共同基础，在用户和设计人员之间起到了桥梁作用。1976 年 P. P. S. Chen 提出的"实体–联系方法"（entity-relationship，E-R 方法），语义表达能力强，为概念性数据模型的绘制提供了有效的工具。

E-R 方法是一种借助于 E-R 图描述现实世界实体、属性、联系的语义模型。实体是指现实中的对象，用方框表示；属性指实体的特性，用椭圆框表示；联系是指实体之间的关系，用菱形框表示，联系也可以有属性。例如，在华胜管理学院的学生选课系统中，教师、课程、学生之间的关系可用 E-R 图表示成如图 6-11 的形式。其中 $m$、$n$、$p$ 为正整数，说明一个教师可以担任 $p$ 门课程；一门课程可有 $n$ 个学生选择，一个学生可选择 $m$ 门课程。"成绩"是学生和课程之间联系（即"选课"）的属性。

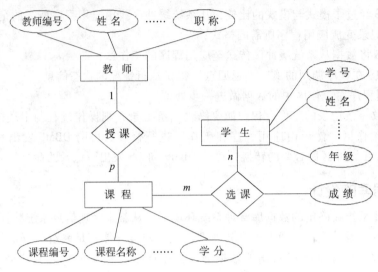

图 6-11　学生选课 E-R 模型

E-R 图可为用户提供直观形象的实体、属性及其相互之间的关系（图 6-11 有一对多关系和多对多关系，现实中还有一对一关系和多对一关系），也可为设计人员建立数据模型进而设计数据库提供基础模型，因此，E-R 图是用户与设计人员探讨数据库设计的桥梁。

利用 E-R 方法设计概念模型应坚持从局部到整体、模块到系统的原则，逐步形成整体概念模型。具体设计步骤如下：

（1）设计模块（或部门）的 E-R 图。根据用户需求分析所获资料，确定每个模块（或部门）的实体、每个实体的属性以及实体与实体之间的联系，绘制每个模块（或部门）的 E-R 图，即分 E-R 图。分 E-R 图可暂时忽略数据冗余问题，以全面反映本模块（或部门）的数据需求。

（2）设计系统的初步 E-R 图。综合各模块（或部门）的分 E-R 图后绘制出全系统的初步 E-R 图。在综合设计过程中，要将各图中相同的实体予以合并，且在有关系的分 E-R 图的实体之间增加联系并调整有关属性。

（3）优化系统 E-R 图。根据系统数据流程图和数据之间的关系，消除初步 E-R 图中的冗余数据（可由基本数据导出的数据）和冗余联系（可由基本联系导出的联系），最终获得优化了的系统 E-R 图，以此作为进一步设计数据库的基础模型。

下面通过一个简化了的实例说明概念结构设计的方法和步骤。

根据用户需求分析，某企业技术科和供应科的 E-R 图分别如图 6-12 和图 6-13 所示。

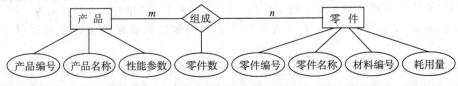

图 6-12　技术科 E-R 图

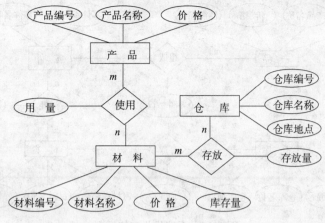

图 6-13 供应科 E-R 图

（1）"产品"是两个分图共同具有的实体，应从它们的共性出发将其合并为一个实体，使其同时包含"性能参数"与"价格"两个属性。

（2）两个分图的"零件"与"材料"实体之间存在着一对多关系，应在初步 E-R 图中增加"消耗"作为两者间的联系。

（3）增加"消耗"联系后，将原属"零件"实体的属性"耗用量"改为"消耗"的属性，并消除"零件"实体中的"材料编号"属性。

经综合调整，系统的初步 E-R 图如图 6-14 所示。

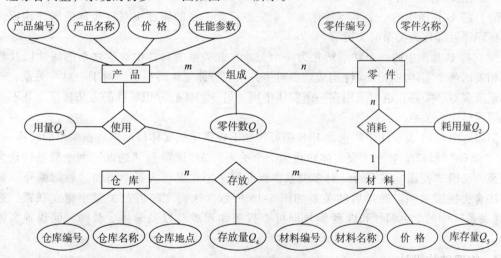

图 6-14 系统初步 E-R 图

系统的初步 E-R 图存在着数据的冗余，应消除冗余，实现优化。

（1）表示"产品"实体的每种材料的"用量 $Q_3$"，可以由"产品"的"零件数 $Q_1$"与"零件"和"材料"的"耗用量 $Q_2$"推导而得，因此它是一个需要消除的冗余属性。

（2）"用量 $Q_3$"的消除导致"使用"联系的消除。

（3）"材料"实体的"库存量 $Q_5$"属性可以由"仓库"中的"存放量 $Q_4$"导出，因此它也可以消除。

图 6-15 为经过优化的系统 E-R 概念结构模型。

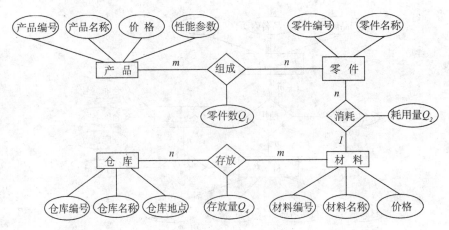

图 6-15 系统优化实体模型

### 3. 逻辑结构设计

逻辑结构设计的任务是将概念结构设计所确定的实体模型转换为选用的特定 DBMS 所支持的数据模型，即完成从观念世界到数据世界（观念世界形成的实体模型的数据表示）的转换。实体模型向数据模型的转换需要遵循一定的规则，而转换规则因不同的 DBMS 而异。由于层次模型使用广泛，网状模型、层次模型又可通过适当方法转化为层次模型，因此在此仅介绍实体模型向关系模型转换的规则。根据关系模型的基本形式和 E-R 图的特点，实体模型向关系模型的转换应遵循以下规则。

（1）将 E-R 图中的一个实体转化为一个关系，此关系的属性由对应实体的属性构成，实体的标识属性即作为关系的关键字。

（2）将 E-R 图中的一个联系转化为一个关系，此关系的属性由对应联系的属性以及与此联系相关的两个实体的标识属性构成。多对多关系应按此规则转换，而对于一对一关系、一对多关系或多对一关系，也可采用在一个实体中增加另一实体的标识属性的方法转换，并不一定要将联系转化为关系。

例如，图 6-11 表示的学生选课 E-R 图可按如下规则完成实体模型向数据模型的转换："教师"、"课程"和"学生"三个实体转化为三个关系，"授课"和"选课"两个联系转化为两个关系，又因"授课"联系为一对多关系，因此可采用在课程关系中增加"教师编号"属性的方法舍去授课关系。转换后的关系如图 6-16 所示，他们之间通过关键字建立联系。通过"选课关系"中的学生编号和课程编号即可查找到课程成绩以及学生、教师、课程等实体的详情。

### 4. 物理结构设计

物理结构设计是指将通过逻辑结构设计获取的数据库逻辑结构，在具体的物理存储设备上加以实现，建立起具有较高性能价格比的物理数据库的过程。物理结构设计的主要内容有以下几点。

（1）确定数据的存储结构。根据数据逻辑结构的要求和选定 DBMS 的规则，从处理要求、存取效率、空间占用以及维护代价等诸方面综合考虑，为数据库中的所有字段规定名称、类型、宽度和小数位数，估算存储总量，选取合适的存储结构加以实现。

（2）选择和确定存取路径。为了满足多个用户对数据库的不同应用要求，确定存取数据的入口和路径。

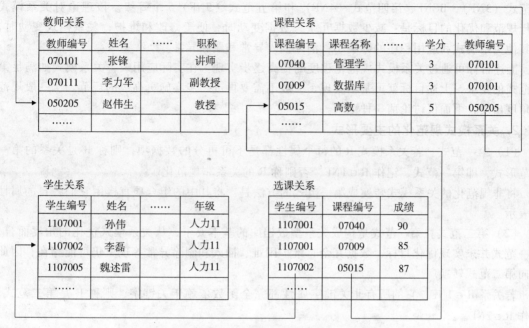

图 6-16  实体模型转换后的数据模型及其相互关系实例

（3）确定数据的存储介质。根据数据应用情况的不同，确定数据的存储介质、存储位置、备份方式以及区域划分。

（4）确定存储分配的有关参数。某些 DBMS 提供一些存储分配的参数供物理设计时选用，如数据块长度、缓冲区大小和个数等，设计过程中利用这些参数可进行优化处理。

（5）确定数据的安全性措施。利用 DBMS 提供的安全性和保密性机制，并结合使用制度和管理措施，确定数据的安全策略，并提供数据库出现问题后的故障排除方法和工具。

物理结构设计关系到数据库的存取效率和使用质量，是数据库设计的重要组成部分。目前，随着数据库技术的发展和提高，用户物理设计的工作愈加简单化，DBMS 根据模式要求自行确定和优化存储模式，设计者逐渐淡化和减少了物理设计的任务与内容。

## 6.7.4  关系模式的规范化

### 1. 关系模式规范化的概念

由以上讨论可知，数据库设计主要是指通过概念结构设计形成实体模型，再通过逻辑结构设计形成数据模型的过程，其中实体模型向关系数据模型的转换可以根据上述规则实现。那么转换是否唯一呢？回答显然是否定的。由于实体内部属性的数量及其相互关系可以有多种方案，因此转换完成的关系模式也存在着多种可能性。既然转换不唯一，那么转换完成的关系模式哪个更优？评价关系模式优化的依据是什么呢？1971 年美国 IBM 公司的 E. F. Codd 所提出的范式的概念和关系模式规范化理论，为 E-R 方法出现前关系模式的规范化设计提供了工具，同时也成为由实体模型转换而成的关系数据模型是否优化的评价依据。

所谓范式是指关系的规范化形式（normal form，NF），关系模式的规范化是指用更单纯、更规则的关系逐步取代原有关系的过程。规范过程是可逆的，一组关系转换成另一组关系后，仍可以恢复到原有那组关系，因此转换过程减少了冗余信息但并没有丢失必要信息。规范化理论认为，关系模式的规范化程度按从低到高顺序共有第一范式（1NF）、第二范式（2NF）、第三范式（3NF）、BCNF、第四范式（4NF）和第五范式（5NF）5 个等级。该理论对关系模式进行规范和优化的目标是：减少数据冗余；数据变动时，便于修改和维护；关系模式变动时，对其他关系模式和应用程序的影响小；消除插入异常和删除异常。

上述目标可通过关系模式规范化程度的提高逐步实现。在实际应用中，关系模式如满足第三范式的要求，上述目标就可基本实现，一般不需要再进一步实施更高级的规范。从一般规范化角度出发，下面仅讨论前 3 种范式。

### 2. 关系模式规范化的主要形式

（1）第一范式。若关系模式 R 的每个属性都是不可再分的数据项，则称 R 是关系的第一规范形式，即第一范式，记作 R∈1NF，否则称 R 的关系非规范化。

将非规范化的关系模式转换成第一范式的方法是：将其中的组合项直接用它们各自的属性来表示。

（2）第二范式。第一范式是构成关系型数据库的基本要求，从关系模式优化的角度而言，第一范式并未实现优化目标，数据冗余、维护困难、插入和删除异常等现象仍可能存在，因此应向第二范式转换。

若关系 R∈1NF，它的所有非关键字属性都完全函数依赖于关键字，则称 R 是第二范式，记作 R∈2NF。

关键字是指关系模式中的一个属性或多个属性构成的属性组，它或它们的值能唯一地确定关系中其他属性（即非关键字属性）的值。在关系模式中，通常在关键字属性的右上角标以"*"。例如，学生（学号*、姓名、性别、年龄、政治面貌、家庭地址）这一关系模式中，学号为其唯一的关键字。而领料单（材料编号*、材料名称、型号、规格、领用单位*、领用数量）的关键字则是由材料编号和领用单位构成的属性组。

对于关系模式 R 中的两个属性 $X$ 和 $Y$，若对于 $X$ 的任何一个值，$Y$ 有且仅有一个值与之对应，则称 $X$ 函数决定 $Y$，或称 $Y$ 函数依赖于 $X$，记作 $X{\rightarrow}Y$。

根据上述定义，显然有以下结论：关系模式中的全部非关键字属性都函数依赖于关键字，但非关键字属性则不一定函数依赖于关键字中的每一个属性。如某一非关键字属性依赖于关键字的全部，则称该属性完全函数依赖于关键字。如某一非关键字属性依赖于关键字的一部分，则称该属性部分函数依赖于关键字。上述领料单关系模式中，领用数量完全函数依赖于关键字，而型号等属性则只函数依赖于材料编号，因此是部分函数依赖。

简单而言，如果关系模式的关键字仅有一个属性，则非关键字属性肯定完全函数依赖于关键字，因此，此种模式肯定是第二范式。如果关系模式的关键字多于一个属性，那么关系模式不一定是第二范式。

第一范式的关系模式可以通过分解向第二范式转换。转换的原则是：确保分解后的每个关系模式中的所有非关键字属性，都完全函数依赖于关键字。

（3）第三范式。若关系 R∈2NF，它的所有非关键字属性都相互独立（即非关键字属性之间不存在函数依赖关系，而仅仅函数依赖于关键字），则称 R 是第三范式，记作 R∈3NF。

第二范式的关系模式向第三范式转换的方法也是对原模式实行分解。分解的原则是：确保分解后的每个关系模式中的非关键字之间都相互独立，即不存在传递函数依赖关系。

### 3. 关系模式规范化的过程

关系模式规范化的过程可用图 6-17 表示。

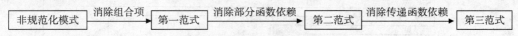

图 6-17　关系模式的规范化过程

规范化的过程是将一个复合的关系模式逐步分解成一组等价的单一关系模式的过程。分解的实质，就是将复合的关系模式中的实体、实体间的联系进行分离，尽量使一个关系反映一个实体或实体间的一种联系。在数据库的设计过程中，应尽量追求关系模式的高度规范化，但有时为了检索、查询等方面的使用方便也可对已规范化的关系模式做适当的调整，必要时可设计成第二范式甚至第一范式的关系模式。

### 4. 关系模式规范化实例

下面通过一个实例来说明关系模式规范化的过程。

贝斯特挖掘机配件公司的销售合同登记表如表 6-7 所示，它记录了围绕若干产品与某用户签订合同的各个要素，同时反映了与企业签订合同的用户的数量和其他具体情况。

表 6-7　贝斯特挖掘机配件公司销售合同登记表

| 合同编号 HTBH | 用户 | | | | | | 产品 | | | | | 订货日期 DHRQ | 订货数量 DHSL | 交货日期 JHRQ |
|---|---|---|---|---|---|---|---|---|---|---|---|---|---|---|
| | 用户编号 YHBH | 用户名称 YHMC | 地址 DZ | 电话 DH | 联系人 LXR | 银行账号 YHZH | 产品编号 CPBH | 产品名称 CPMC | 型规 XG | 单位 DW | 单价 DJ | | | |
| | | | | | | | | | | | | | | |
| | | | | | | | | | | | | | | |
| | | | | | | | | | | | | | | |

表 6-7 反映的合同关系：

R-HT（合同编号，用户，产品，订货日期，订货数量，交货日期）

不是第一范式，而是一个非规范化的关系模式，因为其中的"用户"和"产品"属性都是可以再分的组合项。将"用户"和"产品"组合项直接用它们各自的属性来表示，则表 6-7 反映的关系转换为：

R-HT（HTBH, YHBH, YHMC, DZ, DH, LXR, YHZH,
CPBH, CPMC, XG, DW, DJ, DHRQ, DHSL, JHRQ）

则 R-HT 为第一范式。

图 6-18 表示的是表 6-7 的关系模式 R-HT 的函数依赖关系。由于一份合同可以订若干种产品，而一种产品也可以出现在很多合同中，因此 R-HT 的关键字是由合同编号（HTBH）和产品编号（CPBH）共同构成的属性组。在众多的非关键字属性中，只有订货日期（DHRQ）、订货数量（DHSL）和交货日期（JHRQ）完全函数依赖于关键字，而其余非关键字属性中，有的仅函数依赖于合同编号（HTBH），有的仅函数依赖于产品编号（CPBH），它们不是完全函数依赖于关键字，而是部分函数依赖，因此关系模式 R-HT 不是第二范式。

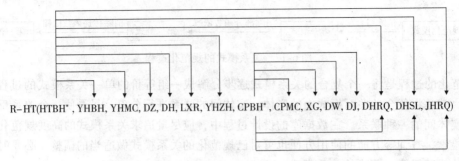

R-HT(HTBH*, YHBH, YHMC, DZ, DH, LXR, YHZH, CPBH*, CPMC, XG, DW, DJ, DHRQ, DHSL, JHRQ)

图 6-18    合同关系模式 R-HT 的函数依赖关系

根据关系 R-HT 的函数依赖关系以及第一范式向第二范式转换的原则，可以将 R-HT 关系模式转换成产品（R-CP）、合同内容（R-HTNR）和用户（R-YH）3 个关系模式。

R-CP（CPBH*, CPMC, XG, DW, DJ）

R-HTNR（HTBH*, CPBH*, DHRQ, DHSL, JHRQ）

R-YH（HTBH*, YHBH, YHMC, DZ, DH, LXR, YHZH）

不难看出，转换完成后的 3 个关系模式都是第二范式。

按照第三范式的判断标准，以上 3 个关系模式中，产品关系模式（R–CP）和合同内容关系模式（R–HTNR）的非关键字属性之间都不存在函数依赖关系，因此已是第三范式。而用户关系模式（R–YH）则存在传递函数依赖（见图 6-19），它不是第三范式。

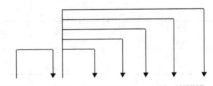

R–YH(HTBH*, YHBH, YHMC, DZ, DH, LXR, YHZH)

图 6-19    用户关系模式（R-YH）的函数依赖关系

从数据冗余的角度而言，产品关系模式（R-CP）已没有数据冗余，达到了关系模式规范化的目标。合同内容关系模式（R-HTNR）仍存在一定程度的数据冗余，因为可能会出现一份合同有多个产品，一个产品有多份合同涉及的现象，但这种冗余是允许存在的。用户关系模式（R-YH）的数据冗余量仍很大，当同一用户签订的合同数量较多时，数据冗余相当惊人，会给数据维护带来一定的困难。因此，它需要进一步规范。

图 6-19 表明用户编号（YHBH）属性直接函数依赖于关键字合同编号（HTBH），用户名称（YHMC）等其他非关键字属性则因函数依赖于用户编号'（YHBH）而传递函数依赖于关键字合同编号（HTBH），因此用户关系模式（R-YH）不是第三范式。

根据第二范式向第三范式转换的原则，用户关系模式（R-YH）可以分解成用户档案（R-YHDA）和合同对象（R-HTDX）两个第三范式，从而合同关系模式（R-HT）通过上述规范化过程共转换成 4 个第三范式，基本实现了关系模式规范优化的目标。

R-CP（CPBH*, CPMC, XG, DW, DJ）

R-HTNR（HTBH*, CPBH*, DHRQ, DHSL, JHRQ）

R-YHDA（YHBH*, YHMC, DZ, DH, LXR, YHZH）

R-HTDX（HTBH*, YHBH）

综上所述，表 6-7 反映的合同关系模式（R-HT）的规范化过程可用图 6-20 完整表示。

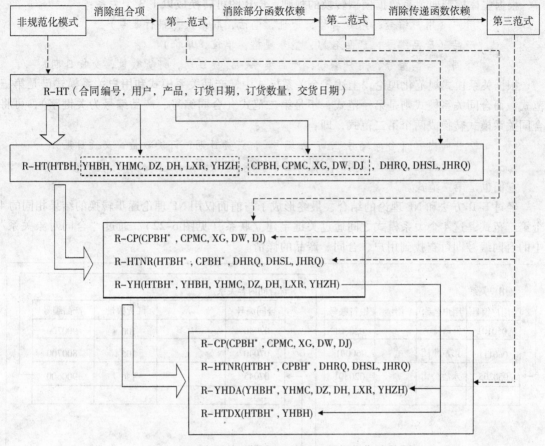

图 6-20 合同关系模式 (R-HT) 的规范化过程

## 6.7.5 数据库设计：E-R 方法与 NF 理论的结合

关系模式的规范化（NF）理论为关系数据库的规范化设计提供了工具，它也可为评价利用 E-R 方法转换而成的关系模式是否优化提供依据。

表 6-7 反映的实体及其合同联系可通过 E-R 方法绘制成如图 6-21 所示的合同登记实体模型。

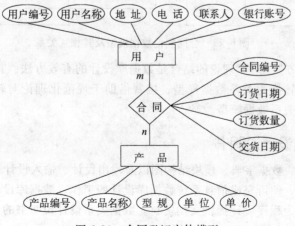

图 6-21 合同登记实体模型

根据实体模型向关系数据模型转换的规则，E-R图可转换成以下3个关系：

用户（用户编号，用户名称，地址，电话，联系人，银行账号）

产品（产品编号，产品名称，型号规格，单位，单价）

合同（合同编号，用户编号，产品编号，订货日期，订货数量，交货日期）

根据关系模式规范化理论，上述3个关系模式中，产品关系模式和用户关系模式已是第三范式，而合同关系模式则是第一范式，不是第二范式（合同编号、产品编号为关键字），可将合同关系模式转换成两个第二范式，即：

合同内容（合同编号*，产品编号*，订货日期，订货数量，交货日期）

合同对象（合同编号*，用户编号）

它们也是第三范式。

经过 E-R 方法和 NF 理论的结合，最终形成了与前面仅用 NF 理论逐步转换的结果相同的4个第三范式，这4个关系模式之间通过关键字建立联系（见图6-22）。通过"合同对象关系"中的合同编号即可查找到用户、合同、产品的详情。

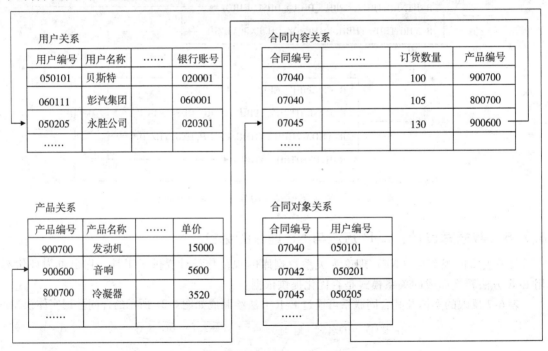

图 6-22　合同登记数据模型及其相互关系

综上所述，E-R 方法与 NF 理论的结合是数据库设计的有效方法。首先利用 E-R 方法绘制实体模型图，再将其转换为关系数据模型，接着借助于规范化理论对转换结果进行评价和规范，最终形成优化的关系数据模型。

## 6.7.6　数据关系设计说明书

根据数据流程图、数据字典、模块结构图以及输出设计、输入设计形成的文档，按照数据库设计的原则和步骤，便可完成信息系统数据库设计的工作。数据库设计完成后应填写数据关系设计说明书，以便为程序设计提供文档资料。数据关系设计说明书的格式如表6-8所示。

表 6-8  数据关系设计说明书

编号：                       填表人：                              填表日期：

| 数据关系名称 | | | 数据关系编号 | |
|---|---|---|---|---|
| 调用模块名称 | | | 调用模块编号 | |
| 数据结构 | | | | | | |

| 序号 | 字段名称 | 字段类型 | 字段宽度 | 小数位数 | 字段含义 | 备注 |
|---|---|---|---|---|---|---|
| | | | | | | |
| 备注 | | | | | | |

## 6.8  系统安全保密设计

管理信息系统担负着管理系统中信息处理、传输和存储的重要任务，集中了管理系统的机密和财富，它在日常管理和辅助决策方面的重要作用导致人们对它具有高度的依赖性，因此，确保管理信息系统的正常运转，信息提供的及时有效、准确无误，使系统不因偶然的或恶意的原因而遭到破坏、更改和泄露，避免造成恐慌、混乱和重大经济损失，即保证系统的安全保密是管理信息系统设计者、使用者和管理者共同面对的重要课题。

### 6.8.1  系统危害的原因

作为应用软件的管理信息系统是计算机系统的一个组成部分，它以一定的硬件和系统软件作为运行环境。系统的数据存于硬件，而系统的处理方式、形成条件受应用软件的指挥和控制。很明显，影响系统安全，造成系统危害的主要原因，有以下 3 个方面。

#### 1. 计算机硬件系统的破坏

计算机硬件系统是软件和数据的生存环境，它的破坏会在较大程度上直接导致软件被毁、数据丢失。硬件系统遭受破坏的原因有两种，一是人为地对计算机系统实施危害和犯罪活动，如爆炸、磁化存储介质等，另一种是地震、水灾、火灾等自然灾害引起的设备损坏。

#### 2. 非法更改、获取数据和信息

利用管理信息系统在用户识别和访问控制上的漏洞，采取盗用口令、解密等方式干扰、篡改、窃取或破坏数据，造成数据失真或泄密。这种数据破坏方式技术性、专业性强，危害严重，也是一种高技术智能犯罪行为。

#### 3. 计算机病毒的侵害

计算机病毒是危害计算机的最新手段。它破坏计算机的软件资源和数据资源，中断或干扰计算机系统的正常运行，其隐蔽性和快速传播性，造成了计算机应用界提心吊胆、谈毒色变的局面。

### 6.8.2  系统安全保密技术

根据对系统危害原因的分析，管理信息系统的安全保密问题应从计算机硬件实体、软件、数据和运行管理等 4 个方面着手解决。计算机硬件实体的安全是指保护计算机系统硬件和存储媒体的安全，使它们不受自然和人为因素的影响而被破坏；软件安全和保密就是保护与信息系统有关的系统软件和应用软件不被任意篡改和非法复制；数据安全和保密是保护信息系统内所

存储的数据、文档资料不被非法使用和修改，确保系统中数据的安全性和纯洁性；系统运行安全管理是确保信息系统连续正常运行，其主要目标是对监测过程中发现的不安全因素及时报警，并采取适当的安全技术措施，以消除计算机病毒等不安全因素或限制其影响范围。

### 1. 计算机硬件实体的安全

计算机硬件设备是管理信息系统正常运行的物质基础，因此必须设法确保硬件实体的安全。

（1）按照国家标准设置机房。按照《计算站场地安全要求》（GB 9361—1988）以及《计算站场地技术要求》（GB 2887—1989）等国家标准建设和管理机房。选择安全的机房场地环境，在内部装修中要使防火、防水、防磁、防震、防盗、防雷电、防静电、防电磁波等方面达到较高的标准和要求。要架设专用供电线路，选用合适的不间断电源（UPS），必要时要自备发电设备，以提供稳定、可靠的电源。

（2）建立严格的管理制度。要控制人员的出入，硬件设备特别是存储介质要专人负责保管、保养，设备要定期清洗与检测。

（3）制定应急措施。做好信息资源、设备的备份工作，以应对一些灾害性、突发性事件的发生。

### 2. 软件的安全和保密

软件是管理信息系统的灵魂，软件的安全与保密任务需要系统设计者和使用者共同完成。软件有系统软件和应用软件之分，管理信息系统所用系统软件主要指操作系统和数据库管理系统，应用软件是指用户在特定的环境下为满足用户特定的需要而专门开发的程序。软件的安全保密主要采用用户识别、访问控制和加密处理等方法。

（1）用户识别。用户识别指辨识用户的合法性，常用的方法有以下几种。

1）基于用户独具知识的身份识别。如用户 ID、口令、密钥等。

2）基于用户物理特征的身份识别。如声音、相貌、视网膜特征、指纹、签字等。

3）基于用户所持证件的身份识别。如光卡、磁卡等。

4）基于上述方法组合的身份识别。

这些方法中，口令识别成本低、界面好、易实现，因此被广泛采用。

用户识别机制需要系统分成两步处理：标识（询问你是谁）和鉴别（要求你证实）。首先，计算机系统给每个用户分配一个标识（唯一 ID），每个用户选择一个供以后注册证实用的口令（PW）。然后，计算机系统将所有用户的身份标识和相应口令存入口令表。用户注册进入系统时，必须先向系统提交其身份标识和口令，系统根据身份标识，检索口令表得到相应的注册口令，将输入口令和注册口令对比后，确定用户是否合法。

唯一 ID 是公开的，口令是秘密的。为避免非法用户窃取口令表、修改口令表，可在口令方案中引入加密机制。口令加密可采用单向函数进行。当用户登录上机时，所输口令按规定函数加密，并与口令表中口令的加密形式比较，以决定用户是否合法。口令加密后口令表可以以公开方式存放。

（2）访问控制。口令的作用只是用来鉴别用户，它是防止入侵者侵入系统的第一道防线，而不是系统内控制主体对客体访问的措施。系统内的访问控制机制可采用任意访问控制和强制访问控制两种。

任意访问控制中，用户可以随意地在系统中定义谁可以访问他的文件。这样，用户或用户程序或用户进程（它们在系统内代表用户）可有选择地与其他用户共享自己的文件。

在强制访问控制中，用户和文件都有固定的安全属性。这些属性由系统使用，以决定某个用户是否可以访问某个文件。这种强制性的安全属性由管理部门（如系统安全管理员）或操作系统自动按照操作规则来设置。这些属性不能由用户或其程序修改。如果系统设置的用户安全属性不允许用户访问某个文件，那么不论用户是否是该文件的拥有者都不能访问那个文件。

随着计算机技术的发展，一些系统软件本身提供了较强的安全保护功能。如 Windows NT 网络操作系统提供了一种非常严密的信息安全管理方法，它采取强制性登录、无条件访问、内存保护和审核等措施确保信息资源的安全。当用户要访问网络信息资源时，首先必须登录所需要的名称和口令、用户账户具有成员资格的组，以及用户使用系统的用户权限（即强制性登录）。每个用户需要一个或多个账户，当用户登录到工作站并试图在这个计算机上执行特定的动作时，Windows NT 就会检查用户账户中的信息，根据它本身所属的一个或多个组所授予的权力的并集（不可访问权限除外），以确定这个用户是否已被授权执行这个动作。另一方面，用户能否完成所执行的动作还要取决于信息资源所赋予该用户的使用资源的许可（Windows NT 的 NTFS 文件系统能提供文件级安全保护）。系统能将用户访问资源的事件写入审核日志文件，供管理监督和维护，从用户和资源两个方面完善整个系统的安全管理。

应用软件也可通过设置口令的办法，控制用户对整个系统或系统中特定模块的访问。

（3）源程序的加密。利用对源程序进行编译或其他加密方法，加密源程序，达到防止用户查看、修改的目的，进一步提高系统的安全保密性。

### 3. 数据的安全和保密

数据是管理信息系统管理和处理的对象，数据的价值往往远远超过计算机系统本身的价值。数据的安全和保密是一个十分复杂的、系统性极强的问题，它涉及系统中硬件、软件和运行环境的安全，硬件损坏、软件错误、通信故障、病毒感染、电磁辐射、非法存取、管理不当、自然灾害、人员犯罪等都有可能对数据的安全和保密构成威胁。

数据的安全和保密措施通常有以下几种。

（1）定期备份系统中的所有数据库，避免因物理破坏而不能恢复；

（2）维护数据库系统的事物日志，以便利用日志恢复系统故障时丢失的数据；

（3）利用 DBMS 加强用户身份鉴别，在指定的时间内对在指定的终端上登录上机的用户进行身份标识（ID）和口令鉴别。这是对操作系统身份鉴别的一种补充；

（4）根据实际情况实行任意访问控制或强制访问控制；

（5）采用库外加密、库内加密或硬件加密的方法对数据库进行加密保护；

（6）防止病毒侵害。

### 4. 系统运行安全管理

系统运行安全管理是指按照国家的有关法规，以行政制度为手段，设置专门人员组织协调信息系统的安全管理活动，防止内部人员或外部人员利用非法手段窃取、破坏、修改和泄露信息系统中的信息，减少因管理不当而可能给信息系统安全造成的损害，确保信息系统的正常运行。因此，建立和健全系统管理的组织和制度是信息系统安全管理工作的基本内容。

系统运行安全管理涉及确保系统安全运行的诸多方面，其中对计算机病毒的防治是安全管理的一项重要内容。

计算机病毒是一种能够自我复制并对计算机资源有破坏作用的程序代码，它具有很强的隐蔽性和很大的传染性，它可以通过多种方式破坏计算机系统中的软件和数据，甚至破坏硬件，它对管理信息系统及其他计算机系统的安全构成了严重威胁。对于计算机病毒应采用预防、检测和清除相结合的方法予以防治。

（1）病毒的检测和清除。病毒的检测和清除通常借助于病毒治理软件和病毒防护卡两种方式。借助于防病毒软件和病毒防护卡可以检测和清除已有病毒，某些产品也具有防治病毒侵入的作用。

（2）加强管理，预防病毒。强化安全意识，加强用机管理是预防计算机病毒感染的有效方法，它可以变被动清除为主动预防。

1）计算机专人、专管、专用；

2）数据文件要经常备份；

3）使用外接存储盘时一定要实施检测；

4）不使用盗版软件；

5）不下载不明身份的网络软件；

6）尽可能不使用游戏程序；

7）安装正版防毒软件，并实时更新；

8）定期检测现用系统；

9）发现病毒立即清除。

系统开放、资源共享、提高信息处理效率是管理信息系统开发的宗旨，但随之而来的信息安全问题便更加突出。可以采取一系列措施和技术确保信息安全，但更需要综合治理，只有在工程技术、安全保卫、组织管理、政策法律和道德教育等方面形成信息安全体系，管理信息系统才能充分发挥其应有的作用。

## 6.9  物理系统设计

管理信息系统是建立在以计算机为主要设备的物理系统基础上的，因此物理系统的设计是信息系统设计阶段的重要任务。具体来说，物理系统设计是指根据管理信息系统的功能结构和数据存储、传输、处理等方面的要求，在一定的投资范围内，设计出实用且先进的最佳物理系统的过程。

### 6.9.1  数据通信

数据通信是一种通过电子计算机与通信线路相结合，完成编码信息的传输、转接、储存和处理的通信技术。数据通信系统是指以电子计算机为中心，用通信线路连接分布在远地的数据终端设备，执行数据通信的系统。数据通信系统的构成如图6-23所示。

图6-23  数据通信系统示意图

**1. 数据通信系统的构成**

图6-23所示的通信系统由数据终端设备、中央计算机以及与它们相连接的通信网络或通信线路构成。

（1）中央计算机和终端。中央计算机和终端是用来发送信息或接受信息的设备，它们互为信源或信宿，在控制设备的控制下按照一定的规程实现对数据的接受、发送和处理。

（2）传输线路。传输线路又称传输通道或通信通道，它有物理连接线路和微波传输线路两种。用于物理连接线路的介质有：双绞（扭）线电缆、多路电缆、同轴电缆和光导纤维等。

1）双绞线。双绞线是一种价格低廉且易于连接的传输介质，但易受干扰，传输距离短，传输速率在每秒1Mbps以下。

2）多路电缆。由多条线排组成的带状电缆，可以传输多路信息，故称多路电缆，此种电缆的抗干扰能力也较差。在电缆的外层加上屏蔽层，成为多芯多路电缆后将具有较强的抗干扰性和较高的可靠性，因此多芯多路电缆在多路信息传输中应用较广。

3）同轴电缆。同轴电缆的中心导体称为芯，用来传输信息，芯的外层依次为绝缘材料和金属丝网，最外层是塑性外壳。同轴电缆具有传输距离较远，稳定可靠，不易出现线路中断，不受外界干扰，数据传输速度较快等优点，因此被中、高档局域网络广泛采用。根据电缆上数据传输方式的不同，同轴电缆又可分为基带同轴电缆和宽带同轴电缆两种。采用基带方式时数字信号直接加到电缆上，连接简单，距离可达数公里，传输速度低于每秒10Mbps。采用宽带传输方式时，信号要调制到规定的高频载波上，传输速度可达每秒数百兆位，还可以进行视频信号的传送。在需要传输数字、声音和图像等多种信息的网络中，往往采用宽带同轴电缆。

4）光导纤维电缆。光纤电缆传输的是光信号而不是电信号，它由传递光的细硅丝组成，细丝由另一种物质所包围。光纤电缆具有传输速率高（每秒可达千兆位）、频带宽、容量大、抗干扰能力强、保密性好、重量轻等优点，是一种理想的通信介质，但价格较贵。

（3）调制解调器。调制解调器是一种信号转换装置。信号分为数字信号（直流信号）和模拟信号（交流信号）两类，计算机和终端设备接收或发送的信号为数字信号，传输线路传输的是模拟信号，调制解调器的作用是通过调制器将数字信号调制成模拟信号，并通过解调器将模拟信号解调成数字信号。根据调制方式的不同，调制解调器有低速（每秒600Mbps以下）、中速（每秒600～2400Mbps）和高速（高于每秒2400Mbps）之分。

（4）通信规程。通信规程是指通信双方彼此应该遵照的规则或约定，如：什么控制代码表示开始，什么代码表示结束，收发双方的名称、地址如何表示；如何区分不同性质的报文；怎样确定呼叫和应答关系；怎样处理传输中发生的差错等组成了规程的内容。在计算机网络通信中，这种规程又称为网络协议。

**2. 数据传输方式**

数据发送出去之后，接收端必须知道信息的开始处和结束处，根据解决该问题的方法的不同，数据传输有两种方式。

（1）异步传输。异步传输的特点是每个字符单独传输，在每个传输字符的前面附加一个"起始"信号，末尾增加一个"终止"信号。

（2）同步传输。同步传输的特点是以字符组为单位传输，在每组传输字符的前面加上一个"起始"信号，末尾增加一个"终止"信号。同步传输的速度高于异步传输，但实现的要求也高。

## 6.9.2 计算机网络

计算机网络是将地理位置分散，并具有独立工作功能的多个计算机系统通过通信设备和通信线路连接起来，以便共享硬件、软件和数据资源的复合系统。按网络所覆盖的地域的大小，计算机网络有广域网和局域网之分。广域网（wide area network，WAN）是在大的地理范围内（跨越城市、地区甚至国家）连成的网络，而局域网（local area network，LAN）分布的范围较小（如一幢大楼）。计算机网络是计算机技术和通信技术相结合的产物，目前计算机网络已成为现代通信的重要手段，也是管理信息系统的重要物质基础。

### 1. 计算机网络的组成

计算机网络主要由资源子网和通信子网两大部分组成（见图6-24）。

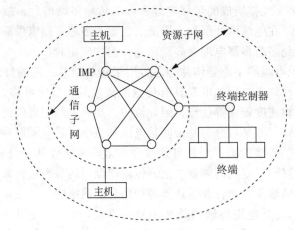

图6-24　计算机网络的组成

（1）资源子网。资源子网由主计算机、终端和终端控制器组成，为用户提供访问网络的途径。主计算机（HOST）是网络系统中对处理过程起主要控制和协调作用的重要设备。主计算机可以是一组以级联形式工作的处理机。主计算机通过通信线路与通信子网中的结点（网络中一个或多个功能部件与信道或数据线路互连的一个点）相连接，并通过网络向用户提供数据和应用程序。终端（terminal）是网络与用户间起人机接口作用的重要设备。它具有输入输出、数据通信缓冲、交换控制和局部的运算处理能力。终端设备可以由显示器和键盘构成，也可以是一台完整的计算机设备。终端控制器（terminal control）负责控制一组终端，控制功能包括链路管理和信息传输等。终端控制器可以通过主机与网络结点相连，也可以直接与网络结点连接。

（2）通信子网。通信子网由网络结点、传输线路和信号转换器组成，主要负责数据的传输。网络结点可以是通信控制器、通信处理机或通信接口板，负责信息的发送、接收和转发，以及对终端设备之间的通信线路的管理。网络结点作为资源子网和通信子网之间的接口，又被称为接口信息处理机（interface message processor，IMP）。信号转换器指调制解调器等信号转换设备。

### 2. 计算机网络的拓扑结构

网络的拓扑结构是指网络中结点间的连接形式。通常网络的拓扑结构有星型、环型、总线型等形式。

（1）星型结构。星型结构如图6-25a所示，它又被称为集中式结构，它是将多个终端结点与一台中央主机相连而构成的网络形式。它的特点是任何两个结点间的通信都要通过中央主机。星型结构的优点是结构简单，容易建网、便于管理，但可靠性差，中央主机一旦发生故障，整个网络便会瘫痪。

（2）环型结构。环型结构如图6-25b所示，各网络结点连成环状，数据信息沿一个方向传递，某一结点的信息的接收需通过前面各中间结点的存储转发。环型网络可以有一台主控计算机，但一般都将控制分散到各个结点。环型网络可通过一定的安全措施（如安装保护环路）增强其可靠性，使某结点的故障不影响整个网络的运行。环型网络可比星型网络缩短传输线路，建立通信也较容易，但不易增删结点，又因传输线路单一，因此影响信息传输量。

（3）总线型结构。总线型结构如图6-25c所示，它的特点是利用一条总线将各结点连接起来，各结点地位平等，无中央控制点。总线型结构可靠性高、结构简单、扩展性好，因此使用广泛。缺点是对总线的电气性能要求高。

除以上介绍的形式外，网络还有树型和网状型等结构形式。

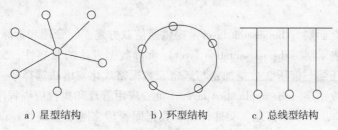

a）星型结构　　　　b）环型结构　　　c）总线型结构

图6-25　网络拓扑结构

### 3. 网络的层次结构和通信协议

20世纪70年代中期，计算机网络是封闭的，网络生产厂商各有规范，不同厂商生产的网络产品之间难以联网。为了解决在异构机和异构网之间的通信问题，国际标准化组织（international standard organization，ISO）制定了一个开放系统互连（open systems interconnection，OSI）参考模型，要求网络生产厂家统一技术规范，开发兼容产品，形成共同遵守的通信协议，使网络真正成为开放系统。OSI参考模型描述了开放系统的体系结构，它将网络通信软件分成功能独立而又相互关联的7个层次，从而为开放系统互连提供了协议标准。OSI参考模型的结构如图6-26所示。

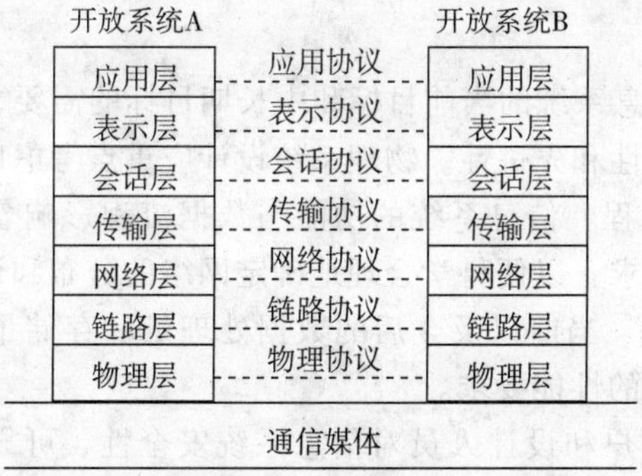

| 开放系统A | | 开放系统B |
|---|---|---|
| 应用层 | 应用协议 | 应用层 |
| 表示层 | 表示协议 | 表示层 |
| 会话层 | 会话协议 | 会话层 |
| 传输层 | 传输协议 | 传输层 |
| 网络层 | 网络协议 | 网络层 |
| 链路层 | 链路协议 | 链路层 |
| 物理层 | 物理协议 | 物理层 |

通信媒体

图6-26　OSI参考模型

OSI参考模型的基本内容是：①信息的传送通过各层完成相应的功能才能实现；②信息传送在通信各方是通过层间标准接口垂直进行的：发送方从上至下，接收方从下至上；③信息发送方通过物理层向接收方传送信息；④各层使用下层提供的服务完成本层的功能；⑤网络协议是通信双方对应层都要遵守的一组规约。

下面简要介绍各层的主要功能。

（1）物理层。物理层（the phycical layer）对通信介质、调制技术、传输速率、接插头等通信物理参数做出规定，有关物理的机械和电气特性都在该层说明，以实现网络结点间的物理连接。物理层向数据链路层提供比特流传送服务，并对传送过程的正确性进行检测。

（2）数据链路层。数据链路层（the data link layer）确定信息在通信线路中传递的规则，如信息的成帧与拆封、寻址、差错检验与纠错以及对物理层的管理等。

（3）网络层。网络层（the network layer）选择从发送站经由中间一些工作站到达接收站的路径，用于在通信子网中传送信息包或报文分组（具有地址标识和网络层协议信息的格式化信息组）。

（4）传输层。传输层（the transport layer）建立网内通信双方端-端通信信道，提供数据传输服务。

（5）会话层。会话层（the session layer）提供通信双方建立、管理和拆除会话连接的方法。

（6）表示层。表示层（the presentation layer）负责数据表达的兼容性，完成信息转换。如字符集转换、数据压缩与解压、数据加密与解密、数据格式化与语法选择等。

（7）应用层。应用层（the application layer）负责应用管理和执行应用程序。它为用户提供OSI环境的各种服务，如事务管理、文件传输、数据库管理、网络管理等。许多网络应用程序都是应用层的一部分。

OSI参考模型中前4层称为低层，它们处理系统之间的数据传送。后3层为高层，处理有关确保系统协调及支持协作应用程序的诸活动。OSI参考模型的各层都有一些代表性的协议以及实现其功能的设备（如物理层的中继器、集线器、调制解调器，数据链路层的网卡、网桥，网络层的路由器，传输层的网关等），详细内容请读者参考有关书籍。

作为管理信息系统的物理基础，计算机网络技术发展迅速。网络应用模式从集中式、文件服务器模式发展为客户机/服务器模式和基于Internet/Intranet的浏览器/服务器模式，网络协议、网络操作系统也更加实用和先进。网络技术的发展和提高，为管理信息系统的设计者和使用者提供了理想的应用天地。

### 6.9.3 物理系统设计

物理系统设计应根据信息系统的当前目标和中长期目标的需要，按照充分利用又能留有余地的原则，确保系统的实用性和先进性。物理系统设计应重点考虑以下影响因素。

（1）系统功能与数据流程。信息系统的功能与数据流程影响着物理系统的总体布局，必须全面弄清此方面的具体要求，以便科学合理地确定网络的分布和设备的性能与数量。

（2）数据存储与处理量。当前以及今后的数据处理量和存储量影响着物理系统中计算机的内外存容量以及通信设备的性能要求。

（3）系统性能。根据用户和设计人员对信息系统安全性、可靠性以及数据处理速度等方面的具体性能要求，确定计算机系统的配置和质量要求。

（4）市场行情。设备的市场行情以及质量和售后服务情况对设备的选择有重大影响。

（5）经济技术条件。物理系统设计必须考虑用户的投资能力和能够实现的技术条件。

（6）系统软件。网络操作系统、数据库管理系统等系统软件和一些必要的专用软件影响物理系统的投资和性能，因此必须考虑对系统软件的功能要求和费用预算。

经过全面的分析与设计，通常会形成多个物理系统设计方案，再经用户和设计人员协商、论证，并由领导定夺和审批，最后确定最佳方案。

### 6.9.4 物理系统设计说明书

物理系统设计方案确定以后，设计人员要填写设计说明书。物理系统设计说明书应包括两个方面的内容。

### 1. 物理系统总体结构图

绘制物理系统特别是计算机网络系统的总体结构图，图上要说明设备的名称、型号和数量，并要写清具体的部门和传输线路的距离。

### 2. 物理系统配置清单与费用预算

填写物理系统配置清单，说明费用预算（见表6-9）。

表 6-9　物理系统配置清单与费用预算表

填表人：　　　　　　　　　　　　　　　　　　　　　　　　　　填表日期：

| 项目 | 序号 | 名称 | 推荐型号 | 单价（元） | 数量 | 合计（元） |
|------|------|------|----------|------------|------|------------|
| 硬件设备 | | | | | | |
| | | | | | | |
| | | | | | | |
| | 小计 | | | | | |
| 系统软件 | | | | | | |
| | | | | | | |
| | 小计 | | | | | |
| 其他费用 | | | | | | |
| | | | | | | |
| | 小计 | | | | | |
| | 总计 | | | | | |

备注：

## 6.10　系统设计说明书

系统设计阶段的最后一项工作是编写系统设计说明书。系统设计说明书既是系统设计阶段工作成果的总结，也是系统实施阶段的重要依据。系统设计说明书由系统设计人员编写，其主要内容和格式如下。

### 1. 引言

（1）摘要。说明目标系统的名称、目标和功能以及系统开发的背景。

（2）专门术语定义。

（3）参考和引用的资料。

### 2. 系统总体设计方案

（1）系统总体结构设计：系统的模块结构图及其说明；

（2）代码设计：编码对象的名称、代码的结构以及校验位的设计方法；

（3）输出设计：输出项目的名称及使用单位、输出项目的具体格式（包括名称、类型、取值范围、精度要求等）、输出周期、输出设备；

（4）输入设计：输入项目的名称及提供单位、输入项目的具体格式（包括名称、类型、取值范围、精度要求等）、输入频度、输入方式、输入数据的校验方法；

（5）数据库设计：数据关系的名称和结构、数据关系的调用模块；

（6）安全保密设计：安全保密设计方案、主要规章制度；

（7）物理系统设计：物理系统设计总体结构图、物理系统配置清单及费用预算。

### 3. 其他需要说明的内容

系统设计说明书编写完成后，上交有关部门和领导审批，并将审批意见和参加人员附于说明书之后。系统设计说明书获得批准后，即可进入系统实施阶段。

## 本章小结

系统设计是根据系统分析阶段提出的目标系统的逻辑模型，建立目标系统的物理模型的过程，它的主要目标是：科学、合理地满足目标系统逻辑模型的功能要求，尽可能提高系统的运行效率、可变性、可靠性、可控性和工作质量，合理投入并充分利用各种可以利用的人、财、物资源，使之获得较高的经济效益和社会效益。

系统设计的主要内容是：总体结构设计、代码设计、人机界面设计、输出设计、输入设计、数据库设计、安全保密设计、物理系统设计。

系统设计说明书是对上述设计所形成的各个方案的总结，为下一阶段的系统实施提供依据。

## 复习题

1. 系统设计的主要内容和步骤是什么？

2. 系统设计需要遵循哪些基本原则？

3. 系统结构设计的基本思想是什么？

4. 模块的含义是什么？模块凝聚指的是什么？

5. 模块凝聚分为哪7个等级？

6. 模块耦合是什么含义？包括哪3种典型类型？

7. 模块设计与分解的基本原则是什么？

8. 模块分解具体而言，包括哪些步骤？

9. 什么是代码？它的作用是什么？

10. 代码设计需要遵循哪些基本原则？

11. 代码有哪些种类？

12. 代码校验的含义是什么？

13. 什么是人机界面？在管理信息系统设计中，它的意义是什么？

14. 人机界面设计的基本原则是什么？

15. 输出设计有哪些基本原则？

16. 输入设备有哪些？

17. 输入设计应该遵循哪些基本原则？

18. 填表输入是输入的典型形式，其特点是什么？有哪些具体的要求？

19. 输入数据的自动校验有哪些典型的方法？

20. 数据库的含义是什么？它有哪些类型？

21. 数据库设计包含哪几个内容？

22. E-R 图的含义是什么？E-R 图设计的目的是什么？

23. 所谓范式是什么含义？第一到第三范式的区别是什么？

24. 对系统造成危害的因素，主要包括哪几方面的因素？

25. 管理信息系统的安全保密性设计，一般从哪几个方面考虑？

26. 计算机网络的拓扑结构有哪些类型？各有什么优缺点？

27. 系统物理设计应考虑哪些因素？

28. 系统设计说明书包含哪些方面的内容？

## 思考题

1. 输出输入设计是管理信息系统的人机接口，它们给人们的直观感觉就是各种输入输出设备，最典型的就是计算机屏幕。但是输入输出设计所遵循的原则却并不相同，请分析其中的原因是什么？

2. 输入输出设计在管理信息系统的运行逻辑上，输入数据在前，输出信息在后。在不同的教材中，有的按输入输出设计安排，也有的按输出输入设计安排。你怎么看待这个问题？

3. 数据库设计中，范式理论是被广泛接受的一种理论。然而在管理信息系统的数据库设计过程中，有的并没有严格按照这个过程进行。这是由于理论过于理想化，不太实用？还是设计过程不规范所致？请收集资料，在班级中展开辩论。

4. 系统的安全性是当前企业信息管理的重要课题。请结合实际谈谈哪些措施最重要？

# 第7章 CHAPTER7

# 系统实施

**学习目标** >>>

- 熟悉系统实施的步骤；
- 熟悉 B/S 和 C/S 架构的比较；
- 了解系统开发平台和数据库技术的选择；
- 了解程序优化设计的原则和标准；
- 了解程序调试的方法和层次；
- 熟悉系统切换的步骤；
- 掌握系统切换的 3 种方法，并明确各自特点。

**引导案例** >>>

　　程序编制进入尾声时，易得维软件公司杨经理要求物流部、采购部根据管理信息系统的输入需求准备数据。杨经理和邢主任一直将主要精力投入在系统的分析与设计方面，对原始数据的状况没有给予更多的关注。进入数据的整理与准备环节之后，原始数据不完整、不规范、不准确，甚至记录缺失的现象也显现出来。供应商档案因不同采购人员的多头记录而出现矛盾，更新也不及时；同一供应商的名称、物料的名称形式多样，有些甚至难以辨别；未办入库手续先领料，补办的入库手续不齐全；库存记录不完整，库存数据与实物数据不一致；入库单、领料单数据不规范等现象再次折射出物料管理存在的问题。杨经理和邢主任认识到"垃圾进"导致"垃圾出"，并会严重影响管理信息系统的严肃性和用户的信任程度，必须采取有效措施迫使物流部、采购部根据开发人员的要求认真做好数据准备工作，并形成制度确保原始数据采集的规范性。

　　数据准备工作完成，系统调试成功后，易得维软件公司向贝斯特公司提交了系统测试报告和系统使用说明书，并决定对相关业务人员开展系统使用培训。培训工作安排 3 个晚上并在公司会议室进行，物流部和采购部的业务人员每人一台计算机，在开发人员的指导下，掌握了系统的基本操作。开发人员和受培训人员对培训工作都相当满意。

　　但是，系统投入试运行后，用户对于培训工作的满意程度被打破，对系统的抱怨之声开始出现并逐渐增强。杨经理和邢主任颇觉纳闷，是手工操作与管理信息系统并行运行带来的问题，还是培训时的数据环境与实际运行时的不同造成的？是用户对信息系统不适应，还是信息系统本身真有问题？面对现实，查找原因吧。杨经理和邢主任感觉硬仗还在后面。

　　**问题：**

　　(1) 你觉得物流部和采购部的数据准备工作该怎么做？

（2）系统投入试运行后出现问题正常吗？培训工作是否应该改进？无论是什么问题造成的，应该怎样对待用户的抱怨？

经过对目标系统的详细设计，确定了目标系统的目标和系统的基本功能，提出了基于计算机的实现方案。至此，管理信息系统的开发便可进入下一个阶段，即系统实施阶段。

# 7.1 系统实施概述

系统实施是继系统分析和系统设计之后管理信息系统开发的又一重要阶段，它的主要任务是将系统设计阶段确立的方案付诸实施，全面实现目标系统。系统实施阶段需要投入大量的人力、物力和财力，因此必须加强组织协调工作，确保系统实施的各项任务能有计划、有步骤地进行，实现高质量开发管理信息系统的目的。

## 7.1.1 系统实施的主要内容

（1）物理系统的建立。物理系统的建立包括根据系统分析说明书所确定的物理系统方案，购买所需的计算机、网络设备以及系统软件，建立计算机机房，安装和调试设备。购买设备要请有关方面的专业技术人员参加，选择售后服务好、质量高、价格合理的设备。计算机机房的建立要按照安全实用的原则，并尽可能符合国家的有关规定。

（2）程序的编制。程序的编制即根据系统分析说明书，编写各模块、各子程序的程序设计说明书，利用所选开发工具编制程序。程序编制工作量较大，设计人员必须耐心细致。某些较普遍的问题可购买成熟的软件包予以解决，以减少编程量，增加通用性。

（3）系统调试。按照系统的目标和功能要求，对编制完成的程序进行逐个调试，最终实行系统总调试。系统调试是确保系统运行顺利的重要步骤，必须认真、细致、耐心。

（4）系统切换。系统调试完成后，即可交付用户，实施旧系统向新系统的切换。系统切换包括系统开发文档资料的移交、数据的准备与录入、人员的培训、系统试运行等诸多内容，它是一个较长的过程。

（5）系统维护。对目标系统的运行实施日常管理，修改、完善目标系统。

（6）系统评价。针对系统在一段时间内的运行状况，根据系统目标和功能，对系统做出全面的评价。

系统维护是系统实施过程中的经常性工作，系统评价是系统实施一段时间以后对系统的全面评析。系统维护和评价的主要内容在后面阐述。系统实施的各项工作顺利完成后，管理信息系统的开发工作将全部结束。

## 7.1.2 系统实施的基本步骤

系统实施阶段的基本步骤如图 7-1 所示。

图 7-1 反映了系统实施的基本步骤，与管理信息系统开发的其他阶段一样，系统开发文档为各步骤提供了相互联系的途径，系统开发者应特别关注系统开发文档的编制和管理。

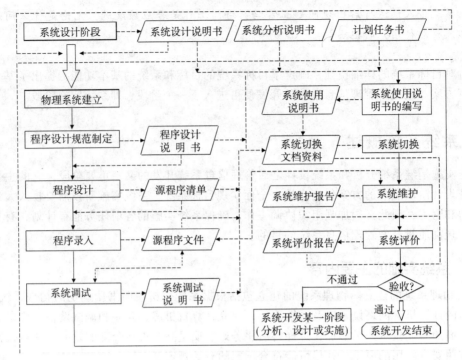

图 7-1　系统实施的基本步骤

## 7.2　系统开发技术的选择

系统开发技术是发展最快的计算机领域之一。系统开发技术不仅在数量和功能上突飞猛进，而且在内涵的拓展上也日新月异，从而为系统开发提供了更加丰富、更加实用、更加方便的手段。理想的程序开发技术有助于编制出简洁、可靠而又容易维护的程序，因此，在设计程序之前，科学选择系统开发技术是提高编程效率和系统质量的极其重要的环节。

### 7.2.1　系统架构的选择

随着信息技术的发展，管理信息系统已由基于单机发展为基于网络运行，人机界面从单调的字符式演变成为丰富的图形界面，管理信息系统的系统架构也发生了较大变化。目前，在管理信息系统的开发中常见的系统架构有两种。

#### 1.客户机/服务器架构

客户机/服务器（client/server，C/S）架构是20世纪80年代末逐步成长起来的一种软件系统体系结构。C/S架构的关键在于系统功能的分布，一些功能在前端机（即客户机）上执行，另一些功能在后端机（即服务器）上执行，以减少计算机系统的运行瓶颈问题。服务器通常采用高性能的个人计算机（PC）、工作站或小型机，并采用大型的数据库系统（如Oracle、Sybase、DB2或SQL Server等），客户机需要安装专用的客户端软件。腾讯公司的QQ系统就是典型的C/S模式，安装在用户计算机桌面上的QQ是腾讯公司的客户端软件，而服务器则在腾讯公司内部。当然，目前正在兴起的WebQQ不属于C/S架构。

最简单的C/S体系架构的数据库应用由两部分组成，即客户应用程序和数据库服务器程序，分别称为前台程序与后台程序。运行数据库服务器程序的计算机，也称为应用服务器，一旦服务器程序被启动，就随时等待客户程序发来的请求；客户应用程序运行在客户自己的计算机上，对应于数据库服务器，可称为客户计算机。当需要对数据库中的数据进行操作时，客户程序就自动地寻找服务器程序，并向其发出请求，服务器程序根据预定的规则做出应答，送回结果。

C/S 模式的优点包括以下几点：

（1）客户端与服务器直接相连，没有中间环节，因此响应速度快。

（2）客户应用程序的开发具有客户针对性，因此，操作界面形式多样，可以充分满足客户自身的个性化要求。

（3）C/S 架构的管理信息系统具有较强的事务处理能力，能实现复杂的业务流程。

C/S 模式也有一些缺点：

（1）需要专门安装客户端程序，分布功能弱，针对点多面广且不具备网络条件的用户群体，不能够实现快速安装和配置。安装工作量大，任何一台计算机出现病毒危害、硬件损坏等问题，都需要进行维护或重新安装。另外，系统软件升级时，每一台客户机需要重新安装，维护和升级成本高。网络管理人员既要维护服务器，又要对客户端进行维护和管理，需要高昂的投资和复杂的技术支持。

（2）兼容性差。C/S 体系结构虽然采用开放模式，但在特定的应用中客户端和服务器端都需要专门的软件实现相应的支持，即针对不同的操作系统系统，C/S 架构的软件则需要开发不同的版本。由于产品更新换代迅速，C/S 架构的兼容性问题很难适应规模较大运行环境又有差异的局域网用户。因此，兼容性差造成了 C/S 架构的局限性。

（3）对开发者的技术要求高。C/S 架构是建立在中间件产品基础之上的，应用开发者需要自己处理事务管理、消息队列、数据的复制和同步、通信安全等系统级的问题，需要投入大量的精力解决应用程序以外的问题，技术要求高。

### 2. 浏览器/服务器架构

浏览器/服务器（browser/server，B/S）架构是随着 Internet 技术的兴起，对 C/S 架构的一种改进。在这种架构下，客户机只需安装浏览器（如 Firefox、Chrome 或 Internet Explorer 等），服务器安装数据库（如 Oracle、Sybase、Informix 或 SQL Server 等），用户通过浏览器完成操作，极少部分事务逻辑在前端（browser）实现，主要事务逻辑在服务器端（server）实现，形成所谓"三层结构"，大大简化了客户端的软件配置，界面容易统一，便于使用，减轻了系统维护与升级的成本和工作量。

在 B/S 模式中，客户端运行浏览器软件，浏览器以超文本形式向 Web 服务器提出访问数据库的要求，Web 服务器接受客户端请求后，将请求转化为 SQL 语法，并交给数据库服务器，数据库服务器得到请求后，验证其合法性并进行数据处理，然后将处理后的结果返回给 Web 服务器，Web 服务器再次将得到的结果进行转化，变成 HTML 文档形式，转发给客户端浏览器并以友好的 Web 页面形式显示出来。

B/S 架构的特点包括以下几个方面。

（1）维护和升级方式简单。目前，软件系统的改进和升级越来越频繁，B/S 架构的产品明显体现出较强的适应性和方便性。B/S 架构的软件只需要管理服务器，客户端无须维护，当企业对网络应用进行升级时，只需更新服务器端的软件，降低了异地用户系统维护与升级的工作量和成本。如果服务器专网连接，可实现远程维护、升级和共享，系统运行成本更低。

（2）服务器操作系统的选择更多。目前，Windows 在桌面计算机上几乎一统天下，浏览器成为标准配置，但在服务器的操作系统上 Windows 并不处于绝对的统治地位。使用 B/S 架构的管理软件可安装在免费的 Linux 操作系统的服务器上，使用 Windows 桌面操作系统的计算机用户在管理软件应用上不会受到影响，这样，就增加了服务器操作系统的选择。

（3）应用服务器运行数据的负荷较重。由于在 B/S 架构中，管理软件只安装在服务器端，客户端只完成浏览、查询、数据输入等简单功能，绝大部分工作由服务器承担，服务器的负担较重，一旦服务器发生"崩溃"等问题，后果将会非常严重。

### 3. B/S、C/S 架构软件的商业应用对比

企业选用管理信息系统的技术架构不仅要考虑技术因素，还要考虑商业因素。

（1）投入成本比较。B/S 架构的软件一般只有初期一次性投入的成本，有利于软件项目的控制，避免"IT 黑洞"，而 C/S 结构的软件则不同，随着应用范围的扩大，投资会不断增加。

（2）硬件投资继承比较。当应用范围扩大，系统负载上升时，C/S 架构的一般解决方案是放弃原服务器，购买更高级的中央服务器，这是由于 C/S 软件的两层结构造成的，这类软件的服务器程序必须部署在一台计算机上。而 B/S 架构则不同，随着服务器负载的增加，可以平滑地增加服务器的个数并建立集群服务器系统，然后在各个服务器之间做负载均衡，可以有效继承原有的硬件投资。

（3）企业快速扩张支持比较。成长中的企业，快速扩张是它的显著特点。例如一些连锁机构，每年都有新的门店开张。应用软件的快速部署是企业快速扩张的必要保障。对于 C/S 结构的软件来讲，由于安装服务器和客户端、建设机房、招聘专业管理人员等必须同时进行，因此很难适应企业快速扩张的特点。而 B/S 架构软件，只需一次安装，扩张的企业只要设立账号、进行简单培训即可实现软件应用，从而可以减少对计算机专业人才的需求。

从以上分析可以看出，C/S 架构软件要优于 B/S 架构，国内外企业管理软件正经历着从 C/S 到 B/S 架构的转变，B/S 架构的大型管理软件未来会占据管理软件领域的主导地位。

## 7.2.2　开发平台的选择

在开发平台这一领域，技术的发展之快可以用日新月异来形容。不同的风格、不同的技术流派、不同的用途，最终形成了目前一些最为流行的开发套件。

### 1. Java

Java 是一种可以撰写跨平台应用软件的面向对象的程序设计语言，由 Sun 公司于 20 世纪 90 年代初开发。它最初被命名为 Oak，目标设置在家用电器等小型系统的编程语言，解决诸如电视机、电话、闹钟、烤面包机等家用电器的控制和通信问题。由于这些智能化家电的市场需求没有预期的高，Sun 放弃了该项计划。就在 Oak 几近失败之时，随着互联网的发展，Sun 看到了 Oak 在计算机网络上的广阔应用前景，于是改造了 Oak，1995 年 5 月以"Java"的名称正式发布了该语言。Java 伴随着互联网的迅猛发展而发展，逐渐成为重要的网络编程语言。

与传统设计技术不同，Sun 公司在推出 Java 之际就将其作为一种开放的技术。全球数以万计的 Java 开发公司被要求所设计的 Java 软件必须相互兼容。"Java 语言靠群体的力量而非公司的力量"是 Sun 公司的口号之一，并获得了广大软件开发商的认同。这与微软公司所倡导的注重精英和封闭式的模式完全不同。

Sun 公司对 Java 编程语言的解释是：Java 编程语言是个简单、面向对象、分布式、解释性、健壮、安全与系统无关、可移植、高性能、多线程和动态的语言。

（1）简单。Java 最初是为对家用电器进行集成控制而设计的一种语言，因此它必须简单明了。

（2）平台无关性。Java 引进虚拟机原理，并运行于虚拟机，实现不同平台之间的 Java 接口。使用 Java 编写的程序能在世界范围内共享。Java 的数据类型与机器无关。

（3）安全性。Java 的编程类似 C++，但舍弃了 C++ 的指针对存储器地址的直接操作，程序运行时，内存由操作系统分配，这样可以避免病毒通过指针入侵系统。它提供了安全管理器，防止程序的非法访问。

（4）面向对象。Java 是面向对象的编程语言。面向对象技术较好地适应了当今软件开发过程中新出现的种种传统面向过程语言所不能处理的问题，包括软件开发的规模扩大、升级加快、维护量增大以及开发分工日趋细化、专业化和标准化等，是一种迅速成熟、推广的软件开发方法。

（5）分布式。Java 建立在 TCP/IP 网络平台上，提供了用 HTTP 和 FTP 协议传送和接收信息的库函数，使用其相关技术可以十分方便地构建分布式应用系统。

（6）健壮性。Java 致力于检查程序在编译和运行时的错误，并自动回收内存，减少了内存出错的可能性。Java 取消了 C 语言的结构、指针、#define 语句、多重继承、goto 语句、操作符、重载等不易被掌握的特性，提供垃圾收集器自动回收不用的内存空间。

（7）动态性。Java 的动态特性是其面向对象设计方法的扩展。它允许程序动态地装入运行过程中所需要的类，这是我们采用 C++ 语言进行面向对象程序设计所无法实现的。

（8）解释性。Java 解释器可以在任何移植了 Java 解释器的机器上执行 Java 字节码。

（9）多线程。多线程是当今软件技术的又一重要成果，已成功应用在操作系统、应用开发等多个领域。多程序技术允许同一个程序有两个执行线索，即同时做两件事情，满足了一些复杂软件的需求。

（10）垃圾回收。Java 的一个重要特点就是具有垃圾回收器，并且能够自动回收垃圾，这也是 Java 相对于其他语言的优势所在。在 Sun 公司开发的 Java 解释器中，碎片回收用后台线程的方式来执行，这不但为运行系统提供了良好的性能，而且使程序设计人员摆脱了自己控制内存使用的风险。

随着技术的不断发展，Java 根据市场情况进一步细分为：针对企业网应用的 J2EE（Java 2 enterprise edition）、针对普通 PC 应用的 J2SE（Java 2 standard edition）和针对嵌入式设备及消费类电器的 J2ME（Java 2 micro edition）3 个版本。这其中 J2EE 的应用最为广泛，很多企业级的信息系统开发都是使用 J2EE。J2EE 随后改名为 JavaEE，并陆续发展了几个版本。

J2EE 的核心是一组技术规范与指南，其中所包含的各类组件、服务架构及技术层次，均有共通的标准及规格，让依循 J2EE 架构的各种不同平台之间，存在良好的兼容性，解决过去企业后端使用的信息产品彼此之间无法兼容，企业内部或外部难以互通的窘境。从而为搭建具有可伸缩性、灵活性、易维护性的商务系统提供了良好的机制。

### 2. Microsoft. net

对于 Microsoft. net，微软官方有如下描述："net 是 Microsoft 的用以创建 XML Web 服务（下一代软件）的平台，该平台将信息、设备和人以一种统一的、个性化的方式联系起来。"

"借助于.net 平台，可以创建和使用基于 XML 的应用程序、进程和 Web 站点以及服务，它们之间可以按设计、在任何平台或智能设备上共享和组合信息与功能，以向单位和个人提供定制好的解决方案。"

.net 代表一个集合，一个环境，一个可以作为平台支持下一代 Internet 的可编程结构。最终目的是让用户在任何地方、任何时间，以及利用任何设备都能访问所需的信息、文件和程序。实现异质语言和平台高度交互性，而构建的新一代计算和通信平台。.net 主要包括普通语言运行时（common language runtime）和 .net 构架类库。

综上所述，.net 是一个平台，即软件开发平台，以通用技术架构（如 MVC）为基础，集成常用建模工具、二次开发包、基础解决方案等而成。可以大幅缩减编码率，使开发者有更多时间关注客户需求，在项目的需求、设计、开发、测试、部署、维护等各个阶段均可提供强大的支持。对于软件开发人员来说，.net Framework 是 Windows 平台最大的改变之一。.net Framework 的出现，使原来需要通过编程语言来做的一些工作转由 .net Framework 来完成了。

作为一种开发平台，它支持多种语言，包括：VB、C#、C++、JavaScript 等超过 20 种语言。C#作为微软推出的新一代的 .net 的基础开发语言也有很大的优势，它是从 C 和 C++ 中派生出来的，因此具有 C++ 的功能，由于是微软公司的产品，它又同 VB 一样简单。对于 WEB 开发而言，C#类似 Java 开发语言，同时又具有 Delphi 的一些优点，所以微软宣称：C#是开发 .net 框架应用程序的最好语言。

.net 平台将 C#作为其固有语言，重温了许多 Java 的技术规则。C#中也有一个虚拟机，叫做公用语言运行环境（CLR），它的对象也具有同样的层次，但是 C#的设计意图是要使用全部的 Win32 API 甚至更多。由于 C#与 Windows 的体系结构相似，因此 C# 很容易被开发人员所熟悉。

由于微软公司在市场上的强势地位以及 Windows 操作系统的垄断，.net 平台在开发者中得到了广泛的流行。

### 3. LAMP

LAMP 是基于 Linux、Apache、MySQL 和 PHP 的开放资源网络开发平台，是指一组通常一起使用来运行动态网站或者服务器的自由软件。Linux 是开放式的操作系统；Apache 是最通用的网络服务器；My SQL 是带有基于网络管理附加工具的关系数据库；PHP 是流行的对象脚本语言，它包含了多数其他语言的优秀特征以使它的网络开发更加有效。有时，开发者在 Windows 操作系统下使用这些 Linux 环境里的工具称为使用 WAMP。

虽然这些开放源代码的程序本身并不是专门设计成同另几个程序一起工作的，但由于它们的廉价和普遍，目前非常流行（大多数 Linux 发行版本捆绑了这些软件）。

随着开源潮流的蓬勃发展，开放源代码的 LAMP 已经与 J2EE 和 .net 商业软件形成三足鼎立之势，并且该软件开发的项目在软件方面的投资成本较低，因此受到整个 IT 界的关注。

LAMP 平台由 4 个组件组成，呈分层结构，每一层都提供了整个架构的一个关键部分。

Linux：Linux 处在最底层，提供操作系统。它的灵活性和可定制化的特点意味着它能够产生一种高度定制的平台，让其他组件在上面运行。其他组件运行于 Linux 之上，但是，并不一定局限于 Linux，也可以在 Microsoft Windows、Mac OS X 或 UNIX 上运行。

Apache：Apache 位于第二层，它是一个 Web 服务平台，提供可让用户获得 Web 页面的机制。Apache 是一款功能强大、稳定、可支撑关键任务的 Web 服务器，Internet 上超过 50% 的网站都使用它作为 Web 服务器。

My SQL：My SQL 是最流行的开源关系数据库管理系统，是 LAMP 的数据存储端。在 Web 应用程序中，所有账户信息、产品信息、客户信息、业务数据和其他类型的信息都存储于数据库中，通过 SQL 语言可以很容易地查询这些信息。

PHP/Perl：Perl 是一种灵活的语言，特别是在处理文本要素时，这种灵活性使 Perl 很容易处理通过 CGI 接口提供的数据，灵活地运用文本文件和简单数据库支持动态要素。PHP 是一种被广泛应用的开放源代码的多用途脚本语言，它可嵌入到 HTML 中，尤其适合 web 开发。可以使用 PHP 编写能访问 My SQL 数据库中的数据和 Linux 提供的一些特性的动态内容。

LAMP 具有非常大的优势，主要有下面几个方面。

灵活性：既没有技术上的限制也没有许可证的限制。允许开发者能够以最适合的方式灵活地构建和部署应用程序，而不是以正在使用的技术的提供商规定的方式。

个性化：LAMP 组件是开源软件，已经建立了大量的额外的组件和提供额外功能的模块，能够让开发者个性化地设置组件和功能以便满足特定需求。

容易开发：用 LAMP 组件开发极其简单，代码通常非常简洁，甚至非程序员也能够修改或者扩展这个应用程序，同时也给专业的程序员提供了各种高级的特性。

安全：由于是开源软件，大量的程序员关注这些软件的开发，问题通常能够很快地修复，不需要昂贵的技术支持合同。经过大量的用户和团体组织多年来的使用，LAMP 技术是安全和稳定的。

成本低廉：LAMP 组件都是开源软件，只要遵循 GPL 协议，可以自由获得和免费使用，极大降低了部署成本。

关于 LAMP 的优势，以出版计算机领域书籍闻名于世的美国 O'Reilly 媒体首席执行官 Tim O'Reilly 表示，如果没有 LAMP 软件组合，许多 Web 2.0 公司不会获得今天的地位。

## 7.2.3 数据库技术

自 20 世纪 60 年代中后期开始，以数据的集中管理和共享为特征的数据库系统逐步取代了文件系统，成为数据管理的主要形式。就当前的信息技术、信息系统架构而言，数据库技术仍然是管理信息系统的核心技术。

### 1. Oracle

提起数据库，第一个想到的公司，一般都会是甲骨文公司（Oracle）。1977 年 6 月，Larry Ellison 与 Bob Miner 和 Ed Oates 在硅谷共同创办了一家名为软件开发实验室（software development laboratories，SDL）的计算机公司。1979 年，SDL 更名为关系软件有限公司（Relational Software，Inc.，RSI），毕竟"软件开发实验室"不太像一个大公司的名字。1983 年，为了突出公司的核心产品，RSI 再次更名为 Oracle。Oracle 从此正式走入人们的视野。

Oracle 在数据库领域一直处于领先地位。1984 年，它首先将关系数据库转到了桌面计算机上。然后，Oracle 的下一个版本，版本 5，率先推出了分布式数据库、客户/服务器结构等崭新的概念。Oracle 的版本 6 首创行锁定模式以及对称多处理计算机的支持，Oracle 8 支持面向对象的开发及新的多媒体应用，这个版本也为支持 Internet、网络计算等奠定了基础。同时这一版本开始具有同时处理大量用户和海量数据的特性。

1998 年 9 月，Oracle 公司正式发布 Oracle 8i。"i"代表 Internet，这一版本中添加了大量为支持 Internet 而设计的特性。这一版本为数据库用户提供了全方位的 Java 支持。Oracle 8i 成为第一个完全整合了本地 Java 运行时环境的数据库，用 Java 就可以编写 Oracle 的存储过程。

在 2001 年 6 月的 Oracle Open World 大会中，Oracle 发布了 Oracle 9i。在 Oracle 9i 的诸多新特性中，最重要的就是 RAC（real application clusters）了。关于 Oracle 集群服务器，早在第 5 版的时候，Oracle 就开始开发 Oracle 并行服务器（Oracle parallel server，OPS），并在以后的版

本中逐渐完善了其功能。

2003 年 9 月 8 日，旧金山举办的 Oracle World 大会上，Ellison 宣布下一代数据库产品为"Oracle 10g"。Oracle 应用服务器 10g（Oracle Application Server 10g）也将作为 Oracle（甲骨文）公司下一代应用基础架构软件集成套件。"g"代表"grid，网格"。这一版的最大特性就是加入了网格计算的功能。

2007 年 11 月，Oracle 11g 正式发布，功能上大大加强。11g 是甲骨文公司 30 年来发布的最重要的数据库版本，根据用户的需求实现了信息生命周期管理（information lifecycle management）等多项创新。大幅度提高了系统性能的安全性，全新的 Data Guard 最大化了可用性，利用全新的高级数据压缩技术降低了数据存储的支出，明显缩短了应用程序测试环境部署及分析测试结果所花费的时间，增加了 RFID Tag、DICOM 医学图像、3D 空间等重要数据类型的支持，加强了对 Binary XML 的支持和性能优化。

目前，Oracle 产品覆盖了大、中、小型机等几十种机型，Oracle 数据库成为世界上使用最广泛的关系数据系统之一。

### 2. SQL Server

SQL Server 最初是由 Microsoft、Sybase 和 Ashton – Tate 三家公司共同开发的，于 1988 年推出了第一个 OS/2 版本。在 Windows NT 推出后，Microsoft 与 Sybase 在 SQL Server 的开发上就分道扬镳了，Microsoft 将 SQL Server 移植到 Windows NT 系统上，专注于开发推广 SQL Server 的 Windows 版本。Sybase 则专注于 SQL Server 在 UNIX 操作系统上的应用。

SQL Server 2000 是 Microsoft 公司推出的一个比较成功的数据库管理系统，该版本继承了 SQL Server 7.0 版本的优点，同时又比它增加了许多更先进的功能。具有使用方便、可伸缩性强，与相关软件集成程度高等优点，可跨越从笔记本计算机到大型多处理器的服务器等多种平台。时至今日仍然有很多信息系统在使用这一版本。在这之后，微软公司又相继推出了 SQL Server 2005 和 SQL Server 2008。

由于微软公司在业界的地位，也因为与 Microsoft Visual Studio、Microsoft Office System 以及新的开发工具包的紧密集成，SQL Server 数据库占据了相当大的市场。无论开发人员、数据库管理员、信息工作者还是决策者，SQL Server 都可以提供相应的解决方案。

### 3. My SQL

My SQL 虽然功能未必很强大，但因为它的开源、广泛传播，导致很多人都了解这个数据库。

My SQL 的历史最早可以追溯到 1979 年，那时 Oracle 很小，微软的 SQL Server 也没有出现。不过，直到 1996 年初 My SQL 1.0 才正式发布，而且只面向一小部分人，相当于内部发布。到了 1996 年 10 月，My SQL 3.11.1 发布了。起初只提供了 Solaris 下的二进制版本，一个月后，Linux 版本出现了，以后的两年里，My SQL 依次移植到各个平台下。

现在许多新兴的知名网络公司都选择了 My SQL 作为他们应用的后台数据库。在近日的 Linux World 大会上，My SQL 列出了客户名单，其中不乏有名的网站，例如 YouTube、Flickr 和 Digg 等。My SQL 公司表示，My SQL 之所以能成为新型公司的数据库选择，是因为 My SQL 具有高速性和可以在并不昂贵的设备上运行的特点。另外，也与 Linux 在开源软件世界中的崛起有关，Linux 也可以在一些老 PC 上运行。

## 7.3 程序设计

基于系统设计文档，在开发技术选择完成后，即可进行程序设计。程序设计是基于操作系统和语言系统的资源，运用网络与数据库的技术，针对问题的专业需求，按照软件工程的规范，利用语言系统的语法机制，描述求解问题的过程。程序是程序设计的结果，程序设计应以程序的不断优化为目标。

### 7.3.1 程序优化

程序需要被人们阅读、交流、消化、修改、扩充和维护，也就必然要求程序结构清晰、层次分明、可读性强。事实上，程序是一种供人阅读的"文章"，只不过文章是用自然语言撰写的，而程序则是由程序设计语言所写。与人们对文章有层次清楚、容易阅读的要求一样，程序也必须结构良好，易阅读易理解。一个逻辑上绝对正确，但结构上杂乱无章的程序是没有什么价值的，因为它无法供人阅读，难于测试、排错和维护。对于程序的要求提醒人们，设计程序时一定要尽可能做到程序结构的优化，应形成良好的程序设计风格，使程序易读、易调试、易维护。根据众多国内外程序设计者的经验，要使程序优化，就应遵循一些指导性的设计原则。

**1. 程序优化原则**

（1）确保正确和清晰，再要求提高速度。

（2）要用缩排格式表达语句群的边界，显示程序的逻辑结构。

（3）变量名要有一定意义，便于阅读和理解，起名应规范。

（4）适当使用注解，表明变量的意义和程序段的功能。

（5）尽可能使用函数。重复使用的表达式，要用公共函数替代。

（6）每个程序模块应独立完成一个功能。

（7）尽量避免使用选择结构的嵌套。

（8）将与判断相联系的动作，尽可能紧跟着判断。

（9）要依靠算法而不是语句提高速度。

（10）应测试输入数据的合法性和合理性，识别错误输入。

（11）数据库文件的操作，必须有特殊情况的处理。如记录是否找到等。

（12）采用统一、方便的数据输入格式，输入数据应容易核对和修改。

（13）不要一味追求程序重用，而要重新组织。

（14）程序要通用，避免只考虑特殊性。

（15）尽可能避免汉字输入，尽可能使用提示和选择。

（16）让用户明确每一步具体操作，操作要简单。

**2. 程序设计注意要点**

程序优化原则是程序开发者在长期的实践中总结出来的有重大意义和价值的经验，因此设计人员必须弄清内涵，遵照执行。下面就几个具体问题做进一步的讨论。

（1）变量名和文件名。程序中所使用的变量和文件的命名虽然具有随意性，但为了避免混淆，便于阅读，最好不要简单随意地使用符号，而应使用易于理解的名字，并且整个程序应有统一的起名规范，表示同一意义的字段名和内存变量名应设法区分，避免同名，变量和文件名字的长度要适当，如果名字太长，则会增加出错的可能性。

（2）程序的书写格式。为使程序逻辑结构明确，层次清晰，便于阅读，用缩格形式书写程序是很有必要的。顺序、选择和循环这3种基本结构的嵌套层次一目了然，调试、修改将十分方便，平时应养成良好的习惯，书写出清晰易读的缩格形式源程序。

（3）程序中的注解。注解是程序开发人员与源程序的其他读者之间的通信途径之一，它在程序的维护阶段可以为维护者理解程序提供更加明确的指导，清晰正确的注解会提高读者阅读程序的积极性和乐趣，因此，注解在程序中是必需的。特别是对于程序开头的语言性注解，有些软件开发部门做了严格规定，编程人员必须遵照执行。例如，有的开发部门规定，这部分注解必须列出：程序标题、目的、调用形式、输入数据、输出数据、引用的子程序、相关的数据说明、作者、审查者、日期、修改情况等内容。

另外，在程序的自然段处应穿插注解行，用以说明该自然段的功能、算法以及重要变量的含义等。注解在整个程序中所占的量很大，也是衡量程序是否优化的一个标准。但应注意，注解要简洁清楚、恰当正确，错误的或容易引起误解的注解不会带来任何益处，相反地会造成很大的麻烦和后果。

**3. 程序优化的标准**

遵循程序优化的原则可以设计出用户满意的程序，一个高质量的程序应具有以下特点和标准（见表7-1）。

表7-1 程序优化的标准

| 序号 | 程序优化标准 | 序号 | 程序优化标准 |
| --- | --- | --- | --- |
| 1 | 正确 | 10 | 模块化 |
| 2 | 容易使用 | 11 | 结构化 |
| 3 | 功能通用性强 | 12 | 使用标准的方法与写法 |
| 4 | 严格检测输入数据的正确性 | 13 | 使用一贯的方法与写法 |
| 5 | 源程序简洁 | 14 | 易移植 |
| 6 | 易读易懂 | 15 | 易测试 |
| 7 | 易修改 | 16 | 文档齐全 |
| 8 | 易维护 | 17 | 执行速度快 |
| 9 | 易扩展 | 18 | 省内存 |

应当指出，表7-1中的标准有些是相辅相成的，有些则是相互矛盾的。例如，片面强调程序结构良好，则可能使程序拉长，运行效率降低。而追求高可靠性一般也要以牺牲空间和时间为代价。在实际工作中，应根据具体情况，在各个有矛盾的目标之间做出权衡，在特定的条件下，使程度优化的目标能最大限度地得到满足。

## 7.3.2　程序设计说明书

程序设计说明书以一个处理模块为描述单位，是用以定义一个模块的处理过程的书面文件。程序设计说明书由系统设计员编写，交给程序设计员后作为其进行程序设计的基本依据。

程序设计说明书的编写必须清楚明确，系统设计员应该把处理逻辑在设计书中表达清楚，所设想的处理内容务必与程序设计员从说明书中理解的内容相一致。

程序设计说明书应包括下列内容：模块名及模块编号、所属系统名称、模块功能、模块处理过程说明（包括计算公式、控制方法等）、人机界面、模块的调用和被调用关系、与模块有关的输入输出数据和文件等。

## 7.4 系统调试

通过系统的逻辑设计和物理设计，设计者可以对整个系统有了清晰而全面的了解和掌握。根据程序设计说明书及其他文档资料的具体要求，在选择了程序开发工具之后，按照程序优化原则，即可进行系统中各模块的程序编制工作。有了各阶段的分析、设计和准备，程序的编制应该不是困难之事，而程序编制完成后的系统调试工作则需要花费很多的时间和精力。系统调试工作对系统能否正确而有效地运行有着极大的影响。

系统调试又称系统测试，它分为 4 个步骤，即：构成模块的程序的调试，各模块的调试，各模块调试完成后连接起来构成的子系统的调试以及系统的总调试（见图 7-2）。系统调试的目的是将各模块及由各模块所组成的系统中一切可能发生的问题和错误尽可能地予以显露并加以纠正，以保证系统的正确运行。

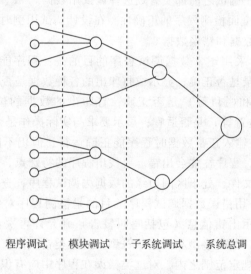

程序调试　　模块调试　　子系统调试　　系统总调

图 7-2　系统调试的过程

系统调试工作量大（相当于整个系统开发工作量的 40%），技术要求高，调试前必须做好充分的准备工作，拟定好调试计划，调试时要认真做好记录，以便提高效率、缩短周期、降低费用，调试完成后应写出全面而准确的系统调试报告。

### 7.4.1 程序调试

#### 1. 程序调试的原则

程序调试是为了发现错误而执行程序的过程，它是一项非常复杂，需要创造性和高度智慧的工作。程序调试应遵循以下原则。

（1）完整设计调试用例。一个完整的调试用例必须由两部分组成：输入数据的描述及由这些数据所应产生的正确结果的精确描述。调试用例设计完整，才能做到"有的放矢"。

（2）开发者与调试者分离。为了保证调试的质量，程序开发人员和程序调试人员应分离。这样，调试人员在思想上和方法上都不易受开发人员的影响，有利于找出问题，发现错误。

（3）要设计非法输入的调试用例。正确的程序不仅应在数据输入合法时能正常运行，而且当存在有意或无意的非法输入时，能拒绝接受并给出提示信息。因此，调试人员要重视非法输入的调试用例的设计。

（4）程序修改后要回归调试。对程序的任何修改都有可能引入新的错误。利用程序修改前使用过的调试用例进行回归调试，有助于发现由于程序修改而引入的新错误。

（5）集中调试易出错的程序段。国外统计资料表明，一段程序中已发现的错误数越多，则其中仍存在错误的概率也就越大。为了提高程序调试的效率和质量，在进行深入调试时，要集中调试那些容易出错即出错多的程序段。

**2. 程序调试的方法**

程序调试的主要目的是检查内部控制关系和数据处理的情况，调试内容包括语法调试和逻辑检查两个方面。语法错误比较直观，调试时有错误性质的显示，并指明大概位置，只要弄清语法规则，语法错误即可被改正。而逻辑错误则较难发现，因为在程序运行过程中无任何有关逻辑错误的显示，这就需要人们在仔细调试以及与预期结果的反复比较中才能找到这类错误。无论是为了发现哪类错误，调试之前都要有效选择调试用数据。

（1）调试用数据。为全面检测程序的正确性，在设计调试用例时，输入数据应包括3种类型，即：正常数据，异常数据和错误数据。

1）用正常数据调试。采用正常数据调试程序的目的是：程序能否完成规定的各种功能；写入数据库文件的各条记录是否正确；显示或打印出的各种数据是否正确，有无短缺；打印出的表格形式（页数、标题和栏目等）是否正确；打印出的数据的位置是否正确；人机界面（色彩、提示内容、显示位置等）是否适宜；显示要求与实际操作是否一致。

2）用异常数据调试。输入正常数据时程序能正确运行，但仍不能保证程序没有错误。因为当某些特殊情况出现时，程序往往会出错。要找出程序的特殊点，需要用异常数据进一步调试。例如，可用空数据库文件、处于区间边缘的数据去调试程序，查看程序能否正常运行。

3）用错误数据调试。用错误数据调试程序的目的是检测程序对错误数据的处理能力。对于错误数据，程序应能显示出错信息（包括鸣叫警告）并允许再次输入。错误数据通常有以下几类：①数据类型错误。如数字型和误输字符型，对这类错误语言本身有检测能力。②数据范围错误。所输数据不在规定范围之内，对这类错误在程序中应有识别处理。③按键错误。没有按规定敲键，对这类错误程序应有处理能力。④其他操作错误。如存储介质空间不够，打印机未连接等，程序应有出错提示，并允许用户设法补救。

（2）不同层次的程序的调试方法。系统由具有独立处理功能的模块组成，而模块是由一个或多个程序构成的，构成模块的各程序间通常又存在一定的关系。例如，各级程序之间可能有参数的传递，也有数据使用的依赖关系和变量的全程设置等现象。另外组成某一模块的各级程序的地位和作用往往也有所不同。这类地位和作用不同、相互间又存在一定关系的程序调试一般按自底向上的方向进行。即先调试最底层的子程序，再沿靠近主程序的方向逐步调试各程序。

对组成模块的不同层次的程序应采用不同的方法加以调试。

1）最底层子程序的调试。这类程序只被其他程序调用而本身不调用任何程序，它可能使用上一级程序传递来的数据。调试时，可以在程序中加入若干条命令，给需要接受外来数据的变量赋值；若需使用在上一级程序中打开的数据库，则可以使用命令临时将数据库打开，无记录时，简单输入若干条；如果程序运行结果需要返回上一级程序，也可用临时命令输出结果，以检测本程序的正确性。

总之，最底层子程序的调试方法是设法使其具有独立性，切断与外部程序的联系。当本程序调试完毕后，应取消各临时命令。

2）非最底层子程序的调试。这类程序既调用其子程序，也被其他程序所调用。这种程序可能需接受上一级程序传递来的数据，使用上一级程序中打开的数据库，这部分内容调试时可采用最底层子程序的调试方法。这类程序与外部程序间还存在另一些联系形式：将参数传递给下一级程序、为子程序准备工作条件、使用子程序的运行结果等。这时的调试内容和方法是：由本程序传递出的参数与子程序中接收数据的参变量是否做到了类型匹配、顺序相应、个数相等；明确并定义子程序和本程序间的公用变量；如果子程序和本程序间存在并非公用的同名内存变量时，应设法区分；子程序是否使用了对全局有影响的命令。

### 3. 调试用例的设计

G. Myers 曾经指出：一个好的调试用例有可能发现至今尚未发现的错误。可见，调试用例的设计在程序调试中起着至关重要的作用。设计调试用例的方法一般有两类：黑盒法和白盒法。

（1）黑盒法。黑盒法着眼于程序的外部特性，而不考虑程序的内部结构和处理过程。也就是说，调试人员将程序看成是一个"黑盒"，只检查是否符合功能要求，而不关心其内部结构和特性。显然，黑盒法的调试用例是根据程序功能来设计的。从理论上讲，利用黑盒法调试程序，必须使用输入数据的所有可能值去检测程序是否都能产生正确的结果才能断定程序的可靠程度，但这往往是难以做到的。例如，某程序需要三个整型的输入数据，如果计算机字长为 16 位，则每个整数可能取的值约有 $2^{16}$ 个，三个输入数据和各种可能值共有 $2^{16} \times 2^{16} \times 2^{16} = 2^{48} \approx 3 \times 10^{14}$ 个，显然，无法令人穷尽测试和分析。一般情况下，人们利用黑盒法中的以下几种方法，来设计有限几个调试用例以达到调试目的。

1）等价分类法。等价分类法是将输入数据的可能值分成若干"等价类"，每一类用一个具有代表性的数据进行调试：一般说来，用等价类中的一个代表值作为调试用例等同于使用该类的任何其他数据的调试。因此，等价分类法就是用来确定发现某一类错误的调试用例，以减少必须设计的调试用例的方法。

例如，对于 1～99 的数据输入范围，可以划分成一个合理等价类（大于等于 1 且小于等于 99 的数）和两个不合理等价类（小于 1 的数，以及大于 99 的数）。每一类只需各取一个数作为调试用例，以检测程序是否有错。

2）边界值分析法。一般情况下，程序在处理边界的特殊情况时容易犯错误，因而，将等于、正好小于或大于边界值的数据作为调试用例则发现错误的可能性较大，测试效率较高。

例如，输入数据的范围是 1～5，则可选 1、5、0、6 等数据作为调试用例。

将边界值的概念扩大，对于包含数据文件的程序，可将第一条记录、最后一条记录、不存在的记录、空文件作为调试用例加以调试。

3）因果图法。如果某个输出结果的取得不仅仅取决于一个条件，而与若干个条件有关时，程序的调试就比较复杂。一般将条件构成几个可能的组合，以检测各组合所产生的结果是否正确。这种调试方法称为因果图法。

如果借助于一张判定表，对于判定表中的每一种可能设计一个调试用例，则因果图法的使用会更加简单清晰。

例如，对于一元二次方程 $AX^2 + BX + C = 0$ 的根的求解程序可以采用以下方法调试。

首先，画出判定表（见表7-2）。

表7-2 一元二次方程求解判定表

| | A | 0 | 0 | ≠0 | ≠0 |
|---|---|---|---|---|---|
| 条件 | B | 0 | ≠0 | | |
| | C | | | | |
| | $B^2 - 4AC$ | | | ≥0 | <0 |
| 结果 | 无意义 | √ | | | |
| | 单根 | | √ | | |
| | 实根 | | | √ | |
| | 复根 | | | | √ |

然后，根据判定表7-2，用4组调试用例去检测程序，则可检查出程序是否有错。

4）错误推测法。通过经验或直觉推测程序中可能存在的各种错误，从而有针对性地设计调试用例，这种方法称为错误推测法。

例如，对输入数据为"空"；输入的学生成绩超过100分或取负值；查找数据库中不存在的记录等输入内容，程序往往出错，因而，以此为调试用例可检测出程序是否有错，是否有出错处理。

（2）白盒法。与黑盒法不同，白盒法指的是调试人员将程序看成一个透明的盒子，了解程序的内部结构后根据内部逻辑来设计调试用例的方法。如果想用白盒法发现程序中的所有错误，则必须使程序中每条可能的路径至少被执行一次，因此白盒法又称逻辑覆盖法。显然，当程序的某一循环体中包括有多条路径时，总的路径数目极大，调试时每一条路径都被执行一次往往是不可能的。

图7-3是某一程序的控制流图，每一圆圈代表一段源程序（或语句块），左侧的曲线代表执行次数为20次的循环，循环体是嵌套的选择结构，其可能的路径有5条。很显然，从程序的入口A到出口B需要测试的路径数为$5^{20}$条。要试遍如此之多的路径，即使每一个测试用例的设计及程序执行的时间很短，其时间总量也是令人惊讶的。也就是说，要试遍所有路径是不可能的。

既然，"彻底的调试"是不可能的，那么，调试人员应设法通过执行有限个调试用例，覆盖尽可能多的路径。

白盒法中常用的方法有如下5种。

1）语句覆盖。语句覆盖指的是选择足够的调试用例，使程序中的每条语句至少能被执行一次。

以图7-4为例，为了使程序中的每条语句至少能被执行一次，只需设计一个能通过路径acbed的调试用例

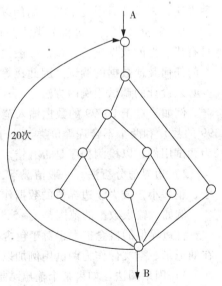

图7-3 某一程序的控制流图

就可以了（每个分支的右侧为条件成立时的出口）。例如，选择输入数据：$A = 2$，$B = 0$，$X = 3$（这里的X值指的是b点的X值，以下各例相同）就可满足"语句覆盖"的要求。

语句覆盖对程序的逻辑覆盖较少，上例中的两判定条件都只测试了条件为"真"的情况，条件为"假"得不到测试（路径 abd 没执行）。此外，语句覆盖只关心整个逻辑表达式的值，而没有分别测试逻辑表达式中每个条件取不同值时的情况。例如，使用以上测试用例不能检查出第一个逻辑表达式中".AND."写成".OR."的错误。

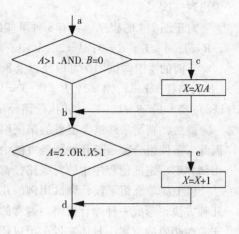

图7-4 某一程序流程图

2）判断覆盖。判断覆盖又叫分支覆盖，它的含义是，选择足够的调试用例，使程序中每个判断至少都能获得一次"真"值和"假"值，从而使得程序的每个分支至少都被执行一次。

对于上述例子来说，设计的调试用例如果能覆盖路径 acbed 和 abd 或 acbd 和 abed，则就可满足判断覆盖的要求。例如，用以下两组调试数据即可做到判断覆盖：$A=3$，$B=0$，$X=1$（覆盖路径 acbd）；$A=2$，$B=1$，$X=3$（覆盖路径 abed）。

判断覆盖的纠错率强于语句覆盖，但对程序的逻辑覆盖程度仍不充分。例如，以上测试数据只覆盖了程序全部路径的一半。另外，不能检查出第二个判断中"$X>1$"写成"$X<1$"的错误，这是由于判断覆盖仍只关心整个逻辑表达式的值所造成的。

3）条件覆盖。条件覆盖指的是选择足够的调试用例，使得判断中的每个条件都获得各种可能的结果。

图7-4 的例子中有两个逻辑表达式共4个条件：$A>1$，$B=0$，$A=2$，$X>1$。为了满足条件覆盖，应执行足够的调试用例，使得在 a 点有：$A>1$，$A\leqslant1$，$B=0$，$B\neq0$ 等各种结果出现，在 b 点有：$A=2$，$A\neq2$，$X>1$，$X\leqslant1$ 等各种结果出现。

以下两组测试数据可以满足条件覆盖：$A=2$，$B=0$，$X=1$（满足 $A>1$，$B=0$，$A=2$，$X\leqslant1$ 的条件，执行路径 acbed）；$A=1$，$B=1$，$X=2$（满足 $A\leqslant1$，$B\neq0$，$A\neq2$，$X>1$ 的条件，执行路径 abed）。

一般情况下，条件覆盖的纠错率比判断覆盖强，因为它使逻辑表达式中的每个条件都取得了两个不同的结果。但也有例外，如以上两组调试用例满足了条件覆盖，却并不满足判断覆盖，路径 bd 未被执行。

4）判断/条件覆盖。判断/条件覆盖的含义是，选取足够多的调试用例，使得判断中的每个条件都取得各种可能的值，并使每个判断也取得"真"与"假"的结果。

对于图7-4 的程序，以下两组数据能满足"判断/条件覆盖"：$A=2$，$B=0$，$X=4$（满足 $A>1$，$B=0$，$A=2$，$X>1$ 的条件，执行路径 acbed，两个条件的结果都为"真"）；$A=1$，$B=1$，$X=1$（满足 $A\leqslant1$，$B\neq0$，$A\neq2$，$X\leqslant1$ 的条件，执行路径 abd，两个条件的结果都为"假"）。

5）条件组合覆盖。在某种情况下，采用"判断/条件覆盖"不能检测出逻辑表达式本身的错误，因为"与"和"或"表达式中一个条件的结果可以掩盖或阻碍其他条件。例如，如果"与"表达式中的某一条件为"假"，则这个表达式中的其他几个条件不起作用了，如果"或"表达式中的某一条件为"真"，则其余条件也不起作用。条件组合覆盖可以解决这方面的问题，它具有更强的逻辑覆盖能力。

条件组合覆盖指的是，选择足够的调试用例，使得每个判断中的条件的各种可能组合都至少出现一次。

对于图7-4的程序，共有8种可能的条件组合，它们是：$A>1$，$B=0$；$A>1$，$B\neq0$；$A\leq1$，$B=0$；$A\leq1$，$B\neq0$；$A=2$，$X>1$；$A=2$，$X\leq1$；$A\neq2$，$X>1$；$A\neq2$，$X\leq1$。

下面的4组调试用例可以使以上8种条件组合的每一种至少出现一次：$A=2$，$B=0$，$X=4$（执行路径acbed）；$A=2$，$B=1$，$X=1$（执行路径abed）；$A=1$，$B=0$，$X=2$（执行路径abed）；$A=1$，$B=1$，$X=1$（执行路径abd）。

显然，满足条件组合覆盖的调试用例，也一定满足判断覆盖、条件覆盖和判断/条件覆盖。因此，条件组合覆盖是几种覆盖方法中识错能力最强的一种。但是，满足条件组合覆盖的调试用例并不一定能使程序中的每条路径都执行到，例如，以上4组数据都没覆盖路径acbd。

以上简单介绍了设计调试用例的几种基本方法，在对程序的调试过程中，应该联合使用这几种方法，形成一种综合策略。通常的做法是，用黑盒法设计基本的调试用例，再用白盒法补充一些必要的方案。具体来说，可以使用以下策略。

1）首先使用边界值分析法。经验表明，用这种方法设计出的调试方案暴露程序错误的能力最强。

2）用等价分类法补充调试方案。

3）用错误推测法补充调试方案。

4）对照程序逻辑，检查已经设计出的调试方案。可以根据对程序可靠性的要求采用不同的逻辑覆盖方法，如果现有方案的逻辑覆盖程度没有达到覆盖要求，则应再补充一些调试方案。

需要强调指出的是，无论怎样利用调试用例设计方法，都无法确保能测试出程序中的一切错误，正如迪科斯彻所说，"调试只能证明错误的存在，但不能证明错误的不存在。"因此程序调试人员的目标应该是：在一定的调试时间和调试经费的限制下，为满足程序的可靠性要求，通过执行有限个调试用例，尽可能多地让程序暴露出设计中的弱点与错误，并设法加以改正。

## 7.4.2 单调

模块中的各个程序调试成功之后，还需要对整个功能模块进行调试，即所谓模块调试或单调。单调的目的主要是保证内部控制关系正确和数据处理内容正确，同时应测试功能模块的运转效率。模块具有相对独立性，它的增加或舍弃对整个系统来说只是某个功能的增加或减少，一般不造成其他影响，但输入、输出模块对系统的影响较大，因此应先调试输入、输出模块或其他关键性的模块。模块调试的内容和方法有以下几种。

（1）检测程序间的数据协调关系。模块相当于一个主控程序，它需要调用若干个子程序，因此，调试时应检查主程序和各子程序之间、子程序与子程序之间的数据传送情况，使整个模块内的数据关系协调。

（2）检测内存变量的属性。区分全局变量和局部变量，避免程序间变量的不良影响。

（3）检测整个模块输入和输出的正确性。输入模拟数据，检测输出结果是否正确。对于某些不需要输出的中间变量，可在程序中安排测试点，从输出结果中确认是否有错，并查找出错原因。

（4）模块运行结束的检测。模块运行结束之前应关闭所有数据库，清除所有内存变量。

应该说明的是，模块中除了子程序调用命令之外，还包含有其他与调用有关的命令，因此模块调试过程中应参考前面介绍的程序调试的某些方法。

### 7.4.3 分调

分调是指子系统的调试，它是在模块调试的基础上，检测构成子系统的各个模块间的调用关系和数据共享关系。调用关系的检测应根据功能结构图并采用自顶向下的调试顺序进行，重点检查上级模块是否能正确调用下级模块，下级模块是否能正确返回。数据共享关系的检测依据是数据流程图，重点调试相互间有数据传递和共享关系的模块，数据的改变，必须正确影响与之相联系的各个模块和处理，在输入输出内容与预期结果的反复比较中检测出各种错误。

### 7.4.4 总调

在各子系统都调试完成以后，需要进行系统装配，并对装配完成后的系统进行整体调试，这个过程称为系统调试或总调。与程序调试、单调和分调一样，系统总调也非常重要，特别是当各子系统是由不同的开发小组分别编写时，总调更为必要。通过总调可以全面地协调各子系统之间的关系，保证接口和整个系统的逻辑关系正确，使系统具有最佳的整体效果。

系统总调通常采用自顶向下的调试顺序分两步进行。

首先利用一些模拟数据检测整个系统的协调关系，使系统在满足整体功能的前提下，做到内部关系简洁，数据共享程度最高，尽可能避免功能的重复。调试时要严格核对计算机和人工处理的结果，确定错误范围并加以改正。对于共享数据库，必须严格检测原始数据和在此基础上产生的各种处理结果。原始数据的改变，必须正确影响与之相联系的各种处理。

初步总调通过以后，可以做实际试运行。即：将原系统中使用的部分数据和资料作为系统的输入数据，经过计算机处理后，将输出结果与原系统处理结果进行核对，发现问题后再对新系统进行修改。这一阶段，除了核对结果外，还应检测系统的合理性、效率和可靠性。

以上介绍了系统调试的步骤和方法，就调试过程而言，程序调试和模块调试的依据是程序设计说明书，调试的目的是发现并纠正程序设计中的错误；分调的主要依据是功能结构图和数据流程图，调试的目的是发现并纠正系统设计中的错误；总调的主要依据是系统分析说明书，主要是为了纠正系统分析中的错误。因此，在系统开发过程中，越是早期的错误往往越是到最后才被发现，在此意义上说，必须要重视系统分析和系统设计工作，避免因系统修改而造成人力、物力和财力的巨大浪费。

### 7.4.5 系统测试说明书

系统调试完成后，应根据调试过程中的记录，写出系统测试说明书，以便系统使用和维护时作参考。系统测试说明书应包括以下内容。

（1）调试阶段的划分和时间安排；

（2）调试各阶段所做的主要工作；

（3）程序调试的方法；

（4）程序调试用例的设计方法；

（5）调试中发现的主要问题及解决办法；

（6）错误较多的程序段或模块，错误的性质；

（7）系统是否达到设计要求；

（8）系统的可靠性如何；

（9）系统还有什么问题需留待将来解决；

（10）系统还有什么潜力。

### 7.4.6 系统使用说明书

系统调试完毕并经初步试运行后，整个系统可以移交给用户使用。在移交之前，必须写出详细的系统使用说明书，以便系统移交后，用户能正确操作，并能为系统维护提供方便。系统使用说明书应包括以下内容。

（1）系统安装。指明系统实施的环境要求及系统安装的方法和步骤。

（2）系统概述。概要说明系统的特点、运行要求、注意事项、容错措施等内容。

（3）系统内各模块的功能与操作说明：

1）功能说明；

2）操作步骤及注意事项；

3）主要界面说明；

4）输入、输出格式及说明。

（4）主要数据库说明。说明各数据库的作用、数据库的结构及各字段的含义。

（5）系统内部关系树型图。以树型图的形式说明系统内各模块及模块内各程序的调用与被调用关系，并指明所使用的数据库。

（6）系统源程序清单。列出主要功能的源程序。

## 7.5 系统切换

系统调试工作结束以后，如果确认系统性能良好，并能转入正常工作，则可进行旧系统（原手工作业系统或原管理信息系统）向新系统（目标管理信息系统）的转换，这个过程称为系统转换或系统切换。系统切换的主要目的是将已经调试完成的目标系统转入实际操作运行状态。

### 7.5.1 系统切换的内容

系统切换是一项较为复杂的工作，是一种需要较长时间的过渡行为。系统切换一般包括以下两个方面的内容。

#### 1. 资料的移交和建档

在系统的开发过程中，记录并形成了一些文档资料，如可行性分析报告、系统分析说明书、系统设计说明书、程序设计说明书、系统测试说明书、系统使用说明书等，这些资料作为系统开发各阶段间的接口和交流工具，是十分必要的。为便于用户对系统的理解、使用和维护，这些文档必须移交给用户。用户单位应该建立档案，并设专人负责保管。这些资料不得随意借阅，更不能丢失，否则会严重影响系统的使用，甚至可能导致系统无法使用。

#### 2. 人员培训

系统需要人来完成操作和使用，人的因素在一定程度上决定了新系统的命运。为使信息系统稳定运行，所有受到该系统影响的人员都必须明确系统提供的服务以及个人应当对系统所负的责任，要真正从技术、心理、习惯上完全适应新系统。因此，对有关人员进行培训和教育是系统切换的迫切需要。对有关领导和管理人员要进行系统原理、系统目标和经济效益培训，让他们明确系统的特点、作用和优越性，使他们抛开偏见和习惯，尽快接受新系统以及为确保新系统正常运行而设立的新规定；对系统操作人员和直接管理人员要进行系统操作、维护和程序设计语言等方面的培训，让他们尽快熟悉系统，并初步具备出现问题后的处理能力。

### 3. 组织机构的改造和调整

为确保新系统的正常运行，必须加强管理。用户单位要建立专门的机构（如信息中心等），并明确权力和职责，落实各项工作的分工，使系统在有序的状态中运行。

### 4. 新的工作制度的建立

为了配合新系统的有效运行，必须建立一系列新的规章制度。这些制度一般可分为 4 类。

（1）保证原始数据准确性、真实性、及时性和标准性的制度。

（2）保证新系统正常运行的各种操作规程和管理制度。

（3）保证系统安全的管理制度。如密码管理制度，备份保存制度，删除工作、格式化工作的管理制度，病毒防治制度等。

（4）系统运行故障的控制与恢复制度。除了对故障状态下的特定操作做出规定外，还要对各种运行监督记录的管理、分析和保存做出必要的规定。

新的工作制度的建立不是在短期内就可完成的，而是需要在系统切换的整个过程中，甚至在切换完成后的运行中才能逐步完善。

### 5. 系统输入数据的整理

将有关输入数据按系统规定格式和精度要求从以往的账、表、卡等资料中整理出来，并对一些残缺的数据进行补充。所有输入数据必须经过反复核对和校验，对那些不断变化的数据要确定数据的截止日期。

### 6. 物理设备的切换

按新系统要求添置新的设备，使新系统具备运行条件，发挥应有作用。

### 7. 新系统的运行

系统运行是系统切换最直接、最终的表现形式，通过运行才能对系统做出恰当的评价，使系统逐步趋于完善，也使用户更加熟悉系统，建立更为合理的工作制度和流程，为系统全面切换奠定基础。

## 7.5.2 系统切换的方式

系统切换一般有 3 种方式，它们是直接切换、平行运行和逐步切换。

### 1. 直接切换

直接切换就是指在旧系统停止运行的某一时刻新系统立即投入运行的切换方式。直接切换的优点是切换简单、费用很省。但由于新系统尚未进行长时间的正常运行，可能会出现许多意想不到的问题，因此，直接切换的风险较大。这种切换方式适用于旧系统完全不能使用，或新系统不太复杂并已经过详细的测试和模拟运行的情况。在实际应用时，对于这种切换方式的使用，应特别慎重，并有一定的措施作为保证，避免因新系统失灵而造成整个工作的瘫痪。直接切换如图 7-5a 所示。

### 2. 平行运行

平行运行是指新旧系统平行运行一段时间以后，新系统正式替代旧系统的切换方式，如图

7-5b 所示。

平行运行的优点是可以进一步检验新系统，一旦发现新系统有问题就可暂时停止其运行，旧系统仍可继续工作。新旧系统同时运行，有利于比较两者的优劣，并可使系统操作人员得到全面的培训，进一步熟悉新系统的性能和操作。平行运行一般分为两个步骤，首先将旧系统作为正式处理系统，新系统的处理结果作校核用；然后将新系统作为正式处理系统，原系统作校核之用。两系统并行处理的时间视具体业务内容而定，短则 2~3 个月，长则半年至一年。

平行运行方式主要适用于处理程序较为复杂的重要系统，风险较小。但在新旧系统平行运行阶段，用户既要使用旧系统，又要熟悉和运行新系统，工作量较大。在平行运行过程中，应增设专门的系统操作人员，同时系统开发人员要切实注意系统的运行状况，发现问题及时采取措施予以解决，使系统功能逐步完善，系统运行稳定可靠，为系统全面切换创造条件。

### 3. 逐步切换

逐步切换实际上是以上两种切换方式的结合，适用于规模庞大的处理系统。它的特点是：在新系统全部正式运行之前，逐步进行对旧系统的替代，如图 7-5c 所示。

a）直接切换　　　b）平行运行　　　c）逐步切换

图 7-5　系统切换方式

逐步切换的优点是切换过程中新系统出现故障，则只是局部受到影响，而不会引起整个系统的混乱。逐步切换有多种方式，在实际应用过程中，可根据具体条件和人力情况做出选择。

（1）按功能分阶段逐步切换。将系统按作业的先后和业务的轻重缓急分成若干个子系统和功能，某些主要功能先投入使用，运行正常后，再增加其他功能。如此逐步切换，直到整个系统全部投入运行。

（2）按机器设备分阶段逐步切换。按系统使用的机器设备先简单后复杂逐步切换，即：先将简单的设备投入运行，再逐步增加其他设备。

（3）按部门分阶段逐步切换。先在一些具备条件的部门运行新系统，然而再逐步扩大运行范围，完成整个系统的切换。

系统切换是系统开发中的一个重要步骤，它需要全体开发人员及用户单位的领导、管理人员、系统操作人员在周密的切换计划指导下，通力协作、密切配合才能完成，它是动用人力物力最多的一个阶段，是用户的阵痛期和适应期。系统切换也是对新系统的一次严峻考验，有些问题，在系统调试阶段不容易被发现，但在切换过程中却会逐渐暴露出来。对于系统出现的错误，必须立即予以改正。如果系统显露出缺陷或用户提出新的要求，则应以系统分析中确定的系统目标为标准来决定是否要对系统进行修改。假如尽管超出了原设计方案的要求，但改动工作量不大，则可将要求记录下来，留待以后去扩展和维护。值得注意的是，对系统的改动，必须由开发人员进行，或在开发人员指导下作为一种培训方式让系统操作人员去实施。另外，改动新系统的同时，应修改有关的文件资料，并注明改动日期。

系统切换完成后，一切权力移交至用户，管理信息系统的维护和完善便可由用户自身承担。

## 本章小结

系统实施的主要任务是将系统设计阶段确立的方案付诸实施，全面实现目标系统。系统实施的主要内容有物理系统的建立、程序的编制、系统调试、系统切换、系统维护和系统评价。

根据系统分析说明书所确定的物理系统方案，购买所需的计算机、网络设备以及系统软件，建立计算机机房，安装和调试设备是物理系统建立的主要工作。

程序编制的任务是根据系统分析说明书，编写各模块、各子程序的程序设计说明书，利用所选开发工具编制程序。

按照系统的目标和功能要求，对编制完成的程序进行逐个调试，最终实行系统总调试。

系统调试完成后，实施旧系统向新系统的切换，将系统交付给用户使用。系统切换包括系统开发文档资料的移交、数据的准备与录入、人员的培训、系统试运行等诸多内容。

系统维护是系统实施过程中的一项经常性工作，通过修改以完善目标系统。

系统评价是系统在实施一段时间以后，对系统做出的全面评析。

## 复习题

1. 系统实施的主要内容有哪些？
2. 当前主流的系统开发平台有哪些？
3. 当前常见的数据库有哪些？请结合互联网资料进行相关的总结。
4. 程序优化的原则是什么？
5. 程序设计应该注意哪些问题？
6. 程序设计说明书中应该包括哪些内容？
7. 系统调试包括哪4个步骤？
8. 程序调试的基本原则有哪些？
9. 程序调试的方法有哪些？
10. 调试用例设计有哪几种方法？
11. 系统测试说明书一般包括哪些内容？
12. 系统使用说明书包括哪些内容？
13. 系统切换的方法有哪些？
14. 系统切换时，新的工作制度一般包括哪些内容？

## 思考题

1. C/S架构和B/S架构各有优缺点，但是就未来发展趋势而言B/S将会占据主导地位，你认为其原因是什么？
2. 系统开发语言分成几类？开发系统时如何进行工具选择？
3. 你认为，如何进行程序优化？试设计一个简单的学生成绩管理系统，并编写源程序。
4. 管理信息系统的调试分哪几个步骤？为何要从低层向高层逐步发展？
5. 调试程序一般使用哪几类数据？处于不同层次的程序的调试方法有何不同？
6. 程序调试完成后，为何还需进行单调、分调和总调？

# 第 8 章 | CHAPTER8

# 系统维护与评价

## 学习目标 >>>

- 熟悉系统维护的原因；
- 掌握系统维护的类型与内容；
- 了解系统维护的影响因素；
- 熟悉系统维护管理工作；
- 了解系统维护报告的内容；
- 掌握系统评价的内容；
- 了解系统评价报告的内容。

## 引导案例 >>>

在易得维软件公司和贝斯特公司的共同努力下，贝斯特公司物流部的管理信息系统开始进入试运行。易得维软件公司的人员已从贝斯特公司撤走，期待最后一笔款项的支付。邢主任的心情放松了许多，准备给陈总写一份管理信息系统建设的总结报告进行全面汇报。

然而，没等报告完成，小杨等信息中心员工就向他转诉业务人员对于管理信息系统的意见。小杨等员工忙于解决业务人员遇到的问题，有些操作性问题易于处理，而有些涉及程序修改等方面的问题信息中心员工则难以解决，只能求助于易得维软件公司。

易得维软件公司解决程序本身出现的问题很容易，但是有些影响管理信息系统运行效果和作用发挥的问题是业务流程带来的。在系统分析阶段，易得维软件公司曾经提出业务流程的重组意见，但物流部吴部长没有同意。比如，物流部审批环节显得烦琐；统计、核算工作分工过细；采购部、物流部在到货物料验收环节的单据传递、责任分担以及出现不合格物料时与供应厂商交涉工作的归属方面的业务流程不太流畅。这些问题的解决会涉及系统的大规模修改，目前只能听之任之。

邢主任需要面对的还有公司领导提出的一些新需求。比如，公司希望通过物流部的管理信息系统承担公司办公用品的采购和管理工作，降低居高不下的办公费用。办公用品的采购和领用流程以及有关单据与生产用物料的管理完全不同，利用现有系统无法实现办公用品的有效管理。邢主任又得"临危受命"，再次协助易得维软件公司完成这一任务。

"不知易得维软件公司的态度怎样？愿意再次合作吗？唉，任务繁重，想顺利退休也难了。"邢主任若有所思，也不无沮丧。

**问题：**

（1）管理信息系统投入试运行后出现的问题都很正常吗？如果正常，怎样减少？如有不正常，怎样避免？

（2）如果易得维软件公司不愿意再次合作会有什么后果？如何在管理信息系统开发的前几个阶段考虑此类问题？

管理信息系统经过调试和切换，便进入了正常的运行状态。用户只要按照系统使用说明书的要求进行操作，及时输入准确数据，系统即可输出正确的结果，达到系统设计的目标。但这并不意味着系统从此不会有任何问题和错误出现，对系统无须做任何改动。管理信息系统是复杂的大系统，调试和切换过程中，改正了大多数的错误，但仍有一些问题可能在系统切换完成后的较长时间内才会出现，因此系统仍需修改；再者，系统的建立依赖于当时企业的内外部环境，随着时间的推移，环境条件可能会发生一些变化，用户对系统的要求将随之而改变，为满足用户新的要求，就必须完善系统。这种对系统的修改和完善也就是系统维护。

系统正常运行一段时间以后，需要将其与预期目标做比较，并对系统进行全面评价，写出系统评价报告。

系统的维护和评价是系统实施过程中的重要环节，是系统生命周期中的最后一个重要阶段，系统是否具有长久的生命力在很大程度上取决于此阶段的工作。

# 8.1　系统维护

系统维护是指为了应付管理信息系统的环境和其他因素的各种变化，保证系统正常工作而采取的一切活动，它包括改善系统功能以及解决系统运行期间发生的一切问题和错误两个方面。其实，无论在新系统交付使用前还是交付使用后，系统维护工作都在进行着。系统维护是管理信息系统运行管理的重要内容。

## 8.1.1　系统维护的原因

系统维护的要求主要是出于以下几个原因提出来的。
（1）国家方针、政策的变化，对管理内容提出了新的要求；
（2）管理方式和方法的改变；
（3）输入单据或输出报表的变化；
（4）系统中存在问题和缺陷；
（5）增加新的功能；
（6）硬件更新换代，语言升级；
（7）增加新的接口，以便和其他系统联合使用。
管理信息系统是在不断的维护过程中得以生存和发展的，据统计，世界上 90% 的软件人员是在维护现有的系统。毫无疑问，不需要维护的系统是没有人使用的系统。

## 8.1.2　系统的易维护性

系统的易维护性是指系统能被理解、诊断、测试、修正、移植和改进的容易程度。在系统的整个开发过程中，提高系统的易维护性是各个阶段的一个重要目标。影响系统易维护性的主要因素有以下几种。

### 1. 系统的开发方法

系统的开发方法直接影响系统的易维护性。模块化、详细全面的设计文档、结构化设计等都有助于理解系统的结构、功能和内部流程；而错误发生后，纠错的难易程度依赖于对系统的理解程度；改进和移植的难易程度与设计阶段所采用的设计方法有直接关系。因此，系统开发过程中，采用正确而有效的设计方法影响深远，至关重要。

**2. 系统的开发条件**

系统开发过程中所涉及的硬软件资源条件对系统的易维护性也有影响。为提高系统的易维护性，应使用：①合格的系统开发人员；②理想的程序设计语言；③标准的操作系统接口；④规范化的文档资料；⑤有效的调试用例。

目前，系统的易维护性仍主要依靠定性的方法来衡量，但也可利用一些定量指标来反映。这些指标包括：①问题发现的时间；②问题的分析论断时间；③局部测试时间；④全程测试和回归测试的时间；⑤修改时间；⑥系统使用的延迟时间。

系统维护在整个系统开发过程中具有非常重要的地位。维护费用占系统开发费用的比例相当高，并有不断上升的趋势。据统计，1970 年系统维护费用一般占系统开发总支出的 35% ~ 40%，1980 年为 40% ~ 60%，1990 年达到 70% ~ 80%。尽管确切的数字很难统计，对维护的解释也可能是多方面的，但是，大多数开发机构将 40% ~ 60% 的经费用于维护确实是事实。可靠性低、易维护性差的系统除了经济上的耗费外，在运行过程中还必须付出无形的代价。例如，由于系统错误而延迟和丢失的开机时间；合理的修改得不到及时处理而导致的用户不满和系统使用积极性的下降；维护过程中引入新的错误而形成的恶性循环等现象造成的损失是无法估量的。因此，系统开发者应高度重视系统开发中前几个阶段的工作，使交付使用后的系统有较高的可靠性和易维护性，从而大大降低维护费用。

## 8.1.3 系统维护的类型和内容

**1. 系统维护的类型**

对信息系统的维护可分为以下 4 种类型，即改正性维护、适应性维护、完善性维护和预防性维护。

（1）改正性维护。在系统调试阶段不可能发现系统中所有潜伏的错误，有的错误可能会在系统运行过程中出现，人们把诊断和改正这类错误的过程称为改正性维护。这种错误的出现通常是由于遇到了调试阶段从未使用过的输入数据的某种组合或判断条件的某种组合而造成的。在系统交付使用后遇到的错误，有些不太重要或者很容易回避，但有的错误可能很严重，甚至会使系统运行被迫停止。但无论错误的严重程度如何，都要设法改正。修改工作要制订计划，提出要求，经领导审查批准后，在严密的管理和控制下实施修改。

（2）适应性维护。当系统的外部环境发生变化时，需要对系统进行适应性维护。

随着计算机技术的飞速发展，计算机应用领域也急剧地发生变化。系统的使用寿命一般都超过最初开发这个系统时的系统环境的寿命。计算机硬件系统的不断更新，新的操作系统或操作系统新版本的出现，都要求对系统做出相应的改动。另外，"数据环境"的变化（如数据库和数据存储介质的变动，新的数据存取方式的添加等）也要求系统进行适应性维护。适应性维护要制订计划、安排进度，有步骤、分阶段地组织实施。

（3）完善性维护。当系统投入使用并成功运行以后，由于种种原因，用户可能会提出完善某些功能、增加新的功能等要求。为改善和加强系统的功能，满足用户日益增长的对系统的需要，有必要对系统进行完善性维护。此外，完善性维护还包括处理效率的提高、程序的精简以及易维护性的改善等方面的工作。

（4）预防性维护。预防性维护是指为改善系统的可维护性和可靠性，减少今后系统维护时所需的工作量而对系统所做的修改。相对前三类维护而言，这类维护活动比较少。

从系统维护的类型可知，系统维护不仅仅限于纠正系统运行过程中发现的错误。事实上，系统维护工作量的一半左右是完善性维护。各类维护工作量的分布如图8-1所示。图中的数据是国外调查了 487 个软件开发组织后得到的结果。

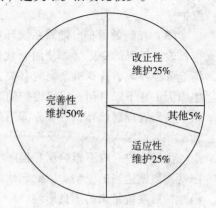

图 8-1　系统维护的工作量分布

### 2. 系统维护的内容

系统维护工作的内容包括以下几个方面。

（1）程序的维护。管理信息系统的功能是在程序的运行之中实现的，因此，环境的变化、问题和错误的出现、完善功能要求的提出等现象只有借助于程序修改才能应付和解决。一般来说，信息系统的主要维护工作是对程序的维护。对程序的修改和完善而造成的影响往往是局部的，但也有可能涉及整个系统。因此，程序维护要慎重行事。出现问题后，维护人员要查阅有关的系统设计资料和框图，并仔细核对有关源程序，确实找出故障原因后，提出维护要求，填写维护申请表（见表 8-1）。申请表必须简明清楚，如需修改变量，则应注明修改要求及可能带来的影响。申请表经主管领导批准后维护工作才能进行，以免造成系统的混乱。

表 8-1　程序维护申请表

| 程序名 | | 所属系统名 | |
|---|---|---|---|
| 原程序设计员 | | 原设计日期 | |
| 维护原因 | | | |
| 维护前内容 | | | |
| 维护后内容 | | | |
| 拟新增内容 | | | |
| 备注 | | | |
| 程序设计员 | | 拟维护日期 | |
| 审批人 | | 审批日期 | |
| 审批意见 | | | |

程序维护还应注意，程序修改完成后要利用以前调试中使用的调试用例进行回归调试。回归调试可以最大程度地避免由于程序维护而可能带入的新的错误。若是增加功能，则应设计新的调试用例调试新增功能。调试完成后，需修改或补充有关文档资料，才能交付使用。

程序维护不一定要在条件变化或运行过程中出现问题时才进行，效率不高、不太完善的程序也需要改进。

（2）数据文件的维护。系统业务处理对数据的需求是不断变化的，因此，需要不定期地对数据文件进行修改和调整（这里仅指不正常更新）。数据文件的维护包括数据维护、结构维护、数据文件的增设和删除等内容。其中，数据维护可通过专门的维护程序予以实现。

数据文件的维护应不涉及系统现有程序（这是系统开发的一个原则）。当然，结构维护和数据文件的增设往往是出于功能增加和完善的需要，因此数据文件维护也可能伴随有程序的维护。

（3）代码的维护。随着系统环境的变化，现用代码可能不适合于新的要求，需要对其进行修改。代码的变更（如使用新代码、代码位数的添加和删减等）应经过代码管理部门、现场业务经办人、计算机系统的有关人员讨论确定后，以书面形式记录新的代码系统的组成和产生原因，并予以贯彻。代码维护的难点不在于代码本身的变更，而在于新代码的贯彻。为此，除了代码管理部门外，各业务部门都要专门指定负责代码管理的人员，使代码维护工作贯彻顺利，并尽快深入人心。

代码维护一般不影响现有程序。但是，如果组成代码的位数和含义发生了变化，则某些程序就需要做适当的变动。因此，代码维护工作要周到细致，要充分考虑各种影响因素，减少代码维护对系统带来的不良影响。

（4）机器设备的维护。系统使用的计算机及其外部设备保持良好的运行状态，是系统正常工作的重要条件之一。管理信息系统应有专门人员负责对机器设备的保养和定期检修，并保证在机器出现故障后能及时修复，避免因硬件故障而造成对软件系统和数据的破坏。

当磁盘发生故障时，不合适的维修常常会破坏磁盘上的数据。正确的方法是，当问题出现以后，应根据维护人员的经验和运行记录，分析出现故障的原因，慎重处理。为确保安全，可暂时断开磁盘机后再做进一步的检查。为避免磁盘出现故障，平时应保持环境卫生，并定期对磁头及磁盘驱动器进行清洁处理。

如计算机出现故障，只要主机还能使用，应先利用随机带来的专用诊断程序对计算机各组成部分进行测试，接着维护人员凭借自己的经验和判断，找出问题并制定维护方案（如零部件的更换等）。

机器设备的运行情况应有详细的记录，便于检查、维护和工作交接。

（5）机构和人员的变动。管理信息系统是人机系统，在系统中人占有重要地位。为使信息系统的流程更加合理，有时会涉及机构和人员的变动。另外，原有人员的人事变更（如工作调动等），也要求其岗位立即得到补充。人员的变化会在一定程度上影响系统的正常工作。为减少影响，系统主管部门应积极听取现有人员的意见，选拔和使用责任心强、工作认真细致、懂业务的人员接替工作。如果业务人员对业务不很熟悉，则应对其进行全面培训，提出要求，到期考核，使系统尽快恢复正常运行。

## 8.1.4　系统维护的影响因素

系统维护是对现用信息系统的修改和完善，在一定程度上会影响系统的正常运行。因此，在对系统实施维护工作之前，必须充分考虑维护可能给系统带来的影响。如影响太大，不具备维护条件，则应放弃维护。系统维护的影响因素需从以下几个方面来综合考虑。

（1）系统的当前运行情况，维护的原因和不维护的后果；

（2）维护对系统目标的影响；

（3）维护对系统运行的影响；

（4）维护所需时间；

（5）维护对其他工作的影响；

（6）维护所需设备；

（7）维护所需费用；

（8）维护所需人员。

以上所述是系统维护需要考虑的主要因素，但是在什么情况下满足维护条件，什么情况下系统维护暂不进行，应根据用户单位的具体情况而定。一般来说，如果是系统错误的出现、上级单位的行政命令、管理方式方法的变化、输入输出格式的改变等原因，则维护必须进行；若是功能的完善和增加，则应综合考虑影响因素后再决定是否进行系统维护。

## 8.1.5 系统维护管理

系统维护通常会影响局部甚至整个系统的正常运行，因此系统的维护工作一定要特别慎重。系统维护的内容名目繁多，每项工作都应由专人负责，通过一定手续并得到批准后才能进行。通常，对于一些重大的修改内容还要填写变更申请表，由审批人正式批准后，才能开展维护工作。维护工作的审批人员要对系统非常熟悉，能够判断各种变更的必要性、影响范围和产生的后果。有时在操作运行过程中发生中断后，也许会由当时在场的操作人员及时修改并排除了故障，但是，事后也应填写修改记录，注明事故发生的原因和解决的措施，以便有据可查。

综上所述，从维护申请的提出到维护工作的执行应经过如下步骤。

（1）提出修改申请。从事系统操作的各类人员或业务领导提出对某项处理的修改要求，申请时可以以书面报告形式，也可填写专门的申请表。

（2）领导审批。系统维护小组的领导负责审批各项申请。审批之前，要进行一定的调查研究，在取得比较充分的第一手资料后，对各种申请表做出批示。

（3）分配维护任务。根据维护的内容向程序员或系统的硬、软件人员分配任务，并说明具体要求，规定任务完成期限。

（4）验收工作成果。当有关人员完成维护修改任务以后，由维护小组和系统操作人员验收成果，并正式投入使用。

（5）修改有关文档。维护工作完成后，文档中的某些内容发生了变化，因此，应及时修改或补充有关文档，使其与维护后的系统一致。如果是增加新的功能，则应与开发新系统一样将有关框图、资料都补充到原有文件中去，确保系统资料的完整性。

需要说明的是，系统的维护工作要继续使用很多资源，对于某些重要的修改，其工作量甚至类似于一个小系统的开发，因此，也应按照系统开发的步骤进行。

## 8.1.6 系统维护报告

系统维护要形成专门的文档资料，即系统维护报告，用以反映维护过程和维护内容。系统维护报告的内容包括以下几点。

（1）系统维护的原因和必要性。

（2）维护内容描述。

1）维护前内容；

2）维护后内容；

3）新增内容。

（3）调试描述。说明修改后的调试方法、调试用例设计及调试评价。

（4）维护时间、设备和费用。

（5）维护评价。包括维护前后系统的对比；维护完成后可能存在的问题及需要进一步做的工作等内容。

(6) 参加维护的人员名单。

**【案例阅读8-1】**

### 系统灾难带来的启示

美国"9·11"事件、东南亚海啸、日本大地震、中国银行收付系统突然死机、北京首都机场系统瘫痪 6 000 人误机、花旗银行丢失 390 万客户信息的"数据门事件"、北京某证券公司股票交易系统出现故障迫使股民望"红"兴叹……在这个复杂性和不确定性不断增强的信息化时代，不期而至的"天灾人祸"不仅给政府、商业机构甚至个人造成巨大的生命财产损失，也对各类组织机构赖以生存和运转的信息系统带来毁灭性打击。高德纳公司的调查数据显示，在经历大型灾难事件而导致系统停运的公司中，有 2/5 左右的公司再也没有恢复运营，剩下的公司中也有接近 1/3 在两年内破产了。

不过，"9·11"事件不但没能让摩根士丹利公司消失，就是业务正常运营的恢复，也只用了短短的两天时间。其主要原因是该公司具有一整套合理完善的系统维护管理策略，设于美国新泽西州的完整业务灾难备份及恢复系统发挥了关键作用。相比之下，我国金融机构的预防灾害意识不强及能力极其脆弱，有时整个系统仅因一人之力就被彻底破坏。2000 年 8 月，发生了一起令中国银行刻骨铭心的事件：中国银行利川支行的营业部主任对银行信息系统进行毁灭性破坏后，携款潜逃，导致银行数据丢失，业务陷入瘫痪状态。

企业要想在管理信息系统遭受灾难性打击之后及时恢复并维持业务的正常运转，建立完善健全的系统维护和运营管理体制，包括人员、流程、组织等非技术性的业务连续管理极其关键。

**思考：**

(1) 案例中信息系统出现重大问题，有天灾也有人祸，哪些是可以避免的，哪些是可以预防的？

(2) 系统维护在企业管理信息系统运行中有何意义和作用？谈谈你的体会。

## 8.2 系统评价

管理信息系统投入使用并有效运行了一段时间以后，必须对其做出全面的系统评价，考察和评审新系统是否达到了预期目标，是否有效地利用了系统的资源，系统是否稳定可靠。系统评价可以采用新旧系统对比的方法，分析比较系统的经济效果及性能指标。通过系统评价，可以发现问题，找出薄弱环节，其结果可作为系统改进的依据。系统评价应由系统开发人员、用户领导和操作人员共同参加。

### 8.2.1 系统评价的内容

#### 1. 系统目标的评价

按逻辑设计中确立的系统目标，全面分析和评价新系统是否达到了预定目标的要求，对某些已超出原设计目标的功能要做出说明；由于系统环境的变化或因某些管理基础工作未解决而受到影响的系统功能，也必须做出应有的解释。

### 2. 系统经济效益的评价

经济效益是评价管理信息系统优劣的一个重要指标。由于系统取得的效益往往是综合效益，因此要对其做出准确的评价有一定的难度和复杂性。再者，我国的计算机应用具有自身的特点，与一些发达国家的情况存在着很大的差距，国外对管理信息系统经济效益的评价标准和方法不能直接为我所用。因此，到目前为止，我国对管理信息系统经济效益的评价还没有一套完整的、公认的评价指标和方法。

管理信息系统的应用，可以促使企业提高管理水平和管理效率，其经济效益有些可以直接定量计算，而有些则很难准确测算。因此，管理信息系统的效益可以分为直接效益和间接效益两大类。

（1）直接效益。直接效益是指直接取得的可以定量计算的效益。新系统的应用，增加了投资和一些费用，但因此也可降低生产成本，节约物资消耗，减少管理费用。具体来说，直接效益可以用以下几个指标来衡量。

1）系统的开发费用。系统开发费用是一次性投资的费用，一般包括：系统硬件费用，包括主机系统费用、终端设备费用、通信设备费用、计算机房建设费用（机房设备、电源、空调等）及其他硬件费用；系统软件费用，包括计算机系统软件、应用软件包、测试软件、病毒防治软件等的费用；系统设计费用，包括系统分析、设计和实施各阶段的费用。

2）系统经营费用。包括计算机或外部设备的租金（如租用公共的通信设备的费用）、电费、材料消耗费（磁盘、磁带、打印用纸等费用）、系统维修费、系统折旧费，以及系统的管理人员、操作人员、维护人员的工资与管理费。系统经营费用除以全年的实际使用机时，可得出计算机系统的机时成本。

3）年费用节约额。包括因新系统使用而减少的工资及劳动费用、成本下降额、库存资金的减少额、管理费用的节约额等。

4）系统收益。指系统年费用节约额与系统经营费用之差。

（2）间接效益。间接效益主要表现在通过管理手段的现代化促进管理工作质量的提高，它对企业产生质的战略性的影响。间接效益是综合效益，它反映在企业管理工作的各个方面，很难用某一指标反映出来。

管理信息系统可以实现对库存的全面控制，使管理人员能够及时地调整库存结构，减少不合理的库存，加速流动资金的周转；依靠系统能详尽地了解供货客商的产品价格、质量、信誉等行情，有利于降低采购成本；借助计算机系统，在计划制订和生产调度中可使用科学方法（如线性规划、网络方法等），大大提高生产计划的科学性和合理性，使现有生产能力、原料、材料、燃料及劳动力资源得到更合理的利用；供、销合同管理使企业的收付款工作更加有效，避免一些不必要的损失；借用计算机系统可及时准确地提供原材料、工时和费用支出等方面的信息，有效地实现目标成本管理；利用计算机系统有助于选择合理的运输路径和车辆配载，提高运输效率；有助于企业实施全面的产品质量监测、分析与控制，减少废品，提高产品等级；利用系统还可了解市场行情的变化，提供最优辅助决策方案，提高企业对市场的适应能力。

以上所列是间接效益的表现形式，人们可以根据计算机系统和企业的具体情况，估算间接效益的大小。

系统效益测算结束后，可计算出系统的投资回收期。投资回收期越短，系统经济效益越好。

### 3. 系统性能的评价

系统性能评价是指对于管理信息系统质量的综合评价，但主要侧重于评价软件的质量和性能。国际标准化组织（ISO）为了统一软件质量的评价标准，于1985年建议性地提出了软件质量度量模型（见图8-2）。该模型分为3个层次。

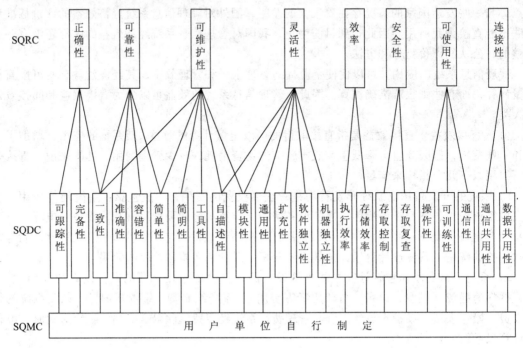

图 8-2　软件质量度量模型

（1）软件质量需求评价准则（SQRC）。这是软件质量度量模型的高层。它由正确性、可靠性、可维护性、灵活性、效率、安全性、可使用性和连接性等8个要素组成。

（2）软件质量设计评价准则（SQDC）。这是软件质量度量模型的中层。它规定了高层各项要素的具体设计内容，共有23个因素。

（3）软件质量度量评价准则（SQMC）。这是软件质量度量模型的低层。它是根据用户需求对各项设计原则的细化指标。

国际标准化组织认为，对于软件质量度量模型的高层和中层应该建立国际标准，以便在国际范围内推广，而低层指标可由用户单位视具体情况自行制定。

一般地，系统性能评价主要围绕以下几个方面进行。

（1）系统的完整性。包括评价系统功能是否完整；是否达到了设计任务书的要求；设计规范是否标准；文档资料是否齐全等内容。

（2）系统的可靠性。指系统在运行过程中，抗干扰（包括人为的和机器的故障）和保证正常工作的能力。这种能力体现在工作的连续性和工作的正确性。系统的可靠性评价包括：系统是否具有较强的检错、纠错能力；在错误干扰下，系统是否会发生崩溃性瘫痪；重新恢复及重新启动的能力如何；系统对于非法窃取或更改数据的抵制能力如何等。

（3）系统的效率。与旧系统相比，减轻了多少重复的烦琐的劳动和手工的计算量、抄写量，效率提高了多少。系统的效率可通过系统处理业务的速度，或单位时间内处理的业务量来衡量。例如，财务管理系统中，每小时可输入多少笔凭单数据，每日账务处理需要多少时间等。

（4）系统的工作质量。包括系统提供数据的精确度；输出结果的易读性；使用是否方便；终端输入输出时间、数据通信时间及计算机处理时间等分配是否合理等。

（5）系统的可维护性。系统的可维护性又称灵活性或适应性，它是指系统被修改和维护的难易程度。系统的环境是不断变化的，系统本身也需要不断修改和完善。系统的扩充能力与修改的难易程度如何是系统生命力的表现。系统的可维护性要结合系统设计方法来评价。它是系统开发人员技术水平高低的一个重要标志，也是用户能否长期独立维护该系统的重要条件。

（6）系统的通用性。系统是否可以移植到别的部门，其适应程度如何。

（7）系统的实用性。系统操作使用是否方便，系统工作人员对本系统的满意程度如何。

（8）系统的安全保密性。系统运行期间是否发生了数据丢失、泄密、被非法使用等现象；在出现软硬件故障时系统是否受到破坏，是否能及时恢复；设计的安全保密措施是否有效；用户是否还有进一步的安全保密性要求。

（9）系统的资源利用率。依据运行记录，检查硬件、数据及软件资源的利用情况。要计算各种外部设备和主机的利用率，考察存入系统的数据是否得到了充分的利用，是否还能在更多的方面提供对管理和决策的支持。检查各程序模块的调用频度并分析原因，是否可进一步改进软件的设计。

（10）系统存在的问题及改进意见。

## 8.2.2　系统评价报告

系统评价的结果应形成正式的书面文件，即系统评价报告。该报告应包括以下几个方面的内容。

（1）系统的名称、结构和功能。

（2）任务提出者、系统开发者和用户。

（3）有关文档资料。

（4）经济效益评价。

（5）系统性能评价。

（6）综合评价：提出对各类指标的综合评价结果；系统存在的问题及改进意见。

系统评价报告应以事实为依据，要有可靠的数据，定量计算与定性分析相结合。它既是对新系统开发工作的评定与总结，也是进一步进行系统维护工作的依据，通常由此产生对新系统的调整报告与维护申请。系统正是在不断的维护、评价过程中逐步完善和发展的。一旦一般的维护工作不能满足要求时，一个新的更加先进的管理信息系统的开发过程又要开始了。

## 本章小结

系统维护是指为了应付管理信息系统的环境和其他因素的各种变化，保证系统正常工作而采取的一切活动，它包括改善系统功能以及解决系统运行期间发生的一切问题和错误两个方面，分为改正性维护、适应性维护、完善性维护和预防性维护等 4 种类型，包括程序维护、数据文件的维护、代码的维护、机器设备的维护、机构和人员的变动等 5 个方面。在系统的整个开发过程中，提高系统的易维护性是各个阶段的一个重要目标。

系统维护报告是系统维护的文档资料，用以反映维护过程和维护内容。

系统评价是对管理信息系统预期目标达到、资源利用、稳定性与可靠性等方面的考察和评审。

　　系统评价的结果应形成系统评价报告。系统评价报告是管理信息系统开发工作的评定与总结，也是进一步进行系统维护工作的依据。

## 复习题

1. 什么是系统维护？它有哪几种类型？
2. 系统维护的原因有哪些？
3. 系统维护的主要内容是什么？系统维护为何要进行严密的组织与管理？
4. 什么是系统的易维护性？
5. 什么是系统评价？它包括哪几个方面的内容？
6. 系统维护与评价阶段应形成什么文档？其作用是什么？
7. 请归纳在系统开发的全过程中，使用过的各种图表或工具，以及先后形成的文档。

## 思考题

1. 系统维护是管理信息系统生命周期成本结构的重要组成部分，为了减少成本支出，你认为在系统的分析设计过程中应该注意哪些问题？
2. 系统维护与评价在管理信息系统的生命周期中起到什么样的作用？

## 案例讨论

　　根据本篇已经学习的基本内容，针对"综合案例　贝斯特工程机械有限公司的信息化建设之路"中的场景 6~8、场景 10~12，开展案例讨论。讨论的问题可参考各场景后所列的题目，也可由教师自行提供。

　　如果本篇最后两章继续教学，可在本篇的教学任务全部完成后进行案例讨论。

# 贝斯特工程机械有限公司物流管理信息系统

- 通过实例进一步熟悉和掌握管理信息系统开发的基本内容和具体步骤；
- 通过实例进一步熟悉和掌握管理信息系统开发的图表工具使用。

工业企业的物流管理，就是根据企业的目标，对物料供应过程进行计划、组织、指挥、控制和协调的活动。加强物流管理，搞好物料供应工作，是工业企业进行再生产的必要条件，是提高企业经济效益的有效途径，也是促进企业技术改造，提高劳动生产率的重要保证。因此，其意义十分重大。

为提高企业的物流管理水平，进一步搞好物料供应工作，现代企业迫切需要利用电子计算机这一现代化手段进行辅助管理与决策。在此以本书所附的案例为例，根据管理信息系统开发的理论、方法和步骤，简要介绍贝斯特工程机械有限公司物流管理信息系统的开发与实现过程。

## 9.1 系统分析

### 9.1.1 现行物流管理系统的调查分析

#### 1. 组织结构的设置

贝斯特公司的物料供应工作由采购部、物流部等部门承担，由公司副总经理领导。核定储备资金495万元，需保管和供应的物料2 000余种，年吞吐量约6 000余吨。其组织结构如图9-1所示。

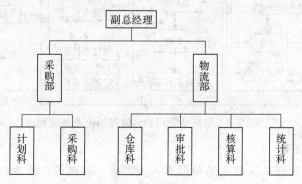

图9-1 贝斯特公司物流管理系统组织结构

### 2. 业务范围的调查

通过对物流系统的详细调查分析，物流系统的业务范围如表9-1所示。

**表9-1 贝斯特公司物流系统业务范围**

| 部门编号 | 部门名称 | 业务范围 |
|---|---|---|
| 01 | 计划科 | 主要负责公司生产所需物料的计划编制工作。每月月初由计划员汇总公司生产制造部的物料需求计划，并根据现有库存的实际情况，确定采购计划 |
| 02 | 采购科 | 根据计划科编制的物料采购计划，根据供应厂家；物料到达仓库科后协同有关员工组织验收，填制入库通知单，并与物料一起送交仓库保管 |
| 03 | 仓库科 | 根据入库通知单将验收完成的物料登账入库；填制验收单据送公司财务部结算；对在库物料负责保管保养；根据审批科审批的领料单负责物料的发放，并将出库信息登账保存。根据物料供应与消耗情况制定科学合理的物料储备定额 |
| 04 | 审批科 | 根据物料需求计划，对生产制造部提出的领料申请负责审批 |
| 05 | 核算科 | 及时准确地完成公司各项物料消耗的考核工作。具体来说，核算员根据公司下达的物料消耗指标，并根据领料单据做好各领料单位物料消耗的汇总与分析工作。明确奖罚，加强物料消耗的定额管理，努力降低物料消耗水平 |
| 06 | 统计科 | 根据每月的出入库单据及库存情况，及时做好物料的进货、消耗和库存等方面的统计工作，编制统计报表，检查分析物料进货、消耗、库存的计划完成情况，肯定成绩，找出差距，为今后编制计划、制定物料消耗定额、加强物料供应管理提供依据 |

表9-1的业务范围与相互关系可用业务流程图9-2表示。

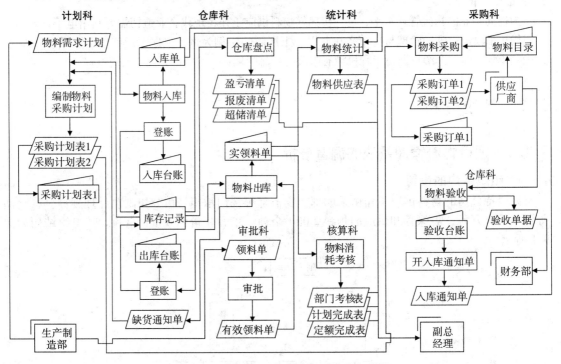

图9-2 贝斯特公司物料管理系统业务流程

### 3. 单据和报表调查

贝斯特公司物料管理系统涉及的单据有：入库单、领料单、验收单等，使用的正式报表有：物料供应表、采购计划表等。有关各单据、各报表的结构和内容在此恕不一一列出。

#### 4. 现行物料管理系统存在的问题

经过详细的业务流程调查，基于信息系统的视角审视业务流程，发现现行手工系统的业务流程在细节上存在一定问题（图 9-2 未反映），物流部审批环节显得烦琐；统计、核算工作分工过细；采购部、物流部在到货物料验收环节的单据传递、责任分担以及出现不合格物料时与供应厂商交涉工作的归属方面业务流程不太流畅。需进一步简化、归并、理顺，采购部、物流部在到货物料验收流程上应减少环节、分清责任。就组织结构而言，建议物流部统计、核算两科室合并成立综合科，审批科的职能归入仓库科。总体而言，现行物料管理系统存在的问题是，数据处理量大，单调烦琐，重复劳动现象严重，容易出错，账物经常出现不一致现象，物料的时间属性反映不充分，缺货现象较为严重，提供的信息具有很大的滞后性，严重影响正确决策的制定和经济效益的提高。因此，开发物料管理信息系统势在必行。

### 9.1.2　新系统的目标和要求

在广泛调查研究和需求分析的基础上，可以确立新系统的目标和要求。新系统应能达到"计划制订合理，仓库管理科学，统计分析准确，信息反馈及时，各种费用节省"的目标。具体来说，所开发的物料管理信息系统能解决业务流程存在的问题，将业务人员从烦琐、重复、乏味的单据登录、统计分析等工作中解脱出来，使物料采购计划更加精确合理，仓库管理更加科学完善，物料消耗的统计分析与考核更加准确，信息反馈更加及时，从而降低或消除物料采购的盲目性，降低库存资金的占用，加快物料周转的速度，为决策者提供及时准确的信息，有效地控制物料消耗，降低生产成本，最终达到提高企业经济效益的目的。综上所述，新系统应满足如下要求。

（1）功能要求。

1）根据生产部门上报的物料需求计划，编制物料采购计划；

2）按照公司下达的物料消耗指标，完成物料消耗的考核工作；

3）建立详细的库存物料明细，随时提供各种物料的库存信息及收发情况；

4）制定科学合理的物料储备定额；

5）生成并输出统计报表。

（2）性能要求。

1）准确可靠，要求原始数据只输入一次，并严格防错和校验；

2）人机界面热情友好，操作方便；

3）安全保密，用户身份识别，数据自动备份；

4）便于扩充、维护；

5）打印表格整洁、清晰、美观；

6）通用性强。

### 9.1.3　可行性分析

#### 1. 技术方面

（1）目前软件开发工具日新月异，开发一个中小型的管理信息系统并不是一件困难的事情。贝斯特公司采购部、物流部可以随时配备有服务器、计算机，并购买数据库和开发工具，因此物料管理信息系统的开发将具备较好的软硬件基础。

（2）贝斯特公司采购部、物流部各有 2 名业务人员熟悉物料管理工作，业务能力强，又具有一定的计算机应用能力，他们能够参与系统开发并承担系统运行后的运行管理和系统维护工作。

### 2．经济方面

（1）新系统的运行可节省人力资源，使采购部、物流部有精力从事深层次的管理问题分析。

（2）新系统的运行可确保数据和信息更加准确，大大减少或避免物料采购的盲目性，节省采购资金；可使仓库的收发存业务更加灵活、方便、高效；便于引入 ABC 重点管理法并使之真正发挥作用；有利于制定合理的储备定额和消耗定额；有利于采用先进的库存控制技术，降低储备资金，加速物料周转；有利于为决策者提供及时、准确的决策信息，进一步加强和完善物料供应工作。因此，新系统的开发和使用可为贝斯特公司带来极大的收效。

### 3．运行方面

（1）贝斯特公司的领导重视和支持信息系统的开发工作，对于系统运行可能带来的问题会妥善解决。

（2）现行系统制度较为健全，业务流程较为清晰通畅，因此新系统的运行不会对公司和部门带来较大的冲击。

（3）用户有能力开展新系统运行后的维护和扩展工作，不需要长时间的系统转换和人员培训，用户单位在短期内能熟悉和接受新系统。

通过对新系统的可行性分析后认为，系统开发的条件已经成熟，可以进行全面的开发工作。

## 9.1.4　数据流程图

### 1．物料管理信息系统数据流程总图

数据流程图（DFD）是新系统逻辑模型的主要组成部分，它能在逻辑上精确地描述新系统的功能、输入、输出和数据存储等，而摆脱了所有的物理内容。在现行物料管理系统业务流程图的基础上，经过业务流程的重组，设计的新系统第一层数据流程图如图 9-3 所示，它为新系统提供了总体数据流程方案。为了表达系统边界的方便，图中列出了输入输出的单据和报表。

第一层数据流程图较为抽象，但为系统的进一步逻辑设计提供了总体轮廓。从图 9-3 可以看出，物料管理信息系统包括物料计划管理、采购管理、仓库管理、消耗管理、统计分析 5 大部分，各部分相对独立但关系密切。

计划管理的主要任务是物料需求计划和库存情况生成物料采购计划；根据仓库提出的缺货记录补充制订物料采购计划。

采购管理的主要任务是根据计划管理制订的物料采购计划确定供应厂商，并形成采购订单；根据仓库验收完成后形成的入库单，进行采购订单和供货厂商的管理。

仓库管理的主要任务是根据审批完成领料单进行出库管理（如果库存不够则形成缺货记录），修改库存明细；根据物料入库和出库情况制定物料储备定额；仓库盘点，生成盘点报告；随时查询库存情况，生成收发存报表。根据验收情况进行物料入库处理，修改库存明细。

消耗管理的主要任务是制定消耗定额；根据领料情况生成所需报表。

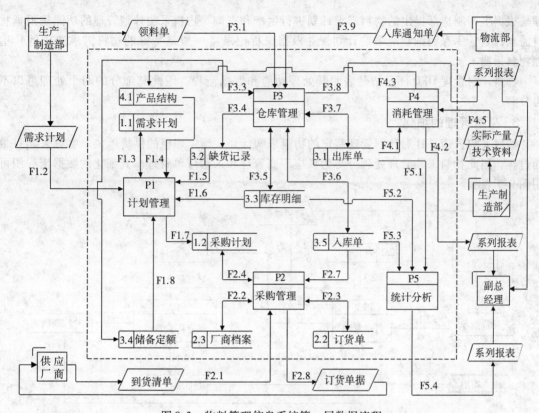

图 9-3　物料管理信息系统第一层数据流程

统计分析的主要任务是根据入库、出库情况以及库存明细生成各种统计报表。

为进一步明确各部分的处理内容和处理过程，根据结构化系统分析与设计的思想，需要将各处理逐层分解为多个子处理，并在处理分解的同时进行相应的数据分析与分解工作，从而得到细化的多层次的数据流程图。

## 2. 物料计划管理的细化

根据物料计划管理的处理内容，抽象出物料计划管理的第一层数据流程图（见图9-4）。

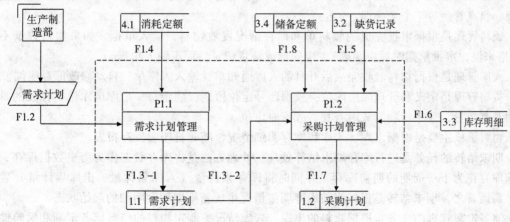

图 9-4　物料计划管理（P1）数据流程

物料计划管理下分物料需求计划管理、物料采购计划管理两个处理功能。物料需求计划管理是根据生产制造部提出的物料需求计划进行生产和查询。物料采购计划管理的功能是根据物料需求计划、库存明细制定采购计划，并根据缺货记录（一般是特殊的物料需求造成的）追加物料采购。

物料计划管理 DFD 图已清楚表明其处理功能和数据流程，因此其细分的两个处理可以不再分解。

### 3. 采购管理的细化

物料采购管理是针对计划管理制定的物料采购计划，确定理想的供货单位、签订采购订单的过程，因此物料采购管理处理分解为供应厂商管理和采购订单管理。其细化的数据流程图可用图 9-5 表示。

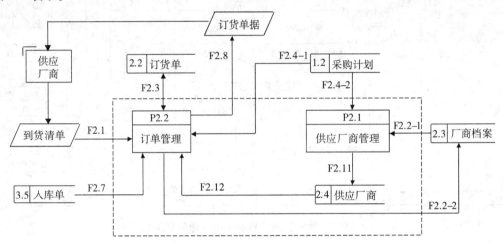

图 9-5　物料采购管理（P2）数据流程

### 4. 仓库管理的细化

仓库管理是物料管理工作的重要组成部分，它对物料计划管理和统计分析工作具有重大影响，因此，认真做好仓库管理处理功能的细化与分析工作对整个物料管理信息系统的顺利开发和有效运行至关重要。经充分调查和分析研究，仓库管理的数据流程如图 9-6 所示。

仓库管理处理可分解成领料管理、入库管理、货物管理、物料稽核、期末结转、储备定额管理、盘点管理等 7 个子处理。

领料管理是根据审批完成的领料单和库存情况发放物料，输入单据，如果物料数量不够（严格来说，审批单据时就应明确），则先形成缺货记录，而不输入单据。

入库管理是根据物料验收完成后开具的入库通知单，输入入库单，自动修改库存明细。

货物管理是定义和管理库房库位；根据四号定位原则，确定每一个库房库位上存放的具体货物及其数量，便于货物发放时查找、入库时定位。

物料稽核主要是根据出库、入库和库存明细情况，随时打印收发存报表。

期末结转的任务是进行库存期末结算处理。处理方法是将库存状态作为历史数据保存，将当前库存作为下一周期的期初库存，并同时将库存累计量（入库累计量、出库累计量）置为零。简而言之，期末结转是根据当前库存明细情况生成新周期库存明细的起始状态。

储备定额管理的任务是根据物料的出库、入库情况，制定物料的经常储备定额和保险储备定额，以避免物料存储的盲目性。

盘点管理是为了获取准确的期初库存数据（账面库存数据与实物库存数据一致）所采取

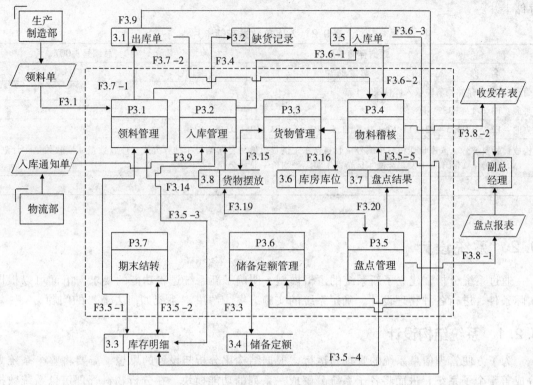

图 9-6 仓库管理 (P3) 数据流程

的一种基本方法。盘点完成需生成新周期库存明细的起始状态,修改库房库位的货物摆放数据,并将盘点结果(账面库存数据与实物库存数据的差异对照)以报告形式输出。

以上仓库管理的各分处理中,货物管理处理可进一步分解成图 9-7 的形式。至此,仓库管理的处理功能和数据流程基本清晰,可以不再细分。

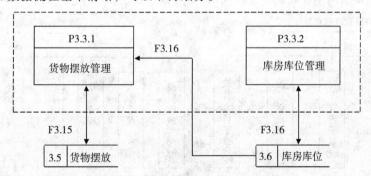

图 9-7 货物管理 (P3.3) 数据流程

物料消耗管理和物料统计分析两个处理此处不再细化。

## 9.1.5 数据字典

为进一步定义和描述新系统数据流程图中的数据项,有利于数据分析和数据管理,需要利用数据字典这一重要工具对数据流程图中的数据流和数据存储的数据结构和相互关系等再做详细的说明。物料管理信息系统的数据字典内容繁多,限于篇幅,在此只列出表 9-2 所示的数据存储卡片。

表9-2 入库单数据存储卡片

| 数据存储卡片 | | 总编号：007 | |
| --- | --- | --- | --- |
| 名　称 | 入库单 | 编　号 | D3.5 |
| 简述：D3.5存储物料验收入库情况 | | | |
| 来源：F3.6-1（P3.2→D3.5） | | | |
| 去向：F2.7（D3.5→P2.2）、F3.6-3（D3.5→P3.6）、F3.6-2（D3.5→P3.4） | | | |
| 构成：物料编号＋入库日期＋料单编号＋收料仓库＋供货单位＋合同编号＋结算方式＋应收数量＋实收数量＋计划总价＋实际单价＋发票金额＋运杂费＋实际平均价＋总计金额 | | | |
| 备　注 | | | |

## 9.2　系统设计

通过系统分析，建立了新系统的逻辑模型，明确了新系统逻辑功能的要求，下面可以根据实际条件，进行各种物理设计，确定系统的实施方案，解决"系统如何去干"的问题。

### 9.2.1　系统结构设计

为了方便管理信息系统的管理与运行，根据结构化分析与设计的思想，需要将整个系统划分成若干个子系统，进而将各子系统分解成一系列的功能模块。在分析物料管理信息系统数据流程图的基础上，按照系统分解和模块划分的原则，经过自顶向下逐层细化，并尽可能考虑业务人员的素质和习惯，对系统进行了功能模块的设计。设计完成后的各模块具有较强的独立性，满足模块高内聚、低耦合的要求，便于系统的实施和维护。

图9-8和图9-9分别为物料管理信息系统的模块结构图和仓库管理子系统的模块结构图。其余子系统的模块结构图在此恕不予以列出。

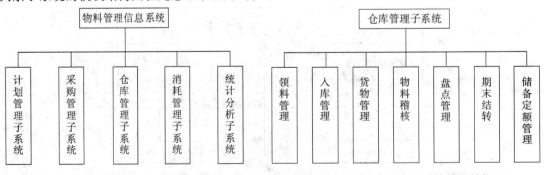

图9-8　物料管理信息系统模块结构　　　　图9-9　仓库管理子系统模块结构

### 9.2.2　代码设计

代码是管理信息系统中对数据信息进行统一分类、统计和检索的基本手段，没有代码，整个信息系统就难于正常运转。在物料管理信息系统中，为了使管理信息在记录传递及计算机处理过程中标准化、规范化，需要对信息系统中的处理对象进行具体的代码设计。图9-10和图9-11为几种代码形式。

### 1. 物料代码

物料代码（即物料编号）采用层次码的形式设计，其结构如图9-10所示。

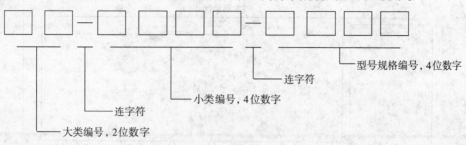

图9-10 物料代码的结构

### 2. 单据代码

为提高单据的汇总精度和检索速度，采用组合码形式对单据设计了代码（见图9-11）。

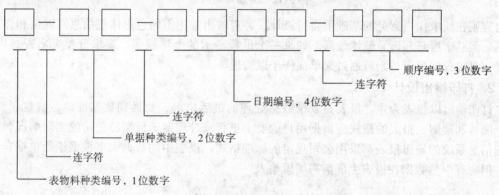

图9-11 单据代码的结构

### 3. 其他代码

为了减少系统的汉字录入量，提高处理效率，节约存储空间，需要对系统中的领料单位、仓库、仓库管理员等设计代码，其形式都采用顺序代码。

## 9.2.3 人机界面设计

管理信息系统运行过程中，系统和用户之间是利用终端屏幕来进行人机对话的，因此，屏幕是系统面对用户的"窗口"，必须精心设计。本系统的人机界面设计以简洁、清晰、明了、信息量大为原则，并配以恰当的色彩，使用户明确每一步操作，在爽心悦目、热情友好的环境中运行本系统。

在进行人机界面设计时，对主要的界面形式进行了约定，要求按图9-12的形式设计和布局界面。

## 9.2.4 输出设计

物料管理信息系统的输出主要有屏幕输出和打印输出两大类。

### 1. 屏幕输出设计

屏幕输出一般用于显示中间运行结果和部分查询内容，要求输出的信息准确、简洁、清晰、明了。在屏幕输出设计时，根据用户的需求，部分内容采用原有格式（如单据查询），部

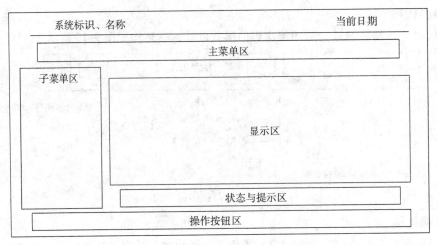

图 9-12　界面布局约定

分内容则在征求用户意见的基础上自行设计。屏幕输出采用不同色彩体现信息间地位和作用的不同，但整个屏幕和谐、整体性强。如果一个屏幕显示的个体较多，要求分类突出查找内容，如果信息需分屏显示，则可通过简单操作予以实现。

**2. 打印输出设计**

打印输出以报表为主。报表是系统数据处理的最后结果，要做到数据准确、清楚、美观、易于阅读和理解，报表的格式应根据用户的要求进行设计。鉴于贝斯特公司的实际情况，物料管理信息系统的输出报表都采用公司规定的标准格式。报表中的数据大多根据原始单据自动生成，但也有少量数据在报表生成前需编辑输入。

## 9.2.5　输入设计

输入数据的正确与否决定了整个系统质量的好坏。输入设计应避免数据输入发生错误。如输入数据有错误，即使计算机处理十分正确，也不可能得到可靠的输出信息。为此，输入设计应高标准严要求，设法避免一切可能出现的差错。

**1. 原始单据的格式设计**

原始单据的格式设计是本系统输入设计的主要内容。经过仔细的调查研究，在反复征求用户意见的基础上，本系统所用的大多数单据（如入库单、领料单等）采用公司的标准形式，对于少量单据需做调整和规范。

**2. 屏幕输入设计**

为了方便用户的输入操作，尽可能减少按键次数，对于屏幕输入设计我们提出了如下要求：屏幕显示的单据格式与原始单据完全一致；输入数据应留有足够的宽度；输入某项内容以后，与之相关的所有项目应立即显示于屏幕，无须用户输入；对于内容固定可作选择的项目，应以窗口形式将内容显示在屏幕上，让用户予以选择，减少输入量；按自左至右、自上而下的次序填写项目；一屏输入完毕，应让用户检查核对并可修改。

例如，表9-3是物料入库单的完整格式。

表 9-3　贝斯特工程机械有限公司物料入库单

| 物料编号 | | | 日　期 | 年 月 日 | | 编　号 | |
|---|---|---|---|---|---|---|---|
| 物料名称 | | | 收料仓库 | | | | |
| 型号规格 | | | 供货单位 | | | | |
| 单位 | | 单价 | | 合同编号 | | 结算方式 | |
| 数　　量 | | | | 计　划　及　实　际　金　额 | | | |
| 应　收 | 实　收 | 计划总价 | 出厂单价 | 发票金额 | | 运杂费 | |
| 实际平均价 | | | | 总金额 | | | |

　　输入设计的具体要求是：在屏幕上应以此单据形式显示；物料编号输入以后，物料名称、规格型号、单位等项应自动显示；总金额也由前面有关项目计算而得，在显示位置也不能修改；收料仓库，供货单位等应通过选择输入，若选择项中不存在，则可自行输入，并立即将输入内容添补至选择项中，以便以后备选。

### 3. 输入数据的校验

　　为提高输入数据的正确率，有必要对其进行校验。对于每一个数据，尽可能想象出可能出现的差错，如数据类型是否匹配，数据格式是否正确，数据之间的逻辑关系是否恰当，数据的范围是否在预先指定的范围之内等，待某数据输入完毕，立即对其判断校验，如发现错误则拒绝接收，并提示用户重新输入。

## 9.2.6　数据库设计

　　和其他信息系统一样，在物料管理信息系统中，数据库有着极其重要的地位和作用，它是对系统中所有信息进行组织、分类、存储的基本手段，是信息输入、输出及查询的主要媒介。根据数据流程图，在仔细分析各种数据之间的联系和整个系统的输入、输出及查询内容以后，着手设计出规模恰当、能正确反映实际数据及其相互间的关系，数据重复少、存取效率高、共享程度充分的数据库。E-R 方法与规范化理论的结合是数据库设计的有效方法。首先利用 E-R 方法绘制实体模型图，再将其转换为关系数据模型，接着借助于规范化理论对转换结果进行评价和规范，最终形成优化的关系数据模型。

　　根据在系统中所起的作用不同，所设计的数据库可分为 4 类，它们是：原始单据库、静态参数库、中间过程库和报表数据库。

　　原始单据库用于存放系统的原始单据，一种单据对应一张数据表，其中的一条记录表示一张原始单据，记录中的数据项的设计基本上与原始单据中的项目直接对应，命名采用汉语拼音的缩写形式。这种设计方法有利于程序的编制、阅读和维护，提高效率，减少工作量。

　　例如，对于表 9-3 所列的物料入库单，设计成如表 9-4 所示的数据关系形式，两表项目基本对应。为减少数据重复，按照数据库设计原则，将物料名称、规格型号、单位、单价等项存于物料目录数据表中，两者间依靠物料编号建立关联。

表 9-4　入库单关系结构设计

| 序号 | 字段名称 | 类型 | 宽度 | 小数位数 | 含义 |
|---|---|---|---|---|---|
| 1 | WZBH | 字符型 | 12 | | 物料编号 |
| 2 | RQ | 日期型 | | | 日　期 |
| 3 | LDBH | 字符型 | 12 | | 料单编号 |

（续）

| 序号 | 字段名称 | 类　型 | 宽　度 | 小数位数 | 含　义 |
|------|---------|--------|--------|----------|--------|
| 4 | SLCK | 数定型 | 8 | | 收料仓库 |
| 5 | GHDW | 字符型 | 15 | | 供货单位 |
| 6 | HTBH | 字符型 | 2 | | 合同编号 |
| 7 | JSFS | 字符型 | 2 | | 结算方式 |
| 8 | YSSL | 数字型 | 10 | 2 | 应收数量 |
| 9 | SSSL | 数字型 | 10 | 2 | 实收数量 |
| 10 | JHZJ | 数字型 | 12 | 3 | 计划总价 |
| 11 | CCDJ | 数字型 | 10 | 2 | 出厂单价 |
| 12 | FPJE | 数字型 | 12 | 3 | 发票金额 |
| 13 | YZF | 数字型 | 10 | 2 | 运杂费 |
| 14 | SJPJJ | 数字型 | 10 | 2 | 实际平均价 |
| 15 | ZJE | 数字型 | 12 | 3 | 总金额 |

其他原始单据的关系结构形式在此不一一列出。

静态参数库用于存放数据处理过程中相对不变或发生周期性变化的数据，例如物料的消耗定额。值得强调的是，对于使用频繁又不变化的数据（如表示物料属性的物料目录）必须单独建库存储，以减少数据冗余，便于维护，有利于提高系统的可靠性。

中间过程库用于存储初步处理后的中间结果，其目的是为其他模块的进一步处理提供数据。例如，为了统计分析的需要，原始单据需月度汇总，其结果存于月度汇总库中。中间数据库的结构受调用它的模块的数据处理的影响，因此，结构设计必须从系统出发综合考虑。

报表中的数据来源比较复杂，数据的处理量也非常大。为了提高系统处理效率和同一报表多次打印的速度，采用一种报表设计一个库文件的方法，将最后处理结果存放于报表库文件中。报表库文件的结构按照报表格式设计，输出时依次读取各条记录即可生成一份完整的报表。

本系统涉及的库文件数量繁多，由于调查充分、分析细致、方法得当，设计结果达到了预期目的，为系统的有效运行奠定了良好的基础。

## 9.2.7　系统的安全保密设计

物料管理信息系统数据处理量大，涉及面广，为使系统有效运行，并始终保持数据的正确性，防止数据的泄密，就必须采取一定的安全保密措施。在程序设计中，本系统的安全保密设计围绕以下几个方面进行。

### 1. 源程序编译

源程序经过编译生成特殊的代码，可避免任意查看和非法修改，起到安全保密的作用。另外，源程序编译后，计算机执行编译后的目标文件，也可大大提高运行速度。当然，系统正式交付使用后，仍需维护和完善，因此，不能抛开源程序。较好的做法是，源程序由专人负责保管，未经许可不能随意使用，一般操作人员只能接触目标文件。

### 2. 程序文件属性修改

将一些重要的程序文件的属性改为隐含和只读，防止非法修改。

### 3. 程序中设置身份识别和用户口令

程序中设置口令以规定用户的使用权限，口令可固定不变，也可以发生周期性变化，对于重要的操作，口令可以设计成具有规律的动态变化（例如，依日期而变）。

### 9.2.8　物理系统设计

本系统采用网络结构形式，在物流部设立服务器，在物流部、采购部设立若干终端，充分实现数据资源的共享。详细内容在此不再赘述。

## 9.3　系统实施

### 9.3.1　程序开发技术的选择

根据语言选择的准则和用户单位的实际情况，贝斯特公司选择了 Delphi 开发工具和 SQL Server 数据库管理系统作为开发物料管理信息系统的程序开发技术。

### 9.3.2　程序设计的具体要求

系统的逻辑设计和物理设计，为新系统提出了整体框架和输入、输出等具体要求，这些要求可通过程序设计得以满足和实现。物料管理信息系统功能模块众多，程序设计的工作量大，决定由 5 个小组分别承担计划管理、采购管理、仓库管理、消耗考核管理、统计分析等子系统的程序设计任务，并各自完成调试工作。为使各子系统的程序设计风格统一、系统性强，除了已有规定执行以外，还提出了以下要求。

（1）对每一模块均需提出程序设计说明书，以便明确处理过程、数据的输入输出内容及其他具体要求。程序设计说明书经集体讨论同意后方可进行程序设计。

（2）由不同人员设计，但相互间存在数据依赖关系的模块，必须重点讨论，设法统一协调。

（3）内存变量按拼音字母缩写，末尾加上标记"N"。

（4）程序必须简洁清晰，具有恰当的注释和强有力的防错容错措施。

（5）程序设计过程中，如需要使用仍未设计的数据库，可自行设计，其中字段名采用拼音字母缩写形式。数据库设计完成后应说明其结构和作用并予以备案。

（6）程序设计过程中有何问题和要求，应及时提出，以便讨论决定。

按照物理设计的规定和以上要求设计出的程序具有较高的质量和实用价值，整个系统也易于理解和维护。

### 9.3.3　程序设计说明书

在程序设计之前，每个模块需编写程序设计说明书，说明数据库调用关系，对复杂的处理过程要编制处理框图，并说明具体的算法。

例如，物料储备定额的制定是一个复杂的过程，该模块的程序设计说明书重点分析了储备定额制定存在的问题，并列出了设计的数学模型，绘制了处理框图。

以下是物料储备定额制定模块程序设计说明书的部分内容。

……

12.1　物料储备定额制定存在的问题

物料储备是企业生产建设不可缺少的物料保证，合理的物料储备是节约储备资金、提高企业经济效益的重要手段。目前，公司物料储备偏高、资金占用量大，严重影响了公司的经济效益。造成这种局面的主要原因是：

（1）受"用大库存保生产"的保守思想的影响，对采用科学方法改进物料储备管理的重要性缺乏足够的认识，多年来一直沿用传统的经验估算法制定物料储备定额；

（2）公司消耗的物料品种规格多，供货方式、消耗特点差异大，难以找到普遍适用且科学合理的储备定额制定方法及决策模型；

（3）定量计算与定性分析不能有效地结合起来；

（4）在决策所需要的大量知识中，专家的知识和经验相当重要，但未能恰当地有效地利用；

（5）定额制定及其决策过程需处理的数据和信息量大，且历史数据的比重高。

本系统在全面调查研究的基础上拟采用定量计算与定性分析相结合的方法。即：通过对企业内部物料需求特点的分析，选择合理的数学模型，有经验的专家对通过数学模型计算的结果进行分析和调整，最终获得科学合理的物料储备定额。

## 12.2 数学模型

### 12.2.1 需求连续型模型

公司内部消耗正常有规律且连续稳定的物料适用于以下定额制定模型。

#### 12.2.1.1 按储备构成制定定额模型

（1）经常储备定额的制定

1）平均供应间隔期模型

$$M_j = \frac{A}{T_0} \left[ T_1 + T_2 + T_3 \right] \tag{1}$$

上式可写成

$$M_j = \frac{A}{T_0} \left[ \frac{\sum\limits_{i=1}^{n-1} (\Delta t_i \cdot Q_i)}{\sum\limits_{i=1}^{n-1} Q_i} + T_2 + T_3 \right] \tag{2}$$

式中　$M_j$——经常储备定额；

　　　$A$——某物料计划期需用量；

　　　$T_0$——计划期天数；

　　　$T_1$——平均供应间隔天数；

　　　$\Delta T_i$——第 $i$ 批与第 $i+1$ 批到货物料的间隔天数；

　　　$Q_i$——第 $i$ 批到货数量；

　　　$n$——统计期到货批数；

　　　$T_2$——验收天数；

　　　$T_3$——使用前准备天数。

2）统计概率分析模型

适用条件：物料消耗量大，到货频繁，货源充足的物料

将统计期（一般要求 3 年以上）内供货间隔，按从小到大分别记为 $t_1$，$t_2$，$\cdots t_N$（$N$ 为供货间隔个数），设具有同一间隔期 $t_i$ 的到货次数为 $m_i$，计划期要求的保证供应率为 $K$（$0 < K \leqslant 1$），则取第 $n_0 = \arg\min\limits_{n} \left( \dfrac{\sum\limits_{i=1}^{n} m_i}{\sum\limits_{i=1}^{N} m_i} \geqslant K \right)$ 个供货间隔 $t_{n_0}$ 作为供货间隔天数 $T_1$，即：$T_1 = t_{n_0}$，那么，

经常储备定额　　　$M_j = \frac{A}{T_0} (t_{n_0} + T_2 + T_3) \tag{3}$

（2）保险储备定额的制定

1）平均误期天数模型

适用条件：公司内部消耗正常有规律，而外部供货条件欠佳，时常发生供货误期的物料保险储备定额

$$M_b = \frac{A}{T_0} \cdot (\alpha + T_W) \tag{4}$$

式中　$T_W = \dfrac{\displaystyle\sum_{i=1}^{n-1} Q_i \cdot \max\left\{\Delta t_i - \dfrac{\displaystyle\sum_{i=1}^{n-1} \Delta t_i \cdot Q_i}{\displaystyle\sum_{i=1}^{n-1} Q_i}, 0\right\}}{\displaystyle\sum_{i=1}^{N} Q_i^W}$

$N$ —— 统计期内发生误期的总次数；

$Q_i^W$ —— 到货发生误期的第 $i$ 期的到货量；

$\alpha$ —— 调整天数。

2）超耗备用天数模型

适用条件：货源充足，不会发生误期，而公司内部时常出现超耗

设统计期内需求量 $X$ 的变化范围为 $[a, b]$，根据具体情况，可选取适当的区间间隔 $\Delta x > 0$，划分 $N$ 个区间 $(X_i, X_{i+1}]$，$i = 1, 2, \cdots, N$，其中 $N = \left[\dfrac{b-a}{\Delta X}\right] + 1$，$X_1 = a$，$X_{N+1} = b$，那么，保险储备定额

$$M_b = T_c \cdot R \tag{5}$$

上式可写成

$$M_b = (A_g - A_p) \cdot \min\left\{\frac{T_j}{30}, 1\right\} \tag{6}$$

两式中　$T_c = \dfrac{A_g - A_p}{R} \cdot \min\left\{\dfrac{T_j}{30, 1}\right\}$

$A_p$ —— 计划期月均需用量

$A_g = X_{n0+1}$；

$n_0 = \arg \min\limits_{n}\left\{\dfrac{\displaystyle\sum_{i=1}^{n} n_i}{\displaystyle\sum_{i=1}^{N} n_i} \geqslant K\right\}$；

$n_i$ —— 第 $i$ 个区间 $(X_i, X_{i+1}]$ 实际月拨出量出现的次数；

$K$ —— 计划要求的保证供应率（$0 < K \leqslant 1$）；

$R$ —— 计划日均需用量；

$T_j = \dfrac{\displaystyle\sum_{i=1}^{n-1} \Delta t_i \cdot Q_i}{\displaystyle\sum_{i=1}^{n} Q_i} + T_2 + T_3$。

3）误期超耗综合模型

适用条件：外部供货有误期现象，而内部消耗又常有超耗发生

设前期确定误期与超耗同时发生的次数为 $L$，统计期月数为 $m$，则误期超耗同时发生的概

率 $\bar{P} = \dfrac{L}{M}$。一般地，物资供应保证率不宜低于 $80\%$，因此，当 $\bar{P} \geqslant 0.2$ 时，应加大储量，以应误期与超耗之需，反之可忽略误期与超耗产生的影响。

$$\text{保险储备定额} \qquad M_b = \dfrac{A}{T_0} \cdot T_b \tag{7}$$

其中：

$$T_b = \begin{cases} T_W + T_C & \bar{P} \geqslant 0.2 \\ \max(T_W + T_C) & \bar{P} < 0.2 \end{cases}$$

#### 12.2.1.2 储备定额直接制定模型

适用条件：到货间隔均匀，到货周期大致为一个月

$$\text{储备定额} \qquad M = X_{n_0+1} \tag{8}$$

其中：

$$n_0 = \arg\min_n \left\{ \dfrac{\displaystyle\sum_{i=1}^{n} n_i}{\displaystyle\sum_{i=1}^{N} n_i} \geqslant K \right\}$$

其他字母的含义参阅"超耗备用天数法"。

### 12.2.2 需求间断型模型

当物料的拨出量呈间断型分布，并且数值相差较大，在 3 年中，一般有拨出的月份不足 20 个月时，可用需求间断型模型制定定额。

#### 12.2.2.1 需求间断有规律模型

适用条件：某物料从发生拨出的月份来看呈间断分布，但一定时期内其拨出次数与数量具有一定的规律，且各年的拨出变化不大。

（1）经常储备定额的制定

$$M_j = \left[ \dfrac{T_g}{\Delta T} \cdot A \cdot \dfrac{1}{\left[ \dfrac{T_0}{\Delta T} \right]} \right] \tag{9}$$

式中　$T_g$——根据供货单位状况、供货批量大小及每年可能的订货次数综合选定的供货周期

　　　$T_0$——统计期月数

　　　$\Delta T$——周期长度，一般 $\Delta T \geqslant 2$

（2）保险储备定额的制定

与"超耗备用天数法"中的区间划分一样，需划分 $N$ 个区间，设为第 $i$ 个区间 $(X_i, X_{i+1}]$ 上出现的拨出次数，则

$$\text{保险储备定额} \qquad M_b = A_g - R_p \tag{10}$$
$$A_g = X_{L_0+1}$$

式中　$L_0 = \arg\min_L \left\{ \displaystyle\sum_{i=1}^{L} \dfrac{n_i}{\left[ \dfrac{T_0}{\Delta T} \right]} \geqslant K \right\}$；

　　　$R_P$——有拨出月份的平均拨出量。

#### 12.2.2.2 需求间断无规律

适用条件：每次拨出的时间间隔变化不定，且每次的拨出量差别较大。可设一定的保险储备，也可不设。

（1）设保险储备

若物料对生产较为重要，缺货损失大；或货源紧张、供应困难、厂家生产难度大；或备运时间较长，则应设适当的保险储备，其数量可根据拨出、供货及库存等具体情况而定。

（2）不设储备

对于供货厂家较近，货源充足，对生产影响不大的物料，可以采取随进随出的方法，不设库存。

12.3　处理过程框图

物料储备定额制定过程如图1所示。图2为通过分析决策并选择模型（按储备构成制定定额模型）后的具体处理过程，图中的虚框为获得的计算结果，虚线指起单据提供作用。

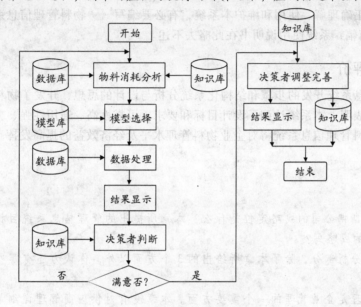

图1　物料储备定额制定过程

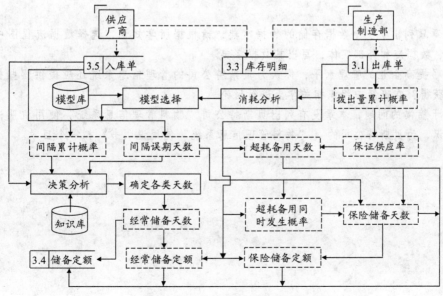

图2　按储备构成制定定额过程

……

### 9.3.4 系统调试

程序设计完成以后，先由设计者采用一定的调试方法调试程序，然后程序设计者相互调试，待各模块、各子系统初步调试完成后，再进行系统总调试。系统总调试由程序设计人员共同进行，最后阶段所用数据都来源于贝斯特公司。经过认真、细致、科学的系统调试，物料管理信息系统可进行系统切换，投入正常运行。

### 9.3.5 系统使用说明书

为使用户能正确理解、使用和维护本系统，有必要编写《"物料管理信息系统"系统使用说明书》。限于篇幅，系统使用说明书在此略去不述。

### 9.3.6 系统评价

按照管理信息系统开发的步骤和结构化系统分析与设计的思想，开发了物料供应管理信息系统。初步运行表明，本系统达到了设计目标和要求，可靠性高、通用性强、方便实用、易于扩充和维护。物料管理信息系统将对企业物料管理水平及经济效益的提高发挥重大作用。

## 思考题

1. 你认为贝斯特公司的战略定位是什么？本章所提出的管理信息系统目标，你认为能够很好地支持公司的战略吗？

2. 在可行性分析部分，除了本章所给出的 3 个方面以外，你认为还有哪些方面也比较重要？试论述之。

3. 供应商管理是企业管理的一个重要方面。本章没有对供应商管理详细展开，请在课后或实验课上查询资料，讨论贝斯特公司供应商管理的流程。试画出相应的业务流程图和数据流程图。

4. 本章只列出了一个数据存储的数据字典，请根据所学知识，选择数据流程图中的任意一组处理、数据流和外部实体，写出其数据字典。

5. 为了提高企业的管理水平，你认为贝斯特公司的管理信息系统还应提供哪些报表？该报表如何获得？在班级中组织相关学生进行讨论。

6. 由于篇幅的问题，本章没有列出贝斯特公司"物料管理信息系统"使用说明书。请根据所学知识，为贝斯特公司的《"物料管理信息系统"使用说明书》拟一个目录。

# 面向对象的系统开发方法

- 了解面向对象开发方法流行的原因；
- 熟悉面向对象开发方法的特点；
- 掌握对象、类、继承、封装等概念；
- 熟悉 UML 建模语言和方法；
- 掌握面向对象分析的方法；
- 熟悉面向对象设计的方法。

引导案例 >>>

　　贝斯特公司物流管理信息系统的建设遇到了不少波澜和曲折，但最终还是正常运行。很多业务人员开始较为深刻地认识到管理信息系统的作用和意义，管理业务也大幅度地规范了起来，管理信息系统的使用逐渐成为员工们不可或缺的自觉行为。

　　随着人们对于管理信息系统依赖性的增强，改进意见也日益增多。这些要求有些比较容易满足，但有些是要增加新的功能，信息中心颇感为难。员工们的积极性不能挫伤，但新功能的增加绝非易事，更何况系统维护工作也不轻松。信息中心的几位员工对开发过程的逻辑性、严密性以及图表工具记忆犹新，无论谁承担开发任务，都需要遵循严格的步骤，开发周期长。"有没有一种方法能较好地适应系统的修改和扩展，能提高程序的复用率，降低系统维护成本，提高系统开发效率呢？"信息中心小杨勤于思考，并咨询了易得维软件公司杨经理和海极威软件公司洪经理，他们的回答是："面向对象的系统开发方法具有一些优势，当然也不是你想象中的那么神。"

　　"面向对象的系统开发方法究竟有什么特别之处呢？"信息中心的小伙子们开始查找资料，购买书籍。

**问题：**

　　面向对象的系统开发方法是怎么回事？它与贝斯特公司采用的结构化分析与设计方法有什么不同？试采用面向对象的系统开发方法分析和设计第 9 章的实例。

　　面向对象的系统开发方法诞生于 20 世纪 80 年代后期，是 20 多年来管理信息系统领域最为关注的技术之一。面向对象方法学的出发点和基本原则是尽可能模拟人类习惯的思维方式，使开发软件的方法与过程尽可能接近人类认识世界、解决问题的方法与过程。它将现实世界中的任何事物都视为"对象"，不同对象之间的相互联系和相互作用即构成了完整的客观世界。

传统的系统开发方法强调功能分解，从数据和业务流程两个角度分别对系统进行建模，而面向对象方法将二者集成到单一的"对象"中。面向对象的系统开发方法不同于传统开发方法的思路，它为管理信息系统的开发和建设提供了新的技术和工具。

# 10.1 面向对象系统开发方法概述

面向对象系统开发方法的产生和发展较好地解决了传统开发方法的缺陷，它所具有的特点和优势，为人们提供了管理信息系统开发的新形式。

## 10.1.1 结构化开发方法存在的问题

传统的结构化开发方法虽然比较成熟，但对于大规模软件系统的开发和维护过程还存在许多难以解决的问题。

### 1. 抽象能力有限

以过程为中心的开发方法把客观世界看做一组过程，其隐含的假设是这些过程比较稳定，过程之间的逻辑关系非常明确。但是事实并非如此简单，世界从来都不是一成不变的，特别是在当前环境下，唯一不变的只有变化。通常情况下，人们面临的是多种商务需求的组合，这种组合较为复杂，人们不可能周全地考虑到所有因素，也不可能弄清其中的全部因果关系，因此很难从不稳定的商务活动中定义出稳定的过程。也就是说，过程的思想并不是不正确，而是由于人们的认识能力有限，不可能把一个复杂系统中的所有要素的因果关系分析清楚并定义在一个过程内。

### 2. 不利于软件重用

传统的软件工程方法注重严格的分析、设计步骤，对软件开发提供了质量保证。但传统方法要求所有的软件开发都经历可行性分析、需求分析、概要设计、详细设计等过程，按部就班，从零开始，忽视了已有的软件资源，不利于实现软件重用，限制了软件的大规模生产。同时，大型软件系统的开发和维护所产生的大量图形和文档，"淹没"了分析、设计和维护人员，给系统开发和维护带来了困难。

传统的面向过程的程序设计语言，如 Fortran、Basic、C 等对于较小规模的程序比较容易控制和实现，但对于百万行以上的大规模程序在结构设计、运行、调试等方面存在明显的局限。

### 3. 不能有效适应软件系统的结构

结构化分析与设计中自顶向下的思想和方法是解决问题的良好工具，但这种方法在描述客观世界的问题与软件系统的结构之间存在着不一致性。例如，数据流程图是结构化分析中的重要工具，但数据流程图分析和描述的是系统的数据流向，而与之衔接的功能结构图表达的是系统的功能划分和控制结构，两者之间的对应关系不唯一。另外，前者是图形结构，后者是树形的层次结构，在拓扑结构上两者之间有着本质的不同。再者，很多系统不是以数据流程为主要特征，且在使用自上向下的方法时，由于问题可以从多个角度考虑，隐藏着不同的细节，因此对于一个具体问题，人们往往无从下手，不知"顶"在何方。

## 10.1.2 面向对象方法的产生和发展

在软件开发过程中，使用者会不断提出各种更改要求，即使在软件投入使用后，也常常需要对其做出修改。这种修改的实现，采用传统的结构化生命周期法往往较为困难，而且还会因为计划不当或考虑不周，不但旧错误没能得到彻底改正，而且可能会引入新的错误。另一方面，在传统的程序开发过程中，代码的重用率很低，程序员的开发效率并不高。为提高软件系统的稳定性、可修改性和可重用性，人们在实践中逐渐创造出软件工程的一种新途径，即面向对象方法学。

面向对象的思想首先流行于程序设计语言中，产生了面向对象的程序设计方法（object-oriented programming，OOP）。20 世纪 60 年代的 Simula 语言第一次引入了类的概念，目前的面向对象程序设计语言也被认为起源于 Simula。第一个真正的面向对象的程序设计语言是 20 世纪 70 年代产生的 Smalltalk。由施乐公司（Xerox）Palo Alto 研究中心的阿伦·凯（Alan Kay）所设计的 Smalltalk 语言首次使用了"面向对象"这个术语，并采用了新的程序设计方法，从而奠定了面向对象程序设计的基础。Smalltalk 从 LISP 语言中借鉴了很多内容，并从 Simula 中继承了构成自身的核心概念——类。由于程序设计的习惯和经济上的原因，Smalltalk 在当时未能得到很好的推广和应用，但直至目前它仍被认为是最纯的面向对象程序设计语言，它也带动了面向对象的研究热潮。继 Smalltalk 之后，出现了一大批面向对象语言，如：C＋＋、Pascal、Common Loops、Flavors、Eiffel 等。

从 20 世纪 80 年代中期开始，面向对象的概念已经从单纯的面向对象程序设计（OOP）扩展到面向对象设计（object-oriented design，OOD）和面向对象分析（object-oriented analysis，OOA）。因此，就像传统的结构化方法一样，面向对象已不仅仅是一种程序设计方式，而是一门包括新的系统分析、系统设计方法和理论的技术。面向对象的方法把客观世界分解成一个个小单元，再依据事先设计的接口把它们组装到一起，就好像把汽车分解成许多标准零件分步制造一样。部件之间是独立的，更换部件可以制造出不同的产品满足各种现实需求。这种方法被证明更适合用来构建复杂、多变的系统，它在应对系统复杂性、降低开发成本和保证系统稳定性方面比传统开发方法具有明显优势。

面向对象的程序设计语言在抽象化、模块化、重用性、安全性等方面较传统结构化程序设计语言有很大优势，更适合大型软件的开发，尤其是企业级应用软件，Java 语言在此领域的迅速崛起就是很好的证明。程序开发语言的变化必然要求系统设计由传统的结构化方法转变为面向对象设计方法，从而也要求系统分析也做出相应的变化，这样整个开发过程才能顺畅地连接在一起。目前，有不少的开发过程还处于两种方法的过渡时期，比如用传统的结构化方法进行系统的分析设计，然后用面向对象的语言进行系统实现，这就要求在结构化设计与面向对象设计之间进行转化，从某种意义上来说并不是真正的面向对象开发方法，系统的分析设计和实现是不同的思维方式，在今后系统升级或二次开发时会带来障碍。另外，当前流行的敏捷开发方法的核心思想是迭代和增量开发，面向对象方法学更符合这类特征，这也是其取代结构化方法的重要原因。

## 10.1.3　面向对象方法的特点

（1）认为客观世界是由各种对象组成的，任何事物都是对象，复杂的对象可以由比较简单的对象以某种方式组合而成。按照这种观点，可以认为整个世界就是一个最复杂的对象。因此，面向对象的软件系统是由对象组成的，软件中的任何元素都是对象，复杂的软件对象由比较简单的对象组合而成。

（2）把所有对象都划分成各种对象类，简称为类（class），每个对象类都定义了一组数据和一组方法。数据用于表示对象的静态属性，是对象的状态信息，每当建立该对象类的一个新实例时，就按照类中对数据的定义为这个新对象生成一组专用的数据，以便描述该对象独特的属性值。例如，屏幕上不同位置显示的不同半径的几个圆，虽然都是 circle 类的对象，但是，各自都有专用的数据，以便记录各自的圆心位置、半径等。类中定义的方法，是允许施加于该类对象上的操作，是该类所有对象共享的，并不需要为每个对象都复制操作的代码。

（3）按照子类（或称为派生类）与父类（或称为基类）的关系，把若干个对象类组成一个层次结构的系统（也称为类等级）。

（4）对象彼此之间仅能通过传递消息互相联系。

## 10.2　面向对象建模的基本概念

面向对象建模是面向对象方法的基础，了解面向对象建模的基本概念是掌握面向对象建模工具和面向对象方法的基本前提。

### 10.2.1　对象

对象（object）是客观世界中的事物在计算机领域中的抽象，是一组数据（用于描述对象的特性或属性）和施加于该组数据上的一组操作（行为）组成的集合体。例如，Windows 系统中窗口上的一个文本框对象包含有名称（name）、字体（font）、前景色（fore color）、高度（height）和宽度（width）等多种属性，同时还带有单击左键（click），双击左键（double click）、修改文本（change）等多个操作。需要注意的是对象的属性可以是单一的数据类型（包括新型的数据类型如图片、声音和视频）或者复杂的数据结构，甚至是另外一个对象。

面向对象的方法就是以对象为中心，以对象为出发点的方法，所以对象的概念相当重要。在应用领域中有意义的、与所解决的问题有关系的任何人或事物都可以作为对象，它既可以是具体物理实体的抽象，也可以是人为的概念，或者任何有明确边界和含义的事物或东西。对象在面向对象系统中具有双重含义。对象首先是构成程序的基本要素，即程序系统中的一个模块，它包括所解决问题的数据类型（数据的属性和数据结构）和这些数据所具有的行为（对这些数据施加的操作）。对象又是所求解的问题空间中某个事物的化身（即抽象），对象中的数据部分用以刻画该事物的静态属性，对象中的行为部分用以描述该事物的动态特征，即对问题的处理过程。对象的行为特征（即操作过程）在面向对象程序设计中被称做方法（method），就像传统程序设计中的函数、过程等。通过对象，一个事物的属性和行为被封装成一个整体，形成一个构造部件，就像发动机上的一个螺丝，以便运行时在需要它的地方被引用。

### 10.2.2　类

类又称对象类（object class），是指有相同属性和行为的一组对象的集合。一个对象就是该对象所在类的一个实例（instance），或者说实例是以类为模板创建的一个特定对象。类是对象的抽象和描述，一个类所包含的方法和数据是用来描述一组对象的共同行为和属性。通过类来抽象一个个对象的共同特点、描述一个个对象的相似属性，存储一个个对象的一致行为，是面向对象技术最重要的特征。从形式和定义说明上看，类很像传统程序设计中的结构，但类同时包含了传统程序设计中数据定义和功能实现的构造。

类与对象相比有不同的抽象层次，因而有不同层次的类。这些类之间不是孤立的，它们之间的关系构成了类的层次结构。将这些类的属性和行为存储在一起，就构成类库。类库为程序设计提供了可再用软件，是进一步进行软件开发的工具。是否已建立了一个丰富的类库，是一个面向对象程序设计语言实用化的标志。类、类层次结构、类库都是面向对象系统的重要特征。

### 10.2.3　继承

继承性（inheritance）是不同类层次之间共享数据和方法的手段，是软件重用的一种机制。继承性使软件开发不必都从头开始。对一个新的类的定义和实现，可以建立在已有类的基础上。把已经存在类中的数据和方法作为自己的内容，并加入自己特有的新内容。类的层次结构在概念分析上源于对事物不同层次的抽象，而在具体实现上却依赖继承机制。

当两个类产生继承关系后，原有的类被称为父类（parent class），新定义的类被称做子类（child class）。若子类只从一个父类得到继承，则称为"单重继承"（single inheritance）；若一个子类能从多个父类那里得到继承，则称为"多重继承"（multiple inheritance）。子类通过继承机制获得父类的属性和操作。例如，电视机、电话、计算机等都是电子产品，它们具有电子产品的公共特性，当定义电视机类（video）、电话类（telephone）和计算机类（computer）时，为避免它们公共特性的重复编码，可将这些电子产品的公共特性部分定义为电子产品类，将video、telephone 和 computer 定义为它的子类，子类继承了父类的所有属性和操作，而且子类自己还可扩充定义自己的属性和操作，如电子产品类具有型号、价格、颜色等属性，computer 则继承了这些属性，并扩充自己的属性：显示类型、内存大小等属性。

继承性是面向对象语言区别于其他语言最主要的特点。

### 10.2.4　封装

封装（encapsulation）即信息隐藏。它保证软件部件具有较好的模块性，可以说封装是所有主流信息系统方法学中的共同特征，它对于提高软件的清晰度和可维护性，以及软件的分工有重要的意义。可以从两个方面来理解封装的含义：首先，当设计一个程序的总体结构时，程序的每个成分应该封装或隐蔽为一个独立的模块，定义每一模块时应主要考虑其实现的功能，而尽可能少地显露其内部处理逻辑。其次，封装表现在对象概念上。对象是一个很好的封装体，它把数据和服务封装于一个内在的整体。对象向外提供某种界面（接口），可能包括一组数据（属性）和一组操作（服务），而把内部的实现细节（如函数体）隐蔽起来，外部需要该对象时，只需要了解它的界面就可以，即只能通过特定方式才能使用对象的属性或服务。这样既提供了服务，又可以保护自己不轻易受外界的影响。

封装遵循了人们使用对象的一般心理，因此在信息系统的开发中能贴切地反映事物的真实面貌。对于软件维护和分工管理非常有利。第一，开发人员一旦设计好对象的界面（接口）后，不需要等待该对象全部完成就可以进行后续开发，实现并行工作；第二，只要对象接口不变，对象内部逻辑的修改不会影响其他部件，软件维护和升级也容易多了；第三，严密的接口保护，使对象的属性或服务不会随意地被使用，对象的状况易于控制，可靠性随之增强。

### 10.2.5　多态

多态性（polymorphism）指相同的操作（或函数，或过程）可作用于多种类型的对象并获得不同的结果。在面向对象方法中，可给不同类型的对象发送相同的消息，而不同的对象分别做出不同的处理。例如，给整数对象和复数对象定义不同的数据结构和加法运算，但可以给它们发送相同的消息"做加法运算"，整数对象接收此消息后做整数加法运算，复数对象则做复数加法运算，产生不同的结果。多态性增强了软件的灵活性、重用性、可理解性。

### 10.2.6 消息

消息是对象之间的通信机制，是访问类中所定义的行为的手段。当一个消息发送给某一个对象时，即要求该对象产生某些行为。所要求产生的行为包含在发送的消息中。对象接收到消息后，给予解释并产生响应。这种通信过程叫信息传递（message passing）。

对象是属性和行为的封装。只有对象可以执行自己的行为，并操作自己的数据。例如，如果想使你所在的房间变得安全，门对象必须执行以下行为：关闭和锁上。因此，如果你（一个对象）想让房间成为安全的，你必须发送一条消息给门，请求它执行关闭和锁上行为。对象发送消息并不需要知道接收消息的对象内部是如何组织的或者行为是如何实现的，只要知道它响应正确定义的消息请求就可以了。

## 10.3 统一建模语言

面向对象建模语言是面向对象方法的有效工具，以静态建模机制和动态建模机制为主要内容的统一建模语言成为可视化建模语言的主要代表和事实上的工业标准。

### 10.3.1 统一建模语言的起源

面向对象建模语言出现于 20 世纪 70 年代中期。1989～1994 年，其数量从不到 10 种增加到了 50 多种。在众多的建模语言中，语言的创造者努力推崇自己的产品，并在实践中不断完善。但是，面向对象方法的用户并不了解不同建模语言的优缺点及相互之间的差异，因而很难根据应用特点选择合适的建模语言，于是爆发了一场"方法大战"。20 世纪 90 年代中期，一批新方法出现了，其中最引人注目的是 Booch 1993、OMT-2 和 OOSE 等。

Booch 是面向对象方法最早的倡导者之一，他提出了面向对象软件工程的概念。1991 年，他将以前面向 Ada 的工作扩展到整个面向对象设计领域。Booch 1993 比较适合于系统的设计和构造。Rumbaugh 等人提出了面向对象的建模技术（object modeling technology，OMT）方法，采用了面向对象的概念，并引入各种独立于语言的表示符。这种方法利用对象模型、动态模型、功能模型和用例模型共同完成对整个系统的建模，所定义的概念和符号可用于软件开发的分析、设计和实现的全过程，软件开发人员不必在开发过程的不同阶段进行概念和符号的转换，OMT-2 特别适用于分析和描述以数据为中心的信息系统。Jacobson 于 1994 年提出了面向对象的软件工程（object-oriented software engineering，OOSE）方法，其最大特点是面向用例（use case），并在用例的描述中引入了外部角色的概念。用例的概念是精确描述需求的重要武器，但用例贯穿于整个开发过程，包括对系统的测试和验证。OOSE 比较适合支持商业工程和需求分析。此外，Coad-Yourdon 即著名的 OOA/OOD 是最早的面向对象的分析和设计方法之一，该方法简单、易学，适合于面向对象技术的初学者使用，但由于该方法在处理能力方面的局限，目前已很少使用。

面对众多的建模语言，用户由于没有能力区别不同语言之间的差别，因此很难找到一种比较适合其应用特点的语言。虽然不同的建模语言大多雷同，但仍存在某些细微的差别，极大地妨碍了用户之间的交流。因此，在客观上极有必要在精心比较不同的建模语言优缺点及总结面向对象技术应用实践的基础上，组织联合设计小组，根据应用需求，取其精华、去其糟粕，统一这些建模语言。1994 年，Rumbaugh 加入到 Rational 软件公司，而 Booch 早已在那里工作。第二年，Jacobson 也加入了他们的行列，他们三人被称为"三个好朋友"。经过他们共同努力，

1996 年统一建模语言（unified modeling language，UML）诞生并获得了工业界、科技界和应用界的广泛支持，成为可视化建模语言事实上的工业标准。

## 10.3.2　统一建模语言的内容

作为一种建模语言，UML 的定义包括 UML 语义和 UML 表示法两个部分。

### 1. UML 语义

UML 语义是基于 UML 的精确元模型（meta model）。元模型为 UML 的所有元素在语法和语义上提供了简单、一致、通用的定义性说明，使开发在语义上取得一致，消除了人为表达方法所造成的影响。此外，UML 还支持对元模型的扩展定义。

### 2. UML 表示法

定义 UML 符号的表示法为使用这些图形符号和文本语法进行系统建模提供了标准。这些图形符号和文字所表达的是应用级的模型。在语义上它是 UML 元模型的实例。标准建模语言 UML 的重要内容可以由下列 5 类图（共 9 种图形）来定义。

（1）用例图。用例是对系统提供的功能（即系统的具体用法）的描述，是一系列行为上相关的步骤（场景），既可以是自动的也可以是手工的，其目的是完成一个单一的业务任务。用例图（use case diagram）从用户角度描述系统功能，并指出各功能的操作者。

（2）静态图。静态图（static diagram）包括类图、对象图和包图。它不仅定义系统中的类，表示类之间的联系，如关联、依赖、聚合等，也包括类的内部结构（类的属性和操作）。类图描述的是一种静态关系，在系统的整个生存周期都是有效的。对象图是类图的实例，几乎使用与类图完全相同的标识。它们的不同点在于对象图显示类的多个对象实例，而不是实际的类，一个对象图是类图的一个实例。由于对象存在生存周期，因此对象图只能在系统某一时间段中存在。包图由包或类组成表示包与包之间的关系。包图用于描述系统的分层结构。

（3）行为图。行为图（behavior diagram）描述系统的动态模型和组成对象间的交互关系，分为状态图和活动图。状态图描述类的对象所有可能的状态以及事件发生时状态的转移条件，通常状态图是对类图的补充。实际中，并不需要为所有的类画状态图，仅为那些有多个状态，其行为受外界环境影响并发生改变的类画状态图。活动图描述满足用例要求所要进行的活动以及活动间的约束关系，有利于识别并行活动。

（4）交互图。交互图（interactive diagram）描述对象间的交互关系，分为顺序图和合作图。顺序图显示对象之间的动态合作关系，它强调对象之间消息发送的顺序，同时显示对象之间的交互。合作图描述对象间的协作关系，合作图与顺序图相似，显示对象间的动态合作关系。除显示信息交换外，合作图还显示对象以及它们之间的关系。如果强调时间和顺序，则使用顺序图，如果强调上下级关系，则选择合作图。这两种图合称为交互图。

（5）实现图。实现图（implementation diagram）分为部件图和配置图。部件图描述代码部件的物理结构及各部件之间的依赖关系。一个部件可能是一个资源代码部件、一个二进制部件或一个可执行部件。它包含理想类或实现类的有关信息。部件图有助于分析和理解部件之间的相互影响程度。配置图定义系统中软硬件的物理体系结构，它可以显示实际的计算机和设备（用节点表示）以及它们之间的连接关系，也可显示连接的类型及部件之间的依赖性。在节点内部放置可执行部件和对象以显示节点与可执行软件单元的对应关系。

从应用角度看，采用面向对象技术设计系统时首先是描述需求；其次是根据需求建立系统的静态模型，以构造系统的结构；再次是描述系统的行为。其中，在第一步与第二步中所建立的模型都是静态的，包括用例图、类图、对象图、部件图和配置图等 5 个图形，是标准建模语言的静态建模机制。第三步中所建立的模型或者可以执行或者表示执行时的时序状态成交互关系，包括状态图、活动图、顺序图和合作图等4个图形，是标准建模语言的动态建模机制。因此，标准建模语言的主要内容也可以归纳为静态建模机制和动态建模机制两大类。

## 10.4 面向对象的分析方法

无论是传统的系统分析方法还是面向对象的分析方法，系统开发总体规划、对现行系统进行调查研究都是必要的（调查方法参见第5章），不同之处在于分析问题的角度和建立系统模型所使用的工具。面向对象分析方法要求辨识支持业务需求的对象、对象的数据属性、相关的行为以及对象之间的关联。通过对象建模记录确定的对象、对象封装的数据和行为以及对象之间的关系。

面向对象分析方法一般包括以下几个步骤（见图10-1）。

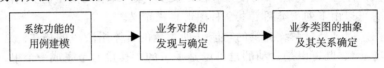

图 10-1　面向对象分析方法的一般步骤

### 10.4.1 系统功能的用例建模

出于对用户说明和交流需求，特别是功能需求较为困难，对于数据模型、过程模型、原型系统以及规格说明等传统工具，没有受过软件开发训练的用户很难理解，导致项目开发完成后不能满足用户的需要。为确保信息系统开发成功，用户必须能够与系统分析员开展有效交流，系统分析员必须理解用户的需求，把重点放在系统如何使用，而不是系统如何构建方面。用例建模被广泛认为是定义、记录和理解信息系统功能需求的最佳实践方法。

**1. 用例建模的概念和组成**

用例建模（use case modeling）是通过使用业务事件（business events）、发起事件的参与者（actor），以及系统如何响应这些事件（system responds to those events）的过程场景来建模系统功能的过程。用例模型由用例图和用例描述两部分组成。

（1）用例图。用例图（use case diagram）是用例的图形化符号，它为人们提供了一种分析用例的可视化工具，可以从不同层次对系统用例之间的关系进行鸟瞰。它的主要符号包括：参与者、用例和关联关系。图10-2为参与者与用例符号及其关联关系示意图。

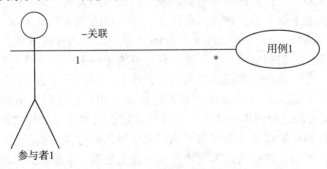

图 10-2　参与者与用例符号

　　参与者（actor）表示需要与系统交互以交换信息的任何事物，可以是一个用户，可以是外部系统的一个角色，也可以是一个人。有时候业务事件由时间或日期触发，比如银行每天下午 4 点半对账，信用卡公司每月 19 号生成个人上月账单。这些事件都是由时间触发的系统事件，称为时序事件，它们的参与者是时间。

　　用例（use case）是一组关联行为自动的和手工的步骤序列，其目的是为了完成单个业务任务。用例模拟了业务事件的场景，从外部用户与系统交互的角度描述系统功能。

　　关联关系（relationship）表示参与者与用例之间的通信。

　　一个用例可能包含多个步骤的复杂功能，使得其难以理解。为了简化，将较复杂的步骤提取成专门用例，成为扩展用例，它与原用例间是扩展关系（extends relationship）。一个用例可有多个扩展用例，扩展用例不能被其他用例调用。图 10-3 显示贝斯特挖掘机配件公司"处理顾客订单"用例，该用例过程比较复杂（参照第 5 章图 5-5 的相关描述），可以从中抽取出几个相对独立的子用例。

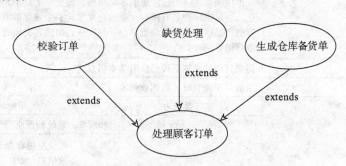

图 10-3　"处理顾客订单"用例的扩展关系

　　多个用例包含相同的功能步骤，把公共步骤提取成抽象用例（abstract use case），代表某种形式的"复用"，抽象用例可以被其他用例调用。这样形成用例之间的使用关系（use relationship），如图 10-4 表示贝斯特挖掘机配件公司"缺货处理"和"生成仓库备货单"的过程中都需要向某方发送电子邮件提醒，该提醒功能会在多个用例中重复使用，所以将其提取成一个单独的用例。

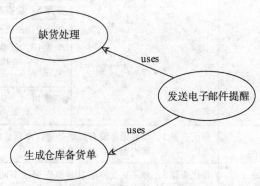

图 10-4　用例的使用关系

　　（2）用例描述。用例描述（use case narrative）是使用文字对用例的具体描述，通常不同的开发组织可能制定自己的统一格式。用例描述是用例建模的主要内容，它详细记录了一个业务场景，该场景可能包含一个或多个业务需求，下面给出一个实例供参考（见表 10-1）。用例描述与用例图相互补充，共同构成用例模型。

表 10-1 处理顾客订单用例描述

| 作者：Yang | 时间：2011.3.12 | 版本：1.0 |
|---|---|---|
| 用例名称： | 处理顾客订单 | 用例类型<br>业务需求：☑<br>系统设计：□ |
| 用例 ID： | MSS-BUC002 | |
| 优先级： | 高 | |
| 来源： | 需求——MSS-R1.00 | |
| 主要业务参与者： | 已注册顾客 | |
| 其他参与者 | • 仓库<br>• 销售科<br>• 发货科 | |
| 其他关联人员 | • 会计科——财务记账<br>• 采购科——了解销售，补充库存<br>• 管理层——了解销售，评估公司效益和顾客满意度 | |
| 描述 | 该用例描述一个已注册顾客向销售科提交一个订单。顾客信息及账号被验证。一旦确定产品有库存，就给仓库发出一个备货单准备发货。对于没有库存的产品，生成一个缺货单。一旦完成，给顾客发出通知，同时将订单存底进行销售统计 | |
| 前置条件 | 提交订单的顾客必须已注册基本信息 | |
| 触发器 | 当新订单提交时，用例被触发 | |

| | 参与者行为 | 系统响应 |
|---|---|---|
| 典型事件过程 | 步骤1：顾客提供信息及订单 | 步骤2：系统验证所需信息后确认 |
| | | 步骤3：系统根据存储的信息验证顾客提交的信息 |
| | | 步骤4：对订购的每个产品，系统验证产品标识 |
| | | 步骤5：对于订购的产品，系统验证产品是否有货 |
| | | 步骤6：对每个可用的产品确定价格 |
| | | 步骤7：计算订单总价 |
| | | 步骤8：检查顾客账号的状态 |
| | | 步骤9：系统验证顾客是否已支付 |
| | | 步骤10：订单存底后，将订单发送到相应的仓库进行备货，调用"生成仓库备货单"用例 |
| | | 步骤11：一旦处理完订单，系统生成一个订单确认，发送给顾客 |
| 替代事件过程 | 替代步骤2：如果顾客没有提供处理订单所需的所有信息，将不合格订单退回给顾客并发送通知 | |
| | 替代步骤3：如果提交的信息与原先记录不同，则验证哪个记录是最新的，然后相应地修改顾客信息 | |
| | 替代步骤5：如果无法提交订单要求的数量，则生成一个缺货通知单，同时调用"缺货处理"用例 | |
| | 替代步骤9：如果顾客未能按时支付，通知向顾客发出催款单。如果顾客不能按催款期限及时支付，则取消订单并终止用例 | |

（续）

| 结论 | 当顾客收到订单确认时，该用例结束 |
|------|------|
| 后置条件 | 如果订购的产品有货并发货成功，将在会计科记账 |
| 业务规则 | • 响应促销或者使用信用卡可能会影响本次交易中订购产品的价格<br>• 现金或支票不与订单一起接收。如果提供，将被退回给顾客 |
| 约束和说明 | 要为销售科、仓库、会计科提供图形用户界面（GUI），为顾客提供 Web 界面 |
| 待解决问题 | 需要决定采用何种方式送货（送货策略） |

### 2. 用例建模的优点

整个面向对象开发过程都使用用例。在分析过程中，用例被用来建模系统的功能，并作为确定系统对象的起点。开发过程中用例不断被精炼。用例包含了大量的系统功能细节，因此它们将是验证和测试系统设计的资源。用例建模具有以下优点。

（1）有助于确定对象以及对象之间的高层关系和责任；

（2）提供从外部人员的视角看待的系统行为视图；

（3）获取需求的有效工具；

（4）有效的沟通工具；

（5）提供了确定、分配、跟踪、控制和管理系统开发活动（尤其是增量和迭代开发）的手段；

（6）测试计划的基础；

（7）为用户文档和系统开发文档提供基准；

（8）提供了驱动系统开发的框架。

### 3. 用例建模的一般步骤

用例建模的一般步骤有以下几步：

（1）确定参与者和用例；

（2）绘制用例模型图；

（3）记录用例过程（用例描述）；

（4）分析和精炼用例。

用例的使用可以非常灵活，如果需要分析的目标系统比较大，可将其划分成若干子系统，分别建立每个子系统的用例模型。需要注意的是，用例建模的重点是使用用例描述业务场景而非画用例图，图形只是有助于了解用例及执行者之间的关系。

参照第 5 章对贝斯特挖掘机配件公司的系统分析，贝斯特挖掘机配件公司订单处理子系统的用例模型如图 10-5 所示。

## 10.4.2　业务对象的发现与确定

建立对象模型是面向对象开发方法的基本任务，是软件系统开发的基础，也是一个最需要花费精力和时间的活动。首先，需要发现潜在的业务对象，通常可以从分析用例开始，对分析用例中涉及的名词进行筛选并作为潜在业务对象，可以用一个列表记录发现的潜在业务对象。接着，进一步分析确定系统的业务对象，丢弃重复和没有意义的对象，并对剩余的业务对象进行验证和精炼。

通过对贝斯特挖掘机配件公司订单处理子系统中"处理顾客订单"用例的（见表 10-1）分析，发现了一些潜在业务对象，如表 10-2 所示。

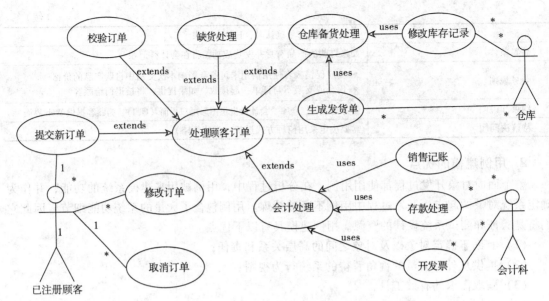

图 10-5 贝斯特挖掘机配件公司订单处理系统用例图

表 10-2 "处理顾客订单"用例中发现的对象

| 对象名称 | 说明 |
| --- | --- |
| customer | 顾客 |
| customer order | 顾客订单 |
| customer ordered product | 顾客订购产品（订单明细） |
| product | 产品 |
| warehouse | 仓库 |
| payment | 支付 |
| transaction | 交易 |

### 10.4.3 业务类图的抽象及其关系确定

一旦确定了系统的业务对象，就要组织这些对象，并记录对象之间的主要概念关系。类图（class diagram）以图形化的方式描述对象及其关联关系。在此图中还将包括关联关系、聚合/合成关系以及泛化/特化关系。

关联关系描述对象或类之间数量上的对应关系。比如，根据实际业务有如下推断：一个客户提交一或多张订单，一张订单只能由一个客户提交，客户类和订单类之间的关系用一条线表示，如图 10-6 所示。需要注意的是所有的关联都是双向的。

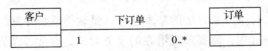

图 10-6 类的关联关系

聚合关系的含义是"whole-part"或者"is part of"。比如一张订单通常包含有多个订购产品，一台计算机由显示器、主板、硬盘等配件组成（见图 10-7），组成"整体"的"部分"是可以脱离"整体"单独存在的。合成关系是一种强形式的聚合，比如一张订单有多个订购项目（产品）组成（见图 10-8），当订单取消时其包含的订购产品被同时取消，如果打印订单，相应的订购产品明细也应该被一起打印。在新的 UML2.0 的符号体系中聚合关系已经被取消，原因是实践者们认为聚合关系的实际意义不大。

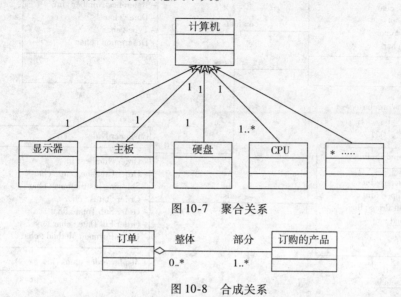

图 10-7　聚合关系

图 10-8　合成关系

泛化与特化是发现类之间共有属性和方法的技术，比如，将教师类和学生类的共有属性和方法抽取出来放入一个新类"人"，这个过程叫泛化，其相反的过程为特化，这样"人"就称为"超类"，教师类和学生类称为"子类"，"超类"与"子类"之间是一对一关系，有时也被称为"is a"关系（见图 10-9）。泛化与特化形成"超类"可以减少系统属性和方法的总数，同时可以集中修改共有的属性和方法，节省了系统开发的时间和费用。

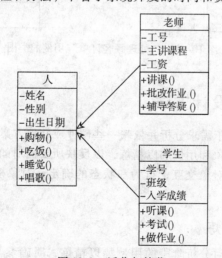

图 10-9　泛化与特化

绘制系统类图的一般步骤为：确定关联关系；确定泛化/特化关系；确定聚合关系；准备类图。

通过对贝斯特挖掘机配件公司订单处理子系统中用例"处理顾客订单"（见表 10-1）的细化，形成该用例的初始类图（见图 10-10）。初始化类图确定了类和类之间的关联、泛化、聚合等关系，但是缺少类的行为，需要在系统设计阶段进一步补充、细化。

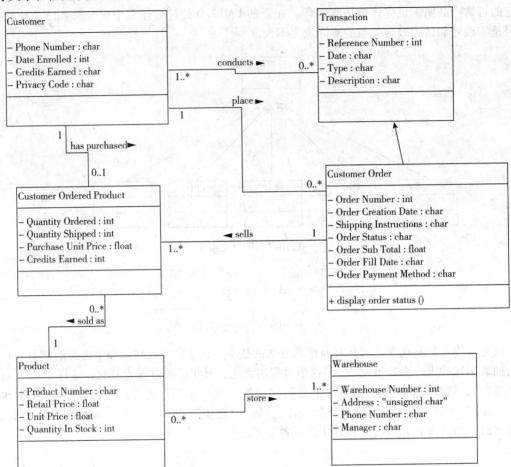

图 10-10 "处理顾客订单" 用例的类图

## 10.5 面向对象的设计方法

在面向对象分析中，基于需求分析并依赖一些硬件或软件方案确定对象和用例，在面向对象设计期间，则要对这些对象和用例加以精炼，以反映所要面对的实际环境。面向对象设计主要包括：用例模型的精炼；对象交互、行为和状态的确定；对象模型修改；其他 UML 模型图设计等 4 项活动。

### 10.5.1 用例模型的精炼

在系统设计阶段，需要对分析阶段的用例加以精炼，明确参与者（或用户）与系统交互以及系统响应事件、执行事件过程的细节，使调整和精炼后的用例适应实现环境。用户访问系统的具体方式，如通过菜单、窗体、按钮、条形码阅读器、打印机等方式都需要详细描述，报告和查询的内容也应在用例中加以说明。虽然精炼用例耗时而烦琐，但这项工作必须完成。这些用例将是系统实现阶段用户手册和测试脚本编制的基础。而且，在系统实现阶段，程序员需要使用这些用例构造应用程序。

### 1. 将分析用例转化为设计用例

设计用例是分析用例具体的实现方法和技术，用例中明确指出用户与系统交互的物理界面，包括界面的性质、使用的控件和用户的操作方式，如表 10-3 所示。

表 10-3　设计用例

| 用例名称 | 处理顾客订单 | 用例类型 | |
|---|---|---|---|
| 用例 ID | MSS-SUC002.00 | 业务需求：□ | |
| 优先级 | 高 | 系统分析：□ | |
| 来源 | 设计用例——MSS-BUC002.00 | 系统设计：☑ | |
| 主要业务参与者 | 已注册顾客 | | |
| 其他参与者 | • 仓库<br>• 销售科<br>• 发货科 | | |
| 其他关联人员 | • 会计科——财务记账<br>• 采购科——了解销售，补充库存<br>• 管理层——了解销售，评估公司效益和顾客满意度 | | |
| 描述 | …… | | |
| 前置条件 | …… | | |
| 触发器 | 当顾客选择输入新订单时，用例被触发 | | |
| | **参与者行为** | **系统响应** | |
| | 步骤1：顾客进入系统主窗口，单击"新订单"按钮或链接 | 步骤2：系统显示一个 Windows 对话窗口，使用列表控件显示产品信息 | |
| | 步骤3：顾客拖动滚动条浏览所有产品，并使用产品列表第一列中的选择框来选择需要添加到订单的产品 | 步骤4：系统默认每个列表页面显示50条记录，可以使用"上一页"和"下一页"按钮进行导航，看到更多的产品信息。系统显示一个文本框控件，提示用户输入自己的顾客编号 | |
| 典型事件过程：<br>（有具体的实现技术和方法） | 步骤5：用户输入顾客编号并单击"确定"按钮 | 步骤6：对于每个订购的产品，系统验证产品可用性，决定发货日期，确定向顾客收取的价格，计算订单总价。如果某产品不能马上得到，给出缺货通知。如果某产品不再可得到，也要通知顾客。如果订购产品有货，系统给顾客显示一个订单确认窗口 | |
| | 步骤7：顾客验证订单，如果没有变化，顾客响应（继续） | 步骤8：系统检查顾客账号的状态。如果满足，系统提示顾客选择期望的支付方式（货到付款还是用信用卡立即支付） | |
| | 步骤9：顾客选择期望的支付方式 | 步骤10：系统显示订单总结，包括期望的支付方式，供顾客确认 | |
| | 步骤11：顾客验证订单，如果没有变化，顾客响应（继续） | 步骤12：系统记录订单信息（包括缺货单） | |
| | | 步骤13：调用抽象用例 MSS-AUC001.00（仓库备货处理） | |
| | | 步骤14：一旦订单处理完毕，系统生成一个订单确认，把它通过电子邮件发给顾客 | |

（续）

| | |
|---|---|
| 替代事件过程 | （略） |
| 结论 | 当顾客收到订单确认时，该用例结束 |
| 后置条件 | 如果订购的产品有货并发货成功，将在会计科记账。对于缺货的产品，生成缺货单并进入"采购"用例 |
| 业务规则 | • 顾客必须拥有一个有效电子邮件地址才能提交订单<br>• 顾客支付后立即提供发票 |
| 约束和说明 | • 用例必须对顾客 24 * 7 可用<br>• 频率——估计用例每天执行 3500 比，支持最多 50 个顾客并发 |
| 待解决问题 | 无 |

表 10-3 中，步骤 13 调用了另外一个抽象用例，该用例代表一个相对独立的功能，可以被多个用例调用。

**2. 修改用例图和相关文档**

所有的分析用例都被转换成设计用例后，保持文档的正确和时效性十分重要。因此，在应该修改用例模型图、参与者和用例描述，以反映设计过程引入的新信息。

## 10.5.2 对象交互、行为和状态的确定

在完成用例精炼并反映具体的实现过程后，需要确定并分类设计对象，确定对象之间的交互、对象的责任和行为。这些对象能够完成用例的功能。

**1. 确定并分类用例设计对象**

系统中一般存在 3 类设计对象：接口对象类（interface classes）、控制对象类（controller classes）和实体对象类（entity classes）。接口对象负责用户与系统及系统模块之间的交互和调用方式；控制对象包含了系统的执行逻辑；实体对象代表系统的业务数据。表 10-4 是一个对象列表示例。

表 10-4 对象列表

| 接口对象类 | 控制对象类 | 实体对象类 |
|---|---|---|
| W02 - 显示顾客信息<br>W03 - 显示订单列表<br>W04 - 显示订单确认<br>W09 - 显示顾客账户<br>状态<br>…… | 新订单处理控制器 | 顾客<br>送货地址<br>顾客订单<br>顾客订单明细<br>产品<br>仓库 |

**2. 确定对象类的属性**

系统分析阶段的类图已经包含大部分属性，但是精炼后的设计用例会包含一些新的属性，增加新属性的同时应该更新类图以保持同步。

**3. 确定对象行为和责任**

首先确定用例所需要的系统行为，然后关联行为和责任到对象类，补充额外的行为，最后进行验证。

一般先用表格整理出所有的系统行为，然后对照对象列表把行为分配给不同的对象类。记

录对象行为和职责的一种有效工具是类责任协作卡（class responsibility collaboration card，CRC），如表 10-5 所示。

表 10-5　CRC 卡

| Object Name：Customer Order（顾客订单） | |
|---|---|
| Sub Object： | |
| Super Object：Transaction（交易） | |
| Behaviors and Responsibilities | Collaborators |
| 显示订单信息<br>计算订单总价<br>更新订单状态<br>增加订购的产品<br>删除订购的产品 | Customer Ordered Product（顾客订单明细） |

　　Behaviors and Responsibilities 列出了 Customer Order 类的所有行为和职责，Collaborators 中列出的对象表明，需要 Customer Ordered Product 对象协作以访问每个被订购产品的信息。最后的任务是验证前面任务的结果，包括与相应用户一起进行检查。一种经常使用的验证方式是角色扮演，扮演者模拟参与者（actor）合作处理一个业务事件。消息发送可以使用纸条代替。角色扮演在发现遗漏对象和行为以及验证对象间的协作方面十分有效。

#### 4. 详细建模对象交互过程

　　确定了对象的行为和责任后可以创建一个详细的模型，对通过交互完成每个设计用例中的功能进行描述。UML 提供了两类模型图，即顺序图和协作图，以图形化方式描述这些交互。顺序图详细显示对象随着时间推移进行的交互（见图 10-11），协作图显示对象以消息序列协作的形式满足用例功能（见图 10-12）。

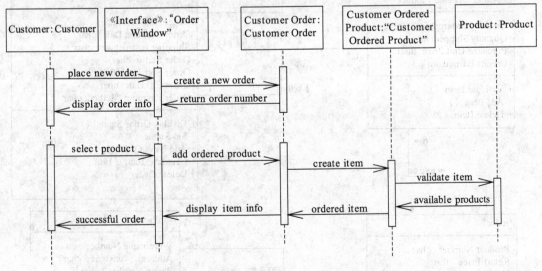

图 10-11　"处理顾客订单"用例的部分顺序图

### 10.5.3　对象模型的修改

　　对象及其交互设计完成后需要精炼和修改对象模型，使其包括行为和实现方法，这一过程通常是在分析阶段完成的类图中通过添加和更新实现。比如根据"处理顾客订单"用例分析阶段的类图（见图 10-10）进行细化完成后的类图如图 10-13 所示。

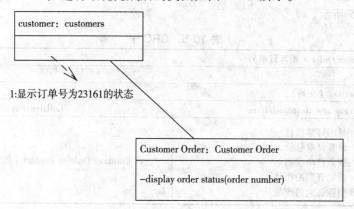

图 10-12 "处理顾客订单"用例中订单查询协作图

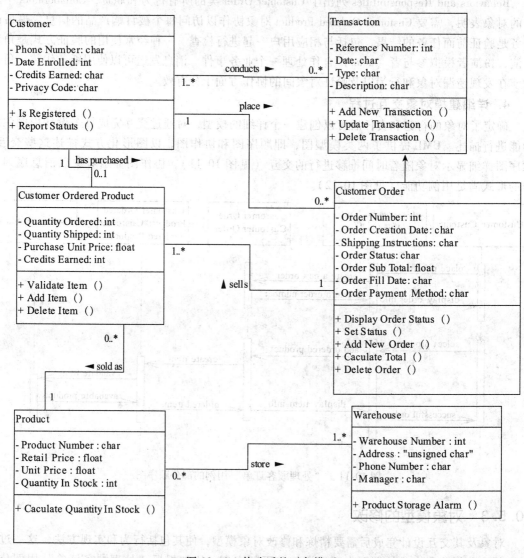

图 10-13 修改后的对象模型

### 10.5.4　其他 UML 模型图的设计

UML 还提供了其他多种用于建模系统设计的模型图，如活动图、状态图等。活动图类似于流程图，它以图形化的方式描述一个业务过程或者一个用例活动的顺序流。但它不同于流程图，因为它提供了一种描述并行发生的活动的机制。因此，活动图对与一个正在执行的操作同时进行的其他动作以及这些动作的结果的建模很有用。活动图可以灵活地应用于分析和设计阶段，图 10-14 的活动图描述了一个新顾客订单的业务处理过程。实心点表示过程的开始；圆角矩形表示所需执行的活动或者任务；箭头描述发起活动的触发器；实心黑棒被称为同步条，这个符号可以描述并行发生的活动；菱形表示决策活动；以一个空心圆套一个实心点表示过程的终止。

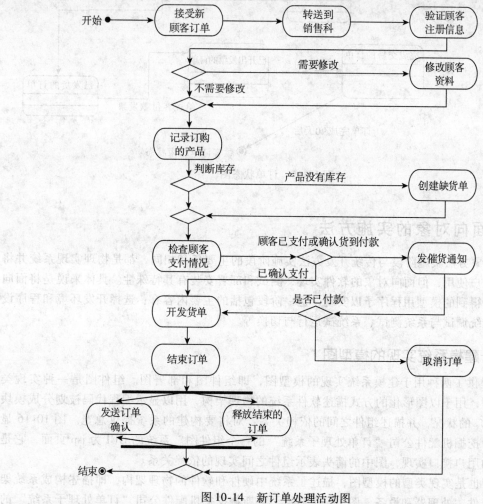

图 10-14　新订单处理活动图

UML 状态图描述一个对象实体基于事件反应的动态行为，显示了该实体根据当前所处的状态对不同的时间做出反应的状况。通常创建一个 UML 状态图是为了研究类、角色、子系统或组件的复杂行为，建模实时系统。图 10-15 所示的状态图描述了订单实体在系统中的状态变化。

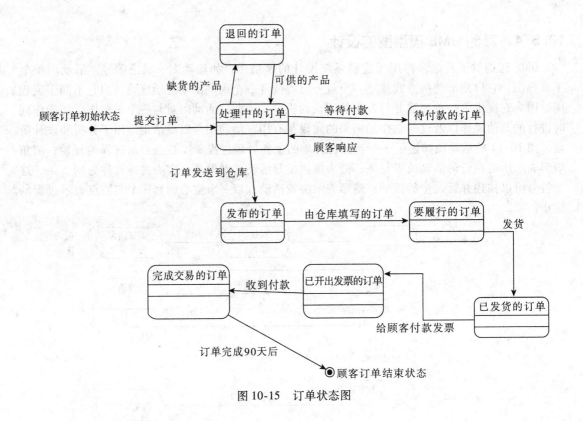

图 10-15　订单状态图

## 10.6　面向对象的实施方法

面向对象方法实施阶段与传统开发方法实施阶段的主要任务相同，都是物理实现系统并将系统交付用户使用，但面向对象的软件实现、测试和部署安装有其特殊性。具体来说是将面向对象设计中得到的模型用程序予以实现，这一阶段包括的主要内容有：选择开发环境和程序设计语言、系统调试与系统测试、系统试运行与切换等。

### 10.6.1　建模系统实现的模型图

UML 提供了两种用于建模系统实现的模型图，即组件图和部署图。组件图是一种实现类型的模型图，用于以图形化的方式描述软件系统的物理架构，用以显示编程代码被划分成模块（或者组件）的状况，并描述组件之间的依赖关系，对将要构建的系统提供总览。图 10-16 显示了贝斯特挖掘机配件公司"订单处理子系统"的一个组件图。系统的 GUI 为 jsp 页面，它是应用程序的用户接口实现，图中的箭头表示组件之间实现的依赖关系。

部署图也是实现类型的模型图，描述了系统中硬件和软件的物理架构，即描述构成系统架构的软件组件、处理器和设备。图 10-17 显示了贝斯特挖掘机配件公司"订单处理子系统"的部署图。图中的每个框是一个节点符号，节点在大多数情况下是一个硬件，可以是一个 PC、大型主机、打印机甚至是一个传感器，驻留在节点上的软件用组件符号表示，连接节点的线段代表设备之间的通信通路，并且连线的标注为使用的通信协议类型。

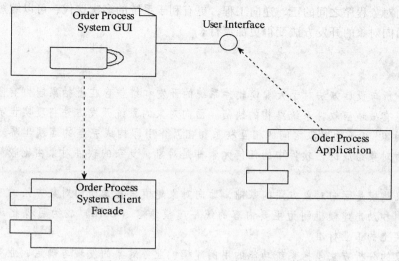

图 10-16　"订单处理子系统"组件图

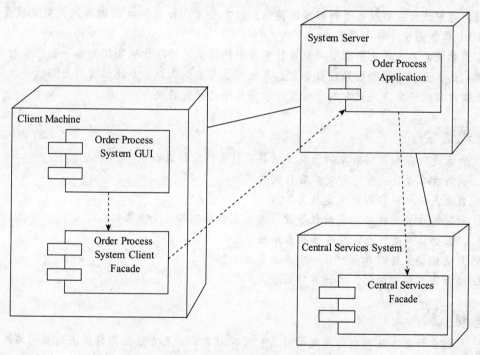

图 10-17　"订单处理子系统"部署图

## 10.6.2　面向对象实施方法的优势

　　面向对象的开发方法强调系统的实施是一个渐进的过程，通过对系统分析设计模型的不断更新和改进，最终实现可交付的系统。这种迭代式的开发可以带来几个好处：第一，尽快地让用户见到系统，以便及时获得用户的反馈意见，调动用户参与系统建设的积极性；第二，系统可以比较平滑地过渡到使用阶段，降低用户熟悉系统的难度；第三，迭代式开发能够更好地应对用户需求的变更。

　　面向对象的开发方式更有利于模型与软件程序之间的转换，目前很多工具可以支持面向对象模型与面向对象程序之间的正、逆向工程，更有利于系统的多次迭代，可以缩短系统开发周期。因此，面向对象的开发方法变得更加流行。

## 本章小结

结构化分析与设计方法对于大规模软件系统的开发和维护存在着抽象能力有限、不利于软件重用、不能有效适应软件系统结构的缺陷。面向对象的系统开发方法将现实世界中的任何事物都视为"对象"，不同对象之间的相互联系和相互作用即构成完整的客观世界。面向对象的软件系统是由对象组成的，软件中的任何元素都是对象，复杂的软件对象由比较简单的对象组合而成。

面向对象建模是面向对象方法的基础，面向对象建模语言是面向对象方法的有效工具，以静态建模机制和动态建模机制为主要内容的统一建模语言（UML）成为可视化建模语言的主要代表和事实上的工业标准。

面向对象的分析方法包括系统功能的用例建模、业务对象的发现与确定、业务类图的抽象及其关系确定等步骤，并通过特定的图形工具予以描述。

面向对象设计主要包括用例模型的精炼，对象交互、行为和状态的确定，对象模型修改，其他 UML 模型图设计等 4 项活动。

面向对象实施方法是将面向对象设计中得到的模型用程序予以实现，这一阶段包括的主要内容有：选择开发环境和程序设计语言、系统调试与系统测试、系统试运行与切换等。

面向对象的开发方法更有利于模型与软件程序之间的转换。

## 复习题

1. 什么是对象？面向对象的开发方法具有什么样的特点？
2. 类的含义是什么？它与对象有什么关系？
3. 什么是继承？它的优点是什么？
4. 封装的含义是什么？它对程序设计的优点体现在哪几个方面？
5. UML 的含义是什么？它有哪些表示法？
6. 用例建模包括哪几种？其一般步骤是什么？
7. 活动图有哪些图例？各代表什么含义？

## 思考题

1. 结构化开发方法存在的问题是什么？面向对象的开发方法是怎样解决这些问题的？
2. 面向对象的开发方法与传统的结构化开发方法和原型法有什么区别？
3. 企业管理对管理信息系统适应变化的要求是什么？从中你是否可以发现几种开发方法演变的脉络？

## 案例讨论

根据本篇的基本内容，针对"综合案例 贝斯特工程机械有限公司的信息化建设之路"中的场景 6 ~ 8、场景 10 ~ 12，开展案例讨论。讨论的问题可参考各场景后所列的题目，也可由教师自行提供。

下 篇

# 管理信息系统的应用与发展

PART 3

第11章 企业资源计划系统

第12章 电子商务与管理信息系统集成

第13章 决策支持系统

# 企业资源计划系统

企业资源计划系统

学习目标 >>>

- 了解 ERP 系统产生的背景;
- 掌握 ERP 系统的概念和特征;
- 熟悉 ERP 系统的发展过程;
- 掌握 ERP 系统的基本原理;
- 了解 ERP 系统的基本模块;
- 了解 ERP 系统产品选型的步骤和影响因素;
- 熟悉 ERP 系统实施的步骤;
- 了解 ERP 系统实施中应注意的事项。

引导案例 >>>

物流部信息化建设取得的成功,对贝斯特公司是一个非常大的鼓舞,其他部门尤其是人力资源部已多次提出也要实施信息化。面对公司各个部门对管理信息系统建设的热情,陈总非常高兴。

随着物流管理信息系统实施成功的喜悦慢慢散去,公司依然暴露出了新的问题。在月底的总结会议上,采购部向财务部提了意见,主要原因是有些供应商对公司付款效率低存有不满,对方销售人员在收取货款时经常遇到一些不顺利的情况,如因某些单据找不到,相关单据数据不一致等导致货款难以按时获取。为此,几家有着长期良好合作关系且原材料质量优良的供应商在本月的供应谈判中已明确提出取消优惠条款。面临这样的局面,采购部非常被动。

在会议上,何部长对财务部蔡部长提出了自己的疑惑:"公司现在形势很好,难道资金还紧张吗?"蔡部长解释道:"其实这个问题一直存在,但是近一段时间以来比较突出。"

原来,公司的付款流程一直是这样的:首先,采购部向供应商发出采购订单,并将采购订单的一个副本交给财务部;然后,供应商将物料交给物流中心,物流中心会同采购部验收物料后开具入库单,并将其中一份交给财务部;最后,财务部核对发票、采购订单、入库单,只有当 3 张单据都准确无误的情况下,才进行付款。显然,单据核对的业务量很大,效率低是难免的。以往公司采购频率并不高,单据数量相对较少,没有什么太大的问题出现。近来,随着物流管理信息系统的实施,管理水平大幅度提高,采购工作开始按小批量、多批次方式进行,以减少库存数量和资金占用。对公司而言,这样做意义重大,但大大增加了单据的数量。另外,近期公司销售情况很好,生产量大幅度上升,物料采购的数量也较以往有很大的增长。在这两方面因素的综合作用下,财务部的工作量繁重了很多,影响了工作效率。

蔡部长的解释大家都能理解,因此没有更多的议论,但陈总不禁忧虑起来。他想了想问道："能不能让物流中心的单据传给财务部的计算机，让财务部的信息系统直接核对，不要再让会计人员一张张地核对单据，这样效率不就提高了吗？"听了陈总的话，吴部长显得很无奈："陈总，我们想过这个办法，把我们的数据文件复制给财务部，可是财务部说信息系统没有办法识别。"蔡部长点点头，"有这么回事，如果两个部门的计算机能够直接读取对方的文件就好了。"

会议结束后，陈总坐在办公桌前翻弄着信息中心邢主任送来的 ERP 系统解决方案。"上次的物流管理信息系统弄得鸡飞狗跳，现在就要扩展到整个公司？难度可能会很大吧？另外，刚刚投入使用的物料管理信息系统该怎么办？从这个宣传材料来看，物料管理是该公司 ERP 系统产品的核心功能，如果我们采用这个系统，投入的那么多钱岂不是打了水漂？"陈总忧心忡忡。"看来信息化还真是个泥潭，一沾上就出不来。"他苦笑着嘀咕了一句。不过陈总心里很清楚，这个问题迟早要解决，还是早下决心吧。"明天就开会讨论这个问题。ERP 系统，我们公司也想上马了！"窗外的乌云涌了上来，光线变暗了许多，远处传来初夏的雷声，暴风雨就要来了。

**问题：**

如果实施 ERP 系统，贝斯特公司现有的管理信息系统怎么处理？是否存在理想的解决方案？你觉得贝斯特公司怎样实施 ERP 系统才能获得成功？从物流管理信息系统的建设中是否可以获得借鉴？

管理信息系统是计算机应用的重要领域，随着信息技术的发展和行业竞争的加剧，管理信息系统在不同的行业逐渐形成具有特定结构、逻辑、功能和运行环境的具体应用形式。机械制造业的规模和水平是衡量一个国家科学技术发展与经济实力的重要标志，不断变化的竞争环境，促使机械制造业的技术创新能力和速度不断产生新的突破。管理信息系统是机械制造业谋求管理创新的有效手段，机械制造业也是管理信息系统得以发展的重要应用领域。自 20 世纪 60 年代中后期起，人们在理论与实践中不断探索和完善管理信息系统的思想与方法，管理信息系统的应用在机械制造业取得了巨大成就，逐渐形成了具有较为成熟思想和结构的管理信息系统，即企业资源计划（enterprise resource planning，ERP）系统。由于 ERP 系统在机械制造企业竞争与发展中的重要作用，ERP 系统的思想在其他行业也得到了广泛应用。

# 11.1　企业资源计划系统的发展历程与思想演变

ERP 系统是在信息技术以及企业管理理论和应用的发展之中逐渐完善起来的，是管理信息系统趋于成熟的一个标志。弄清 ERP 系统的发展历程与思想演变，有助于理解企业管理面临的问题以及 ERP 系统产生与发展的必要性和必然性。

## 11.1.1　企业资源计划系统概述

### 1. ERP 系统产生的背景

自 20 世纪 50 年代计算机应用于企业管理领域起，企业的信息化建设逐步推进，有些企业根据自身的特点定制开发管理信息系统，有些企业则购买商品化的管理信息系统并开展较为深入的实施工作。到 20 世纪 80 年代后期，企业的信息化建设已取得了较大成果，部门级或企业级的管理信息系统在发达国家已相当普遍，在我国也有一定程度的应用。但是信息化建设的深入开展并没有完全解决企业管理中存在的问题，机械制造企业仍然面临较大的困难：企业基础管理薄弱，家底不清、职责不明、流程不畅；物料短缺与高库存并存；企业经营系统与生产系统难以协调；零部件生产不配套、积压严重；无法有效地进行销售分析、模拟和预测；生产经营的实时信息难以收集、计划难、调度难；财务信息常常滞后，且与生产信息常常不一致；成本核算、分析及控制难；难以提供准确、及时、全面、综合的决策支持信息；难以适应市场和客户快速多变的需求。正如美国著名的管理专家 Oliver Wight 在对美国一些企业考察后所描述的那样："交货误期、加班突击、库存剧增、资金奇缺"。企业管理中出现的问题和面临的困难严重阻碍了企业的发展，也促使理论界和企业界研究和探讨出现问题的原因。研究结果表明，企业出现上述问题的根源是企业计划有效性的缺失。企业计划的不准确和无效性，直接造成了企业生产和管理的无序局面：延误产品交货，加班生产赶进度，生产库存急剧增加，顾客服务质量下降；采购人员经常在一种紧张的气氛中工作；被迫中止正在履行的合同，企业付出很高的代价；各部门在协作中责任不明，互相指责；管理过程缺乏基本的信任度。机械制造企业的生产管理较为复杂，具有高度的计划性，销售订单、物料需求、物料采购、产品生产、库存管理之间联系紧密，因此机械制造企业的生产管理系统性强，某一环节的变化会直接影响其他环节，计划制订的有效性和严肃性、计划变动的快速适应性是机械制造企业生产管理的根本要求。作为企业管理的工具和手段，机械制造企业的管理信息系统不能仅仅局限于"信息孤岛"现象严重的部门级应用，而应面向企业级应用且满足基于计划的企业全面管理的要求，并且所涉及的企业人、财、物等资源都应该是管理信息系统管理和处理的对象。

基于上述管理思想和理念，20 世纪 90 年代初期，在美国和欧洲的一些国家掀起一股新的信息化建设浪潮，企业资源计划系统应运而生，形成了基于全新管理理念的管理信息系统。21 世纪初，世界 500 强的企业中有 80% 都开始实施 ERP 系统。目前，这股热潮波及世界，在我国的理论界和企业界，ERP 系统的概念也已深入人心。就一定程度而言，ERP 系统已成为管理信息系统的代名词。

### 2. ERP 系统的概念

ERP 系统的概念是由美国在全球最具权威的信息技术研究与顾问咨询公司高德纳集团 20 世纪 90 年代初期提出的，该公司就 ERP 系统的功能标准给出了界定。一般认为，ERP 系统是整合了企业管理理念、业务流程、基础数据、人力物力、计算机硬件和软件于一体的企业资源管理系统。厂房、生产线、加工设备、检测设备、运输工具等都是企业的硬件资源，人力、管理、信誉、融资能力、组织结构、员工的劳动热情等就是企业的软件资源。ERP 系统的管理对象便是上述各种资源及生产要素。通过 ERP 的使用，使企业的生产过程能及时、高质量地完成客户的订单，最大限度地发挥这些资源的作用，并根据客户订单及生产状况做出调整资源的决策。

对于 ERP 系统的概念，可以从管理思想、软硬件产品以及管理系统 3 个层次进行理解。第一层次，ERP 系统是一整套企业管理标准，其实质是在制造资源计划（manufacturing resources planning，MRP II）系统基础上进一步发展而成的面向供应链的管理思想；第二层次，ERP 系统是综合应用了客户机/服务器体系、关系数据库结构、面向对象技术、图形用户界面、第四代语言、网络通信等信息技术产业成果，以面向供应链管理思想为灵魂的软硬件产品；第三层次，ERP 系统是整合了企业管理理念、业务流程、基础数据、人力物力、计算机硬件和软件于一体的企业资源管理系统。因此，对应于管理理论界、信息技术界、企业界不同的表述要求，ERP 系统分别有着它特定的内涵和外延。图 11-1 表示 ERP 系统的概念层次。

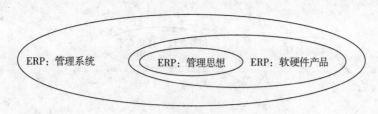

图 11-1　ERP 系统概念层次图

　　信息经济的来临，促使信息成为财富的重要源泉，信息的处理和获取成为企业竞争能力的重要组成部分。企业在信息化建设方面的投资不断上升，至 21 世纪初，《财富》世界 500 强企业中信息化建设投资超过生产设备投资的企业已达 65%，并且这个比例仍在不断上升。以这些企业为代表，信息化趋势迅速向各个行业蔓延。在信息化建设项目中，ERP 系统项目是很多企业信息化建设进程中遇到的最复杂、最困难、成本最高、耗时最多，也是获得收益最大的项目。在企业中，ERP 系统给人的印象虽然是计算机软硬件的集合，但作为管理信息系统在当代企业中应用的典型代表，ERP 系统并不仅仅是信息技术这么简单。事实上，ERP 系统集当代信息技术与先进的管理思想于一身，成为现代企业的运行模式，反映了时代对企业合理调配资源，最大化地创造社会财富的要求，并已成为企业在信息时代生存与发展的基石。

　　总之，ERP 系统作为一种先进的资源管理思想和方法被理论界和企业界所接受，它通过强调企业资源充分而有效的调配与平衡，协调企业业务和信息流程，使企业能够在激烈的市场竞争中实时把握运作状况，有效发挥自身能力，从而获得更好的经济效益。ERP 系统已成为信息技术与企业管理应用的结合点，成为企业提高管理水平、获得与保持竞争优势的管理利器。ERP 系统的实施是企业管理信息化的主要特征和发展方向。

## 11.1.2　企业资源计划系统的发展历程

　　ERP 系统发展至今，经历了以下几个阶段。

### 1. 20 世纪四五十年代：订货点法

　　为了解决企业的库存控制问题，人们提出了订货点法，此时计算机系统尚未出现。订货点法是一种按过去的库存经验预测未来物料需求的方法。该方法有多种不同的形式，如订货点统计与分析法、最大/最小值分析法、保持一定库存水平订货法和维持 N 个月的供应法等。尽管形式不同，但它们都以"库存补充"为原则，即保证在任何时候仓库里都有一定数量的存货，以便需要时随时取用。订货点法要求对所有补充周期内的需求量进行预测，并保留一定的安全库存储备，以便应付需求的波动。由于物料的供应需要一定的时间（即供应周期，如物料的采购周期、加工周期等），因此不能让物料的库存量消耗到安全库存量时才补充库存，必须有一定的时间提前量，即必须在安全库存量的基础上增加一定数量的库存。此库存量作为物料订货期的供应量，当所订购物料到货时，库存物料的消耗刚好达到安全库存量的要求。这种方法必须确定两个参数：订货点和订货量。一旦库存储备低于预先规定的数量，即订货点，则立即进行订货以补充库存。订货点法如图 11-2 所示。

　　订货点法的采用需要满足一定的前提条件。

　　（1）物料消耗相对稳定，即物料数量线的斜率不变或变动比较小，使得物料需求可预测。

　　（2）物料的供应比较稳定，订货提前期不会出现大的波动。

　　（3）物料需求独立，且种类相对较少。如果成千上万种物料都采用这种订货方式，会大幅度增加库存管理和采购管理的负担。

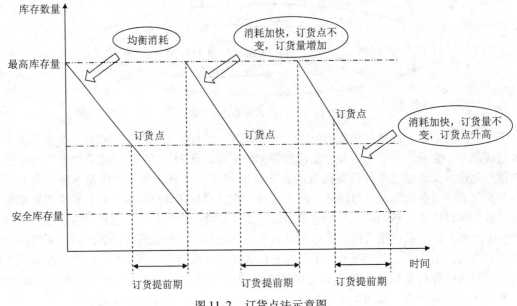

图 11-2　订货点法示意图

（4）物料价格不高。

随着时间的推移，市场发生了明显变化，使得订货点法赖以实施的前提逐步被一一打破。

订货点法的主要缺陷是订货点的确定面向零件，而不考虑零件与零件之间、零件与产品之间的关系。这种做法不能反映物料的实际需求，还会导致产品装配时出现各零件数量不匹配的现象，即虽然零件的供货率提高了，但产品的供货率却降低了。要满足产品的生产需求，往往又被迫不断提高订货点的数量，从而造成库存积压，库存占用资金增加，产品成本随之增高，企业缺乏竞争力。因此，订货点法的采用会产生这样一个矛盾，一方面由于大量不必要的库存造成库存资金积压，而另一方面，又会由于需求不平衡和库存管理系统本身的缺陷而造成库存短缺。

### 2. 20 世纪 60 年代：时段式物料需求计划

为克服订货点法的缺陷，美国 IBM 公司管理专家约瑟夫·奥列基（Joseph A. Orlicky）博士提出了物料需求计划理论。他将库存物料分为独立需求和相关需求两种类型，并按时间分段确定不同时期的物料需求，形成时段式物料需求计划（material requirement planning，MRP）。该阶段又被称为基本 MRP 阶段。

对于库存物料，如果需求量不依赖于企业内部其他物料的需求量而独立存在，则称其为独立需求型物料；如果物料的需求量可由企业内部其他物料的需求量来确定，则称其为相关需求型物料。在企业中，原材料、零件、组件等都是相关需求型物料，而最终产品则是独立需求型物料。独立需求型物料的订货计划是根据销售合同或市场预测信息，是由企业主生产计划（master production schedule，MPS）确定的，而构成产品的大量相关需求型物料的订货计划是通过 MPS 展开产品结构，根据各个物料的从属关系由 MRP 系统运算确定。相关需求型物料的订货计划包括采购计划和加工计划两个方面。

产品结构图是一张表明各个物料从属关系的图表，它从最终产品出发，将产品作为一个系统并按总装、部装、部件、零件的顺序分解为若干个等级层次，一般还会表示出数量关系。

例如，某型号挖掘机的工作装置主要由动臂、斗杆、铲斗、动臂液压缸（记为液压缸 A）、斗杆液压缸（记为液压缸 B）、铲斗液压缸（记为液压缸 C）组成。行走装置主要由驱动轮、导向轮、支重轮、托链轮和履带组成，简称"四轮一带"。产品结构如图 11-3 所示。

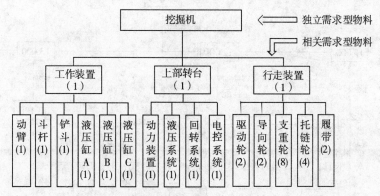

图 11-3  贝斯特工程机械有限公司某产品结构示意图

再如，某型号电子挂钟的产品结构可表示成如图 11-4 所示的形式。图中 M 表示自制件，B 表示采购件，物料分解至采购件。每个框的上部为物料编号，下一层次的物料编号与上一层次存在继承关系，同一层次按顺序编号。

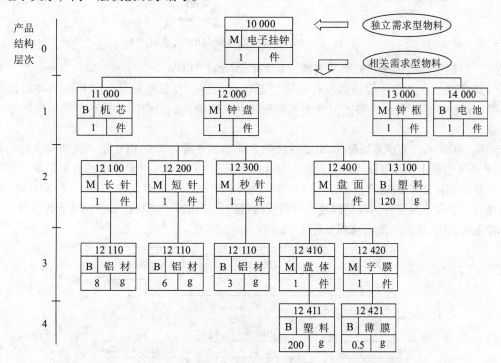

图 11-4  电子挂钟产品结构示意图

时段式 MRP 的基本思想和方法是根据产品结构各层次物料的从属关系和数量关系，以每个物料为计划对象，已完工日期为时间基准到排计划，按提前期长短分时段确定各个物料下达订单的优先级，从而达到减少库存量和资金占用的目的。简而言之，时段式 MRP 的要求是需要时所有物料都能配套齐全，不需要时不过早投料。例如，电子挂钟的时段式 MRP 可用图 11-5 表示。

MRP 系统运算的主要依据有以下几点。

（1）MPS 中规定的生产量和交货期；

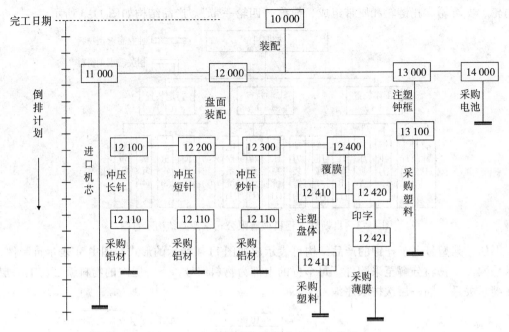

图 11-5 电子挂钟的时段式 MRP 示意图

（2）根据产品结构建立的物料清单（bill of material，BOM）；

（3）库存信息。库存信息是一种动态信息，它包括：现有库存量、已分配某种用途但尚未出库的数量、已订货或已完工但尚未入库的预期入库数量、安全库存量和不作为生产使用的库存量。

MPS、BOM 和库存信息被称为 MRP 系统的 3 项基本要素，其中 MPS 起"驱动"作用，它决定 MRP 系统的现实性和有效性，它回答"要生产什么"，另外两项是最基本的数据依据，它们的准确性直接影响 MRP 的运算结果，BOM 回答"要用到什么"，库存信息回答"已经有了什么"。MRP 系统运算完成后可提出缺货以及何时订货的报告，即回答"还缺什么，何时下达计划"。

时段式 MRP 系统的逻辑流程如图 11-6 所示。

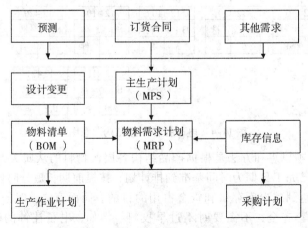

图 11-6 时段式 MRP 系统逻辑流程图

例如，图 11-5 表示的电子挂钟中，钟框的生产提前期为 1 周，安全库存为 8 个，生产批量为 10 个，现在（1 月 31 日）要求根据 6 周内的需求量，编制生产计划。

表 11-1 列出了 6 周内钟框的需求量以及其他已知量（表中非阴影部分），根据已知数据及其计算项目之间的关系，获得的计算结果如表中阴影部分所示。

**表 11-1　钟框的生产计划制定**

| 时段 | 当前 | 1 周 | 2 周 | 3 周 | 4 周 | 5 周 | 6 周 |
| --- | --- | --- | --- | --- | --- | --- | --- |
| | | 2 月 3 日 | 2 月 10 日 | 2 月 17 日 | 2 月 24 日 | 3 月 3 日 | 3 月 10 日 |
| 毛需求 | | 12 | 8 | | 5 | 7 | 6 |
| 计划接收量 | | 10 | | | | | |
| 预计可用库存 | 8 | 6 | 8 | 8 | 13 | 6 | 10 |
| 净需求 | | | 7 | | 2 | | 5 |
| 计划产出量 | | | 10 | | 10 | | 10 |
| 计划投入量 | | 10 | | 10 | | 10 | |

表 11-1 中，"毛需求"指的是"要生产什么"，"计划接收量"和"预计可用库存"指的是"已经有了什么"，"净需求"指的是"还缺什么"，"计划投入量"则指的是"何时下达计划"，并且：

净需求 = 本时段毛需求 - 前一时段末的可用库存量 - 本时段的计划接收量
（计算结果还需与安全库存量对照，决定是否修正净需求）
预计可用库存 = 前一时段末的可用库存量 + 本时段计划接收量 - 本时段毛需求
+ 本时段计划产出量

时段式 MRP 较原有的订货点法有很多的优势，其特点突出表现在以下几个方面。

（1）由于产品层次需求时间不同，要求在需要的时候，提供需要的数量；

（2）产品结构是多层次和树状形的，其最长的一条加工路线决定了产品的加工周期；

（3）在对产品及各层次物料安排生产时，应按照产品需求的日期和时间向低层次物料生产安排计划，即倒排计划，从而确定各层次物料的最迟完工和最迟开工时间开始安排；

（4）在制订物料需求计划时，需要考虑产品的结构，得出需求后，考虑物料的库存量，再得出各层次物料的实际需求量。其中最终原材料就是采购的需求量，中间物料形成生产加工计划。

MRP 系统中数据处理的工作量极大。在一般的机械制造企业中，如果要对 25000 个库存物料的数据按周划分时间段，则在计划期为一年的情况下，就要处理多达 500 万个基本数据。因此，MRP 系统的运作只有借助于计算机才能有效完成。

显然，MRP 系统能够在企业中起到理想效果的前提条件是企业资源能够保证该计划的实施，具体而言，要求生产能力是可行的，供货能力、采购资金、物流能力等都能保证物料采购计划的实施。由于企业内外部条件多变，MRP 系统有效运作的前提条件不一定都能得到满足，因此 MRP 系统的缺陷开始显现，需要进一步改进和完善。

### 3. 20 世纪 70 年代：闭环物料需求计划

随着人们认识的加深及信息技术的发展，MRP 系统的理论范畴也得到了扩充。为解决物料采购与库存管理、产品生产与销售管理等方面的问题，MRP 系统研究与发展了生产能力需求计划（capacity requirement planning，CRP）、车间作业计划（production activity control，PAC）以及采购作业计划（procurement activity planning，PAP）等理论，出现了全面质量管理（total quality control，TQC）、准时制生产（just in time，JIT）、看板管理（kanban management）以及数控机床（computer numerical control machine tools）等支撑技术。

在这样的实践背景下，人们逐渐认识到，MRP 系统仅着眼于物料需求计划具有较大的局限性，必须形成一个闭环的 MRP（closed-loop MRP）系统，才能使其发挥更有效的作用。所谓闭环有两层含义：一是指将生产能力需求计划、车间作业计划和采购作业计划纳入 MRP，形成一个封闭的系统；二是指在计划执行的过程中，信息必须能及时地上下沟通，既有自上而下的目标和计划信息，又有自下而上的反馈信息，并利用反馈信息进行调整和平衡，其工作过程是一个"计划 – 实施 – 评价 – 反馈 – 计划"的封闭过程。

闭环 MRP 产生于 20 世纪 70 年代，它的工作过程可以这样来描述：首先由生产计划确定总的生产指标，如产品品种、数量等。为了保证生产计划的可行，要对主生产计划进行粗生产能力计划平衡，这一步工作也被称为生产能力与负荷的平衡或分析。然后，再由主生产计划对生产计划中的内容进行细化分解并做出时间上的安排。再由物料需求计划对主生产计划做进一步分解，确定各个层次上的物料需求的数量和时间。在按物料需求计划下达生产指令之前，要由能力需求计划来核算能力与负荷的平衡情况。由于企业生产能力是有限度的，因此物料需求计划要受能力需求计划的约束。如果能力需求计划的输出报告表明不可行，则需重排能力需求计划。如仍不能解决问题，则将有关信息反馈到物料需求计划，对其进行重排。如果还行不通，就要把信息反馈到主生产计划，甚至生产计划，进行相应的重新安排。闭环 MRP 的逻辑流程如图 11-7 所示。

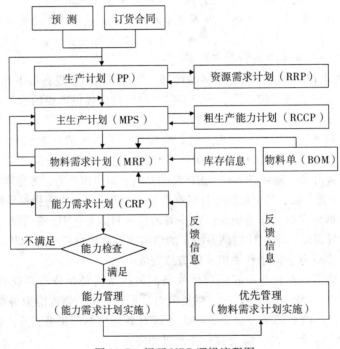

图 11-7　闭环 MRP 逻辑流程图

从上述分析可以看出，闭环 MRP 系统对生产计划的管理和控制比较完善，但其管理的对象主要是物流，生产运作过程中的资金流，在闭环 MRP 系统中没有反映出来，从而难以实现成本的管理和控制，因此，财务管理和模拟能力只有在更为完善的信息系统中才能建立起来。

### 4. 20 世纪 80 年代：制造资源计划

闭环 MRP 系统，实现了企业内部计划之间的协调和平衡、信息的追踪和反馈、物流的通畅和快捷，因而，受到企业的极大重视。20 世纪 70 年代末，在闭环 MRP 系统推行近 10 年之际，因企业竞争与发展的需要，该系统又面临着新的课题。企业希望 MRP 系统不仅能反映物流，而且能反映与物流密切相关的资金流：要求对物料赋予货币属性以计算成本并方便报价；要求用金额表示能力、采购、外协计划以编制预算；要求用金额表示库存量以反映资金占用……总之，要求财会部门能同步地从生产系统获得货币信息，而这个货币信息反映的情况又必须符合企业长远经营目标，满足销售和利润规划的要求。也就是说，在系统的执行层要反映成本发生，同时又要将说明企业经营目标的企业经营规划（business plan）以及销售与运作规划（sales and operations plan）作为宏观层纳入到系统中来。物料流动与资金流动的结合可使闭环 MRP 系统得到进一步发展，在企业内部形成一个完整的生产经营管理计划系统。在该系统中，人们又希望纳入计算机模拟功能，使管理人员能够通过对计划、工艺、成本等的模拟，预见到不同方案的结果，从而为管理人员提供一个具有可预见性和能寻求合理解决方案的决策工具。

随着计算机网络技术的发展，企业管理人员对于闭环 MRP 系统发展的要求和希望成为了现实，形成了一个集采购、库存、生产、销售、财务、工程技术等为一体，并能实时得到企业现金信息及成本情况的新型闭环 MRP 系统。美国著名的管理专家 Oliver Wight 称发展了的闭环 MRP 系统为制造资源计划系统，并简称为 MRP II 系统，表明了它既是闭环 MRP 系统的发展，又与闭环 MRP 系统存在着区别。MRP II 系统的逻辑流程如图 11-8 所示。

从图 11-8 可知，MRP II 系统包括决策层、管理层以及执行层的有关计划，集成了应收、应付及总账的财务管理。系统根据采购订单、供应商信息、收货单及入库单形成应付款信息（资金计划）；销售产品后，系统根据客户信息、销售订单信息及产品出库单形成应收款信息（资金计划）；根据采购成本、生产作业信息、产品结构信息、库存领料信息等产生生产成本信息；将应付款信息、应收款信息、生产成本信息和其他信息等计入总账。产品的制造过程都伴随着资金流通，通过对企业生产成本和资金运作过程的掌握，调整企业的生产经营规划和生产计划，以便能得到更为可行、可靠的生产计划。

需要指出的是，MRP II 系统并没有抛弃原有的 MRP 思想和方法，而是以 MRP 为核心，将 MRP 的信息共享程度扩大，使生产、销售、财务、采购、工程紧密结合，共享有关数据，组成一个全面生产管理的集成优化模式。MRP II 系统具有计划一贯性、管理系统性、数据共享性、动态应变性、模拟预见性以及物流和资金流统一等特点，是一种围绕企业的经营目标，以生产计划为主线，对企业的所有资源编制计划并使用财务等手段进行监控与管理的科学方法，也是一个能使企业的物流、信息流和资金流顺利畅通的动态反馈系统。

MRP II 系统提出后在欧美等发达国家得到广泛应用。1981 年，我国沈阳鼓风机厂引进 IBM 的 COPICS（communications oriented production information and control system）系统，成为我国最早引进 MRP II 系统建设项目的企业之一。可以说，MRP II 系统为机械制造企业的发展发挥了巨大作用。

至 20 世纪 80 年代末，经济全球化趋势加剧，跨地区、跨国企业要与遍布全球的供应商和经销商沟通，要协调国际化的工作团队服务于本地化的需求，在全球范围内实现资源的有效配置，实现物流、信息流和资金流的快速传递。也就是说，企业必须站在全球竞争的角度思考产品、技术、质量、成本、市场、服务以及资源的有效配置，快速获取、处理各种信息，并实现信息的高度共享。这些变化和要求给 MRP II 系统提出了新的挑战，MRP II 系统必须进一步完善，以支持企业因应对竞争环境变化而带来的管理思想、方法和模式的变革。

### 5. 20 世纪 90 年代：企业资源计划

20 世纪 90 年代，市场竞争进一步加剧，企业竞争范围逐渐扩大，在 JIT、TQC 管理思想和

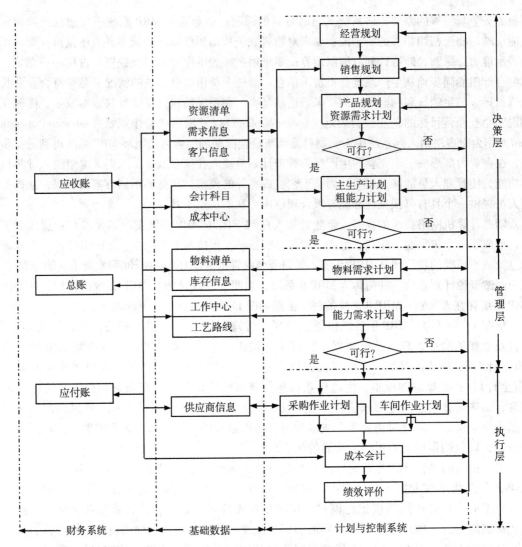

图 11-8  MRP Ⅱ 系统的逻辑流程

方法的基础上，优化生产技术（optimized production technology，OPT）、分销资源计划（distri-bution resource planning，DRP）、敏捷制造系统（agile manufacturing system，AMS）等现代管理思想和方法不断涌现。管理信息系统需要适应经济环境的变化，需要吸收和融合现代管理思想和方法来完善和发展自身理论。由此，主要面向企业内部资源全面计划管理思想的 MRP Ⅱ 系统，应向有效利用和管理企业整体资源的管理思想发展。于是，ERP 系统便产生了。

ERP 系统除继承了 MRP Ⅱ 的基本内容（制造、供销、财务）外，大大扩展了管理功能，能更加灵活地开展业务活动，实时地响应市场需求，以适应全球化环境下，企业经营管理对信息的需求。高德纳集团公司提出 ERP 系统具备的功能标准应包括 4 个方面。

（1）超越 MRP Ⅱ 范围的集成功能。包括质量管理、实验室管理、流程作业管理、配方管理、产品数据管理、维护管理、管制报告和仓库管理。

（2）支持混合方式的制造环境。包括既可支持离散型又可支持流程型的制造环境，按照面向对象的业务模型组合业务过程的能力和国际范围内的应用。

（3）支持能动的监控能力，提高业务绩效。包括在整个企业内采用控制和工程方法、模拟功能、决策支持和用于生产及分析的图形能力。

（4）支持开放的客户机/服务器计算环境。包括客户机/服务器体系结构、图形用户界面、计算机辅助设计工程、面向对象技术、使用 SQL 对关系数据库查询、内部集成的工程系统、商业系统、数据采集和外部集成。

ERP 系统与 MRPII 系统有着较为明显的区别，主要体现在以下几个方面。

（1）资源管理范围。MRPII 系统主要侧重对企业内部人、财、物等资源的管理。ERP 系统在 MRPII 系统的基础上扩展了管理范围，它把客户需求和企业内部的制造活动以及供应商的制造资源整合在一起，形成一个完整的供应链并对供应链上所有环节，如订单、采购、库存、计划、生产制造、质量控制、运输、分销、服务与维护、财务、人事、实验室、项目、配方等进行有效管理。

（2）生产方式支持。MRPII 系统将企业的生产方式分为：重复制造、批量生产、按订单生产、按订单装配、按库存生产等，对每一种类型都规定有专门的管理标准。20 世纪 80 年代末 90 年代初期，为了应对市场变化，企业单一的生产方式向混合型生产方式发展，多品种、小批量生产以及看板式生产等则是企业主要采用的生产方式，MRPII 系统难以适应，而 ERP 系统则能很好地支持和管理混合型制造环境，满足企业多元化的经营需求。

（3）管理功能。ERP 系统除了 MRPII 系统的制造、分销、财务管理功能外，还增加了整个供应链物料流通体系中供、产、需各个环节之间运输管理和仓库管理的功能支持；另外，ERP 系统支持生产保障体系的质量管理、实验室管理、设备维修和备品备件管理；支持对工作流（业务处理流程）的管理。

（4）事务处理与控制。MRPII 系统是通过计划的及时滚动来控制整个生产过程，它的实时性较差，一般只能实现事中控制。而 ERP 系统支持在线分析处理（online analytical processing，OLAP）、售后服务及质量反馈，强调企业的事前控制能力。它可以将设计、制造、销售、运输等事务通过集成并行地进行相关作业，为企业提供了对质量控制、变化适应性、客户满意度以及绩效评价等关键问题的实时分析能力。

（5）财务系统。在 MRPII 系统中，财务系统只是一个信息的收集者，它的功能是将供、产、销过程中的数量信息转变为价值信息，是物流的价值反映。而 ERP 系统则将财务计划和价值控制功能集成到了整个供应链上。

（6）跨国（或地区）经营的事务处理。企业的不断发展，使得企业内部各个组织单元之间、企业与外部的业务单元之间的协调越来越频繁、越来越重要，ERP 系统应用完整的组织架构，可以支持跨国经营的多国家（地区）、多工厂、多语种、多币制的应用需求。

（7）计算机信息处理技术。随着 IT 技术的迅猛发展，网络通信技术的应用，ERP 系统得以实现对整个供应链信息的集成管理。ERP 系统既采用客户/服务器（C/S）体系结构，也采用浏览器/服务器（B/S）结构，并采用分布式数据处理技术，支持 Internet/Intranet/Extranet、电子商务（E-business、E-commerce）、电子数据交换（EDI）等应用技术。此外，还能实现不同平台上的互动操作。

总之，ERP 系统是对 MRPII 系统的超越，从本质上看，ERP 系统仍然是以 MRPII 系统为核心，但在功能和技术上却超越了传统的 MRPII 系统，它是以顾客驱动的、基于时间的、面向整个供应链管理的企业资源计划系统。ERP 系统的发展历程如图 11-9 所示。

进入 21 世纪之后，企业的政治经济环境及信息技术发生了很大变化，企业的信息需求也与以往有所不同，ERP 系统的一些不足因此而显现了出来，如对跨企业资源优化的支持较少，影响企业基于供应链的竞争；设计理念仍以产品为中心，忽略了用户的个性化需求；在实现工具上，采用的是面向对象技术，对基于 Web 的趋势支持不足，难以实现"用户定制"。因此，新一代 ERP 系统需要研究和发展。目前 ERPⅡ、e-ERP、协同商务等新的概念不断出现，新一代 ERP 系统将以更加完善的结构和功能支持企业应对竞争环境、获取竞争优势。

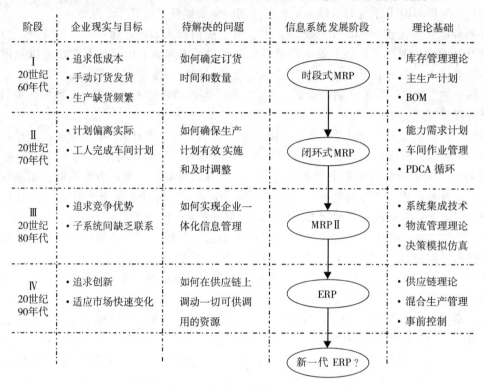

| 阶段 | 企业现实与目标 | 待解决的问题 | 信息系统发展阶段 | 理论基础 |
|---|---|---|---|---|
| Ⅰ<br>20世纪<br>60年代 | · 追求低成本<br>· 手动订货发货<br>· 生产缺货频繁 | 如何确定订货<br>时间和数量 | 时段式MRP | · 库存管理理论<br>· 主生产计划<br>· BOM |
| Ⅱ<br>20世纪<br>70年代 | · 计划偏离实际<br>· 工人完成车间计划 | 如何确保生产<br>计划有效实施<br>和及时调整 | 闭环式MRP | · 能力需求计划<br>· 车间作业管理<br>· PDCA 循环 |
| Ⅲ<br>20世纪<br>80年代 | · 追求竞争优势<br>· 子系统间缺乏联系 | 如何实现企业一<br>体化信息管理 | MRPⅡ | · 系统集成技术<br>· 物流管理理论<br>· 决策模拟仿真 |
| Ⅳ<br>20世纪<br>90年代 | · 追求创新<br>· 适应市场快速变化 | 如何在供应链上<br>调动一切可供调<br>用的资源 | ERP | · 供应链理论<br>· 混合生产管理<br>· 事前控制 |
| | | | 新一代 ERP？ | |

图 11-9　ERP 系统的发展历程

## 11.1.3　企业资源计划系统的特征与内涵

### 1. ERP 系统的核心是先进的管理思想

ERP 系统是先进管理思想、理论和方法的软件封装。它以物料需求计划为基本原理，计划管理模型符合物料需求相关性、最少投入、关键路径 3 项基本原则，主要面向多品种小批量生产；它面向不同生产类型和多种计划模式的企业，内含 JIT、OPT、线性规划（linear programming，LP）等生产管理思想、理论和方法，是各种有效管理方法的管理信息系统实现。ERP 系统又吸收供应链管理的敏捷制造技术，适应面向客户的管理模式和动态联盟型企业。

### 2. ERP 系统的任务是企业计划的管理与控制

ERP 系统是企业资源计划管理与控制的管理信息系统实现，其首要功能是计划管理。从 MRP 到 MRPⅡ再到 ERP，计划管理的功能始终没变。ERP 系统将企业资源计划管理与控制的范围逐步扩大、深度逐步加深，将企业的计划方法引入优化轨道，为企业以计划为核心的业务流程再造提供坚实、高效的基础，是现代企业信息化建设的切入点。

### 3. ERP 系统是高度集成的管理信息系统

ERP 系统具有高度集成性。数据为单一数据源，且集中存放；实现了企业业务流程的集成，即企业业务流程中物流、信息流、资金流的集成；采购、制造、分销各环节资源无间断的供应链集成以及办公自动化、业务事务处理、决策支持的集成。

**4. ERP 系统满足具有多种生产类型企业的需要**

ERP 系统汇聚了离散型生产和流程型生产的特点，能够很好地支持混合型生产方式，满足企业多角化经营的需求。随着资源概念的扩展，ERP 系统已经从初始的制造行业向娱乐、餐饮、零售、金融等行业渗透，从而成为应用最为广泛的企业管理信息系统。

**5. ERP 系统与业务流程重组密切相关**

现代企业的业务流程必须能预见并响应环境的变化，企业的组织结构也必须能够对市场的动态变化做出有效的反应。因此，为了提高企业供应链管理的竞争优势，必须重新构建企业的业务流程及组织结构。ERP 系统的实施，以企业业务流程重组为前提，促进企业的管理变革。

## 11.1.4 企业资源计划系统的基本原理

在 ERP 系统中，计划是管理的基本依据，计划的思想贯穿于 ERP 系统的各个组成部分，其中，主生产计划（MPS）和物料需求计划（MRP）至关重要，是 ERP 系统逻辑的核心。MPS是确定每一个具体产品在每一个具体时间段的生产计划，它是对企业生产大纲的细化，说明在可用资源的条件下，在一定时期内（一般为 3~18 个月）的明确计划：生产什么？生产多少？何时交货？

提出 MPS 的原因是缘于生产自身的特点，即需要保持一定的稳定性。如果完全根据预测和客户订单的需求来运行 MRP，得到的生产计划虽然在品种、数量以及交货时间上能与预测和客户订单实现较好的匹配，然而由于预测和客户订单在交货时间上往往不均衡，直接用于生产计划的安排会造成生产任务时紧时松，有时即使加班也不能完成任务，而有时又会导致设备闲置。生产任务的不均衡性在诸多行业中广泛存在，其中季节性产品的生产尤为突出。因此，在需求预测和客户订单向 MRP 的过渡中，增加 MPS 进行人工干预，均衡地安排生产，确保在一段时间内主生产计划量与预测和客户订单在总量上相匹配（不追求每个具体时刻均与需求相匹配），从而得到一份稳定、均衡的计划。据此得到的关于非独立需求型物料的需求计划也将是稳定和均衡的。

MPS 确定以后，就需要在其基础上制定更为详尽的 MRP，对所有外购件和加工部件确定时间和进度计划。根据 MPS 对生产产品种类、数量、交货期等的要求，结合产品的 BOM，倒排生产计划，推导出构成产品的各种自制零部件及外购件的需求数量和时间，同时考虑需求资源和可用能力间的进一步平衡，制订出可行的车间作业计划和物流需求计划。采购部门根据物料需求计划和库存情况，制订采购计划。图 11-10 显示了在 MPS 确定的前提下，MRP 制订的详细车间加工计划和采购计划。

在上述例子中，企业生产的产品 X 中包含一个 A（还有其他部分，为了简便起见，只以此为例展开），而每个 A 又包含两个 C，每个 C 中包含一个 D。为了完成 MPS 要求第 9 个周期产出 10 个 X 的计划，按照倒排生产计划的思想，A 必须在第 7 周期投入，而 C 则需要在第 6 周期投入生产。这是企业的车间生产计划，而为了保证车间生产计划的顺利进行，采购部门必须在第 4 周期进行采购活动，从而形成公司的采购计划。

从上例可以很清楚地发现，提前期和 BOM 的层级是约束企业 MRP 制订的重要变量，企业应该对提前期加强管理，从而可以提高生产柔性，保证用户的交货期。由于最终产品的生产计划和外购件生产计划之间有一定的时间差，因此在实际生产中，企业往往是一次进行 3 个月的生产计划制订。最接近的一个月的生产计划是详细计划，原则上不能变动，以生产部门的数据为主；中间的一个月可以变动，即可以增加或删减订单，由生产和销售部门共同决定；最远一个月的计划由生产部门根据销售部门的预测或市场订单制订，以销售部门的数据为主。整个计划处于滚动之中，以保证企业生产的连续性和均衡性。

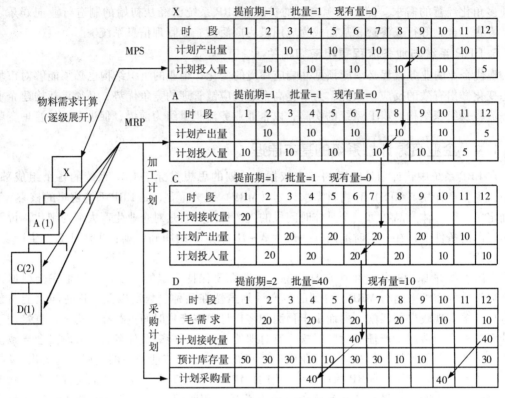

图 11-10　MRP 逻辑计算图

## 11.2　企业资源计划系统的基本结构

ERP 系统的产生是信息技术发展和企业管理变革的必然结果，ERP 系统已成为企业提高管理水平、获得与保持竞争优势的有效管理手段。ERP 系统的功能强大，模块众多，企业可以根据自己的实际情况，在明确 ERP 系统基本结构的前提下，有选择、有计划地实施 ERP 系统。

### 11.2.1　企业资源计划系统的总体结构

ERP 系统是对企业内外部相关资源的整合优化，资源的分类方式不同，ERP 系统的模块划分也就不同。就管理的层次而言，ERP 系统所优化的资源涉及企业经营管理的各个层面，既包括企业宏观资源，也包括专用性很强的微观资源。由此，ERP 系统可以被划分为 5 个层次，即经营规划、销售与运作规划（生产规划）、主生产计划、物料需求计划、车间作业控制（或生产作业控制）计划。采购作业计划属于第 5 个层次，但它不涉及企业本身的能力资源。划分计划层次的目的是为了体现计划管理由宏观到微观、由战略到战术、由粗到细的深化过程。在对市场需求的估计和预测成分占较大比重的阶段，计划内容比较粗略，计划跨度也比较长；一旦进入客观需求比较具体的阶段，计划内容比较详细，计划跨度也比较短，处理的信息量大幅度增加，计划方法同传统手工管理的区别也比较大。在 5 个层次中，经营规划以及销售与运作规划带有宏观规划的性质，主生产计划是宏观向微观的过渡层次，物料需求计划是微观计划的开始，是详细计划，而车间作业控制是进入执行或控制计划的阶段。通常把前 3 个层次称为主控计划（master planning），是制定企业经营战略目标的层次。企业的计划必须是切实和可行的，否则，再宏伟的目标也没有意义。

从资源的类型而言，则包含从原材料、产品、流动资金、固定资产直到人力资源在内的各种资源，这种划分方式几乎被所有的企业所采纳。企业的资源类型众多，不同行业的差别也非常大，因此 ERP 系统功能模块的种类很多，且不同 ERP 系统的模块划分也略有不同。一般而言，各个 ERP 系统主要包括以下 3 方面的内容：生产控制（计划、制造）、物流管理（分销、采购、库存管理）和财务管理（会计核算、财务分析与管理）。这 3 大系统本身就是集成体，互相之间有相应的接口，能够很好地整合起来对企业实施管理。

需要指出的是，虽然 ERP 系统不仅适用于机械制造业，其他非生产制造型企业也可导入 ERP 系统进行资源的计划和管理。

## 11.2.2 财务管理模块

财务管理是企业的核心管理职能之一，ERP 系统与一般管理信息系统的重要区别在于 ERP 系统通过财务数据与物流数据的同步，实时反映企业的运营状况，以便企业对经营情况及时进行管理与控制。因此，ERP 系统中的财务模块与一般财务软件不同，它和系统的其他模块有相应的接口，能够相互集成。比如，它可将由生产活动、采购活动、销售活动输入的数据自动传入财务模块生成总账、会计报表，取消了输入凭证的烦琐过程，几乎完全替代以往传统的手工操作。一般地，ERP 系统的财务模块分为会计核算和财务管理两大部分。

### 1. 会计核算

会计核算主要是记录、核算、反映和分析资金在企业经济活动中的变动过程及其结果。它由总账、应收账、应付账、现金、固定资产、多币制等部分构成。

（1）总账模块。处理记账凭证输入、登记，输出日记账、一般明细账及总分类账，编制主要会计报表。它是整个会计核算的核心，应收账、应付账、固定资产核算、现金管理、工资核算、多币制等各模块都以其为中心传递数据。

（2）应收账模块。指企业应收的由于产品销售而产生的正常客户欠款账务。它包括发票管理、客户管理、收款管理、账龄分析等功能。它和客户订单、发票处理业务相联系，同时将各项操作自动生成记账凭证，导入总账。

（3）应付账模块。应付账是指企业应付购货款等账，它包括了发票管理、供应商管理、支票管理、账龄分析等。它能够和采购模块、库存模块完全集成以替代过去烦琐的手工操作，尤其是未到票暂估管理可以节省大量的时间和人力。

（4）现金管理模块。主要是对现金流入流出的控制以及零用现金和银行存款的核算。它包括了对硬币、纸币、支票、汇票和银行存款的管理。在 ERP 系统中提供了票据维护、票据打印、付款维护、银行清单打印、付款查询、银行查询和支票查询等与现金有关的功能。此外，它还和应收账、应付账、总账等模块集成，自动产生凭证，过入总账。

（5）固定资产核算模块。完成对固定资产的增减变动以及折旧有关基金计提和分配的核算工作。它能够帮助管理者了解固定资产的现状，并能通过该模块提供的各种方法来管理资产，进行相应的会计处理。它的具体功能有：登录固定资产卡片和明细账、计算折旧、编制报表以及自动编制转账凭证，并转入总账。它和应付账、成本、总账模块集成。

(6) 多币制模块。这是为了适应当今企业的国际化经营，对外币结算业务的要求增多而产生的。多币制将企业整个财务系统的各项功能以各种币制来表示和结算，且客户订单、库存管理及采购管理等也能使用多币制进行交易管理。多币制和应收账、应付账、总账、客户订单、采购等各模块都是集成的，可自动传递各类相关信息，生成所需数据。

(7) 工资核算模块。自动进行企业员工的工资结算、分配、核算以及各项相关经费的计提。它能够登录工资、打印工资清单及各类汇总报表，计算计提各项与工资有关的费用，自动做出凭证，导入总账。这一模块是和总账、成本模块集成的。

(8) 成本模块。它依据产品结构、工作中心、工序、采购等数据进行产品各种成本的计算，以便进行成本分析和规划。还能用标准成本、平均成本、移动加权平均法等按地点维护库存成本。还可以根据产成品的成本自动结转销售成本。

### 2. 财务管理

财务管理的功能主要是对会计核算的数据加以分析，从而进行相应的预测、管理和控制活动。它侧重于财务计划、控制、分析和预测。

(1) 财务预估。材料采购预估、生产成本预估，为采购和销售的招投标工作提供依据。

(2) 财务计划。根据前期财务分析做出下期的财务计划、预算等。

(3) 财务分析。提供查询功能和通过用户定义的差异数据的图形显示进行财务绩效评估、销售业绩分析、库存资金、各类费用和成本的分析等。

(4) 财务决策。财务管理的核心部分，中心内容是做出有关资金营运的决策，包括资金筹集、投放及资金管理。

## 11.2.3 生产控制管理模块

生产控制管理也是 ERP 系统的核心所在，它将企业的整个生产过程有机地结合在一起，使企业能够有效地降低库存，提高效率。同时各个原本分散的生产流程的自动连接，也使得生产流程能够前后连贯地进行，而不会出现生产脱节，耽误生产交货时间。

生产控制管理是一个以计划为导向的先进的生产、管理方法。首先，企业确定总生产计划，再经过系统层层细分后，下达到各部门去执行。

### 1. 制造数据管理

制造数据是指物料计划和生产活动控制所必需的工程数据，包括产品结构（即 BOM）、生产部门、工作中心、工艺/工序等。制造数据管理模块为企业提供了建立、维护、检查基本工程数据的手段。制造数据管理的主要功能有以下几点。

(1) 生产部门定义/维护。主要用于定义/维护生产部门，包括部门的生产属性以及相关的库房和利润中心。

(2) 工作中心定义/维护。工作中心是生产活动和生产能力控制的基本单位，该模块主要用来建立和维护有关工作中心的静态描述，包括生产属性、生产效率、生产能力以及所属生产部门等信息。

(3) 工艺/工序维护。建立和维护产品零件的加工过程，包括加工特性、完成加工的工作中心、时间标准（准备、加工、机器、等待、搬运等）、产出率等。

(4) 产品结构维护。建立和维护产品结构。

### 2. 主生产计划

根据生产计划、预测和客户订单的输入来安排各周期中提供的产品种类和数量，它将生产计划转为产品计划，在平衡了物料和能力的需要后，生成精确到时间、数量的详细进度计划。它是企业在一段时期内的总活动安排，是一个稳定的计划。

### 3. 物料需求计划

在主生产计划确定生产的最终产品后，再根据物料清单，把企业要生产的产品数量转变为所需生产的零部件数量，并对照现有库存量，得到还需加工、采购的最终数量。

### 4. 能力需求计划

在得出初步的物料需求计划之后，根据工艺流程和工作中心的能力，产生一份当前和将来的负荷报表，然后将所有工作中心的总工作负荷与工作中心的能力平衡，以此得出详细工作计划，用以确定生成的物料需求计划与企业生产能力相比是否可行。能力需求计划是一种短期的、当前实际应用的计划。能力需求计划管理的主要功能如下。

（1）资源清单维护。为每一个高层计划项目建立资源清单，并利用它建立每一资源的资源计划。

（2）资源需求生成。根据资源清单和高层生产计划产生各种资源的需求，用户可进行资源需求的调整。

（3）详细能力需求生成。根据所有已下达的车间订单和计划订单产生每一个工作中心的能力负荷，用户可调整能力的不平衡情况。

### 5. 车间作业管理

车间作业管理是随时间变化的动态作业计划，被用来监督和控制所有车间的生产活动。它以工作任务（车间订单）和生产进度计划为主要对象，反映生产过程中生产、劳力和材料消耗情况以及在制品状态，编排和控制作业计划，辅助管理人员分析员工、机器、工作中心和部门的效率。

## 11.2.4　物流管理模块

### 1. 分销管理

分销管理从产品的销售计划开始，是对企业销售产品、销售地区、销售客户等各种信息的管理和统计，并可对销售数量、金额、利润、绩效、客户服务做出全面的分析。分销管理模块大致有 3 方面的功能。

（1）客户信息管理。建立客户信息档案，对其进行分类管理，进而可以进行有针对性的客户服务，以达到最高效地保留老客户、争取新客户的目的。

（2）销售订单管理。销售订单是 ERP 系统的入口，所有的生产计划都据其下达并进行排产。销售订单的管理贯穿了产品生产的整个流程。它包括以下几点。

1）客户信用审核及查询。客户信用分级，以审核订单交易。

2）产品库存查询。决定是否要延期交货、分批发货或用代用品发货等。

3）产品报价。为客户完成不同产品的报价。

4）订单输入、变更及跟踪。订单输入后，变更的修正及订单的跟踪分析。

5）交货期的确认及交货处理。决定交货期和发货事务安排。

（3）销售统计与分析。系统根据销售订单的完成情况，依据各种指标做出统计，如客户分类统计、销售代理分类统计等，再就这些统计结果对企业实际的销售效果进行评价。

1）销售统计。根据销售形式、产品、代理商、地区、销售人员、金额、数量分别进行统计。

2）销售分析。包括对比目标、同期比较和订货发货分析，从数量、金额、利润及绩效等方面做相应的分析。

3）客户服务。客户投诉记录，原因分析。

### 2. 库存管理

库存管理是用来控制存储物料的数量，以保证稳定的物流既能支持正常生产，又最小限度地占用资本。它是一种相关的、动态的、真实的库存控制系统。它能够结合和满足相关部门的需求，随时间变化动态地调整库存，精确地反映库存现状。

（1）库存类型维护。物品库存类型是物品在整个物流过程中某一状态（如采购、装配、加工等）的描述，库存类型维护的功能是帮助用户定义符合特定环境的库存类型。

（2）物品分类维护。物品分类的作用是描述物品的管理属性，它将关系到生产和财务的计划与报告体系。物品分类维护允许用户按照需要定义物品类型，并可定义制造系统和财务系统之间的关系。

（3）物品主文件维护。物品主文件反映企业物料管理的标准。物品主文件维护的功能是定义和维护企业生产过程中涉及的所有物品（成品、零部件、原料、辅料等）及其基本的物理属性、管理属性（如库存类型、分类代码等）、计量单位、库存控制方法、计划参数、质量控制数据、生产控制数据等。

（4）库房/库位主文件维护。库房/库位主文件维护主要用来定义和维护企业的库房/库位体系。库房/库位可以是实际的（如原料库、成品库等），也可以是逻辑的（如在途库、检验库等）。库房/库位可被指明为影响（或不影响）计划系统的净需求以及可用于（或不可用于）物料分配。

（5）批主文件维护。用于定义和维护"批"，可输入和查看有关批的关键信息。

（6）原因代码维护。原因代码主要用于质量统计分析。原因代码维护模块允许用户定义适合需要的原因代码体系。

（7）地址主文件维护。记录和维护供应商、客户、外协加工单位等的详细联系地址。

（8）计量单位维护。对库存中各种物品的不同计量单位进行登录和维护，并可在计量单位间定义转换关系。

（9）库存事务处理。实现库存状态的转变。库存事务包括采购入库、采购入库待验、采购检验后入库、成批库存转换、完工入库、反冲入库、单项发料、成批发料、成品发运等。

（10）库存状态查询。允许用户从不同角度查看不同层次的库存状态，如物品级的累计收、发、存、销售数量，库房级的收、发、存、可用量，库位/批级的收、发、存及分配情况，库存的变化历史及趋势等。

（11）库存报告打印。打印各种库存报告，如库存收发存报告、库存资金占用报告、库存周转分析报告、呆滞物品报告等。

（12）全面盘点处理。盘点卡生成、盘点结果录入/维护、漏盘检查、盘点差异报告打印、过账和盘点消除等。

（13）库存期末结算。保存库存状态作为历史数据，计算下一周期的期初库存，同时将一些库存累计量置为零，并将本期发生的库存事务转入总账系统。

### 3. 采购管理

采购管理的任务是评估供应商，建立和跟踪请购订单、采购订单，衡量采购绩效，将计划、请购、接收检验与库存存储相连接。它的主要目的是通过建立和维护采购订单、安排供应商的交货进度、评价采购活动绩效等内容提高采购工作的效率，降低采购成本，确定合理的订货量、优秀的供应商和保持最佳的安全储备。能够随时提供订购、验收的信息，跟踪和催促外购或委外加工的物料，保证货物及时到达。具体有以下几点。

（1）供应商主文件维护。

（2）供应商报价管理。

（3）采购申请维护。建立和维护不是来自于物料需求计划的采购需求，例如库存控制采购申请、车间生产控制采购申请（外协）等。

（4）采购订单合并下达。直接将物料需求计划和采购申请，按用户的选择合并成一张多项目、分期交货的"大"采购订单。

（5）采购材料接收。接收采购材料，自动更新相关的库存记录和采购订单。

## 【案例阅读 11-1】

### ERP 系统能为企业做什么？

虽然公司有了内部物流管理信息系统，但是贝斯特工程机械有限公司的生产主管谈到该企业的生产过程时，认为仍存在很多问题。如，公司生产多种产品时，经常因为某一两个部件缺货而无法完工，而生产出来的零部件又必须存放，这又占据了仓储空间。于是，为了保证生产线不至于停产，采购和物流部门希望能够尽量提前生产一些零部件，以备急需。在这样的思想指导下，库房里很快就堆满了各种零部件。企业的生产资金奇缺。会计师发现他们的流动资金占用在半年中从 5 000 万元急剧增加到 8 000 万元。以下便是公司生产部门经常抱怨的问题。

"我们制造的零部件中超过 50% 都得延期完工，这样必然会延误最后交货期。"

"我们得为那些延期交货的产品和未完工的产品提供更多地方存放。"

"我们不得不延长计划准备期，生产车间、总装车间、辅助生产部门必须提前 6 周安排生产计划和进行生产准备。"

"总装车间经常等待，无人知道何时能完工交货。客户等得不耐烦，开始取消订单。"

结果常常是这样的：

公司的经理层得到报告：他们的生产能力不够，还需要增加新的生产设备；流动资金短缺，需要追加更多的资金；库房不够，需要新建库房；生产人员短缺，需要增加熟练生产工人；订单又得推迟交货，因延误交货期，客户取消了订货计划。

需要注意的是，这些问题具有普遍性，不仅仅存在于中国的制造企业，就连制造业发达的美国也存在同样的问题。

**思考：**

（1）以上事实反映出公司的什么问题？该问题和公司的管理信息系统有没有关系？为什么有了内部物流管理信息系统后，依然存在这些问题？

（2）ERP 系统能够解决上述问题吗？为什么？

## 11.3　企业资源计划系统项目的实施

ERP 系统对企业各种资源的整合优化，能帮助企业获得强大的竞争能力。ERP 系统是企业各项资源能够发挥最大效用的根本保证。据美国生产与库存管理协会（American production and inventory control society，简称 APICS）统计，一般而言，使用一个 ERP 系统，可以为企业带来如下经济效益。

（1）库存下降 30% ~ 50%。这是人们说得最多的效益。因为它可使一般用户的库存投资减少 1.4 ~ 1.5 倍，库存周转率提高 50%。

（2）延期交货减少 80%。当库存减少并稳定时，用户服务的水平提高了，使用 ERP 系统的企业准时交货率平均提高 55%，误期率平均降低 35%，使销售部门的信誉大大提高。

（3）采购提前期缩短 50%。采购人员有了及时准确的生产计划信息，就能集中精力进行价值分析、货源选择、研究谈判策略、了解生产问题，可缩短采购时间和节省采购费用。

（4）停工待料减少 60%。由于零件需求的透明度提高，计划及时准确，零件也能以更合理的速度准时到达，因此，生产线上的停工待料现象会大大减少。

（5）制造成本降低 12%。由于库存费用下降、劳动力节约、采购费用节省等一系列人、财、物效应，必然会引起生产成本的降低。

（6）管理水平提高，管理人员减少 10%，生产能力提高 10% ~ 15%。

ERP 系统对于企业提高管理水平，提升竞争能力具有重要的意义。然而不可忽视的是，ERP 系统的实施存在很大风险，实施过程中困难较多。要想获得 ERP 系统可能为企业带来的效益和竞争优势，就必须对项目的实施进行科学的规划和管理。

### 11.3.1　企业资源计划系统的软件选型

#### 1. 主要的软件产品

ERP 系统项目实施的第一个阶段便是软件选型。当前市场上 ERP 系统的供应商数量众多，所提供的软件产品也各有不同。选择适合企业自身的 ERP 系统软件非常重要，直接关系到项目的成败，对企业有重要影响。据赛迪网（CCID）的一次调查显示，在管理信息系统应用不成功的案例中，因软件选择不当而失败的比例高达 67%。因此正确的软件选型是项目成功的重要条件。

目前，市场上的 ERP 系统产品大致分为国际知名软件公司的产品和国内软件公司的产品两类。国际 ERP 系统产品较为成熟，技术服务水平高，但价格高昂，因此该类产品主攻高端市场。而国内的 ERP 系统则多由财务管理软件转型而来，规模、经验、产品成熟度等都弱于国外知名厂商的产品，因此多以中低端市场为主。随着时间的推移，国内外的 ERP 系统产品竞争激烈，在市场上相互渗透。国内外知名 ERP 系统的优劣对比如表 11-2 所示。

表 11-2　国内外知名 ERP 系统软件优劣对比表

| 公司 | 产品名称及功能 | 行业 | 优势 | 劣势 | 竞争位置 |
|------|----------------|------|------|------|----------|
| 用友 | U8：供应链系统、人力资源系统、决策支持系统、生产制造系统、财务系统 | 金融、传媒、电力、钢铁、房地产等 | 国内第一品牌，渠道、资金优势较明显，可实现集团财务体系化管理 | 在生产、计划方面的功能稍弱，适用于中大型、集团型企业分布式、体系化的管理模式，并能满足企业的跨地区应用 | 国内中低端市场第一名；高端市场的国内企业第一名 |
| 金蝶 | K/3：K/3 财务管理系统、K/3 工业管理系统、K/3 商贸管理系统 | 电子信息、机械制造、化工、零售、房地产、钢铁、金融、烟草等 | 渠道、市场运作优势 | 生产管理水平稍弱，主要是针对离散型生产特点的企业，行业性质明显 | 国内软件第二名 |

（续）

| 公司 | 产品名称及功能 | 行业 | 优势 | 劣势 | 竞争位置 |
|------|------|------|------|------|------|
| SAP | Mysap：销售和分销、物料管理、生产计划、质量管理、工厂维修、人力资源、工业方案、办公室和通信、项目系统、资产管理、财务会计等 | 制造、金融、制药、零售等 | 产品成熟、品牌号召力强、用户多为大型优秀企业，成功案例多 | 成本高昂，实施非常复杂，适用于那些管理基础较好、经营规模大的企业 | 高端市场排名第一 |
| Oracle | Oracle Application：销售订单管理系统、工程数据管理、物料清单管理、主生产计划、物料需求计划、能力需求管理、车间生产管理、库存管理、采购管理、成本管理、财务管理、人力资源管理等 | 航空航天、汽车、化工、消费品、电器电子、食品饮料等 | 全方位的电子商务解决方案 | 成本高，功能多且复杂，实施难度大，周期较长。适合业务需求纷繁复杂、对集成性要求高，并有充足预算的大型企业集团 | 系统集成全方位解决方案提供商第一名 |
| 浪潮通软 | myGS：操作层、管理层、决策层（如预算控制、财务分析、决策支持业务分析等） | 化工、能源、制药、证券、金融等 | 在具体行业内通用性较强，系统协调性较好 | 以进销存为主，缺乏对其他资源管理的考虑 | |

### 2. 软件选型的步骤

企业在选择 ERP 系统软件时，首先必须明确企业自身的需求，并对 ERP 系统保持合理的期望。需求不明晰，调研不充分，是 ERP 系统实施失败的一个重要原因。其次，对适合行业特点的软件产品，要研究其与企业现有管理模式的一致性。由于企业的特殊性，ERP 系统软件与企业的实际需求总有一定的差别，是企业改变自身的管理方式和组织结构去适应软件，还是修改软件使其适应企业当前的实际运行模式，需要通过市场调研加以分析判断，并且要与软件供应商沟通、协调。

企业在明确自身的需求后，ERP 系统软件选型的步骤大致有如下几步。

（1）访问同行业用户。同行业的企业，生产性质和管理方式相近，应首先参照，对其所用的软件系统，可深入了解。调查时尤其要注意其实施及管理时的经验，不能仅仅调查技术问题，或纠结于一些实施中的具体细节。

（2）访问一些软件公司。各软件公司的产品，都有一定的特点及定位方向（如行业、企业类型等），各有优势和不足。根据企业特点和需求，根据访问同行业用户得到的信息，可重点访问 3～5 家软件公司，过多则会延迟评价周期，并不有利。

（3）观摩软件演示。仅仅从宣传样本上了解软件是绝对不够的，一定要观看软件演示。观摩前应准备好调查提纲，带着企业需要解决的问题请演示人员演示；观摩时要注意软件本身而不是演示人员，演示人员的风度不能代替产品；要注意模块之间数据和信息的集成性，尤其当有些模块是由第三方开发、买过来增补到原有软件包上时更是如此；此外，还要注意软件的界面以及是否易于操作。

（4）使用企业数据上机操练。对最后筛选下来的 1～2 个产品，可使用企业的实际数据，比如说用一个简化的产品部件（约 10 件物料），整理好有关数据，带着需要解决的问题，借用软件公司的条件实际操练，以最后定案。这样做会给软件公司增添一些麻烦，但对企业来说是必要的。

（5）访问软件公司的用户。在大致确认了软件后，可以要求软件公司安排对已有的一些用户进行拜访。访问用户，有助于全面了解软件产品和软件公司，明确实施中应注意的问题，对于提高项目实施的成功率非常有必要。在访问中，要注意软件实施应用的深度和广度，注意实施周期的长短、服务支持工作、经验和教训等。

（6）寻找合适的咨询公司。咨询公司在 ERP 系统项目实施中具有重要的意义。在软件选型时，应咨询相关专家的意见。咨询公司往往能够站在企业的立场上，根据企业的需求，提出软件选择的建议，而不是像软件公司那样尽力推销自身的产品。

（7）软件招标/确定。选择 ERP 系统软件并不一定需要采取招标的形式，但如果最后仍存在两家以上的产品难以确定时，可以采用软件招标的方式决定。招标时需要注意的是，必须根据企业的需求详细规定招标书的内容，而不能仅仅罗列 ERP 系统软件的各种基本功能，同时要提出对服务支持工作的具体要求。

**3. 软件选型的影响因素**

企业在选择软件产品时，不仅要考虑产品的价格、功能，还要考虑其他很多问题，如使用方便、服务及时以及是否具有丰富的实施经验等都是必须深入考虑的重要因素。具体而言，包括以下几个方面的内容。

（1）软件功能。软件功能应以满足企业当前和今后发展的需求为准，多余的功能只能是一种负担。如属升级后解决的功能，升级的可能性、时间及条件，能否适应企业的实施进度等因素需要考虑。另外也要考虑系统的开放性因素。

（2）开发软件系统所使用的工具。任何商品化的 ERP 系统软件，都会或多或少地存在功能修改，并随着应用范围的扩大也必定会有增补一些功能的二次开发工作，因此软件开发所使用的工具必须方便用户掌握和使用。另外，尽量选用二次开发量少的软件，缩短实施周期。能得到源程序也是一个好的因素。

（3）软件文件。规范化的商品软件，文件应该齐备，包括用户手册、运行手册、培训教材和实施指南都应方便自学使用。

（4）售后服务与支持。售后服务与支持的质量直接关系到项目的成败。它包括各种培训、项目管理、实施指导、用户化二次开发等工作，售后服务与支持可以由咨询公司或软件公司承担。服务支持费用与软件费用在 1.5：1 左右，甚至更大。

（5）软件商的信誉与稳定性。所选软件商应有长期经营战略，通过先进的技术、高质量的服务来赢得市场。选择软件时应考虑软件产品的生命周期、先进性、适用性与可扩性，与软件商或软件代理商的长期合作有利于企业管理信息系统的完善。

（6）价格问题。考虑软件性能、质量，做出投资/效益分析，其中软件投资应当包括：软件费用、服务支持费用、二次开发费用、因实施延误而损失的收益。另外日常维护费、硬件、数据库、操作系统、网络的费用都应考虑。

（7）软件运行环境。对于一个开放型的软件，硬件和软件的选择余地应该比较大。其系统的可适应性，应采用符合工业标准的程序语言、工具、数据库、操作系统和通信接口，能否接受多数据库等都是购买软件考虑的因素。

（8）企业原有资源的保护问题。主要指企业原有系统上运行的数据及原有硬件是否有必要保护及如何保护。例如，如何将原有数据通过转换和维护形成新的、符合要求的数据。

## 11.3.2 企业资源计划系统项目的实施步骤

ERP 系统在企业中的实施是一个系统工程，涉及范围非常广泛。相对于 ERP 系统的软件选型而言，ERP 系统的实施是一项复杂的工作，需要企业内部各部门主要人员、软件公司人员以及外聘的咨询人员共同组成 ERP 系统的实施队伍，遵循项目管理的基本原则和方法，按照规定的实施步骤（见图 11-11），共同完成项目实施工作。

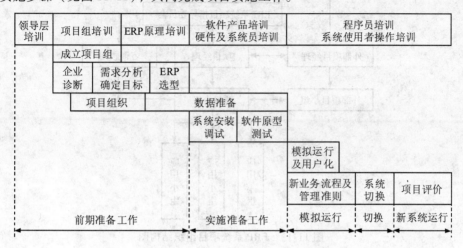

图 11-11　ERP 系统项目的实施步骤

### 1. ERP 系统项目实施的组织机构

当企业决定 ERP 系统建设时，就要成立 ERP 系统项目指导委员会，统一负责整个项目，并完成前期工作。委员会的负责人一般是企业的最高领导，以利于从战略高度考虑问题，并能够顺利开展诸多的协调工作。委员会成员包括：企业领导、各部门主要管理人员、信息部门人员以及外聘咨询顾问。在 ERP 系统项目的实施过程中咨询顾问的地位非常重要。企业实施 ERP 系统需要制定明确和量化的应用目标、建立项目管理体制和运作机制、做好项目前期准备工作、实行业务流程重组、选择 ERP 系统软件、制定项目实施方法等，这些工作仅靠企业自身的力量是不能完成的，必须引入管理咨询顾问才能确保项目的成功。企业在实施 ERP 系统之前要进行专家咨询；ERP 系统的实施过程交给咨询专家组织；系统交付运行后由专业咨询顾问进行不定期审核。咨询顾问的工作应当贯穿 ERP 系统实施的始终。

在项目指导委员会下设立项目经理，具体负责企业 ERP 系统的实施工作。与之相对应，ERP 系统软件公司应设置外部项目经理，以便与企业协调。在两个项目经理之下，设置项目小组，具体执行相关实施工作。项目小组开展工作时，一方面要与 ERP 系统软件公司的项目小组人员合作，另一方面要接受咨询顾问的指导。具体的组织结构如图 11-12 所示。

ERP 系统项目指导委员会主要负责项目的宏观工作，如公司的资源分配、信息需求的确认、人员的选定、流程重组方案的确定等，具体的业务工作由项目经理与项目小组成员完成。项目小组的工作很多，包括：组织 ERP 系统基本原理的培训、分析企业现行管理中的问题、调查同行业 ERP 系统的应用状况、调查企业的信息需求、编写需求分析报告以及与 ERP 系统软件商接触，评价和选定相关产品等。

### 2. ERP 系统项目实施的前期培训

由于 ERP 系统实施的复杂性，以及企业对 ERP 系统的认识存在种种偏差，因此对企业的全面培训是非常必要的。ERP 系统的实施过程，实际上就是企业的一个改革过程，牵涉面大，对企业组织、人员、业务流程等都会造成不同程度的影响，从而会在企业中遇到各种阻力。范围广泛的前期培训工作，能够很好地避免大部分问题的出现。在某些企业中，甚至把项目实施

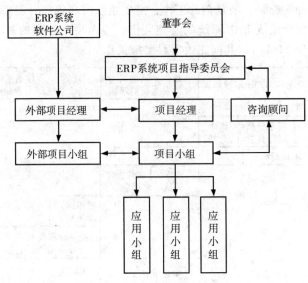

图 11-12　ERP 系统项目组织结构图

的主要人员送到企业以外的培训班学习，并对留在企业内部的人员提供简化版的培训课程。

　　ERP 系统培训所涉及的人员不仅仅是企业基层的操作人员，还包括企业的高层领导，这些领导应该先于操作人员接受相关培训。因为整个 ERP 系统项目的实施过程都在他们的领导之下，培训内容中包含企业领导在项目管理中应该掌握的原则，以有效支持 ERP 系统项目的推进。项目小组的培训内容包括：项目管理的培训、实施方法的培训、ERP 系统软件的功能培训。对业务人员开展培训，可以有效减少他们对新系统的抵触心理，在项目实施过程中易于得到业务人员的配合。总之，要加强企业全体员工的培训，培训工作应有针对性，并且贯穿于项目实施的整个过程。项目实施开始阶段不同层次的培训情况，如表 11-3 所示。

表 11-3　ERP 系统项目实施开始阶段的培训

| 培训对象 | 培训内容 | 培训时间 |
| --- | --- | --- |
| 高层管理人员 | ERP 系统原理及实施方法 | 系统实施前 |
| 中层管理人员和业务员 | ERP 系统原理 、ERP 系统实施方法、ERP 系统模块操作 | 系统实施前及实施中 |
| 计算机技术人员 | ERP 系统软、硬件操作 | 系统实施前 |

### 3. 项目实施详细方案的设计

　　在项目选型结束后，需要对企业的运行状况进行更为深入的分析，以获取详细的信息需求方案。这时的调研分析与前期的调研工作有所不同，调研分析工作更为详细，且考虑一些新出现的情况。就企业的现行管理情况及业务流程完成详细调研后，便可着手进行系统实施详细方案的设计，即在进一步分析企业业务流程的基础上，提出业务流程重组方案；分析企业需求与软件功能的匹配度；提出详细的实施方案。

　　与管理信息系统定制开发方式一样，企业实施 ERP 系统应与业务流程重组结合起来，统一规划，统筹安排，组建合理有序的管理体制、组织结构、工作方式，为 ERP 的顺利实施奠定基础。实践表明，ERP 系统的实施与企业的员工素质、经营机制、管理模式、管理方法、业务流程、过程控制、组织结构、规章制度以及责权利等方面有着密切的关系，ERP 系统实施前或实施过程中,如果在这些方面出现问题并不能得以有效解决,那么 ERP 系统的运行也不能有效提高管理水平、整体素质和经济效益,甚至会导致失败。因此,ERP 系统的实施不是单纯的技术问题,而要先行解决企业管理问题,确保企业具有科学、规范的业务流程和管理基础,这个阶段的工作不可逾越。

根据重新设计完成的业务流程和 ERP 系统软件的功能模块,进行业务需求与软件功能的匹配,以最终确定企业的解决方案,形成系统实施详细方案的设计报告。

### 4. 系统原型测试

系统实施的详细方案获得批准后,项目小组需要在咨询顾问和 ERP 系统软件公司的帮助下,根据企业实际情况,对系统原型进行测试。系统原型测试与正式运行时的初始化内容不同,数据需要量相对较小,而且可以不是完全真实的数据,只要是逻辑上合理的数据即可。在原型测试时,必须对管理业务进行模拟运行,以确保所有的业务在新系统中都能得到很好的支持。系统原型测试除了要确保各个模块的功能实现以外,还要测试不同功能间的数据传递。ERP 系统只有形成一个整体才能避免出现"信息孤岛"问题,才能发挥最大的效用。

### 5. 系统模拟运行与切换

由于 ERP 系统的复杂性以及在企业运营中的核心地位,一般情况下,企业都采用逐步切换或平行切换的间接方式完成系统切换,以减少风险,确保系统安全有效。与原型测试时不同,系统的模拟运行与切换需要企业的真实数据。

(1)数据准备。数据是管理信息系统的原料,投入数据的质量直接决定了最终产出的信息的质量,基础数据不正确、不完善,则无法有效运行 ERP 系统。基础数据薄弱,数据准确性差是我国企业实施 ERP 系统面临的一个障碍。系统实施涉及的基础数据量大面广,如产品结构、工艺、工装、定额、物料、设备、质量、财务、工作中心、人员、供应商、客户等数据的准备工作需要投入大量的人力和费用。数据准备要满足软件的格式要求,并确保其正确性、完整性和规范性。

(2)系统模拟运行。数据准备完成后,便要进行系统的初始化工作,为系统的模拟运行做准备。模拟运行采用的是企业的真实数据,但数据量可能并不完整。在实际工作中,可以选取某个有代表性的管理业务先行进行模拟。在系统模拟运行时,除项目小组全体成员参加外,还必须有职能部门和生产一线的业务人员参加,这是 ERP 系统顺利切换的必要条件。ERP 系统是一个人机系统,只有用户与机器合理交互才能取得理想的结果。因此,取得最终用户(实际操作人员)的理解、接受,并使其乐意使用,ERP 系统才会成功实施,企业才能取得应有的效益。

(3)ERP 系统的使用培训。在 ERP 系统项目的实施过程中,培训工作贯穿始终。当系统模拟运行结束,在正式切换前必须要对所有的 ERP 系统用户进行操作培训。这次培训的内容较项目开始时的培训更为具体,直接关系到 ERP 系统的后续使用。具体而言,培训内容包括以下几个方面。

1)系统的整体结构和概貌;

2)系统的分析设计思想;

3)计算机系统的操作与应用;

4)ERP 系统的操作方式和输入方式;

5)可能出现的故障及故障排除方法;

6)文档资料的分类及检索方式;

7）数据收集、数据规范；

8）运行注意事项。

（4）系统切换。系统切换时，企业可以根据其产品及生产组织的特点、原有基础及计算机应用的普及程度，确定具体的切换方案。如可以采用平行切换的方法，新旧两套系统同时运行，等新系统运行顺畅后再独立运行；也可以采用逐步切换的方法，从一种产品系列扩展到更多的产品，从一个车间扩展到更多的车间。

### 6. 系统评价

系统评价是管理信息系统生命周期中的最后一环，也是下一个周期开始时的重要参考，是整个 ERP 系统项目不可分割的组成部分。因此，企业在 ERP 系统项目实施后应积极开展项目的评价工作，通过定量计算、定性分析和客观公正的评价，从不同的角度科学地揭示 ERP 系统的应用状况。ERP 系统项目实施的业绩评价是在项目完成的基础上进行的，对项目的目的、效益、影响和执行等情况进行全面而又系统的分析与评价，有助于提高投资效益，提高宏观决策能力和企业管理水平。

与一般的管理信息系统评价类似，ERP 系统的评价也存在诸多困难。一般而言，包括系统建设评价、系统性能评价和系统应用评价 3 个部分。系统建设评价主要考核系统从选型到实施的整个过程，也是对项目小组考核的主要依据；系统性能评价主要从系统本身的可靠性、效率、可维护性、可扩展性以及安全保密性等方面展开；系统应用评价主要是系统使用后带来的效益，包括直接效益和间接效益，也可以从经济效益和企业管理效益等方面进行评价。

## 11.3.3 企业资源计划系统项目的实施策略

总体而言，国内外企业 ERP 系统实施的成功率不高，我国企业面临着更为复杂的因素影响 ERP 系统的成功实施，如市场经济环境尚不成熟、企业管理不规范、基础数据积累不足、缺乏企业管理软件的使用经验、项目管理人才匮乏、缺乏高水平的咨询人员等，都是制约企业成功实施 ERP 系统项目的重大障碍。为确保 ERP 系统项目实施成功，综合而言，应特别注意以下几个方面。

### 1. 重组业务流程和管理模式

很多企业在实施 ERP 系统时，不愿意调整现有的业务流程和管理模式，而要求 ERP 系统模拟企业目前的运行状况，这是导致 ERP 系统应用不成功的一个重要原因。原有流程的自动化一般能够提高效率，但却不能得到最理想的结果，有可能使原有流程的不合理内容进一步强化。因此，企业在实施 ERP 系统时，必须先行推进管理观念的转变，ERP 系统的实施是一场管理变革，需要重组业务流程和管理模式。

### 2. 明确自身需求和实施重点

我国企业实施 ERP 系统的成功率不高，其重要原因就是在实施前期没有明确的目标、需求和实施重点，不清楚企业管理方面存在的问题，更无法考虑企业如何通过 ERP 系统的实施来解决这些问题。

企业在系统选型前必须从企业整体和战略高度出发，明确企业的竞争优势，并结合相关 ERP 系统软件的具体特点，选择合适的软件。在考虑需要解决的问题时，要分清远期和近期目标，采取分阶段实施的策略。

### 3. 外聘管理咨询专家参与项目

ERP 系统的实施不但需要技术知识，还需要管理理论素养和丰富的企业管理实践经验。显然，同时具备这方面知识和能力的人才非常难得。软件公司对管理实务和企业实际不太了解，企业人员则对信息技术、ERP 系统软件掌握不够，更缺少 ERP 系统实施的相关经验。因此，只有将具有 ERP 系统实施经验的管理咨询专家纳入到项目委员会中，才能弥补两者的不足，有效推动项目的成功实施。

具体而言，企业在准备实施 ERP 系统之前，需要聘请管理咨询专家参与企业的调研和需求分析工作，对企业的薄弱环节和存在的主要问题进行诊断，提出适合企业的管理模式和管理软件，并对企业员工进行 ERP 系统方面的知识培训；企业在 ERP 系统的实施过程中，需要聘请管理咨询专家指导企业完成业务流程设计和组织结构调整，并采用一套规范的实施原则和方法严格组织和管理项目实施过程；在系统实施结束后，聘请管理咨询专家参与对 ERP 系统项目的评估工作。

### 4. 优化项目实施人员结构

ERP 系统是一个人机系统，最终也服务于管理人员和业务人员。在选择 ERP 系统项目的实施人员时，不应过分强调信息技术人员，具有丰富经验的管理人员应参与项目的实施。在软件选型时，只有管理人员才能从企业的战略出发，将自身的需求与软件系统的功能进行匹配；在需求调查时，只有管理人员才能更深刻地理解需求；在系统实施时，也只有管理人员才能得到最终用户的全力支持，从而保证项目实施的成功。

### 5. 体现"一把手工程"

ERP 系统项目的实施往往被称为"一把手工程"。"一把手工程"是指高层领导在理解 ERP 系统的基础上，亲自主持、参与和指导系统实施，动员全体员工共同参与，解决 ERP 系统实施过程中出现的部门利益冲突等问题。"一把手工程"不是"一把手挂名"，企业领导不能置之不顾，仅仅依靠技术人员来推动系统实施，而应主动投入到系统实施的过程中去，主动解决出现的问题。如果企业领导仅仅停留在口头和形式上支持实施工作，ERP 系统的实施是很难成功的。

### 6. 注重培训

与管理咨询专家参与项目实施类似，培训也是贯穿于 ERP 系统项目实施始终的重要工作。ERP 系统实施的最大难点就是人的管理和协调问题，取得所有人员的支持，是系统成功实施的关键。为了让企业人员理解 ERP 系统，并能够支持项目的实施工作，则需要针对高层领导、业务经理、业务骨干和操作人员开展持续不断的教育和培训。不同人员所需的培训内容各不相同，比如，对企业高层领导来说，需要了解企业管理问题与 ERP 系统的解决方案之间有何关联。对普通用户来说，则需要关注具体的操作。不同时期的培训内容也不相同，如前期的培训内容主要是 ERP 系统的基本理论，使所有人员理解并支持项目的实施，而后期则主要解决 ERP 系统的具体操作，以提高工作效率和运行效果。

## 本章小结 ⟩⟩⟩

企业资源计划（ERP）系统是管理信息系统趋于成熟的一个标志，是整合了企业管理理念、业务流程、基础数据、人力物力、计算机硬件和软件于一体的企业资源管理系统。它通过强调企业资源充分而有效的调配与平衡，协调企业业务和信息流程，使企业能够在激烈的市场竞争中实时把握运作状况，有效发挥自身能力，从而获得更好的经济效益。

企业资源计划系统是从 20 世纪四五十年代的订货点法发展而来的，经历了 60 年代的时段式物料需求计划、70 年代的闭环物料需求计划、80 年代的制造资源计划，进入 90 年代后发展成为目前以计划为基本依据、应用广泛的企业资源计划系统。

企业资源计划系统的功能强大，模块众多，企业可以根据自己的实际情况，在明确 ERP 系统基本结构的前提下，有选择、有计划地实施 ERP 系统。

ERP 系统对于企业提高管理水平，提升竞争能力具有重要的意义。但是，ERP 系统的实施存在很大风险，实施过程中困难较多。要想获得 ERP 系统可能为企业带来的效益和竞争优势，就必须对项目的实施进行科学的规划和管理。要在高层管理者的高度重视和参与下，按照科学的步骤实施 ERP 系统。

## 复习题

1. 什么是 ERP 系统？

2. 当前经常提起的 ERP 产品和企业应用的 ERP 系统与本书中所提及的 ERP 管理有什么关系？

3. ERP 系统发展至今，经历了哪几个阶段？

4. 订货点法需要满足什么样的条件？

5. MRP 运算的主要依据是什么？

6. 与时段式 MRP 相比，订货点法的优点是什么？

7. 根据 Gartner Group 公司提出的观点，ERP 系统具备的功能标准应包括哪 4 个方面？

8. ERP 系统与 MRP II 系统的区别主要体现在哪些方面？

9. 你能简要介绍主生产计划（MPS）和物料需求计划（MRP）的编制方法吗？

10. 财务管理模块一般包含哪些功能？

11. 生产控制管理模块一般包含哪些功能？

12. 物流管理模块一般包含哪些功能？

13. ERP 实施后的效益往往体现在哪些方面？

14. 试介绍当前市场上一些典型的 ERP 系统产品。

15. ERP 系统的软件选型包含哪些基本步骤？

16. ERP 系统软件选型的影响因素有哪些？

17. ERP 实施的组织机构包括哪些部门和人员？

18. 企业实施 ERP 系统时要进行培训，培训包括哪些方面的内容？

19. 企业的 ERP 系统实施策略主要是什么？

## 思考题

1. 查找未来管理信息系统的相关资料，如 ERP II、e-ERP、协同商务等，你认为未来的管理信息系统应该具备什么样的特点？

2. 你认为管理信息系统发展的终极状态是什么样子？是否会出现一个包含整个国家各种资源优化范围的超级管理信息系统？是否会出现一个全球性的系统？你的理由是什么？可以组织不同的小组在课堂上就该问题进行辩论。

3. 一般而言，市场上销售的 ERP 系统软件与企业的实际需求有一定的差距，是企业改变自身的管理方式和组织结构去适应软件，还是修改软件使其适应企业当前的实际运行模式？你怎么看这个问题？可以组织相关同学就此问题进行辩论。

4. 贝斯特公司最终实施了 ERP 项目，取代了原有的财务管理信息系统和物流管理信息系统。新的 ERP 系统为公司带来了巨大的收益，也在公司内部引发了巨大的争论，其焦点就是：公司是否应该一开始就进行 ERP 系统的建设，而不进行孤立的信息化投资？你怎么看这个问题？注意：现在很多 ERP 厂商的产品可以拆分销售，也就是说可以只购买其中的某一个或某几个模块。

5. 根据美国的一项统计，在整个 20 世纪 80 年代，美国企业在信息技术应用上投资了 10 000 亿美元。尽管投资巨大，但白领人员的生产率在整个 80 年代实质上并没有发生变化。在 1975～1985 年，蓝领工人数量减少了 6%，实际产出增长了 15%，表面上看劳动生产率提高了 21%。但在这同一期间，白领工人数量增长了 21%，与实际产出增长 15% 相比，生产率下降了 6%。这些投资并没有达到预期目标，经济学家们称之为"生产率悖论"，而众多的企业则认为他们在信息技术应用方面的投资掉进了"黑洞"。你怎么看这个问题？

# 电子商务与管理信息系统集成

学习目标 >>>

- 熟悉电子商务的含义；
- 了解电子商务产生的背景；
- 了解基于 EDI 和 Internet 的电子商务及其不同；
- 熟悉电子商务对企业管理的影响；
- 掌握电子商务对管理信息系统的影响；
- 熟悉企业内外部电子商务的模式；
- 掌握信息化孤岛与企业电子商务建设间的关系。

引导案例 >>>

　　一年后，贝斯特公司的 ERP 系统实施成功，公司管理水平大幅度提升，并开拓了海外市场。公司增加了一条生产线，生产能力提高了一倍，而员工的增加数量却不到 30%，生产效率的提高非常明显。公司的知名度在行业内也明显提升，不少原来不愿意合作的客户和供应商都纷纷主动与公司联系，本月月初，还有行业世界排名第二的美国企业来公司洽谈合资事宜。想到这里，陈总心里荡漾着笑意，公司正处于高速发展的快车道。陈总心里很清楚，这主要归功于一年前实施的 ERP 系统，它已成为公司的神经中枢，对于增强管理能力和提高决策水平意义重大。

　　在月底的总结会上，陈总向大家宣布了合资洽谈事宜，举座振奋。大家不一定完全支持与国外公司合资，但是毫无疑问此事证实了公司的发展和实力的增强。营销部的萧经理接着陈总的话题继续向大家报告了一个好消息："这个月我们还承接了马来西亚的订单，下个月的出口量将比这个月翻一番！"听到这个消息，会场的气氛更热烈了。"还是请大家多谈谈问题吧。"陈总微笑着让大家安静下来。

　　"我先讲讲吧，"萧经理继续说道，"从目前情况来看，国外市场的机会很多，可是我们的问题是营销力量严重不足，如果现在招聘员工，短期内又很难胜任。目前我们的竞争对手们也都在对外发力了，增幅虽然没有我们这么快，但是也很可观。"听到萧经理提出的这个"问题"，物流部吴部长不禁心生疑虑，于是问道："那你们的这张订单是怎么得到的呀？""这张订单啊，可以说得来全不费工夫！"萧经理很兴奋："有一次外出开会，在中国机械网上注册了一个账号，简单介绍了我们的一些产品，没想到还真有人跟我联系，这不就谈成了嘛。所以啊，我就想，我们也应该在自己公司的网站上做点类似的介绍，而且一定要增加英文版。这个事儿我跟信息中心的杨主任交流过，但是他现在比较忙。"

　　话音刚落，所有人的目光都集中到了新提拔的杨主任身上。他是公司 ERP 系统项目实施后提拔的，非常年轻，原来的邢主任已经退休。杨主任说道："我大学里学的是信息管理，现在很多学校都改成电子商务了，刚才萧经理说的就是电子商务，现在很多公司都打算应用，有一定经验的电子商务人才比较抢手。这段时间我们正在根据公司业务的调整修改 ERP 系统，比较忙，但萧经理那个事儿我一直想着呢。我已经让人调查咱们这个行业电子商务的应用情况了，正在写报告，等报告草拟完了，我还要向萧经理请教，然后再交给陈总审批。"萧经理听到这话很高兴，谦虚地说："谈不上，这方面你是专家，我也就瞎凑个热闹罢了。"话虽如此，大家还是觉得萧经理应该有不少想法。

"我这里还有个比较麻烦的问题，"这时，采购部何部长发言了，"最近不少供应商说他们经常要钱不顺利，说是单据有问题，往往要跑好几趟。这个问题蔡部长是不是可以解决一下？"听到向自己发问了，蔡部长不禁向何部长开起玩笑来，"怎么解释？还不是被你那个零库存理念给害的！"话一出口，整个会场就乐了起来。"是啊，零库存害死人啊！"大家都乐呵呵地嘀咕着。陈总也不禁笑了起来，但还是摆了摆手说道："大家静一下，蔡部长，这到底是怎么回事？"

蔡部长喝了口水，继续说道："因为我们现在的采购批量很小，供应商对我们的供应存在难度，送货情况与采购合同不一致的现象较以前有所增加。比如说，合同上说采购 100 种物料，但对方手头只有 97 种满足要求，于是先行送来，物流中心制作了入库单，另外的 3 种物料或由其他供应商提供，或者还是由这个供应商下次送来。由于目前的送货次数较以前频繁很多，因此虽是推迟后送，但并没有太耽误时间，也不影响生产，毕竟目前我们还不是真正的零库存。这种情况已经存在一段时间了，只是供应商可能一直没有向何部长反映过。"说到这里，大家不禁又笑了起来，会场的气氛是轻松的。"这样一来，包括供应商开具的发票在内的相关单据想完全吻合就很难。出现数据不一致时，我们只能进行一些处理，这样才能符合规定。那些实在难以处理的单据，我们只能让供应商回去重新处理后再来拿货款。因此，一次拿不到货款的情况就很难避免了。"说完这些，蔡部长又加了一句："我们已经很努力了，近期财务部同事们的加班次数明显增加。陈总，是不是给我们增加点人手啊？！"大家都看着陈总如何表态。"增加人手就能解决问题吗？"陈总不禁苦笑着摇摇头。

**问题：**

公司很多人认为零库存害死人，原因是什么？公司会出现问题的本质是什么？应该如何才能解决？

管理信息系统（包括企业资源计划系统）强调企业内外部资源的有效利用，但所支持的价值创造活动主要限定在企业内部，难以突破不同企业之间的组织边界实现信息的有效沟通，协同地对市场做出快速反应，构建供应商、客户以及其他合作伙伴间的企业价值链。互联网（internet）的出现使企业的生产经营活动可以突破时间和空间的限制，能够改变企业业务活动以及价值创造的模式，因此开展基于 Internet 的电子商务已成为企业应对竞争环境、商务模式以及管理重心等发生变化的重要战略选择，如何调整和重塑传统的管理信息系统以适应和支持电子商务也成为信息技术与管理信息系统领域值得研究和实践的重要方向。

# 12.1 电子商务概述

随着计算机和互联网技术的飞速发展，电子商务已成为交易主体不受时间和空间限制快速而有效地进行各种商务活动的全新方法。电子商务是商务领域的一场信息化革命，它对企业的经营管理和信息化建设以及人类的经济活动、工作方式、生活方式等都产生了巨大的影响。

### 12.1.1 电子商务的产生

#### 1. 电子商务的含义

1997 年 11 月，国际商会（the international chamber of commerce，ICC）在法国首都巴黎举行了世界电子商务会议，全世界商业、信息技术、法律等领域的专家和政府部门的代表共同探讨了电子商务的概念问题。电子商务（electronic commerce）是指对整个贸易活动实现电子化。从涵盖的范围方面可以定义为：交易各方以电子交易方式而不是通过当面交换或直接面谈方式进行的任何形式的商业交易；从技术方面可以定义为：电子商务是一种多技术的集合体，包括交换数据（如电子数据交换、电子邮件）、获得数据（共享数据库、电子公告牌）以及自动捕获数据（条形码）等。

电子商务涉及技术和商务两个领域，研究的视角不同，对电子商务的理解也不尽相同。另外，电子商务概念提出的时间较短，是一个迅速发展的领域。因此，关于电子商务并无一个获得广泛接受的定义，许多 IT 企业、国际组织、政府以及相关学者提出了各自的观点。

IT 企业是电子商务相关技术的直接提供者和最大获益者，也是电子商务领域最积极的推动者和参与者，他们提出了电子商务的一些定义。

IBM 公司认为，电子商务（electronic business）是在 Internet 等网络的广阔联系与传统信息系统的丰富资源相结合的背景下应运而生的一种相互关联的动态商务活动。它强调在网络计算环境下的商业化应用；强调买方、卖方、厂商及其合作伙伴在网络计算环境下的完美结合；电子商务 = 信息技术 + Web + 业务（E-business ＝ IT + Web + business）。

HP 公司的 E-Service 解决方案认为，电子商务是指在从售前服务到售后服务的各个环节实现电子化、自动化。电子商务以电子手段完成产品和服务的等价交换，在 Internet 上开展的内容包含真实世界中销售者和购买者所采取的所有服务行动，而不仅仅是订货和付款。

Intel 公司关于电子商务的定义为：电子商务（E-business）是基于网络连接的不同计算机之间建立的商业运作体系，是利用 Internet/Intranet 网络使商业运作电子化。电子贸易（E-commerce）是电子商务的一部分，是企业与企业之间或企业与消费者之间使用 Internet 所进行的商业交易（如广告宣传、产品介绍、商品订购、付款、售后服务等）。

由于电子商务浪潮的影响，有关国际组织和政府也阐明了对电子商务的认识。联合国经济合作和发展组织（organization for economic co-operation and development，OECD）认为：电子商务是发生在开放式网络上，包含企业间（business to business，B to B）、企业和消费者间（business to consumer，B to C）的商务交易。

全球信息基础设施委员会（global information infrastructure committee，GIIC）电子商务工作委员会认为：电子商务是运用电子通信手段进行的经济活动，包括对产品和服务的宣传、购买和结算。

欧洲经济委员会（economic commission for Europe，ECE）在全球信息标准大会上提出：电子商务是各参与方之间以电子方式而不是以物理交换或直接物理接触方式完成任何形式的业务交易。这里的电子方式（或技术）包括 EDI、电子支付手段、电子订货系统、电子邮件、传真、网络、电子公告牌、条码、图像处理、智能卡等，这里的商务主要是指业务交易。

1997 年 7 月 1 日，美国政府在发布的《全球电子商务纲要》（*A Framework for Global Elec-*

*tronic Commerce*）中比较笼统地指出：电子商务是通过 Internet 进行的各项商务活动，包括广告、交易、支付、服务等活动。

欧洲议会（European parliament）关于电子商务的定义为：电子商务是通过数字方式进行的商务过程。它通过数字方式处理和传递数据，包括文本、声音和图像。它涉及许多方面的活动，包括货物数字贸易和服务、在线数据传递、数字资金划拨、数字证券交易、数字货运单证、商业拍卖、合作设计和工程、在线资料、公共产品获得。

综合以上各方对电子商务的认识可以看出，电子商务的概念可以从两个角度来理解。一方面，电子商务的基础是以互联网为核心的信息技术和信息基础设施，是电子商务的技术视角；另一方面，电子商务的内核是商务，通过信息技术提供全新的商业模式，为消费者创造价值。因此，对电子商务的含义可以从广义和狭义来理解。狭义的电子商务也称做电子交易（electronic commerce），主要是指利用 Internet 开展的交易活动，它仅仅将 Internet 上进行的交易活动归属于电子商务。而广义的电子商务（electronic business）是指利用电子技术对整个商业活动实现电子化，如市场分析、客户联系、物资调配等，它是管理信息系统概念在互联网时代的发展和深化。

由于以互联网为代表的信息技术的高速发展及其广阔的商用前景，人们对它的认识远远落后于商业实践的发展，电子商务的含义仍在不断地发生变化。另外，由于学科交叉的特点，电子商务研究者的背景多样，人们出于各自的视角对电子商务进行的解释与定义，更是仁者见仁，智者见智，没有一个公认的统一的定义。电子商务是一个充满活力的学科领域，它对管理信息系统的发展已经产生了重大影响。

### 2. 电子商务产生的背景

如果说工业革命是工业经济取代农业经济的发端，计算机的产生则代表由工业经济进入知识经济时代，而互联网无疑是知识经济的加速器。电子商务作为 Internet 的一个新的应用领域已开始真正走向传统商务活动的各个环节，并直接影响和改变着社会经济生活的各个方面。可以说，电子商务在企业的经营模式、政府的管理模式、人们的生活方式等方面给人类带来了一次革命。电子商务的产生背景可以从经济和科技两方面来理解。

（1）技术发展推动电子商务。从经济发展的历程来看，技术进步是经济发展的重要推动力之一，同时也是组织管理变革的重要契机。从蒸汽机的发明，到电力技术的突破，再到 20 世纪中期的信息技术革命，无不验证了这条原则。作为一种革命性的商业模式，电子商务也是由以互联网为代表的信息技术发展所催生的。这些信息技术除了互联网以外，还包括电子数据交换（electronic data interchange，EDI）、网络安全、网络支付等诸多相关技术。

20 世纪 70 年代以来，电子计算机、网络通信及其相关技术不断发展，在社会生活各个领域的应用形成了逐年增长的发展势态，尤其是在商业领域应用的发展极为迅速，并开始逐步改变原有的企业运作模式和商务模式。

虽然人们利用电报传送商业信息已经有很多年的历史，后来又采用传真传送商业文件，但对于电子商务的起源，人们普遍认为是缘起于 20 世纪 70 年代初的电子数据交换（EDI）。随着计算机电子数据处理（electronic data processing，EDP）技术的发展，原来主要用于科学计算的计算机，开始向文字处理和商务统计报表处理应用的转变，并迅速成为计算机最为重要的应用领域。由于管理信息系统在企业和政府部门的广泛应用，政府的行政管理指令传达，企业商业文件的处理，从手工书面文件的准备和传递转变为电子文件的准备和传递。随着网络技术的发展，电子数据资料的交换，又从磁带、软盘等电子数据资料物理载体的寄送转变为通过专用的增值通信网络的传送，最具代表性的即是 EDI 网络。EDI 大大提高了单证的传输和处理效率，改变了企业间的贸易形态，使得无纸贸易成为可能。

1991 年美国政府宣布因特网向社会公众开放，1993 年万维网（world wide web，WWW）在因特网上出现，它们是促使电子商务真正形成的里程碑式事件。从此，以万维网为代表的互联网上的信息数量迅速上升，1995 年因特网上的商业业务信息量首次超过了科教业务信息量，这既是因特网此后产生爆炸性发展的标志，也是电子商务从此大规模发展的开始。

单一的技术突破难以有效支持一个完整的商业变革。以互联网为核心的技术进步，实际上可以称为一个技术群，其中既有信息传输、存储，又有信息安全和支付等一系列相关技术。如 1996 年 2 月，VISA 与 Master Card 两大信用卡国际组织共同发起制定保障在因特网上进行安全电子交易的 SET（secure electronic transaction，SET）协议，即安全电子交易协议，SET 协议的制定得到了 IBM、Microsoft、Netscape、GTE（通用电话电子）等一批技术领先的跨国公司的支持，从而为网络支付奠定了基础，也为日后迅速兴起的网上购物提供了可能。技术的进步，推动了商业模式的变革。以互联网为代表的信息技术的迅速发展，成为电子商务产生和兴盛的重要推动力。

（2）经济发展呼唤电子商务。商业模式变革的根本动力在于经济发展的需要，电子商务的几个发展阶段都非常清晰地显示出经济环境对商业模式的巨大影响。20 世纪 60 年代，西方各国经济飞速发展，各国间的贸易数量大幅上升，而集装箱的出现，更是促进了远洋航运规模的迅猛提高。全球贸易额的增长率明显高于世界经济增长率，全球贸易额的上升带来了各种贸易与单证、纸面文件的剧增。人工处理单证和纸面文件劳动强度大、效率低、出错率高、传输速度慢、费用大，纸面文件成了阻碍贸易发展的一个突出因素。正是在这种背景下，20 世纪 60 年代末，在美国和欧洲几乎同时出现了被称为"无纸贸易"的电子数据交换（EDI），并显示出强大的生命力。当然，EDI 的产生也与当时计算机网络通信和数据标准化等相关技术的发展密切相关。

EDI 商务模式被称为电子商务的初始阶段，它已经能够实现不同计算机间数据的自动、高效交换，而无须过多的人工干预，从而极大提高了跨企业间的业务协同效率。随着经济的发展，市场竞争的日益激烈和多变性，使从事经济活动的企业经营组织发生重大的变化。生产方式由大规模批量生产向柔性生产转变，要求小批量多品种，缩短产品上市时间以适应瞬息万变的市场行情。组织形态由大型纵向集中式向横向分散式、网络化发展，制造商、供应商、用户之间、跨国公司与各分公司之间要求加快商业文件传递和处理的速度，扩大空间跨度，提高正确率，追求商业贸易的"无纸化"成为所有贸易伙伴的共同需求。EDI 的应用范围超出了贸易和物流业，开始深入到供应链的各个环节，大大改变了原有产业链的运营管理模式。

20 世纪 70 年代的石油危机，使西方发达国家结束了使用廉价石油的时代，开始由工业化向信息化过渡。90 年代，全球经济一体化的进程大大加速。企业经历了从跨国公司到全球公司的转变。这种转变极大地催生了企业、政府，以至消费者对信息传递便捷和安全的需求。Internet 的出现，使上述需求有了一个得以实现的平台，随后出现的 Internet EDI，使 EDI 从专用网扩大到因特网，降低了成本，满足了中小企业对 EDI 的需求。

虽然 Internet EDI 在一定程度上解决了中小企业间信息沟通的需求，但对于消费者的信息沟通需求仍难以满足，完全基于 Internet 的商务模式便成为一种必然。进入 20 世纪 90 年代之后，尤其是进入 21 世纪以来，社会多元化趋势日益明显，经济环境的变化速度远胜于从前。国际间交流空间增加，人们得以从一个从未有过的宽阔视角来认识世界。在这种情况下，消费者对各种信息的需求大幅度上升，购物也日趋理性，更希望能够在一个足够广大的范围内进行选择。如何低成本、高效率、便捷地向消费者提供一种渠道，使其与企业、其他消费者，以及政府连接起来，成为经济社会发展的一种现实需求。作为一个最佳选择的互联网，从此开始大规模渗透到社会经济生活的方方面面。

基于 Internet 的电子商务改变了原有企业的运行模式，改变了消费者的消费、生活习惯，也改变了产业链的格局。经过几十年的发展，电子商务在技术推动和经济发展需求拉动的双向作用下，终于成为一种引发商业，乃至社会生产、生活方式革命的巨大力量。

## 12.1.2 EDI 电子商务

作为电子商务发展第一个阶段的 EDI，在 20 世纪 60 年代末，首先应用于美国航运业。随后，EDI 技术得到了迅速的发展，其应用范围也不断扩大。70 年代后，银行业发展了电子资金汇兑系统（SWIFT）；美国运输业数据协调委员会发展了一整套有关数据元目录、语法规则和报文格式，这就是 ANSLX. 12 的前身；英国简化贸易程序委员会出版了第一部用于国际贸易的数据元目录（UN/TDED）和应用语法规则（UN/EDIFACT），即 EDIFACT 标准体系。20 世纪 70 年代 EDI 应用集中在银行业、运输业和零售业。

随着 EDI 在各个行业的广泛应用，不同企业、行业间 EDI 系统的数据兼容又成为一个重要的障碍。1986 年欧洲和北美 20 多个国家代表开发了用于行政管理、商业及运输业的 EDI 国际标准（EDIFACT）。随着增值网的出现和行业性标准逐步发展成通用标准，加快了 EDI 的应用和跨行业 EDI 的发展。据统计，20 世纪 90 年代初，全球已有 2.5 万家大型企业采用 EDI，美国 100 家最大企业中有 97 家采用 EDI。而互联网的出现，又大大促进了 EDI 的深入发展。到了 20 世纪 90 年代中期，美国有 3 万多家公司采用 EDI，西欧有 4 万家 EDI 企业用户，相关行业已涉及贸易、物流、化工、电子、汽车、零售业和银行等诸多行业。

对于 EDI，联合国标准化组织给出的定义是：将商业或行政事务处理按照一个公认的标准，形成结构化的事务处理或报文数据格式，从计算机到计算机的电子传输方法。由于采用 EDI 的企业数量众多，各自的管理信息系统数据结构并不相同，因此，为使两个相关企业的计算机能够直接通信，必须将彼此间的数据格式采用某种标准格式予以传输，彼此都应遵循一个统一的标准。一个典型的 EDI 过程如图 12-1 所示。

图 12-1　EDI 工作示意图

发送方企业将本公司数据库中的单证数据经由 EDI 软件处理后，形成标准 EDI 报文，将其通过网络进行传输。接收方企业接收到传来的标准 EDI 报文后，经由本公司的 EDI 软件，将其翻译成本公司管理信息系统所能接受的单证数据格式，并直接由本公司的管理信息系统予以处理，而不再需要人工予以干涉。

发送方或接收方采用 EDI 软件进行数据单据格式转换的详细过程如图 12-2 所示。

EDI 用户根据 EDI 的代码库和标准库，将自身的数据库文件映射成平面文件。根据相关的

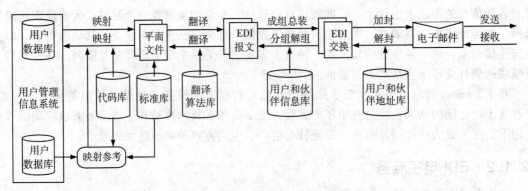

图 12-2　EDI 翻译系统详细逻辑

翻译算法，将平面文件翻译成 EDI 标准报文。这里的标准报文是用 EDI 格式书写的企业商业信息。得到标准报文后，根据用户和伙伴信息库，形成 EDI 交换文件，最后根据用户和伙伴地址库，对交换报文进行加封，以某种邮件的形式发送出去。通过 Internet 或 VAN 网络，对方接收到相关文件后，按照上述的逆过程，将相关数据变换成本企业管理信息系统所能识别的数据结构，由计算机直接进行处理。通过这种方式，EDI 完成了两个拥有不同管理信息系统数据库的企业间商业数据的无缝传递。显然，在 EDI 传输过程中，一个被各方均接受的 EDI 标准成为 EDI 系统运作的关键。

　　EDI 系统在应用中可以分为 3 个层次，如图 12-3 所示。最底层为 EDI 交换层，主要是 EDI 系统赖以传输数据的通信网络和交换系统，属于链接层。中间层为 EDI 代理服务层，由 EDI 服务器提供相关的翻译、通信和管理服务，主要任务是生成 EDI 标准报文。顶层为 EDI 应用层，这一层包含 EDI 在各个商务和政务领域的实际应用，如商检、财务、制单、许可证等诸多应用领域。

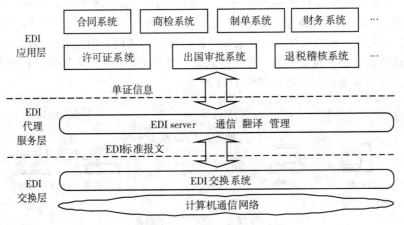

图 12-3　EDI 系统 3 层结构模型

　　EDI 的优点可以概括为以下几个方面。

　　（1）避免人工干预，提高效率。EDI 是不同企业间采用共同标准化格式传递业务信息的一种方式，它是计算机与计算机之间的信息交换，无须人工干预。因此，采用 EDI 系统后，企业间的数据传递速度会大幅度增加，且错误率也会大大减少。

　　（2）促进企业间的业务协同。目前的企业竞争更侧重于供应链间的竞争，因此上下游企业间的协同便成为供应链制胜的关键因素。通过 EDI 系统可以使上下游企业管理信息系统间的数据传输像在一个系统中一样流动，从而实现各相关企业间的信息共享，业务同步，提高供应链的竞争力。

（3）节约成本。采用 EDI 系统可以多方面降低企业的成本。EDI 被称为无纸贸易，仅纸张每年即可节约 1/4 左右。此外，由于 EDI 系统减少的人员费用、库存费用，以及避免因输入错误而带来的成本，均十分可观。

由于 EDI 的巨大优势，自其产生以来，得到了迅速而广泛的应用。20 世纪 90 年代以来，美、日、西欧、澳大利亚及新加坡等许多国家已陆续宣布，对不采用 EDI 进行交易的商户，拒绝或推迟其贸易文件的处理。这就给非 EDI 商户造成巨大压力，甚至会给非 EDI 商户造成巨大的贸易损失。

中国 EDI 起步较晚，但发展非常迅速。一般认为，EDI 的概念是在 1990 年 1 月传入中国的。当时在新华社香港分社的支持下，中国香港计算机协会与国家技术监督局在蛇口进行了一次中文 EDI 标准座谈会，揭开了国内研究 EDI 的帷幕。随后国家计委、科委将 EDI 列入"八五"国家科技攻关项目。1991 年 9 月由国务院电子信息系统推广应用办公室牵头，会同国家计委、科委、外经贸部、国内贸易部、交通部、邮电部、电子部、国家技术监督局、商检局、外汇管理局、海关总署、中国银行、中国人民银行、中国人民保险公司、税务局、贸促会等 16 个部委、局（行、公司）发起成立"中国促进 EDI 应用协调小组"。同年 10 月成立"中国 EDIFACT 委员会"并参加亚洲 EDIFACT 理事会，目前已有 18 个国家部门成员和 10 个地方委员会。EDI 已在国内外贸易、交通、银行等部门得到广泛应用，"金卡"、"金关"、"金税"等一大批"金"字开头的工程，大大改变了我国企业运营的商业环境。比较典型的如 1993 年起实施的"金关工程"，即对外贸易信息系统工程，它是 EDI 技术在外贸领域应用的试点，网络和服务中心建设，已取得重要成果。

传统的 EDI 并非没有缺点，最主要的缺点便是其传输要借助于专用增值网络（VANs）的服务，从而增加成本。这也是早期 EDI 应用主要集中于大型企业的原因。随着互联网的迅猛发展，基于 Internet 的 EDI 便成为一个必然的发展方向。以互联网为基础的 EDI 探索始于 1995 年 8 月劳伦斯利威莫实验室试验用电子邮件的方式在互联网上传输 EDI 交易信息。EDI 交易信息经过加密压缩后，可作为电子邮件的附件在网上传输。

美国国家航空航天局（NASA）是以互联网为基础的 EDI 的最早使用者，它们运用这一方式传输航天飞机零部件的设计规格，并实现与供应商之间的订单传输。目前，美孚石油公司（Mobil Oil）也在广泛使用以互联网为基础的 EDI。该公司让其遍布全球的 230 个分销商用此方式进入公司的内联网，查看库存剩余情况，并开展在线成交。

毫无疑问，从未来的发展看，互联网将成为 EDI 传输的主要平台。为此，EDI 的软件开发商会将 EDI 软件与互联网格式的软件结合起来，由软件将相应的交易信息自动转换或翻译成 EDI 格式，用户不会意识到 EDI 格式的翻译过程。以后的网络浏览器可能会附带 EDI 翻译器。到那时，EDI 的应用水平会上升到另一个新的台阶。

## 12.1.3 基于 Internet 的电子商务

如果说 EDI 只是让人们感受到电子商务气息的话，Internet 则引起了电子商务革命的巨浪。基于 Internet 的电子商务不但改变了人们长期以来的商务模式，还改变了人们的生活方式，其影响力遍及整个社会的方方面面。

互联网的起源是因为军事需求。20 世纪 50 年代末，苏联发射了人造卫星后，美国成立了高级研究计划署（advanced research project agency，ARPA），进行军事科学研究。互联网的最初设计是为了能提供一个通信网络，即使一些地点被核武器摧毁也能正常工作。如果大部分的直接通道不通畅，路由器就会指引通信信息经由中间路由器在网络中传播。1969 年在 ARPA 的牵头下，美国西南的四所大学的计算机被连接起来，组成 ARPANET。随后不断有大学和公司相继加入，网络的规模日渐增加。

20 世纪 70 年代，TCP/IP 协议（transmission control protocol / internet protocol，传输控制协议／因特网互联协议）被提出，随后互联网得到了飞速发展，到 80 年代初，该协议已经成为互联网实际上的协议标准。计算机、物理和工程技术部门，很快发现了利用互联网，能够与世界各地的大学通信以及共享文件和资源。ARPANET 的民用和军事网络分开后，互联网被广泛地应用于教育和科研领域。美国国家科学基金会（national science foundation，NSF）在全美国建立了按地区划分的计算机广域网并将这些地区网络和超级计算机中心互联起来，组成 NSF-NET。NSFNET 于 1990 年 6 月彻底取代了 ARPANET 而成为 Internet 的主干网。但无论是早期的军事领域，还是后来的教育科研领域，互联网的使用对象始终是科学家和技术人员，且使用过程非常复杂。1989 年，欧洲粒子物理实验室提出了一个分类互联网信息的协议，即后来被称为 WWW 的 world wide web。这是互联网发展史上一个里程碑式的事件，它大大推动了互联网的普及。

由于互联网是由政府部门投资建设的，因此最初只限于研究部门、学校和政府部门使用。除了直接服务于研究部门和学校的商业应用之外，其他的商业行为是不允许的。1991 年，当独立的商业网络发展起来后，从一个商业站点发送信息至另一个商业站点而不经过政府资助的网络中枢才成为可能。商业机构一踏入 Internet 这一陌生世界，很快发现了它在通信、资料检索、客户服务等方面的巨大潜力。于是世界各地的无数企业纷纷涌入 Internet，带来了 Internet 发展史上的一个新的飞跃，也带来了商务模式的新革命。

早期的基于 Internet 的电子商务大多是建立静态网站，将其作为在线目录的载体。1997 年以后，电子商务开始真正深入企业内部，前台网站（信息发布的浏览器主页和商品目录、价格、网上订单等）与后台管理信息系统形成数据连接。客户可以直接通过互联网下订单，订单数据可以从网站直接进入企业的生产经营管理信息系统，从而使企业可以及时响应客户需求。当前的电子商务运营中，这种后台管理信息系统（包括复杂的 ERP 系统）与前台 Internet 界面的集成使公司随时都可提供有关库存、价格以及订货和发货状况的最新信息。企业与企业间上下游的商务往来，也都通过网络进行，下游企业可以直接从一个公司的网站发出和追踪订单，这就大大降低了交易费用，也使上下游的业务协同更为顺畅。电子商务较之传统商务模式的优点，可以在表 12-1 中很好地显现出来。

表 12-1　电子商务与传统商务模式的比较

| 序号 | 项目 | 传统商务 | 电子商务 |
| --- | --- | --- | --- |
| 1 | 宣传途径 | 大多通过电视、收音机、报纸或杂志宣传产品。顾客大多被动地接受广告信息 | 不再以推销的方式宣传产品，而依靠网页的内容来吸引消费者。消费者可以主动地从网络搜寻感兴趣的商品 |
| 2 | 商业文件 | 纸上交易 | 以电子媒介（无纸化）交易 |
| 3 | 公司的透明度 | 不易同时获得不同公司的产品或服务信息，使消费者难以做出比较和取舍 | 消费者能够在网络上搜寻理想的产品或服务，并能快捷地做出比较和决定 |

（续）

| 序号 | 项目 | 传统商务 | 电子商务 |
|---|---|---|---|
| 4 | 货品种类 | 卖方主导：<br>　　产品早在消费者提出需求之前设计好，并制造出来，消费者无法按照自己的需要对产品提出要求 | 买方主导：<br>　　互联网拉近了卖方和顾客的距离，使得卖方对顾客的需求发现更敏锐，更能制造迎合顾客的产品 |
| 5 | 地理限制 | 多受地理因素影响而限制了销售范围 | 公司规模无论大少，市场的开发空间不会受到地理环境的限制 |
| 6 | 店面租金 | 租金往往占去了支出的重要部分 | 一切商业活动都在网上完成 |
| 7 | 仓存管理 | 为了减少缺货损失和压低进货成本，不得不大量进货 | 由于能直接掌握买、卖双方的需求，从而能使库存降到最低限度 |
| 8 | 交易的安全性和普及性 | 一切活动都以签订合同为准则，保障交易双方的利益 | 虽然技术上已能做到电子认证和加密以确保电子合同的安全性，但暂时还未能被普遍认同 |
| 9 | 付款渠道 | 使用银行汇票、支票及信用证等方法来支付交易账项 | 使用信用卡和电子货币作为交易的媒介 |

　　中国的计算机应用已有 40 多年历史，但电子商务的开展仅有 10 多年。1987 年 9 月 20 日，中国的第一封电子邮件揭开了中国使用互联网的序幕。1998 年 3 月，我国第一笔互联网网上交易成功，1 年后，8848 等 B2C 网站正式开通，网上购物进入实际应用阶段，电子商务开始改变我国企业的经营模式。

　　据中国互联网信息中心（CNNIC）统计，经过 10 余年的发展，截至 2010 年 12 月，中国互联网人数已达 4.57 亿，跃居世界首位。互联网也渐由新闻娱乐应用向电子商务与生活服务应用为主转变，而且也间接地带动了 IT、信息产业、家电、物流、展会、金融、广告、包装等诸多行业的发展，其中电子商务类企业的贡献尤为显著。

　　据中国 B2B 研究中心监测数据显示，截至 2010 年 12 月，我国规模以上电子商务企业已达 25 000 家。其中，B2B 电子商务服务企业有 9 200 家，同比增长 21.3%，B2C、C2C 及其他非主流模式企业达 15 800 家，同比增幅达 58.6%，特别是自进入 2008 年以来，呈现出高速增长趋势，预计 2011 年电子商务企业将达到 32 000 家。行业 B2B 电子商务网站是目前中小企业电子商务应用的主要途径，是引领中国 B2B 电子商务朝着专业化发展的"生力军"。

　　电子商务极大地改变了消费者的购买习惯，对企业的经营也产生了巨大的影响。据中国 B2B 研究中心监测数据显示，截至 2010 年 12 月，国内使用第三方电子商务平台的中小企业用户规模已经突破 1350 万，而中国网购用户的规模已经突破了 1.58 亿人，且仍存在巨大的潜力。企业间通过电子商务的交易规模更是屡创新高，截至 2010 年 12 月，中国电子商务市场交易额达到 4.5 万亿元，同比增长 22%，其中，B2B 交易额达到 3.8 万亿元，同比增长 15.8%。无疑，电子商务这一网络经济的主力军，正成为经济发展的"助推器"。

　　麻省理工学院计算机科学实验室的高级研究员戴维·克拉克（David Clark）曾经明确提出："把网络看成是计算机之间的连接是不对的。相反，网络把使用计算机的人连接起来了。互联网的最大成功不在于技术层面，而在于对人的影响。"以信息传递为核心功能的电子商务，改变了人们的生活，深刻地影响了企业管理信息系统的发展，进而极大地改变了企业传统的商务模式。

### 12.1.4 基于电子商务的企业管理

随着企业商务环境的变化，企业间的竞争更为激烈，竞争的成败日益与上下游间的协调紧密相关。在这种情况下，企业仅仅依靠自身业务流程的高效率运作，并不能保证获得最终客户的满意，从而不能确保在竞争中取胜。如何协调上下游企业间的业务，使得彼此间的协作如同企业内部一样顺畅便成为各企业关注的问题。电子商务的出现，为供应链提供了一个实现协同运作的手段，因为被广泛地应用于企业内部和企业之间。

**1. 电子商务下的企业内外部环境**

在电子商务时代，商务环境呈现出虚拟化、透明化、多变化等趋势，成为企业运作必须面对的经营决策背景。

（1）交易虚拟化。通过互联网，贸易双方从贸易磋商、签订合同到支付款项，无须面对面进行，均可通过计算机互联网络完成，整个交易过程完全虚拟化。可以说，除了实物产品的获取最终仍需通过物流业务实现外，所有的相关业务均可在网络上完成。

（2）交易透明化。网络使交易双方都更易监控交易的过程，买卖双方从交易的洽谈、签约以及货款的支付、交货的通知等整个交易过程都在网络上进行，每一步的业务进展情况均能及时了解。在电子商务时代，客户查询与自身相关业务的进度，犹如查询本公司业务一样方便，整个交易过程对于交易双方均是透明的。

（3）环境多变化。互联网使企业与消费者、消费者与消费者、企业与企业间的联系空前密切，彼此间的相互影响也大大增加。在互联网时代，消费者的需求不稳定，企业外部环境的变化速度大幅度增加。企业必须及时调整自身的计划，甚至是企业战略目标。企业必须保持一定的柔性，否则难以形成较长的产业链条。

（4）管理高效化。电子商务的实施，在企业内部形成一个完善的信息传输网络，每个职能部门的网络互联和信息化，极大提高了职能部门的业务处理效率，同时也大大提高了相应的管理水平。

（5）流程连续化。电子商务使企业各个部门业务效率提高的同时，也促使原有业务流程分割过细的问题显现出来，"信息孤岛"的突出问题必须依靠管理信息系统予以解决。

（6）决策分权化。在电子商务环境下，企业员工信息沟通的效率远远超过从前，参与企业决策的意愿和能力也大为增加。因此，组织机构的扁平化，企业决策权力的下移成为一种趋势。

**2. 电子商务对企业管理的影响**

随着电子商务的实施，企业内外部环境发生了很大变化，企业管理的内容和形式也受到了较大影响。

（1）需求预测与获取。市场需求信息是企业运作的主要依据，与之相关的业务也成为企业经营的逻辑出发点。传统的需求预测与获取大多基于以往数据的分析，从而形成对未来的预测，或是对现有群体的样本进行分析，进而获得对整体的估计。无论是哪种方法，都在时间或空间上存在一定的偏差。电子商务时代，客户与企业的联系空前紧密，沟通成本大幅度降低，企业可以根据客户的订单，即实际的需求信息触发相关业务的运作，而不是建立在对需求信息的预测之上。即使企业无法做到完全按订单生产，仍然需要进行预测，需求预测的准确性和时效性也会大大提高。

（2）运营管理与控制。与需求预测类似，在实施电子商务之前，企业管理与控制所依据的信息也来源于对既往数据的收集和分析。企业在实施电子商务之后，信息的即时获取成为可能，企业管理者可以实时监控关键数据的变化情况，从而做出及时的反应，这对于企业经营计划的准确性和经营管理的有效运作，都具有重要的意义。

（3）销售管理与跟踪。在原有管理模式下，企业的销售管理主要通过供应链渠道进行，产品生产商一般难以直接面对客户进行销售，更多地需要依靠分销渠道的力量。至于产品的售后跟踪，企业的传统做法是依赖电话访问等形式进行，成本高，也难以及时获取产品的实际使用状况。采用电子商务手段后，企业可以通过网络直接与消费者联系，增加了新的销售渠道并逐渐壮大了企业规模。而售后跟踪的实现则可以由消费者自主进行，既能减少成本，也可提高数据的准确性，丰富被跟踪服务的消费者数量。当然，企业需要建立一个使消费者愿意主动、及时提供产品使用信息的有效机制。

（4）供应商的选择与评价。供应商的选择与评价是企业经营管理的一个重要方面。在传统商业模式下，企业与供应商之间的信息交换速度较为缓慢，信息失真的现象也多有发生。对供应商的评价与管理一般是基于一段时间的供应业绩进行的，数据的滞后性非常明显。在电子商务环境下，企业可以与上下游企业间实现信息的无缝传递，尤其是对于供应商的管理，企业可以通过信息共享，达到与供应商之间供需业务的紧密配合，对供应商的评价也可以随时进行，即使考核指标较以往更为复杂、更为全面，也可在短时间内完成。

（5）人力资源管理。电子商务时代，企业对人力资源的管理也呈现出新的特点。在人员招聘上，网络提供了一个更大、更迅速的人才选拔平台；在人员考核上，实施电子商务的企业，可以更迅速、更准确地获得员工的业绩情况；在人员管理上，管理者对员工的管理方式，可以更加人性化，侧重人本管理，而不仅仅只关注工作本身。

（6）企业组织模式。虚拟企业、学习型企业，还有供应链、虚拟联盟、柔性企业等，这些先进的企业组织模式的有效实现无一例外地建立在电子商务的基础之上。不仅如此，其实这些组织模式思想的形成与发展也是与电子商务联系在一起的。

电子商务不仅是一种信息管理的工具，它更是一种新的商业模式，是一场全新的企业管理革命。电子商务对于经济、社会、生活等都将产生重要的、更深、更广的影响。

## 12.2　电子商务对管理信息系统的影响

电子商务的产生和发展促进了企业管理和社会生活的深刻变化，管理信息系统也必将随着电子商务的广泛发展而产生新的变革。与电子商务紧密结合，是管理信息系统发展的必然方向。

### 12.2.1　电子商务对现有管理信息系统的影响

管理信息系统建设之初，很多企业并没有考虑到电子商务带来的影响。随着电子商务的蓬勃发展，现有的管理信息系统需要面对电子商务的挑战，谋求管理信息系统的变革。

根据职能范围的不同，现有管理信息系统可分为 3 种类型，即基于 Intranet 的信息系统，实现企业内部的信息共享；基于 Extranet 的信息系统，将企业与供应商、批发商等合作伙伴联系起来；基于 Internet 的信息系统，将与企业业务有关的外部环节都联系起来，涉及范围从企业供应链的顶端直到最终的客户，同时还包括政府、社会团体等企业利益相关者。

（1）Intranet。它是利用 Internet 的 www 模式作为标准平台，同时利用"防火墙"软件把企业内部网与 Internet 隔开，只有企业内部员工或授权用户才能够进入。基于 Intranet 的管理信息系统使得企业内部各部门间信息的传递变得通畅、快捷，便于企业领导层更好地做出决策，节省了营运成本，增强了各业务部门间的沟通与合作，使企业能够对外部环境的变化做出快速反应，从而提高企业的竞争力。基于 Intranet 的管理信息系统的主要目的是改变生产与营销之间的关系，实现产品的个性化发展。

（2）Extranet。它是采用 Internet 和 Web 技术创建的企业外部网，是 Intranet 的外部延伸，其功能是在保证企业核心数据安全的前提下，赋予 Intranet 外部人员访问企业内部网络信息资源的能力。它的服务对象虽不限于企业内部的机构和人员，但也不完全对外服务，而是有选择地扩大至与本企业相关联的供应商、代理商和客户等，实现相关企业间的信息沟通。

（3）Internet。它是电子商务的基础，也是网络的基础以及包括 Intranet 和 Extranet 在内的各种应用的集合，可实现全球信息共享。Internet 是实现虚拟企业和虚拟市场的基础，因而电子商务环境下集成化的管理信息系统成为联系顾客、预期市场以及增进企业间合作、充分挖掘内部资源优势并创造价值的关键。

企业电子商务的发展对现有管理信息系统的影响不尽相同，但是有一个共同的趋势，即不同管理信息系统之间信息沟通、数据共享的要求不断加强，管理信息系统的范围从企业内部延伸到了企业外部。

企业传统管理信息系统的建设大多相对独立，彼此采用的数据库差异较大。电子商务的发展要求现有的管理信息系统必须考虑不同数据库的兼容，随着时间的推移和电子商务在企业内外部的扩展，需要兼容的数据库数量越来越多，为任意两个不同数据库的数据交换而进行数据转换的程序工作量不断增长。在这种情况下，中间件的出现提供了较好的解决方案。

中间件（middleware）是一种独立的系统软件或服务程序，分布式应用软件借助这种软件在不同的技术之间共享资源，它是连接两个独立应用程序或独立系统的软件。不同的信息系统，即使它们具有不同的接口，但通过中间件相互之间仍能交换信息。数据库访问中间件（database access middleware）就是其中支持用户访问各种操作系统或应用程序中数据库的一种中间件，SQL 是该类中间件中的一种。

中间件提供跨网络、硬件和操作系统平台的透明性的应用或服务的交互功能，支持标准的协议和标准的接口。由于标准接口对于可移植性、标准协议对于互操作性的重要性，中间件已成为许多标准化工作的主要内容。就企业现有的管理信息系统向电子商务应用方向转变而言，中间件远比硬件设备和网络服务更为重要，中间件提供的程序接口定义了一个相对稳定的高层应用环境，不管底层的计算机硬件和系统软件如何更新换代，只要将中间件升级更新，并保持中间件对外接口的定义不变，相关的管理信息系统几乎不需要做任何修改，从而保护了企业在应用软件开发和维护中的重大投资。通过中间件，不同的管理信息系统间也可以进行数据交换，而且可以不断扩展连接数据库的类型和数量。

虽然中间件等技术的出现，对现有管理信息系统的改进提供了很好的工具，但在很多企业中，由于各种原因，企业内部信息共享或企业与外部组织信息共享的难度都非常大，企业经常被迫全部推翻现有的管理信息系统，而重新进行一体化的管理信息系统建设。这种推倒重来的方式成本极高，而且如果对未来的信息共享需求考虑不足，会随着电子商务的推进，面临再次推倒重来的窘境。

除了信息共享这个最为根本性的问题以外，随着电子商务的发展，现有的管理信息系统的一些表现形式也开始发生变化，突出表现在信息系统的人机界面上，用户界面大量向 B/S 模式转换，用户对数据的访问，也越来越多地经过服务器进行。

电子商务的发展，正从多方面影响着现有的管理信息系统，促使它们必须做出相应的变革，以适应电子商务时代的要求。

## 12.2.2　电子商务对管理信息系统开发的影响

随着电子商务技术的发展，企业的各种对外业务活动都已延伸到了 Internet 上。因此，电子商务环境下的管理信息系统应当支持 Internet 上的信息获取以及网上交易的实现。电子商务为管理信息系统带来了新的管理思想，对管理信息系统提出了新的要求，因此也必然会影响到管理信息系统的开发和设计。电子商务时代管理信息系统的开发要求主要体现在以下几个方面。

（1）跨平台运行、支持多应用系统的数据交换、具备可扩展的业务框架和标准的对外接口。在信息化建设的浪潮中，许多企业已经投资建立了各自的管理信息系统并获得比较成功的应用。为了有效利用已有投资，企业将要求新系统能够与原有系统进行集成和数据共享。因此，电子商务环境下企业的管理信息系统应当具有一个易于扩展的业务框架结构和标准的对外接口，从而易于软件的维护、扩展以及二次开发。实现真正意义上的跨平台运行，即要求同一套程序编码可以在多种硬件平台和操作系统上运行，以便企业可以根据业务需要和投资能力选择最佳平台，并且帮助企业顺利实现不同应用水平阶段的平滑过渡。

（2）分布式应用系统、支持智能化的信息处理功能。电子商务时代的企业管理信息系统软件将是超大规模的，它不再是集中在同一局域网络服务器上的系统，而是支持分布式应用和分布式数据库的分布式应用系统。同时，电子商务时代所带来的巨大信息量需要管理信息系统具有一定的智能化处理功能，从而协助人们有效地完成各项管理工作。

（3）系统高度模块化、功能高度集成化。企业管理信息系统软件在设计和开发过程中要保证各子系统、子系统中的各项功能以及每一个应用程序要高度模块化，以便实现对系统功能的重新组合与配置。同时，数据能按照系统的设计传递到相关的模块中，从而达到系统数据的高度共享与系统的高度集成。

（4）高可靠性与安全性以及面向个性化的设计。与交易安全有关的客户和企业身份的认定以及电子付款是普及电子商务最主要的难点。系统大规模的分布式应用、广泛的网络连接需要企业管理信息系统具有更高的可靠性和更强的安全控制。多用户操作冲突、共享数据的大量分发与传递、远程通信线路可能出现的故障，需要企业管理信息系统具有无比的健壮性、超强的稳定性，并能够对出现的各种意外情况做出正确处理。由于不同的企业具有不同的运作模式，电子商务时代的企业管理信息系统软件所面对的将是一个充满个性化的世界。因此，要求软件的设计非常灵活。在一些常用模块的输入输出界面、运算公式、业务逻辑、业务关联等方面都能有较大的选择和设置空间，从而使用户可以通过自行设定建立自己的企业管理信息系统应用子系统。

（5）支持企业业务流程定义与重组。信息技术的发展与应用在不断地改变企业原有系统的信息采集、加工和使用方式，甚至使信息的质量、获取途径和传递手段等都发生根本性的变化。在传统的劳动分工原则下，企业流程被分割为一段段不连续的环节，每一环节所关心的仅仅是单个的任务和工作，而不是系统全局最优，在管理信息系统建设中依靠计算机系统模拟业务流程不合理的原手工管理系统，并不能从根本上提高企业的竞争能力，因此，按照现代化信息处理的特点，对现有的企业流程进行重新设计，成为提高企业运行效率的重要途径。

电子商务时代对管理信息系统的要求使得系统开发所考虑的因素发生了变化，同时，需要使用新的技术实现新时期管理信息系统架构的建立。

### 12.2.3　电子商务环境下管理信息系统开发的新技术

从技术角度而言，电子商务时代的管理信息系统与传统管理信息系统存在较大的不同，在技术上采用第三代 Intranet 技术，即企业应用与信息的多层网络体系结构模型。传统的企业网络管理信息系统采用客户机/服务器模型，将 GUI 和一部分应用逻辑放在客户端，将数据库服务器和另一部分模型放在服务器上，形成庞大的客户机，这样的管理信息系统在软件安装、配置、培训、维护等方面开销巨大，不能适应管理信息系统发展的要求。电子商务环境下的管理信息系统利用浏览器/服务器模式和 Java 技术，简化客户端配置，客户从服务器端下载 Web 服务器上的内容，还可以下载服务器端的应用，形成多层的管理信息系统的网络模型，可以在信息系统内集成多种关键任务，并使其分散在多个应用服务器上运行，又进行分布式负载均衡处理，减轻主服务器的负载，提高系统的可靠性和运行效益。

电子商务下的管理信息系统，可采用计算机和电子商务网络管理的新技术，主要包括如下几个方面。

（1）XML：扩展标记语言（extensible markup language）。它是一种可以用来创建自己标记的标记语言，由 W3C 创建，用来克服现行的 HTML（hypertext markup language，超文本标记语言）的局限。HTML 是在 Internet 中使用最为广泛的标记语言，Internet 浏览器和电子商务浏览器端主要采用这种语言。HTML 采用系统规定的标记符号告诉机器文档的显示方式和超链接，显示格式包括文档的字体、字体大小、颜色、换行，但并不告诉浏览器信息内容和含义，由用户根据上下文和图面理解，使不同系统和用户的信息交流和转换相当困难，所以，HTML 不适合在电子商务网站服务器端使用。电子商务系统信息处理服务器端，信息的内容结构十分重要，不同企业系统和用户交流时，要求有统一的信息格式，XML 主要用来解决信息的内容格式，即信息的结构，方便不同系统和用户的信息交流，也方便信息的机器处理和集成转换。XML 实现了信息的格式定义、信息和显示格式的分离，便于独立考虑信息格式定义。一个完整、合格的 XML 文档包含 3 部分：XML 主文档，DTD（document type definition，文档类型定义）或 XML 的 Schema，XSL（extensible style sheet language，可扩展样式表语言）。DTD 是由应用系统或用户根据行业标准制定，定义在 XML 中出现的元素的结构。XML 的 Schema 是 DTD 的扩展，不仅支持 DTD 所有结构，还支持整数浮点数、日期、时间、字符串、URL 等数据处理和验证有用的数据类型。XSL 是一种用来显示 XML 的文档。所有 XML 文档要求具有良好格式，遵守 XML 语法，还要遵守 DTD 或模式中定义的规则。电子商务管理系统在供应链管理、企业应用集成和电子交易中都需要使用 XML 技术进行数据共享、搜索挖掘、查询分析等。

（2）EJB/CORBA 体系。EJB（enterprise java beans）是企业 Java 组件扩展到 Java 服务端的组件体系结构，支持多次的分布式对象应用体系。CORBA（common object request broker architecture，公共对象请求代理体系结构）是一套独立于平台，也独立于语言的开放的多层次网络应用的标准体系结构。该体系中，一个对象可以被本机上客户或远程客户通过方法激活来存取，客户无须知道被调用对象的运行环境和编程语言，只要知道服务对象的逻辑地址和提供的接口。这种互操作性的关键是接口定义语言（interface definition language，IDL）技术，它说明对象接口中的方法。

（3）Web 应用服务。主要用于解决方案的企业应用和集成中。它是由 URI（uniform resource identifier，统一资源标识符）标识的软件应用程序，其接口可以通过 XML 构件进行定义、描述、注册、发现。Web 应用服务是对象/组件技术在 Internet 中的延伸，是封装成单个实体且发布到到网络上供其他程序使用的功能集合，在本质上讲是放置在 Web 站点上的可重用构件。Web 应用服务的核心标准是 XML，其相关的协议标准包括：简单对象访问协议（simple object access protocol，SOAP）、网络服务描述语言（web services description language，WSDL）以及服务注册检索访问标准（universal description discovery and integration，UDDI）等。

（4）安全支付。主要应用在企业应用的电子交易中。电子商务交易操作中的安全支付要确保商家以一种合法的值得信赖的方式处理事务，信用卡信息不会丢失或被滥用；客户不会是冒名顶替，不能拒绝支付已发出的商品等。解决这方面问题的技术有：安全套接层（secure sockets layer，SSL）协议、最低级别的安全性、与银行和客户的 SSL 链接，得到大部分浏览器的支持；安全电子交易协议 SET；以 PKI（public key infrastructure）为基础的公钥认证体系，采用权威机构（certificate authority，CA）的中介管理，进行身份认证等。

## 12.2.4　电子商务对 IT 业务外包的影响

目前，企业在职能分布和资源管理方面正日益分散，全球性的激烈竞争迫使企业专注于自己的核心业务，积极寻找合作外包非核心业务，以降低成本，更加快速地响应市场需求。美国著名的管理大师德鲁克（Peter F. Drucker，1909—2005）曾预言：“在 10～15 年之内，任何企业中仅做后台支持而不创造营业额的工作都应该外包出去。”1990 年，美国学者普拉哈拉德（C. K. Prahalad，1941—2010）和哈默尔（Gary Hamel，1954—）在其《企业核心能力》（*The Core Competence of the Corporation*）一文中正式提出业务外包概念。根据他们的观点，所谓业务外包（business outsourcing），是指企业基于契约，将一些非核心的、辅助性的功能或业务外包给外部的专业化厂商，利用它们的专长和优势来提高企业的整体效率和竞争力。通过实施业务外包，企业不仅可以降低经营成本，集中资源发挥自己的核心优势，更好地满足客户需求，增强企业对外部环境的快速应变能力和核心竞争力，而且可以充分利用外部资源，弥补自身能力的不足，同时，业务外包还能使企业保持管理与业务的灵活性和多样性。

根据业务职能可以将业务外包划分为生产外包、销售外包、供应外包、人力资源外包、信息技术外包，以及研发外包。业务外包理论强调企业专注于自己的核心能力部分，如果某一业务职能不是市场上最有效率的，并且该业务职能又不是企业的核心能力，那么就应该把它外包给外部效率更高的专业化厂商去做。根据核心能力观点，企业应集中有限资源强化其核心业务，对于其他非核心职能部门则应该实行外购或外包。

电子商务的发展为企业管理人员全面获取信息构建了理想平台，也为企业寻求和开展对外合作提供了快捷而有效的信息交流与共享途径，电子商务可以促进企业业务外包的有效实现和成功运行，以达到合作双方的效率和效益最优。

随着社会的发展和企业竞争的加剧，通过信息化建设增强管理手段、获取竞争优势成为企业的有效举措，但是信息化建设的投资、技术要求以及较高的不成功率给一些企业特别是中小型企业带来了困难和障碍。IT 业务外包（IT outsourcing）是企业将全部或部分 IT 工作包给专业性公司完成，从而达到降低成本、提高效率、充分发挥核心竞争力和增强对外部环境应变能力的服务模式，成为企业信息化建设的有效途径。SaaS 是电子商务环境下 IT 业务外包的一种模式，SaaS 的应用为中小型企业的信息化建设提供了更为有效的方法。

SaaS 是 software as a service（软件即服务）的简称，是随着互联网技术的发展和应用软件的成熟，在 21 世纪初兴起的一种完全创新的软件应用模式。它与"on-demand software"（按需软件）、the application service provider（ASP，应用服务提供商）、hosted software（托管软件）具有相似的含义，是一种通过 Internet 提供软件的模式。软件厂商将应用软件统一部署在自己的服务器上，企业可以根据自身的实际需求，通过互联网向厂商订购所需的应用软件服务，按订购的服务数量和时间长短向厂商支付费用，并通过互联网获得厂商提供的服务。用户不需要购买软件，向提供商租用基于 Web 的软件，来管理企业的经营活动。企业也无须对软件实施维护，服务提供商会全权管理和维护软件。软件厂商在向企业提供互联网应用的同时，也提供软件的离线操作和本地数据存储，让企业随时随地都可以使用其订购的软件和服务。

SaaS 服务提供商为中小企业搭建信息化建设所需要的网络基础设施及硬件、软件运作平台，并负责所有前期实施和后期维护等一系列服务，企业无须购买软硬件、建设机房、招聘 IT 人员，只需要支付项目实施费和软件租赁服务费，即可通过互联网享用信息系统。企业采用 SaaS 服务模式在效果上与企业自建信息系统基本没有区别，但节省了大量用于购买 IT 产品、技术和信息系统维护运行的资金，且像打开自来水龙头就能用水一样，方便地使用信息化系统，从而大幅度降低中小企业信息化建设的门槛与风险。

SaaS 的优点主要体现在以下几个方面。

（1）技术方面。企业无须再配备 IT 方面的专业技术人员，同时又能得到最新的技术应用，满足企业对信息管理的需求。

（2）投资方面。企业只以相对低廉的"月费"方式投资，不用一次性投资到位，不占用过多的营运资金，从而缓解企业资金不足的压力；不用考虑成本折旧问题，并能及时获得最新硬件平台及最佳解决方案。

（3）维护和管理方面。由于企业采取租用的方式来进行业务管理，不需要专门的维护和管理人员，也不需要为维护和管理人员支付额外费用，在很大程度上可以缓解企业在人力、财力上的压力，使其能够集中资金对核心业务进行有效的管理和运营。SaaS 服务提供商能比较容易地实现信息系统的远程升级和维护，不但可以提高服务水平，还能大幅度降低成本。

（4）产品销售方面。SaaS 服务提供商不再担心信息产业界难以解决的盗版问题。SaaS 模式下，企业不再购买产品本身，而是购买更本质的信息服务，而盗版软件提供的恰恰仅是软件本身，而无法提供信息管理服务。因此，SaaS 能够较好地避免盗版问题。

数据是企业运作轨迹的描述，涉及企业的核心机密，关系到企业的发展和核心竞争能力，将企业所有数据交与 SaaS 服务提供商管理，企业存在一定的风险，这是 SaaS 虽具有优越性但当前仍未被多数企业采用的一个原因。

为克服 SaaS 模式的弱点，SaaS 厂商利用各种方式保障企业数据的安全。有些厂商使用提供了数据加密功能的磁盘阵列，另外一些厂商将数据存放于专门的地点，并给予特殊的安全保护。如美国著名的商业性文件中心铁山（iron mountain）公司提供了一项名为 digital record center for images 的服务，为用户提供数据加密传输、用户访问路径控制以及确保位于地下 200 英尺的数据中心安全等服务。而 AmeriVault 公司则帮助用户在 3 个地点保存用户的备份数据，每个地点的数据都存放在两个不同的磁盘系统中，第 3 份备份则放置在 1 000 公里之外的保证业务连续性的站点中。

SaaS 服务协议到期后，企业数据的安全也是一个值得注意的问题。一般地，企业会与 SaaS 服务提供商签订相关的协议，确定如果合同到期，SaaS 服务提供商处理用户数据的条款。在合同中，用户应确保拥有这些数据的所有权，并且确认是受到法律保护的。

虽然 SaaS 服务提供商提出了诸多的方法，以保证服务的安全性，但安全风险仍然存在，安全问题仍然不容忽视。解决安全问题是 SaaS 模式继续存在并发展的前提，也是中小企业选择 SaaS 服务商时必须考虑的重要因素。

由于 SaaS 的诸多优势，在电子商务环境下，SaaS 仍是 IT 业务外包的重要形式，是企业信息化建设的有效途径。

## 12.3　企业内部电子商务

电子商务为企业的信息化建设指明了方向，企业应根据自身实际在企业内部和外部实施电子商务。企业内部电子商务的基础是 Intranet，企业通过防火墙等安全措施将企业内联网与因特网隔离，从而将企业内联网作为一种安全、有效的商务工具，用来自动处理商务操作及工作流程，实现企业内部数据的共享，并为企业内部通信和联系提供快捷的通道。企业内部实现电子商务将引发对传统企业管理与生产模式的一场变革，将促进企业管理的日臻完善。

### 12.3.1　B/S：管理信息系统的新模式

现代企业呈现出集团化、多元化的发展趋势，同一企业往往跨越不同的国家和地区，所生产和经营的产品也往往涉及多个领域，同行业间的竞争也日益加剧，现代企业的信息需求因此而出现了新的特点。企业除了需要及时处理和共享总部内各部门、各类人员的大量信息以外，还必须及时了解各地分公司的经营状况，必须及时掌握消费者的反馈意见、市场的需求特点和发展趋势、同行业的生产经营与市场占有状况。电子商务极大地方便了企业内外部的信息交流，尤其是对客户与企业交流成本的降低有着极为重要的意义。方便客户与企业交流，成为电子商务影响管理信息系统发展的一个重要着力点。传统管理信息系统的开发主要是围绕数据库技术和计算机网络技术并针对在较小地理范围内的企业而展开的，开发模式大多采用客户服务器（client/server）模式。这种模式对于企业内部用户的使用方便性影响不大，而对上下游却存在明显的不方便性。

显然，传统管理信息系统的诸多不足，特别是信息处理流程固定、信息单向流动、信息的内容和形式过于单一、信息共享性差等弱点严重阻碍了企业的信息化建设，影响了企业的生产经营效果。因此，建立开放的、动态的、丰富多彩和易于使用的双向多媒体信息交流环境已是大势所趋。

Internet 是联系数量巨大的企业、政府、团体的外部联系网络，而 Intranet 则是企业内部信息管理和交换的基础设施。它从网络、事务处理以及数据库方面继承以往管理信息系统的成果，而在软件上则引入 Internet 的通信标准和 WWW 内容标准（Web 技术、浏览器、页面、检索工具和超文本链接），对信息处理的表示方式和技术进行变革。借助于新的技术，可以方便地集成其他已有的系统，如查询检索、电子表格、各种应用数据库、电视会议、电子邮件等，与外部信息环境紧密地结合起来，使人们可以更加自由地获取或发布信息。

基于 Internet/Intranet 构建了企业管理信息系统的新模式，它以 Web 为中心，采用 TCP/IP、HTTP 为传输协议，客户端通过浏览器访问 Web 以及与 Web 相连的后台数据库，因此这种模式被称为 B/S 模式（见图 12-4）。

B/S 模式具有界面统一、使用简单、易于维护、利用企业现有投资、信息共享度高、扩展性好、支持广域网等特点，它解决了传统管理信息系统开发中所不可避免的缺陷，打破了信息

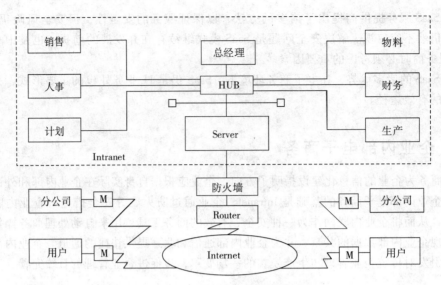

图 12-4  B/S 模式示意图

共享的障碍，实现了大范围的协作，为企业带来了空前的信息收集、处理、传递和共享新途径。采用 B/S 模式开发的管理信息系统能充分发挥以下作用。

（1）为快速处理、传递和共享企业内部信息提供有效的方法和途径；

（2）为全面收集、处理和共享企业外部信息提供经济而高效的手段；

（3）为在外的企业领导实时掌握企业状况提供异地远程访问功能，以便运筹帷幄决胜千里；

（4）及时向外发布企业广告和产品信息，为用户了解企业提供新的媒介；

（5）免费聘请网上的专家和顾问，为企业的发展出谋划策；

（6）实现网上交易（如销售、订购等），降低交易成本，提高交易效率。

### 12.3.2  B/S 模式的结构

B/S 模式由四大平台组成，它们是：网络应用支撑平台、信息资源管理平台、办公应用平台和事务处理平台。

#### 1. 网络应用支撑平台

采用 TCP/IP 协议，结合广域网互联、路由、网络管理、防火墙及虚拟专用网（VPN）等现代网络核心技术建立起来的安全、稳固的开放式网络应用平台，它是整个网络系统运行的基础，它的结构设计、设备选型、网络性能等将直接影响网络的使用效率。有效的网络平台应具有合理的带宽、较强的虚网能力、高可靠性及高可扩展性。

#### 2. 信息资源管理平台

信息资源管理平台担负着信息的组织、存储和发布任务，它将内部信息（业务信息、办公信息和档案信息等）和外部信息，按不同主题分门别类地装配成信息产品，供企业各级人员使用，同时它也通过防火墙将可以公开的信息对外部 WAN 的用户发布。信息资源管理平台还能支持多种数据库的访问。这一平台所涉及的技术除了传统数据库技术以外，还包括 WWW、HTML 超文本链接、多媒体文档制作和全文检索等 Internet 技术。信息资源管理平台实现了对整个网络文档的统一管理，摆脱了传统文档封闭、孤立、不易传递、不易管理和扩展的困境，为内部信息和外部信息的大规模组织与发布提供了强有力的手段。

### 3. 办公应用平台

办公应用平台是直接与用户联系的界面，主要任务是消息（办公消息、文件以及资料等）发布和工作流（日常办公活动和工作计划等活动）管理，它也承担向信息资源管理平台输送办公文字信息、档案信息以及接受处理外部信息的任务。它所涉及的技术包括消息传递、分布目标管理、工作流程追踪管理、桌面电视会议以及安全控制等。在这一平台上，无论何时何地用户既可以获取信息，也可以发布信息。

### 4. 事务处理平台

事务处理平台主要是内部业务数据的采集、处理和存储，它采用分布式处理结构和先进的数据库管理系统，具备各种统计、分析、预测等辅助决策功能。它除了接受数据操作请求外，当相关数据变化时，可在运行中自动或定时更新 HTML 页。

以上平台共同构成了 B/S 模式的主体框架。

基于 B/S 模式的管理信息系统可以有效提供企业内外部信息，大大增加信息的流通量，大大提高信息的时效性和使用效率，同时它可以节省投资，缩短开发周期，因此 B/S 模式必将加快企业信息化和管理现代化建设的进程，是企业管理信息系统的变革方向。B/S 模式为企业内部管理信息系统的集成提供了一个理想的平台，使企业内部电子商务运营成为可能。

## 12.3.3 信息孤岛：企业内部管理信息系统集成的诱因

企业决策的重要依据是不同部门相关数据的综合分析，因此，高度集成的一体化的管理信息系统应是企业信息化建设的目标。受多种因素的影响，企业的信息化建设往往缺乏统一的规划，各部门自行建设管理信息系统的现象比较普遍，形成了多个"信息孤岛"，无法实现数据的高度共享，数据的重复输入、输出再输入、部门间不一致等现象较为普遍，企业信息化建设的理想效果难以体现。

"信息孤岛"是企业信息化建设过程中的不良现象，是企业提升管理效率的重要瓶颈，它的不良影响大致有以下几个方面。

### 1. 影响数据的实时性、一致性和正确性

彼此孤立的系统要正常运行，相同数据也必须分别输入，某一系统如需要另一个系统中的输出结果，则必须再次输入输出结果，不仅增加了不必要的额外劳动，效率低下，而且容易出错，造成数据的不一致，企业领导面对不同来源的报表中不一致的数据无所适从，影响业务人员和企业领导对管理信息系统的信任度，阻碍信息化建设的进一步发展。

### 2. 影响管理业务的顺利开展

数据分散存放，系统之间不能实现数据共享，企业就无法适应快速多变、全球化竞争的市场环境，信息化建设的作用无法得到体现，甚至会形成障碍。

例如，销售部门需要及时掌握产品库存信息，并需要及时了解销售订单的处理情况，又要随时明确产品价格的变化信息，掌握销售回款情况，也就是说销售部门需要了解的信息涉及销售、库存、财务、订单处理等多种业务，在处理这些业务的系统相互独立的情况下，信息不能及时获取，业务流程是孤立和分离的，很多工作仍然需要借助手工来完成。

### 3. 影响企业的高层决策

企业高层领导需要站在企业全局把握生产和经营情况，需要在产、供、销一体化的基础上对企业人、财、物进行统筹管理，快速反应市场变化，而孤立的信息系统无法有效地提供跨部

门、跨系统的综合性信息。在"信息孤岛普遍"存在的情况下，各类数据不能形成综合性的有价值的信息，局部的信息不能提升为知识，决策支持近乎空谈。

**4. 影响电子商务的发展**

"信息孤岛"的存在，影响集团化企业内各公司、各部门间的信息传递，集团领导难以把握全局，难以实现有效的资源配置和管理控制，影响电子商务的发展和集团化企业整体目标的实现。

## 12.3.4 企业内部管理信息系统的集成

"信息孤岛"问题必须通过管理信息系统的集成予以解决。研究发现，有效的管理信息系统集成能够对企业绩效产生积极影响，对提高企业信息资源利用率、整合业务流程、改善决策制定过程发挥积极作用。

管理信息系统集成是一个寻求系统整体最优的过程，根据企业管理信息系统的目标和要求，对现有分散的子系统或多种硬软件产品和技术，以及相应的组织结构和人员进行组合、协调或重建，形成一个和谐的整体信息系统，为企业组织提供全面的信息支持。

从商业角而言，管理信息系统集成是指基于业务流程实现企业业务信息共享，从技术角度看，是指将不同应用程序和数据集成到一起的过程。管理信息系统集成能够解决以下3个核心问题。

（1）消除信息孤岛。通过信息系统集成可使存在于组织内部各分散系统中的数据在组织内部实现流动与共享，消除组织内部信息孤岛问题。

（2）融合外部信息。可将外部多元异构信息根据组织内部需求及时、准确地收集到组织内部，实现外部信息与内部信息的有机融合。

（3）实现信息增值。通过内外部信息的有机融合与共享，提高信息利用率，并生成组织所需的、可供组织内部各级决策者制定战略决策的信息，即知识，实现信息价值的增值。

根据学者研究，管理信息系统的主流集成模式有3种，分别是面向信息的集成技术、面向过程的集成技术和面向服务的集成技术。

在数据级的集成层面上，信息集成技术仍然是必选的方法。信息集成采用的主要数据处理技术有数据复制、数据聚合和接口集成等。其中，接口集成仍然是一种主流技术。它通过集成代理的方式实现集成，即为应用系统创建适配器作为自己的代理，适配器通过其开放或私有接口将信息从应用系统中提取出来，并通过开放接口与外界系统实现信息交互。假如适配器的结构支持一定的标准，则将极大地简化集成的复杂度，并有助于标准化，这也是面向接口集成方法的主要优势来源。

面向过程的集成技术其实是一种过程流集成的思想，它不需要处理用户界面开发、数据库逻辑、事务逻辑等，而只是处理系统之间的过程逻辑，与核心业务逻辑相分离。在结构上，面向过程的集成方法在面向接口的集成方案之上，定义了另外的过程逻辑层，而在该结构的底层，应用服务器、消息中间件提供了支持数据传输和跨过程协调的基础服务。对于提供集成代理、消息中间件以及应用服务器的厂商来说，提供用于业务过程集成是对其产品的重要拓展，也是目前应用集成市场的重要需求。

基于面向服务架构（service-oriented architecture，SOA）和 Web 服务技术的应用集成是业务集成技术上的一次重要的变化，被认为是新一代的应用集成技术。集成的对象是一个个的 Web 服务或者是封装成 Web 服务的业务处理。Web 服务技术由于是基于最广为接受的、开放的技术标准（如 HTTP、SMTP、SOAP、WSDL 和 UDDI 等），支持服务接口描述和服务处理的分离、服务描述的集中化存储和发布、服务的自动查找和动态绑定以及服务的组合，从而成为新一代面向服务的应用系统的构建和应用系统集成的基础设施，同时也构建了企业实施电子商务的坚实基础。

系统集成的本质就是最优化的综合统筹设计，一个大型的综合计算机网络系统，系统集成涉及计算机软件、硬件、操作系统技术、数据库技术、网络通信技术等的集成，以及不同厂家产品选型、搭配的集成等诸多方面。系统集成所要达到的目标是整体性能最优，即所有部件和成分合在一起后不但能工作，而且全系统是低成本、高效率、性能匀称、可扩充和可维护的系统。系统集成能够最大限度地提高系统的有机构成、效率、完整性、灵活性等，简化系统的复杂性，并最终为企业提供一套切实可行的完整的解决方案。信息系统集成的复杂度比较高，为此我国原信息产业部 1999 年年底曾下发过《计算机信息系统集成资质管理办法（试行）》，以规范提供系统集成服务企业的资质。

信息系统集成的具体方法是采用基于 TCP/IP 协议的企业内部网。企业建立内部网，将分散在各个部门的信息系统加以整合，实现 Web 和数据库的连接，实现企业内各个部门的信息共享。采用互联网技术，特别是 TCP/IP 协议，可以使企业内部员工彼此共享和交换信息、互发电子邮件，甚至共享企业内部的机密文件。Intranet 将界面统一为通用的浏览器，解决了平台互联及兼容性等技术。通过 Intranet 可以将企业内各个不同的管理信息系统集成在一起，形成企业内部电子商务的模式。

虽然信息系统集成的方法和影响因素因行业、环境等不同而有所区别，但无论是什么类型的企业在进行管理信息系统集成时，在实现思路上都不再是简单模拟以职能分工为基础的组织结构与运行机制，而是从组织的战略匹配和知识管理的整体性出发，将信息技术与企业流程重组（BPR）相结合，把业务过程、管理功能和各种信息加以集成。系统性和集成性也就成为现代管理信息系统的重要特征。

需要强调的是，管理信息系统集成是一种系统的思想和方法，它涉及软件和硬件等技术问题，但绝不仅仅是技术问题。可以这样说，管理信息系统集成是以信息的集成为目标，以功能的集成为结构，以 Intranet/Internet 平台作为集成的技术基础，以人的集成作为根本保证。集成化的管理信息系统将为企业的各级决策者提供及时、准确、一致、适用的信息。

## 12.4　企业外部电子商务系统

企业内部实现信息系统集成后，企业与供应链上下游环节的信息共享和传递便成为供应链管理需要解决的问题。企业电子商务的发展要求信息系统集成的范围从企业内部延伸到企业外部，即集成基于 Internet 的客户关系管理系统和供应链管理系统。由于内外部环境的不同，企业外部管理信息系统的集成与内部管理信息系统的集成存在较大的区别。

### 12.4.1　客户关系管理信息系统

客户关系管理（customer relationship management，CRM）最早是由 Gartner Group 公司提出并全面阐述的。Gartner Group 公司认为，CRM 是企业的一项商业策略，它按照客户的分割情况有效地组织企业资源，培养以客户为中心的经营行为以及实施以客户为中心的业务流程，并以此为手段来提高企业的获利能力、收入以及客户满意度。CRM 自被提出后，便引起了各方的广泛关注，并都从各自的角度进行了研究和实践。视角不同，对客户关系管理的理解也并不相同。就管理信息系统的视角来说，客户关系管理是借助先进的信息技术和管理思想，通过对企业业务流程的重组来整合客户信息资源，并在企业的内部实现客户信息和资源的共享和智能化分析，使企业有能力在海量的信息中分析客户价值、把握核心客户、认识个性差异，从而有利于为客户提供一对一的个性化服务、挖掘客户潜力、提高客户满意度、增加客户忠诚度、保持和吸引更多的客户，最终实现企业利润的最大化。客户关系管理信息系统通过对所收集的客户特征信息进行智能化分析，为企业的商业决策提供科学依据。

CRM 的出现体现了企业管理趋势的重要转变，即企业从以产品为中心的模式向以客户为中心的模式转移。随着现代生产管理和现代生产技术的发展，产品的差别越来越难以区分，产品同质化的趋势越来越明显，因此，通过产品差别来细分市场从而创造企业的竞争优势也就变得越来越困难。企业开始意识到客户个性化需求的重要性，认识到一种产品只能满足有限的客户，因此，企业的生产运作需要转到以"客户"为中心进行，从而满足客户的个性化需求。

CRM 不但是一种重要的管理思想，它还是一种管理软件和技术，它将最佳的商业实践与数据挖掘、数据仓库、一对一营销、销售自动化以及呼叫中心等其他信息技术紧密结合在一起，为企业的销售、客户服务和决策支持等领域提供一个业务自动化的解决方案，使企业有了一个基于电子商务的面对客户的系统，从而顺利实现由传统企业模式到以电子商务为基础的现代企业模式的转化。

体现到管理信息系统上，CRM 将企业内部和外部所有与客户相关的资料和数据集成在同一个系统里，让所有与客户接触的第一线人员或渠道（市场营销人员、销售人员、服务人员以及网站）都能够得到必要的授权，可以实时地输入、共享、查询、处理和更新这些资料，其框架如图 12-5 所示。

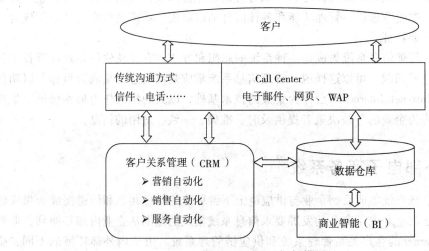

图 12-5　CRM 框架模型

CRM 系统的核心功能是处理有关客户的数据，因此客户数据直接决定了系统的结构。客户关系的数据具有 3 个特点：一是分散性，企业在收集客户信息的过程中，可能要通过不同的渠道，而且对于同一个客户的信息也不可能一次性收集完整，可能是分散的；二是动态性，客户信息是一个变动的信息，随着时间的变化而变化，具有一定的动态性，所以及时地更新客户信息是 CRM 系统的一个重要功能；三是复杂性，客户信息应该包括客户的姓名、年龄、工作情况、爱好等个人信息，还要包括客户曾经购买了企业的产品的列表、客户对企业产品的喜好程度等非常个性化的数据，这些都是分析统计中需要用到的信息，是为不同客户及时提供不同服务的重要依据。数据仓库是整个 CRM 系统的核心。

CRM 系统是面向客户服务人员的，是以管理客户信息和响应客户需求为主要内容的系统；管理信息系统是面向信息使用者（也是用户，包括内部的和外部的），为企业的全方位管理提供服务的系统，它几乎涵盖了企业管理的方方面面。CRM 系统是管理信息系统的一部分，或者说是子集，CRM 系统可以单独存在，在企业单纯管理与客户具体行为有关的流程中存在并发生作用。由于客户关系管理在现代企业管理中的重要位置，对于企业管理级的管理信息系统而言，CRM 子系统是管理信息系统不可或缺的重要组成部分。两者的目的一致，都是为企业带来长久的竞争优势。CRM 与管理信息系统间的关系，与随后介绍的供应链管理信息系统与管理信息系统的关系有很大的相似性。

当前几乎所有的企业在进行了 CRM 系统的建设后，都希望 CRM 能迅速促进企业的销售业绩。但由于 CRM 的实施，需要一个以客户为中心的企业经营运作模式，需要企业内部各部门改变原有的运作方式，而现实的部门设置和庞杂的业务难以实现重组，使得 CRM 优势的发挥显得艰难而漫长，这一点在我国表现得特别明显。同时，CRM 需要与前台的办公系统和后台的应用软件（如 SCM、ERP 等）集成为一个无缝对接的完整系统，才能发挥其优势。但据保守估计，现在全球有超过 600 家企业涉及 CRM 的产品领域，而各家的概念、产品、标准、接口各不相同，阻碍了 CRM 的普及和应用。跨企业边界的外部信息集成需要进一步研究。

## 12.4.2　供应链管理信息系统

Internet 的发展和经济全球化的趋势，促使传统的市场结构发生了巨大变化，生产厂商与最终顾客之间的距离大幅缩短，企业之间的竞争异常激烈。在这种情况下，企业仅依靠自身资源的"内视型"管理模式已难以适应激烈的竞争，必须转换自己的视角"外向型"地整合包括上下游企业在内的所能调动的所有资源。电子商务使企业间的竞争逐渐演变为供应链之间的竞争。

供应链是围绕核心企业，通过对信息流、物流、资金流的控制，从原材料采购开始，生产中间产品以及最终产品，最后由销售网络把产品送到消费者手中，并将供应商、制造商、分销商、零售商，直到最终用户连成一个整体的模式。供应链强调的是核心企业，供应商、供应商的供应商以及用户、用户的用户基于供求关系而形成一个网链结构，一个统一的整体。

供应链管理（supply chain management，SCM）是随着供应链的产生而产生的一种管理模式。供应链管理就是指对由供应商、制造商、分销商、零售商和顾客所构成的供应链系统中的物流进行计划、协调、操作、控制和优化的各种活动和过程，其目标是要将顾客所需的正确的产品（right product）能够在正确的时间（right time）、按照正确的数量（right quantity）、正确的质量（right quality）和正确的状态（right status）送到正确的地点（right place），即"6R"，并使总成本最小。

供应链管理是涉及供应链中所有相关的企业、部门和人员的集成化管理，包括物流的管理、信息流的管理、资金流的管理和服务管理。供应链管理的目的在于围绕市场需求，加强节点企业的竞争优势，最终提高整个供应链的市场竞争力，获得最佳经济效益。供应链管理突破了传统的管理模式，是一种基于"竞争—合作—协调"机制的，分布式企业集成和分布作业协调的，集成化、系统化的企业运作模式。

供应链管理的主要特征表现在：供应链中的所有节点企业作为一个整体，企业竞争转化为供应链之间的竞争；节点企业之间是一种相互合作、优势互补的战略伙伴关系。各企业集中精力发挥自己的优势，不擅长的环节实施业务外包；采用集成的思想，强调信息、物料、资金业务和技术集成；管理决策由集中转向分散，一个企业的决定可能会影响其他企业的决策，企业应掌握自身行为对上、下游企业的影响。

供应链管理信息系统的网络结构如图 12-6 所示，各个节点企业建立自己的 Intranet 网，通过路由器，防火墙连接到 Internet 网上。供应链的核心企业通常只有一个，该节点可以称之为主节点。显然，供应链管理信息系统以核心企业为主节点，而供应商、销售商、分销商都属于供应链上的合作企业，这些节点企业可以称之为辅助节点。在主节点的核心企业中建立管理中心，核心企业管理着供应链中的所有信息，并实现辅节点合作企业间的数据处理和传递。通过组建网络，实现跨地区的信息实时传输、远程数据访问、数据分布处理和集中处理。将企业内部 Intranet 的信息资源扩展到整个供应链，实现整个供应链的信息共享，将各个企业的信息系统集成起来。核心企业负责组织和管理整个供应链信息系统，它是一个管理中心，收集各个节点企业复杂的数据，进行分析处理，做出决策。

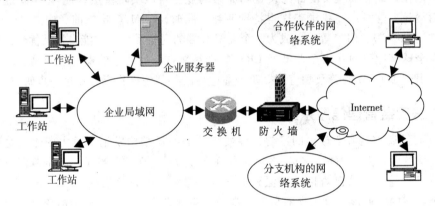

图 12-6　供应链管理信息系统网络结构图

【案例阅读 12-1】

贝斯特工程机械有限公司面对的是诸多的工程施工企业，其客户分布非常广泛，占公司较大销售额的重点客户较少。施工企业对施工季节的要求非常高，这就意味着客户对产品交付时间的要求也非常高。如何保证生产的稳定性和物料供应的及时性，就成为公司的重要任务。某些紧缺原材料，在生产旺季时的供应难以保证，造成了大量订单的延误。贝斯特公司物流中心与采购部决定加强与供应商的联系，及时了解对方的供应能力，从而进行协调，以提高自身客户的满意度。这样，供应链管理成为公司电子商务时代信息化建设的新方向。

贝斯特公司根据自身规模不大，对原材料要求又较高的特点，重点加强对一些优质供应商的关系管理。贝斯特公司不是对方的大客户，难以形成经济批量优势，因此其供应链管理功能集中在加强彼此间的关系与信息沟通上。彼此关系的加强为企业相关业务的实施铺平了道路，而信息沟通使两个企业的生产运作能够尽可能地同步，减少浪费，提高效益。同时由于贝斯特公司能够较早地通过供应链管理系统获知供应商生产计划的变动，因此可以及时调整自身的生产计划及订单签订工作，减少了客户的抱怨。

思考：

（1）贝斯特公司首先进行供应链管理，而不是客户关系管理，你认为有道理吗？什么样的企业可以先进行客户关系管理？

（2）贝斯特公司在完成供应链管理的基础上，必然会进行客户关系管理。结合贝斯特公司的战略，你认为公司的客户关系管理应着重哪些功能？

## 12.4.3　企业信息门户：内外部信息管理的一体化

Internet 决定了构建应用系统网络平台的方向，对管理信息系统环境有着深远的影响，它将主导下一代管理信息系统的应用。企业管理信息系统应充分利用互联网络技术，将企业资源计划、供应链管理、客户关系管理功能全面集成，形成资源共享、数据共享，适应网络经济充分柔性的集成化的企业管理信息系统，即以企业内部的应用系统 ERP 为核心，利用 Internet，实现 ERP 系统与供应链和客户关系管理的集成。

（1）ERP 与 CRM 集成的内容分析。系统的整体性要求 ERP 和 CRM 之间的交流必须是畅通无阻的，通过对这两个系统信息流的有效梳理，可以发现 ERP 和 CRM 之间是通过 CRM 的销售自动化、营销自动化、客户服务与支持自动化部分与 ERP 的财务、库存、生产、采购等模块来完成集成需求的，具体包括：客户信息、产品管理、工作人员管理、联系人管理、订单管理以及业务流程部分、一般信息交流部分、决策支持部分的信息交流。对 ERP 与 CRM 之间共享部分的信息，必须采用一定的方法使它们同步，保持前后台对同一个业务对象的记录一致。其中有些信息是一方生产，另一方享用，如库存状态和订单状态信息（均包含在业务流程部分）都是从 ERP 处传递到 CRM 中；有些是双向都可更新的，如客户信息和订单信息。

（2）ERP 与 SCM 集成的内容分析。ERP 与 SCM 的集成是通过 ERP 的销售、采购、生产模块与 SCM 的销售订单、采购、高级计划排程、敏捷制造模块而完成的。SCM 在需求计划、生产计划的制定、分销计划模块、企业或供应链分析方面提供了优于 ERP 的功能。对于具体的信息传递与交流部分，经过对两个系统信息流的梳理，分析如下：ERP 系统和 SCM 系统共享基础数据，SCM 系统的确定型采购订单和采购预测作为 ERP 系统的客户需求，是制订生产计划的重要依据，而 ERP 系统根据在近期生产计划和 BOM 表分解的原材料采购需求的基础上，调整生成供应链系统的确定型客户订单，提供给供应链系统。另外，ERP 与 SCM 也在业务流程信息、一般信息和计划决策信息部分进行信息交流。

以 ERP 为核心的信息系统集成可以用图 12-7 表示。

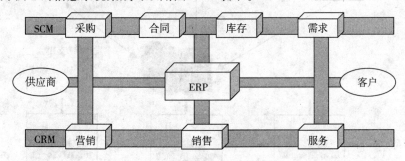

图 12-7　管理信息系统集成图

在这种模型下，客户可以直接通过 Internet 在电子商场中了解产品规格型号、性能、价格及使用方法，可以通过电子方式给生产商下订单。生产商通过 ERP 系统下达物料采购和生产制造指令，再通过电子方式完成物料采购、资金支付。经过生产制造，商品按时送交客户，并可在网上完成交易结算。它使供应商、生产商、分销商、客户通过供需链紧密集成，实现物料不间断流动，从而实现零库存。这样，企业能最大限度地减少经营成本，快速响应客户需求，提高企业的市场竞争能力和经济效益。

通过基于互联网的客户关系管理系统和供应链管理系统，企业将与外部的客户和供应商间信息沟通效率和效果的管理纳入到信息管理范围中来。这种信息集成的手段一般采用企业信息门户，它是电子商务时代企业内外部各个管理信息系统的入口，也是企业内外部信息一体化的平台。

企业信息门户（enterprise information portal, EIP）是指在 Internet 的环境下，把各种应用系统、数据资源和互联网资源统一集中到企业信息门户之下，根据每个用户使用特点和角色的不同，形成个性化的应用界面，并通过对事件和消息的处理、传输把用户有机地联系在一起。其运作模式如图 12-8 所示。

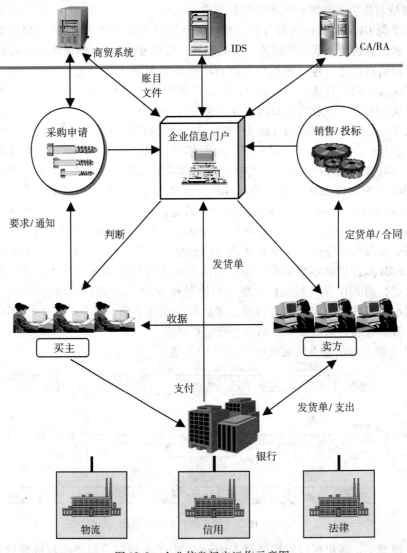

图 12-8  企业信息门户运作示意图

在电子商务时代，企业信息门户是企业信息化建设的核心，这是由企业信息门户系统的特点决定的。

（1）高度集成性。EIP 是一个将企业的所有应用和数据集成到一个信息管理平台之上，并以统一的用户界面提供给用户，使企业可以快速地建立企业对企业和企业对内部雇员的信息门户，是企业信息系统的应用框架。对于企业已有的管理系统，包括 CRM、SCM 等，EIP 可以在一定程度上实现无缝集成，构建高效集成的信息高速公路。

（2）统一的访问渠道。EIP 是一个应用系统，它使企业能够释放存储在内部和外部的各种信息，让用户能够从单一的渠道访问其所需的管理信息，用户将利用这些管理信息做出合理的业务决策并执行这些决策。

（3）实现协同共享。通过 EIP 信息门户，系统用户可以实现办公协同和信息共享，企业内部客户可以通过 EIP 系统分享信息，而客户、供货商及合作伙伴也可以通过企业间网络达到信息共享的目的。

（4）个性化应用服务。EIP 信息门户的数据和应用可以根据每个人的要求进行设置和提供，定制出个性化的应用门户，同时根据自身角色不同和安全级别的不同，每个人都可以看到不同的信息，增强了对系统用户的亲和力和吸引力。而且用户在任何时间、任何地点都可以访问企业的信息和应用，大大增强了信息服务能力。

企业信息门户不仅可以实现产品的宣传、订单、销售；商户交流、客户信息管理、订单管理等；同时可以按企业的各种需求实现个性化的网上营销、形象宣传、网上支付等多方面的商务功能，使企业网站从简单的网上橱窗发展成为网上交易柜台、交易市场等大型商务网站。除了发布企业信息以外，企业还可以利用互联网的交互功能与客户交流；利用在线订单系统接受商品订购和定制；利用在线调查引擎调查客户的需求和喜好；利用留言板接纳客户的意见等，如图 12-9 所示。

在内部业务信息化管理方面，企业信息门户能为企业提供内部信息发布与交流平台，成为方便的管理和办公手段，成为其他业务系统的统一入口。企业信息门户的作用主要表现在：发布企业信息——发布信息的通道；获取用户的各种反馈信息——与用户沟通的通道；为用户提供实时、高效的服务——服务客户的通道；以低成本传播产品信息、扩大市场、增强销售能力——扩大企业业务的通道；宣传企业形象，扩大企业在社会上的影响力；企业内部员工沟通的渠道，可以借助企业门户网站改善企业内部员工之间的交流；公司业务系统的统一入口。

随着近年来中国经济的高速发展，企业国际化、规范化、信息化进程的加快，电子商务作为一种新的商业模式正在强力冲击着各个行业。完善的电子商务系统建立在企业内外部信息集成的基础之上，其中企业信息门户（而非仅仅是网站）具有核心的地位。

建立在企业门户之上的内外部信息一体化系统，是管理信息系统在电子商务时代新的发展阶段，也是企业信息管理的内在要求。通过这个新的管理信息系统，企业既可以实现内部业务运作的电子化，实现管理创新和业务优化，从而建立企业的竞争优势，也可以与供应商、加盟商等合作伙伴建立电子商务系统，实现电子贸易、电子交易，改善整个供应链并建立竞争优势。

图 12-9　企业信息门户对外功能

## 本章小结

　　电子商务已成为交易主体不受时间和空间限制，通过互联网络快速而有效地进行各种商务活动的全新方法。电子商务是商务领域的一场信息化革命，它对企业的经营管理和信息化建设以及人类的经济活动、工作方式、生活方式等都产生了巨大的影响。

　　管理信息系统必将随着电子商务的广泛发展而产生新的变革。不同管理信息系统之间信息沟通、数据共享的要求不断加强，管理信息系统的范围从企业内部延伸到了企业外部，与电子商务紧密结合，是管理信息系统发展的必然方向。

　　管理信息系统集成是一个寻求系统整体最优的过程，根据企业内部管理信息系统的目标和要求，对现有分散的子系统或多种硬软件产品和技术，以及相应的组织结构和人员进行组合、协调或重建，形成一个和谐的整体信息系统，为企业组织提供全面的信息支持。

　　企业电子商务的发展要求信息系统集成的范围从企业内部延伸到企业外部，即集成基于 Internet 的客户关系管理系统和供应链管理系统。

　　企业管理信息系统应充分利用互联网络技术，将企业资源计划、供应链管理、客户关系管理功能全面集成，形成资源共享、数据共享，适应网络经济充分柔性的集成化的企业管理信息系统，即以企业内部的应用系统 ERP 为核心，利用 Internet，实现 ERP 系统与供应链和客户关系管理的集成。企业既可以实现内部业务运作的电子化，也可以与供应商、加盟商等合作伙伴建立电子商务系统，实现电子贸易、电子交易。

## 复习题

1. 电子商务的含义是什么？你能给出一个自己的定义吗？
2. EDI 的含义是什么？请简要描述 EDI 的工作过程。
3. EDI 的优点是什么？
4. 电子商务时代企业的内外部环境有何变化？
5. 电子商务对企业管理的影响具体表现在哪些方面？
6. 根据职能范围的不同，现有管理信息系统可分为哪 3 种类型？
7. 什么是中间件？它的作用是什么？
8. 电子商务对管理信息系统开发的影响体现在哪些方面？
9. SaaS 的含义是什么？其优点主要体现在哪几个方面？
10. 采用 B/S 模式开发的管理信息系优势体现在哪些方面？
11. "信息孤岛"对企业管理的不良影响体现在哪些方面？
12. 客户关系管理的含义是什么？
13. 什么是供应链管理？其特征表现在哪些方面？
14. 企业信息门户的含义是什么？它有什么典型特征？

## 思考题

1. 不同企业或组织给出的电子商务定义不尽相同，有时甚至差距较大。你认为出现这种不同的原因是什么？你能指出不同定义的涵盖范围吗？请从管理信息系统的角度，在班级中讨论一个大家都能接受的定义。

2. EDI 和电子商务有什么关系？电子商务的发展会取代 EDI 吗？

3. 电子商务环境下，企业的管理与传统环境有何不同？在新的环境下，对信息的要求是什么？反映到管理信息系统，企业应如何应对这种变革？

4. 电子商务与 ERP 系统在解决企业"信息孤岛"方面都有较大的作用，两者间的差别是什么？

5. 电子商务对管理信息系统的影响，除了信息共享外，还表现在其他方面，如安全、功能模块设计等。你能系统说明有什么影响吗？

6. 企业信息系统的内外部集成有所不同，其区别是什么？应如何应对？

7. 供应链上下游间的公司互为客户和供应商，两者间存在直接的竞争关系，然而信息共享又是彼此必须面对的。你怎么看这个问题？

8. 由于供应链成员存在不稳定性，共享的信息可能会被离开的供应链成员带到竞争对手的供应链中，从而对企业以致整个供应链带来损失。这个问题你怎么看？

9. 电子商务不但有利于提高大型公司的活力，提升其对市场的敏感程度和反应速度，也为广大中小企业提供了更加广阔的舞台。新兴的小型甚至是微型企业在互联网大潮中不断兴起，这些企业由于直接面对电子商务，其信息化建设的要求更为强烈，但又缺乏资金，传统的管理信息系统建设的难度大，电子商务环境下的信息化建设就更困难。如何在电子商务时代为这些企业提供信息化服务？你有什么建议？

# 决策支持系统

引导案例 >>>

近来，贝斯特公司的发展惊人，公司与上下游合作伙伴间开展了电子商务，并与国外的行业巨头成立了合资公司。市场需求旺盛，公司资源充足，陈总决定建设一个分厂，共享物流中心，解决目前的生产瓶颈。对此，政府给予了很大的支持，提供了好几块地让陈总选择。

陈总及其他公司领导通过反复比较，确定了两个地方，但进一步的选择很难。其中一块地距离公司现在的厂区不远，便于物料配送，只是面积略小；另外一块地，面积较大，可以满足公司长远发展的需要，但距离公司现在的厂区较远，物料配送不便。考虑到公司的长远发展，陈总倾向于后一块地，但是面积大，出资高，资金压力大，另外物料配送成本不低，也存在影响生产的风险。"决心难下啊！目前的 ERP 系统作用明显，也让同行羡慕和模仿，可提供的报表综合性不强，分析不够细致和深入，也缺少对于某项决策的模拟功能。如果分厂选址等决策的依据能由 ERP 系统提供该多好啊！"陈总心里充满着期盼。

**问题：**

陈总所期盼的管理信息系统有什么特殊性？上述决策会涉及哪些数据和因素？请结合本章内容阐述决策支持系统的功能和结构。

"决策"是一个古老的概念。从宏观上讲，决策就是制定政策，例如国家对某行业的投资决策，关于城市发展的决策等；从微观上讲，决策就是做出决定，例如企业决定建设一个项目，考生报考一个大学的决定等。过去，企业管理者制定决策是一种艺术，决策能力主要取决于个人或组织的创造力、判断力、直觉和经验，而不是依靠科学的系统化的定量分析方法。

决策作为一门学科开展研究起始于 20 世纪 40 年代，随后以统计决策理论为基础的研究方法不断得到发展，即由单目标决策逐步扩展到多目标决策、由个体决策扩展到群体决策、由静态决策扩展到动态决策。20世纪70年代，运用决策领域的研究成果，由计算机辅助决策人员制定决策成为新的研究领域，并在管理信息系统的基础上逐渐发展成为一个新的分支，即决策支持系统（decision support systems，DSS）。随着计算机科学、信息技术以及决策科学理论的不断推进，决策支持系统已成为企业管理等领域支持决策者制定复杂决策的有效工具。

## 13.1 决策支持系统的产生与发展

决策支持系统是在管理信息系统的发展过程中，为满足中高层管理者的决策需要，解决管理信息系统难以解决的问题而形成的信息系统。它建立在一系列的理论基础之上，经过发展而逐步走向成熟。

### 13.1.1 决策支持系统的产生背景

决策是人类社会发展过程中为实现某一目的而决定策略或办法时，时时存在的一种社会现象。任何行动都是相关决策的一种结果。决策按其性质可分为如下3类。

（1）结构化决策。指对某一决策过程的环境及规则，能用确定的模型或语言描述，以适当的算法产生决策方案，并能从多种方案中选择最优解的决策。

（2）非结构化决策。指决策过程复杂，不可能用确定的模型和语言来描述其决策过程，更不存在所谓的最优解决策。

（3）半结构化决策。介于以上二者之间的决策，这类决策可以建立适当的算法产生决策方案，在决策方案中得到较优的解。

非结构化和半结构化决策一般存在于一个组织的中、高管理层，决策者一方面需要根据经验进行分析判断，另一方面也需要借助计算机为决策提供各种辅助信息，以便及时做出正确有效的决策。

随着信息技术在管理中的逐步应用，先后出现了电子数据处理系统（electronic data processing system，EDPS）和管理信息系统。但是电子数据处理系统仅仅提高了工作效率，把人们从烦琐的事务处理中解脱出来，局限于具体数据处理，不共享也不考虑整体或部门情况。而管理信息系统虽然做到了整体分析、信息共享、部门协调，但是难以适应多变的内、外部管理环境，对管理人员的决策帮助十分有限。因此管理信息系统并没有达到所期望的社会经济效果，它主要解决管理中的结构化问题，而对于半结构化和非结构化决策问题则难以提供信息支持。20世纪70年代以来，由于管理者对决策信息的需求越来越强烈，以便有效地管理和控制资源，运用计算机解决管理中的决策问题极为迫切。在此背景下，决策支持系统应运而生。另外，运筹学模型、数理统计方法及软件的发展、多目标决策分析和知识表达技术、数据库管理系统、图形软件、各种软件开发工具、高性能计算机等，也为决策支持系统的广泛研制和应用提供了良好的技术基础。

决策支持系统是在管理信息基础上发展起来的。从广义角度，可以认为决策支持系统是管理信息系统的一部分，是管理信息系统概念的深化。它为决策者提供分析问题、建立模型、模拟决策过程和决策方案的环境，它调用各种信息资源和分析工具，帮助决策者提高决策水平和决策质量。

## 13.1.2 决策支持系统的理论基础

决策支持系统是在管理信息系统的基础之上发展起来的，因此管理信息系统所涉及的理论基础对决策支持系统依然适用，但是决策支持系统本身的特点又决定了其理论基础更为深入而广泛。一般认为，决策支持系统的理论基础包括以下几个方面。

（1）信息论。信息是现代科学技术中普遍使用的一个重要概念。信息论是运用信息的观点，把系统看做是借助于信息的获取、传送、加工处理、输出而实现有目的行为的研究方法。

（2）计算机技术。计算机软件技术、硬件技术、网络技术、图形处理技术、知识处理技术等。

（3）管理科学与运筹学。管理科学提供面向管理者研究决策问题的方法，如决策目标、决策效能等。运筹学提供一系列优化、仿真、决策等模型。

（4）信息经济学。研究信息的产生、获得、传递、加工处理、输出等方面的价值问题。从经济学的角度，研究信息产生和获得的成本、利润等信息价值问题。

（5）行为科学。研究决策者的决策风格、在决策过程中的决策行为等，指导决策支持系统的设计和开发。涉及决策者的心理学。

（6）人工智能。将人工智能技术用于管理决策是一项开拓性工作。决策支持系统利用特定领域专家的知识来选择和组合模型，完成问题的推理和运行，为用户提供智能的交互式接口。决策的正确性关系到经营效果和事业成败，决策理论、决策方法和决策工具的科学化和现代化是决策正确性的重要保证。人工智能为决策支持系统提供有效的理论和方法。例如，知识的表示和建模，推理、演绎和问题求解及各种搜索技术，以及功能很强的人工智能语言，都为决策支持系统发展成为更加实用的阶段提供强有力的理论和方法支持。

## 13.1.3 决策支持系统的发展历史

1971 年，斯科特·莫顿（Scott Morton）在《管理决策系统》一书中第一次指出计算机对于决策的支持作用，标志着利用计算机支持决策的研究与应用进入了一个新的阶段，并形成了决策支持系统新学科。1971～1976 年，从事决策支持系统研究的人逐渐增多，大部分人认为决策支持系统就是交互式的计算机系统。1975 年以后，决策支持系统作为这一领域的专有名词逐渐被大家承认。

经过几年的发展和努力，决策支持系统的研究基本走上了正轨，所开发的系统也得到了广泛应用。20 世纪 70 年代，研究开发出了许多较有代表性的决策支持系统。例如：支持投资者对顾客证券管理日常决策的 PMS（portfolio management system）；用于产品推销、定价和广告决策的 Brandaid；用以支持企业短期规划的 Projector 及适用于大型卡车生产企业生产计划决策的 CIS（capacity information system）等。Peter G. W. 以及 Keen 等人编辑了一套丛书，阐述决策支持系统的主要观点，并把至 20 世纪 70 年代末为止的各种实践、理论、行为和技术等方面的观点综合在一起，构造出决策支持系统的基本框架。

1978～1988 年，决策支持系统得到了迅速发展。1980 年 Sprague 提出了决策支持系统 3 部件结构，即对话部件、数据部件（数据库和数据库管理系统）、模型部件（模型库和模型库管理系统）。该结构明确了决策支持系统的组成，也间接地反映了决策支持系统的关键技术，即模型库管理系统、部件接口、系统综合集成。它为决策支持系统的发展起到了很大的推动作用。1981 年 Bonczak 等提出了决策支持系统的三系统结构，即语言系统、问题处理系统、知识系统。该结构在"问题处理系统"和"知识系统"上具有特色，并在一定范围内有影响，但它与人工智能的专家系统容易混淆。

1981 年，第一届决策支持系统国际学术讨论会召开，近 300 个用户和系统开发者参加了会议。此后几乎每年都举行一次决策支持系统国际讨论会，讨论决策支持系统的功能，结构，应用和发展。经过学术界的不断探索和研究，决策支持系统的研制和应用迅速发展起来，目前已成为系统工程、管理科学及计算机应用等领域中的重要研究课题。

自 1982 年以来，各种以决策支持系统为"标签"的实际系统以及一些成功案例相继出现在有关刊物和报告中，决策支持系统的开发应用逐步走向成熟，但仍有一系列的理论和实际问题需要进一步研究和解决。

到了 20 世纪 90 年代中期，人们开始关注和开发基于 Web 的决策支持系统；随着 Internet 的深入应用，基于分布式的、群体网络化和远程化的协同情报分析与综合决策支持系统逐步浮出水面并开始走向应用；随着人工智能的不断发展，决策支持系统的智能化程度越来越高，对人们的决策支持能力也越来越大。随后，决策支持系统与专家系统结合起来，形成了智能决策支持系统（intelligence decision supporting system，IDSS）。专家系统用于定性分析和辅助决策，它与定量分析和辅助决策的决策支持系统相结合，进一步提高了辅助决策能力。智能决策支持系统是决策支持系统发展的一个新阶段。

目前，随着软、硬件平台的不断更新换代，决策支持系统也普遍采用了多媒体、面向对象等新技术，决策支持系统的研究和应用已经从早期的结构化问题发展到目前能够支持处理高度复杂的半结构化和非结构化的决策问题；已经从一般的简单支持发展到高度复杂的智能支持水平；已经从主要支持个人决策的系统发展到支持群体决策活动的系统，形成了众多重要的前沿性研究领域。如智能决策支持系统（IDSS）、分布式决策支持系统（distributed decision support system，DDSS）、群体决策支持系统（group decision support system，GDSS）、决策支持中心（decision support center，DSC）、战略决策支持系统（strategic decision support system，SDSS），智能的、交互式的、集成化的决策支持系统（I3DSS）和自适应决策支持系统（adaptive decision support system，ADSS）等。

从 20 世纪 70 年代初提出决策支持系统的概念至今，人们进行了不断的探索和研究，决策支持系统在理论和技术上都得到了迅速发展，取得了不少应用成果。但决策支持系统这一学科仍处于成长发展时期，尚未形成一个完整的理论体系，有待进一步完善。

## 13.2　决策支持系统的定义与特性

决策支持系统发展至今已有 40 多年的历史，人们试图从不同的角度描述它的内涵和特性，以使其得到不断发展和应用。

### 13.2.1　决策支持系统的定义

决策支持系统是一个不断发展的新领域，难以给出统一的、完整的定义，不同的学者从不同的角度给予决策支持系统不同的解释。最早提出决策支持系统概念的麻省理工学院教授高瑞（Gorry）和莫顿（Morton）认为，决策支持系统是支持决策者对半结构化、非结构化问题进行决策的系统；1982 年，Sprague 和 Carlson 定义的决策支持系统为"一个基于计算机的人机交互系统，它帮助决策者应用数据和模型解决非结构化或半结构化的问题"；约翰逊（Johnson）把决策支持系统定义为"一个由计算机硬件和软件包结合的整体，可使管理人员容易实施决策及熟悉系统的性能"；而国内学者胡铁松等则认为决策支持系统是以现代通信设备所采集的基本数据为基础，应用决策科学、运筹学等其他相关理论和方法，为决策者提供各种决策信息的动态交互式计算机系统。瑞蒙（C. Reimen）则强调人机之间的互相作用，他认为决策支持系统最重要的特征是它有一种交互的特别分析能力，使管理者尽量完整地模拟问题并使之模型化。也有人从"决策"、"支持"、"系统"3 方面来说明决策支持系统，"决策"意味着解决问题，在制定决策中解决问题，在解决问题的每一步做出决策，"支持"主要指在决策过程中的每一阶段使用计算机及软件技术支持决策者，"系统"是指一个人机交互的系统以及设计和实践中的系统性。

其实上述定义都并不完善，当然也没必要追求一个完善的定义。凡是能达到决策支持这一目标的所有技术都可以用于构造决策支持系统。不同时期、不同用途、采用不同技术所构造的决策支持系统可能完全不同，但是有一点是共同的，那就是一定能起决策支持作用。

决策支持系统的实用性是它的生命线，从应用角度可以将决策支持系统定义为：以计算机为工具，能够综合利用各种数据、信息、知识、模型和人工智能技术，以人机交互方式辅助决策者解决半结构化和非结构化决策问题的信息系统。决策支持系统应用了决策科学、运筹学、管理学、人工智能、计算机科学、行为科学等学科的理论和方法，是管理信息系统的发展。

决策支持系统是辅助决策者通过数据、模型和知识，以人机交互方式进行半结构化或非结构化决策的计算机应用系统。它是管理信息系统向更高一级发展而产生的先进信息管理系统。它为决策者提供分析问题、建立模型、模拟决策过程和方案的环境，它调用各种信息资源和分析工具，帮助决策者提高决策水平和质量。以下例子简单地说明了决策支持系统的运作过程。

有一个制造企业为确定它的生产规模和合适的库存量，建立一个决策支持系统，它的模型库由生产计划、库存模拟模型（如预测、库存控制模型）等组成。在数据库中存有历年销售量、资金流动情况、成本等原始数据。决策者通过计算机终端屏幕，根据决策支持系统提供最佳订货量和重新订货时间，以及相应的生产成本、库存成本等信息，进行"如果……将会怎样"的询问，对所提方案进行灵敏度分析，或者以新的参数进行模拟而得到一个新的方案。决策支持系统并不强调寻找最优解，也不意味着提供最后结果，而是为决策者做出自己的判断提供支持，由决策者在一系列选择中，综合其他不适宜进入模型的因素，得出最后合理的决策方案。

再例如，某药业公司拥有相当规模的医药零售网络，为迎接日趋激烈的市场竞争，该药业公司设计并采用了一套决策支持系统，用来了解和掌握市场信息和企业内部的变化情况，根据市场的变化迅速调整优化企业的产品结构和市场策略。该系统应用了数据仓库技术与各种数据分析模型、市场预测模型、多元统计方法、企业管理方法，帮助管理者掌握目前的经营状况，把握市场规律，及时发现问题，辅助企业规范管理制度。该系统主要包括关键指标分析、销售分析、财务分析以及预测分析 4 大模块。

用户通过关键指标分析模块，可以设定企业日常关注的一些重要指标及这些指标异常的参数，每天该模块会自动检查这些指标，发现问题及时提示。该模块改变了企业管理者管理企业的流程。有了该模块，管理者每天只需打开计算机，指标告警模块会提示目前企业出现的异常情况，告警模块会指导管理者迅速找到问题所在，这样，管理者可以从复杂的观察工作中抽身而出，灵活地安排时间。

通过销售分析模块，用户可以对全国不同地区、省以及具体客户的销售数据和财务收回货款情况进行统计分析，运用各种手段分析展示各销售区域销售人员的业绩及具体客户的情况，并可根据客户的货款周转速度、货款回收率等进行客户的等级评定，从而制定发货制度，同时还可利用聚类分析将客户进行分类，确定相应的销售策略。

用户通过财务分析模块，可以利用各种分析手段从财务角度观察销售利润情况、产品利润情况及流动资金情况。

用户通过预测分析模块，可以对未来销售量、销售成本、销售单价及销售费用进行预测。

### 13.2.2  决策支持系统的特性

定义决策支持系统并不是问题的关键，关键在于决策支持系统的设计需要考虑决策者和决策过程的特点，把握决策支持系统的基本特性。由于决策支持系统的定义相当广泛，因此20世纪90年代 Turban 以特性来描述一个决策支持系统。概括来说，决策支持系统应具有下述基本特性。

（1）对管理者面临的半结构化、非结构化决策问题提供支持；

（2）支持而不是代替决策者的决策；

（3）把模型或分析技巧的应用与传统的数据存取功能结合起来；

（4）支持决策过程的所有阶段；

（5）强调改进决策的效能而不是提高决策的效率；

（6）具有方便的人机交互接口，易于非计算机专业人员掌握和使用；

（7）具有通用性和快捷响应的特性，能够快速支持决策者解决处于不同状态的某一领域中的决策问题；

（8）强调对环境及用户决策方法改变的灵活性和适应性；

（9）能够支持组织的不同管理层次，从高级主管到基层员工；

（10）能够提供个人到群体层次的决策支持；

（11）支持数个彼此互相依赖或具有顺序性的决策问题；

（12）提供不同分析模式协助使用者制定决策 。

### 13.2.3  决策支持系统与管理信息系统的比较

决策支持系统是在管理信息系统的基础上发展起来的，是管理信息系统的高级形式，两者相比，有较大的区别。

从名称而言，管理信息系统的含义比决策支持系统更广泛，因为管理的职能包括计划、组织、决策和控制的职能，决策只是管理的职能之一。

从解决决策问题的类型来看，管理信息系统主要解决的是管理中的结构化决策问题，而决策支持系统面向的是半结构化和非结构化问题。

从技术特点来看，管理信息系统是以管理和分析已有的数据为出发点，运用常规定量数学方法和一些确定的决策模型对问题进行描述、处理和求解。例如，财务决策、生产计划的编制和控制等。而决策支持系统是通过数据和模型的存取，为决策者提供一个分析特定问题、模拟决策过程、提出并选择决策方案、预测决策效果的决策支持环境。例如，决策支持系统可为企业制定投资方案和经营方针等具有战略性的决策问题提供帮助。

从服务对象来看，管理信息系统主要完成例行的业务活动中的信息处理，为中低层的管理者服务；而决策支持系统则主要用于辅助决策活动，为中高层管理者服务。

另外，管理信息系统是以高效率为追求的主要目标，要求信息准确和及时；而管理信息系统则强调系统的有效性，以可实现某一决策为目标。

关于管理信息系统与决策支持系统的关系，目前主要有两种观点。一种是发展阶段论，其思想可用一个金字塔来形象地描述。这种观点把决策支持系统看做是继电子数据处理系统和管理信息系统之后的更高级形式，是一种功能上的提高和飞跃，如图 13-1 所示。

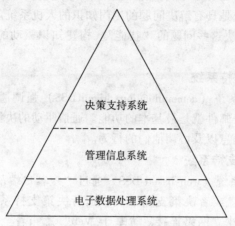

图 13-1　管理信息系统与决策支持系统的关系：发展阶段论

另一种观点则认为，决策支持系统是管理信息系统的一部分，即目前的管理信息系统不再是传统意义上的单纯管理信息系统，其内涵已经包括了决策支持的全部内容，如图 13-2 所示。

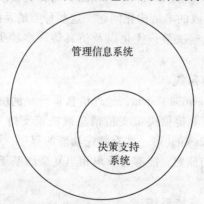

图 13-2　管理信息系统与决策支持系统的关系：内容包含论

### 13.2.4　决策支持系统的主要类型

#### 1. 数据驱动的决策支持系统

数据驱动的决策支持系统（data driven DSS）强调以时间序列访问和操纵组织的内部数据，有时也有外部数据，通过查询和检索访问相关文件系统提供了最基本的功能。后来，数据仓库得到了发展，决策支持系统又提供了另外一些功能。数据仓库系统允许采用应用于特定任务或特制的计算工具、较为通用的工具和算子来对数据进行操纵。

#### 2. 模型驱动的决策支持系统

模型驱动的决策支持系统（model driven DSS）强调对于模型的访问和操纵，比如统计模型、金融模型、优化模型或仿真模型。简单的统计和分析工具提供最基本的功能。一些允许复杂数据分析的联机分析处理系统（on-line analysis processing，OLAP）可以分类为混合决策支持系统，并且提供模型和数据的检索，以及数据摘要功能。模型驱动的决策支持系统的早期版本被称作面向计算的决策支持系统。

### 3. 知识驱动的决策支持系统

知识驱动的决策支持系统（knowledge-driven DSS）可以就采取何种行动向管理者提出建议或推荐。这类决策支持系统是具有解决问题的专门知识的人机系统。专门知识包括理解特定领域问题的"知识"，以及解决这些问题的"技能"。构建知识驱动的决策支持系统的工具有时也称为智能决策支持方法。

### 4. 通信驱动的决策支持系统

通信驱动的决策支持系统（communication-driven DSS）强调通信、协作以及共享决策支持。简单的公告板或者电子邮件就是最基本的功能。通信驱动的决策支持系统能够使两个或者更多的人互相通信、共享信息以及协调他们的行为。

### 5. 基于 Web 的决策支持系统

基于 Web 的决策支持系统（web-based DSS）通过"瘦客户端"Web 浏览器向管理者或商情分析者提供决策支持信息或者决策支持工具。运行决策支持系统应用程序的服务器通过 TCP/IP 协议与用户计算机建立网络连接。"基于 Web"意味着全部的应用均采用 Web 技术实现。

### 6. 基于仿真的决策支持系统

基于仿真的决策支持系统（simulation-based DSS）可以提供决策支持信息和决策支持工具，以帮助管理者分析通过仿真形成的半结构化问题。这些种类的系统全部称为决策支持系统，可以支持行动、金融管理以及战略决策，优化以及仿真等许多种类的模型均可应用于决策支持系统。

### 7. 基于 GIS 的决策支持系统

基于 GIS（geographic information system，地理信息系统）的决策支持系统（GIS-based DSS）通过 GIS 向管理者或商情分析者提供决策支持信息或决策支持工具。通用目标 GIS 工具，如 ARC/INFO、MAP Info 以及 Ar2cView 等一些有特定功能的程序，可以完成许多有用的操作。同时，Internet 开发工具已经走向成熟，能够开发出相当复杂的基于 GIS 的程序让用户通过 World Wide Web 进行使用。

### 8. 基于数据仓库的决策支持系统

数据仓库是支持管理决策过程的、面向主题的、集成的、动态的、持久的数据集合。基于数据仓库的决策支持系统（data warehouse-based DSS）可集成来自各个数据库的信息，从事物的历史和发展的角度来组织和存储数据，供用户进行数据分析并辅助决策，为决策者提供有用的决策支持信息与知识。

## 13.3  决策支持系统的结构

决策支持系统在管理信息系统的基础上发展而成，但它具有特定的结构，在辅助决策者制定决策的过程中发挥着特殊的作用。

### 13.3.1 决策支持系统的部件结构

从结构上来看，决策支持系统是利用数据、模型、方法、知识推理等管理工具帮助决策者解决半结构化、非结构化决策问题的人机交互系统，它主要由会话系统以及数据库、模型库、方法库管理系统组成，如图 13-3 所示。

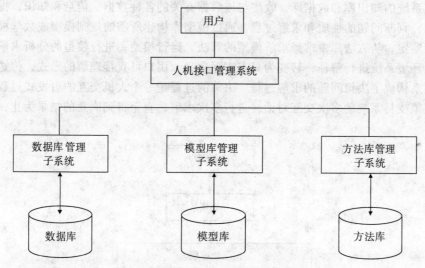

图 13-3 决策支持系统的部件结构

（1）模型库。模型库及其模型库管理系统是决策支持系统的核心，也是区别于管理信息系统的重要特征。决策支持系统的模型建立通常是由解决问题的要求而确定的，不同的企业、不同层次的决策需求是不一样的，模型一般包括：投资模型、筹资模型、成本分析模型、利润分析模型等。

（2）数据库。数据库管理系统负责管理和维护决策支持系统在模型运行过程中所使用的各种数据，按数据内容分类，分别建立数据仓库文件。运行的结果所产生的各种决策信息，通常以报表或图形形式存放在数据库中，并增加时间维度来实现数据库的动态连续性。通过数据库管理系统有效地实现与模型库、方法库、用户接口部件方便、快捷地连接，实现数据的有效输出，以达到为各种决策服务的目的。

（3）方法库。方法库及其管理系统是存储和管理各种数值方法和非数值方法，包括方法的描述、存储、删除等问题。比如会计决策支持系统常用的方法有：预测方法（时序分析法、结构性分析法、回归预测法等），统计分析法（回归分析、主成本分析法等），优化方法（线性规划法、非线性规划法、动态规划法、网络计划法等）及其他数学方法等。

此外，决策支持系统还包括知识库和人机接口等管理系统。

知识库及其管理系统是以相关领域专家的经验为基础，形成一系列与决策有关的知识信息，最终表示成知识工程，通过知识获取形成一定内容的知识库，并结合一些事实规则及运用人工智能等有关原理，通过建立推理机制来实现知识的表达和运用。

交互式人机对话接口用于实现用户和系统之间的对话，通过对话以各种形式输入有关信息，包括数据、模型、公式、经验、判断等，通过推理和运算充分发挥决策者的智慧和创造力，充分利用系统提供的定量算法，做出正确的决策。

### 13.3.2  决策支持系统的系统结构

可以将决策支持系统归结为 3 个子系统：交互环境系统、问题处理系统和知识系统。它们之间的关系是：决策用户通过交互环境系统提出信息查询的请求或决策支持的请求。问题处理系统通过决策数据库收集和提取数据，所得信息提供给用户。对决策支持的请求，问题处理系统通过知识系统的知识库和数据库，收集与该数据有关的各种数据、信息和知识，据此对该问题进行识别，判断问题的性质和求解过程，通过模型库构建所需的规则模型或数学模型，对模型进行分析鉴定，从方法库中选择求解模型的算法，运行模型，进行模型的分析求解，最后结果通过交互环境系统进行解释，转变为具有实际含义、用户可直接理解的形式，传送给用户使用。这种关系构成了决策问题的求解过程。决策的过程是一个人机交互的启发式过程，往往需要用户与决策支持系统的多次交互对话，进行多次求解，直至得到满意的结果为止，如图 13-4 所示。

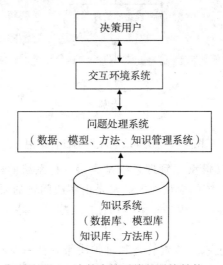

图 13-4  决策支持系统的系统结构

#### 1. 交互环境系统

交互环境系统是用户与决策支持系统的接口。用户通过交互环境系统，把问题及环境的描述和解题要求输入给决策支持系统，而决策支持系统最终也是通过人机交互环境系统将各种处理结果输出给用户。交互环境系统一般由交互语言和提示库组成，交互语言为用户提供直接检索和运算处理手段，提示库为方便用户使用而提供一套屏幕提示功能。交互环境系统采用的交互语言类似于人类的自然语言，可使用户方便灵活地与决策支持系统对话。

#### 2. 问题处理系统

问题处理系统是决策支持系统求解决策问题的核心，是交互环境系统与知识系统的接口。问题处理系统基于数据库、模型库、知识库和方法库管理系统，是一组软件。它接受决策用户通过交互环境系统输入的关于问题及其环境和解题要求的描述；通过数据库系统和知识库系统，收集和存储有关该问题的信息和知识，完成问题的识别和定义；利用模型库系统构造模型；通过方法库系统建立和识别求解问题具体方法，并进行求解分析和评价；最后，通过交互环境系统将结果反馈给用户。

一个问题处理系统必须具有明确的识别问题的能力，它能把问题描述转化为相应的可执行方案。问题分析能力也是问题处理系统应该具有的主要功能。

### 3. 知识系统

一个决策支持系统，如果没有包含关于决策问题领域的"知识"，也就没有任何价值。这里的"知识"，不仅包括决策问题所需的内部和外部环境数据、人们的经验和知识，而且包括决策过程中所用的公式、模型或规则、分析工具、推理规则和评价标准等。

知识系统是将"知识"按一种有组织的系统方式进行存储和管理的系统，它由数据库系统、模型库系统、知识库系统和方法库系统组成。

（1）数据库系统。数据库系统由数据库和数据库管理系统组成，是决策支持系统求解问题的主要数据源。一般情况下，它是任何一个决策支持系统都不可缺少的最基本组成部件。决策支持系统的数据库与传统的数据库相比，其特点是数据面广、内容丰富、概括性强，除了组织的内部数据外，更多的是组织的外部数据，如政策法规、统计信息、市场行情、同业动态和科技情报等。决策支持系统使用数据的目的主要是为了支持决策，因此，这些数据大都是经过加工、浓缩或汇总的数据，如月销售成本、销售利润率、市场占有率等。

决策支持系统数据库中的数据大多来源于管理信息系统等信息系统的数据库，这些数据库被称为源数据库。决策支持系统的数据库系统应当有数据抽取部件，能从源数据库中抽取某部分内容。

决策支持系统的数据库管理系统用于管理、提供与维护数据库中的数据，也是与其他系统的接口。

（2）模型库系统。模型库系统由模型库和模型库管理系统组成，是决策支持系统最有特色的部件之一。决策支持系统之所以能够对决策提供有效的支持，主要在于有能为决策者提供推理、比较选择和分析整个问题的模型库系统。

模型库为决策支持系统各种决策问题所使用的数学模型或逻辑规则模型提供描述手段，并以标准模型模块存储各种模型。模型库管理系统类似于数据库管理系统，完成对模型库的建立及模型的存取、访问、更新、合成等操作。

模型是人们对客观事物及其运动状态的主观描述，它反映了客观事物本质特征，揭示了运动规律，模型在决策活动中的作用十分重要。当需要解决决策问题时，选择表现某一问题的模型，运行模型，获得解决问题的方案。在决策支持系统中，为了保证构造模型的灵活性，通常以标准模型块的形式存储各种模型，如果将这些模型块比做半成品和成品的话，则利用这些"元件"又可以构造出任意形式且无穷多的模型，以解决任何所能表述的问题。

解决软科学决策问题所涉及的模型多达上百种，根据它们的功能和用途可分为若干模型群体，即模型群。其中主要以下几种。

1）预测模型群。在这个模型群中，有关定性模型有：德尔菲法、主观概率预测法、交叉影响矩阵法等；有关定量模型有：回归预测、平滑预测、马尔柯夫链预测等。这些模型还可以进一步细分，如回归预测有一元回归、多元线性回归、非线性回归等；平滑预测有平均预测法、指数平滑法等。

2）系统结构模型群。主要模型有：系统结构模型、层次分析模型、投入产出模型、系统动力学模型等。

3）数量经济模型群。主要包括以经济活动为核心的计量经济模型和经济控制论模型。例如，生产函数模型和消费需求模型都属于这一模型群。

4）优化模型群。它是系统优化的主要手段和方法，主要包括线性规划、非线性规划、动态规划、目标规划和最优控制等方法。

5）决策模型群。主要包括单目标决策、多目标决策等模型。

6）不确定模型群。主要用来解决和描述系统中的不确定因素和不确定概念，如模糊数学模型、灰色模型和随机模型等。

7）系统综合模型群。这部分模型主要运用大系统分解协调原理对各子系统的优化方案进行综合，并通过计算机仿真，生成若干总体优化方案。

（3）知识库系统。知识库系统由知识库及其管理系统组成。决策支持系统处理的是半结构化和非结构化问题。这些问题大多无法用常规定量数学方法进行描述和处理，必须采用定性求解方法，借助于人们的知识和经验予以解决。因此，要利用计算机进行问题的辅助求解，必须实现经验和知识的描述和存储，以及利用这些经验和知识进行问题的识别和求解。由此，在决策支持系统中，运用人工智能方法建立知识库，运用逻辑规则对各种专家知识和经验进行描述，并以类似于处理数据的方法进行收集、存储、处理和输出。当求解问题时，用逻辑语言进行问题描述，在知识库中寻找相关经验和知识，并利用规划模型进行推断，从而模拟人的决策思维过程，达到辅助决策的目的。

知识库管理系统的主要功能是为修改和扩充知识库中的经验和知识提供手段，包括根据需要对知识库进行添加、修改、删除等。

开发知识库的关键技术是：知识的获取和解释、知识的描述、知识推理以及知识库的管理和维护。

（4）方法库系统。方法库系统由方法库和方法库管理系统组成。其基本功能是提供决策支持系统各部件要用到的通用算法、标准函数等方法。在方法库中，以程序方式（标准子程序、内部函数等）存储各种方法，通过格式化接口与其他部件联系，完成对已构造的模型进行分析求解和处理。方法库管理系统的主要功能与数据库管理系统相似，其作用是对库内方法进行有效管理。借助于方法库管理系统，可方便地对库内方法进行增加、更新和维护等。

方法库内存储的方法程序一般有：排序算法、分类算法、最小生成树算法、最短路径算法、计划评审技术、各种统计算法、各种组合算法等。

## 13.4　决策支持系统的发展趋势

传统决策支持系统采用各种定量模型，在定量分析和处理中发挥了巨大作用，它也对半结构化和非结构化决策问题提供支持，但由于它通过模型来操纵数据，实际上支持的仅仅是决策过程中结构化和具有明确过程性的部分。

随着决策环境日趋复杂，决策支持系统的局限性也日趋突出，具体表现在：系统在决策支持中的作用是被动的，不能根据决策环境的变化提供主动支持，对决策中普遍存在的非结构化问题无法提供支持，以定量数学模型为基础，对决策中常见的定性问题、模糊问题和不确定性问题缺乏相应的支持手段。因此，决策支持系统应寻求发展和完善。

### 13.4.1　决策支持系统的发展及其局限性

在新兴的研究领域，如人工智能、分布式技术、数据仓库和数据挖掘、联机分析处理等技术发展起来后，它们迅速与决策支持系统相结合，形成了智能决策支持系统（IDSS），分布式决策支持系统（DDSS），群/组织决策支持系统（GDSS/ODSS）和智能的、交互式、集成化的决策支持系统等。新技术的运用增强了决策支持系统的效能，提高了决策支持的质量，极大丰富了决策支持系统的信息存取和信息处理手段。

与传统的决策支持系统比较，现有的决策支持系统除了在定量分析支持上有提升外，对于决策中的半结构化和非结构化问题也提供一定的定性分析支持。但是在与信息处理技术和智能技术紧密融合的同时，经典决策支持系统在发展过程中期望将更多的甚至全部的决策工作都由计算机来实现，试图利用决策支持系统的智能和相关的信息技术来替代人的作用并实现最终的决策，但根据目前各种智能技术的发展状况来看，决策支持系统无法完成全部的定性分析支持，更无法处理复杂问题的决策支持。复杂问题是指问题所处的环境复杂、涉及范围广、内容多、难以用常规的系统工程方法来解决的问题，如政治系统中的国家安全战略、国家发展战略；经济系统中的宏观经济决策、可持续发展问题；军事领域的武器装备发展战略、作战指挥决策等。对复杂问题建立决策支持模型很困难，并且对任何复杂系统和复杂问题的分析都不能仅依赖决策系统取代决策者自动完成决策任务。对问题观察而导致的建模，都是对问题的一种近似描述，不具有普适性，同时对问题的观察而建立的模型，要满足可以在计算机上编码和计算的条件，编码的近似又导致对已获得模型的又一次近似，而且人类专家所具备的知识中，有很多只能意会不可言传的经验性知识根本不可能借助于形式化的表达来描述，纳入计算机中的知识只能限于形式上能够符号化的知识，形式化的过程又会使许多有效的信息被筛选掉。很多问题是系统无法自动求解的，尤其是复杂巨系统的问题，在这方面人的作用是巨大的。

## 13.4.2 决策支持系统发展的典型形式

### 1. 智能决策支持系统

随着决策支持系统向非结构化问题领域的拓展，自然地要引入人工智能（artificial intelligent，AI）的手段和技术，因此需要增加知识部件，即应将决策支持系统与专家系统（expert system，ES）相结合。许多先进的人工智能技术，如机器学习、知识表示、自然语言处理、模式识别以及分布式智能系统等都被融入到决策支持系统的研究中，形成了智能决策支持系统（IDSS）。IDSS 是界面友好的交互式人机系统，具有丰富的知识，具备强大的数据、信息处理能力和学习能力，更加符合人类智能科学决策的能力。在网络化的今天，互联网技术完善了IDSS 的功能，并大大扩展了 IDSS 的应用范围。

决策支持系统与专家系统结合的思想是 20 世纪 80 年代初提出的，它们构成了智能决策支持系统的初期模型。IDSS 作为数值分析与知识处理的集成体，综合了传统决策支持系统的定量分析技术和专家系统的符号处理优势，从而能比决策支持系统更有效地处理半结构化与非结构化问题。随着决策环境复杂化的驱动，人类智能与决策支持系统相结合，并将这种智能部分实现计算机化，从而构成人机合作系统，这种系统称为人机智能化决策系统，它是决策支持系统智能化发展的高级阶段，是对初级阶段 IDSS 的深化和延续，并且包容和概括了决策支持系统的其他发展趋向。

### 2. 基于互联网的智能决策支持系统

基于互联网的智能决策支持系统是一个基于 Internet 技术，并集数据仓库技术、OLAP 技术、数据挖掘技术和专家系统于一体的智能决策支持体系。数据仓库以及基于 Web 的数据采掘技术的引入是基于互联网的 IDSS 区别于一般 IDSS 的关键特征之一，其目标是在广域网络上实现决策支持。强大的 Internet 使得 IDSS 摆脱了地域和开发成本方面的限制，为决策支持系统的实施提供了更广阔的基础环境和更良好的发展平台。互联网上的 IDSS 具有如下优越性。

（1）具有庞大的信息资源库，具备多源数据信息处理能力。在技术不断更新的条件下，准确的数据信息和高效率的工具是决策者以更低的成本、更快捷的方式做出及时的科学决策的前提与保证。互联网是辅助决策过程最理想的载体，信息的智能搜索与知识的自动挖掘将使决策者获得更多的可利用的信息。

（2）交互的集群决策处理平台。复杂的决策需要搜集系统反馈信息进行预测，有时需要决策者之间的远程协商。强大的信息库和知识库、智能的知识挖掘以及安全高效的实时控制与决策，使得基于互联网的 IDSS 可以真正实现远程多方协作的广域集群决策。

（3）界面友好的客户端管理。用户向系统输入参数或请求信息时，互联网上的 IDSS 支持图形用户界面，客户端管理更加友好，同时系统的响应速度加快，维护和管理简化，系统的应用范围得到很大拓展。

### 3. 群体决策支持系统

所谓群体决策是相对个人决策而言的。两人或多人召集在一起，讨论实质性问题，提出解决某一问题的若干方案，评价这些策略各自的优劣，最后做出决策，这样的决策过程称为群决策。群决策的多数问题是非结构化问题，很难直接用结构化方法提供支持。支持群决策是一个复杂的组合，它的运行方式与制度及文化有着密切的关系。

经济的发展使现代组织出现了新的特点，特别是各国经济趋向全球化，跨区域或跨国界的企业集团越来越多，这些组织布局分散，市场遍布世界各地，为身处异地的决策人员及时提供有效信息，并使他们之间相互沟通、发表意见，并形成决策，是企业在激烈的竞争环境下得以生存和发展的前提。

传统的决策支持系统是主要用于支持管理者个人决策的支持系统。但是，许多决策是在群体中产生的，支持群体决策的系统称之为群体决策支持系统（GDSS）。所谓群体决策支持系统，就是将计算机技术、通信技术和决策支持技术等结合在一起，促进具有不同知识结构、不同经验、共同责任的群体在决策会议中对半结构化和非结构化问题求解，最大限度地减少决策过程中的不确定性，提高决策质量的决策支持系统。它是在决策支持系统理论和技术的基础上发展起来的，包括了决策支持系统的大部分组成内容，以及能在群体环境下提供有效支持的软件部分。

GDSS 从 20 世纪 80 年代初期研制以来，现在处于第 3 个发展阶段。其中，第 1 阶段：20世纪 80 年代初至 1989 年，GDSS 概念主要用于支持面对面的小群体决策；第 2 阶段：1989 ~ 1992 年，这是 GDSS 飞速发展的时期，由单纯地支持小群体决策发展到支持各种大群体的合作活动；第 3 阶段：1993 年至今，这是 GDSS 在应用和概念上的突破时期，其特征是和人工智能相结合。

### 4. 分布决策支持系统

分布决策支持系统（DDSS）是对传统集中式决策支持系统的扩展，是分布决策、分布系统、分布支持三位一体的结晶。从概念上理解，DDSS 是由多个物理上分离的信息处理节点构成的计算机网络，网络的每个节点至少含有一个决策支持系统或具有若干辅助决策的功能。DDSS 的主要优势在于：① 比集中式系统更可靠；② 系统效率更高，更接近大型组织决策活动的实际情况；③ 易于扩展；④ 能够实现平行操作，资源共享。

## 本章小结

随着计算机科学、信息技术以及决策科学理论的不断推进，决策支持系统已成为企业管理等领域支持决策者制定复杂决策的有效工具，它为决策者提供分析问题、建立模型、模拟决策过程和决策方案的环境，它调用各种信息资源和分析工具，帮助决策者提高决策水平和决策质量。

决策支持系统是在管理信息系统的基础上发展起来的，是管理信息系统的高级形式。管理信息系统主要解决管理中的结构化决策问题，而决策支持系统面向的是半结构化和非结构化问题。

决策支持系统由数据库系统、模型库系统、知识库系统和方法库系统组成。

## 复习题

1. 决策支持系统的基础理论有哪些？
2. 决策支持系统的含义是什么？其具有什么特点？
3. 决策支持系统与一般的管理信息系统有什么区别？
4. 决策支持系统有哪些类型？
5. 决策支持系统的组成部分包括哪些？
6. 决策支持系统所涉及的模型可分为哪些类型？
7. 未来决策支持系统发展的典型形式有哪些？

## 思考题

1. 非结构化决策与结构化决策问题有什么不同？请从系统数据输入、处理以及输出等方面予以讨论。

2. 从决策支持系统的发展历史来看，未来决策支持系统的发展可以从哪几个维度展开？

3. 决策支持系统所涉及的模型种类非常多，某一个特点的问题可以采用不同的方法或模型来解决。但不同的模型或方法在解决同一个问题时，所得出的结论却往往不尽相同。那么，决策支持系统是否具有科学性？而管理信息系统是规范企业业务运作，提高企业科学管理水平的重要途径。这个问题你怎么看？可就此问题在班级中组织学生予以辩论。

4. 在管理信息系统的发展中，有一种新的形式被称为商务智能，请在互联网上查询相关资料。商务智能有什么特点？与决策支持系统有什么关系？它会成为管理信息系统的一个发展方向吗？

## 案例讨论

根据本篇的基本内容，针对"综合案例　贝斯特工程机械有限公司的信息化建设之路"中的场景4、场景5、场景9，开展案例讨论。讨论的问题可参考各场景后所列的题目，也可由教师自行提供。

针对"综合案例 贝斯特工程机械有限公司的信息化建设之路"的 12 个场景，综合分析，写出案例分析报告。

# 信息化建设的经验与教训

**综合案例　贝斯特工程机械有限公司的**

**信息化建设之路**

# 贝斯特工程机械有限公司的信息化建设之路

## 一、液压挖掘机的行业状况

随着我国大规模基础设施建设的深入开展，液压挖掘机的市场需求不断扩大。近年来，我国液压挖掘机的总销量逐年增加。1993 年我国液压挖掘机总销量为 2 349 台，17 年后的 2010 年我国液压挖掘机的总销量高达 98 000 台，17 年间增长了 40 多倍。

小型挖掘机主要由结构件总成、覆盖件总成、行走装置、回转装置、液压系统、动力系统、电气系统和空调装置等 8 大部分构成，其中最为关键的核心部件是液压系统和动力系统。小型挖掘机的工作性能和作业可靠性主要取决于液压和动力这两大系统的设计和品质，其他零部件的技术要求相对较低。目前小型挖掘机零部件国产化率已达到 70%。小型挖掘机液压系统中泵、阀、马达等关键技术，工艺和知识产权基本掌握在日本、德国等少数国家的厂商手中，采购成本约占据了整机成本的 40%。与挖掘机相配套的小型发动机技术也掌握在日本、美国、德国等发达国家手中。

目前，我国挖掘机的关键部件必须依赖进口，通过国际化采购提高了整机性能和可靠性。随着国内小型挖掘机市场的持续升温，配套件缺失的矛盾进一步升级，选择进口关键零部件的生产企业，面临采购"瓶颈"。据了解，多数企业的产品供不应求，市场持续升温促使生产企业们不断调整生产计划，但关键零部件的缺失，令这些企业很是无奈。不仅如此，国内小型挖掘机企业选择国外进口关键零部件还面临着种种困境。从国外进口零部件，不仅供货期不能保证，导致企业无法进一步提高产量；同时，从国外采购的全套液压系统，占到了整机成本的 30%，而且价格没有商量的余地；加上售前、售后服务不到位等因素，大大制约了国产小型挖掘机的快速发展。

## 二、贝斯特工程机械有限公司简介

贝斯特工程机械有限公司（以下简称：贝斯特或贝斯特公司）是一家集研制、开发、制造、销售及综合服务于一体的挖掘机工程机械制造企业。公司的性质为民营股份制，注册资本为人民币 500 万元，总投资 380 万元，占地面积 300 余亩，建设面积 40000 平方米；公司拥有各种生产设备 130 台套、员工 500 多名、各类专业技术人员 100 多名；公司被省科学技术厅命名为"高新技术企业"，连续 9 年被评为"AAA 级资信企业"，并通过 ISO9001 质量体系认证和 ISO14001 环境体系认证。公司的主要产品有：中小型履带式挖掘机、各种轮式挖掘机，产品品种稳定。公司拥有先进的生产设备，雄厚的技术力量，完备的检测手段以及完善、配套的售后服务。

贝斯特公司的主要部门设置及其职责如下。

（1）财务部。主要负责公司经济核算工作，包括公司内部及与公司外部的各种财务往来、成本核算等业务。组织编制各种经济账册、统计报表；分月、季、年度编制和执行财务计划；正确调度资金，提高资金使用效率；对公司各部门进行财务核算，制定公司各部门的成本费用指标和资金定额；负责公司各员工工资、奖金等的核算和发放工作。

（2）采购部。负责公司生产所需的零部件、办公用品、机械设备、劳保用品等物料的采购和管理；负责对供应商的选择、联系与考核工作。

（3）营销部。负责公司产品的销售和服务，包括营销合同的签订、客户关系管理、应收账款的催要等。编制月、季、年度销售计划；负责各种销售报表的统计和编制；建立健全各种原始台账和记录；积极做好市场调查和预测，努力开发新客户，提高公司产品的市场占有率；制定销售管理制度和销售管理考核标准；客户的服务和管理。

（4）国际业务部。负责公司与国外企业的业务管理工作，包括部件的采购、产品的出口销售等业务。负责对国外供应商的遴选和关系维持；辅助采购部完成国外产品的采购；辅助销售部门完成产品的出口工作，负责对国外销售商的选择和供应网络的建立。

（5）生产制造部。负责公司产品制造的有关工作。制订生产计划、原材料需求计划、控制和管理生产进度；负责质量管理和成本控制管理；负责编制工艺技术文件、生产作业指导卡、产品工艺卡等工艺文件，优化工艺流程；组织编制物料消耗定额；负责在制品管理。

（6）物流部。负责物料的仓库管理工作，包括货物验收、出入库管理、库存盘点、库位管理等；负责物料供应；控制部门运作成本，提高物流服务水平。

（7）人力资源部。负责公司人员招聘、岗位职责制定、人员考核、培训等工作。负责公司分配制度的制订与修改；负责公司工资、奖金、加班费的审核；建立公司员工档案，做好员工的考勤管理工作；负责处理劳务纠纷。

（8）信息中心。主要负责公司信息化战略规划的制定、公司的信息化建设与管理、公司管理信息系统的运行管理。

# 三、案例人员

总经理：陈伟强

财务部部长：蔡前

采购部部长：何进

营销部经理：萧远

国际业务部部长：毛易

生产制造部部长：盛产

物流部部长：吴流

信息中心主任：邢通

人力资源部部长：任莉

美国供应商 AE 公司国际业务部部长：麦克

国际业务部驻美国办事处主任：郑梅

总经理办公室秘书：王京

易得维软件公司项目经理：杨程

思库思管理咨询公司项目经理：李咨
思库思管理咨询公司项目助理：梁思
思库思管理咨询公司项目助理：马哲
海极威软件公司经理：洪俊

## 四、案例场景

在挖掘机产品销售量平稳的情况下，贝斯特公司的运作基本正常，但是随着销售量的迅速提高，公司出现了一些较为严重的问题。由于产品交货周期延迟，营销部面临客户的责难，甚至威胁要退货；生产制造部也是怨声载道，关键的零部件经常缺货，导致生产进度受到很大影响；物流部则很委屈，零部件种类如此之多，现有人员根本无法进行周到细致的管理，何况生产制造部需求信息的传递也并不非常及时。

陈总经理决定亲自到物流部了解情况，设法弄清问题的症结。

他看到的景象是，物流部每个管理人员都很繁忙，桌上堆放着大量单据，计算机也被利用处理表格，电话铃声此起彼伏，可以说没有任何拖沓的现象。这就难以理解了，为什么如此繁忙的工作场面却换来了糟糕的结果？陈总经理认识到，单凭手工或是半手工的管理工作方式，肯定是无法跟上快速的生产节奏了；仅仅利用计算机打印几张报表是远远不够的。看来，一场变革势在必行！但是如何变呢？财务部倒是有一个财务信息系统，那物流部怎么办呢？整个公司怎么办呢？

## 场景 1

今天是星期一，清晨的街道已显示出快节奏的城市生活，贝斯特工程机械有限公司的陈总经理正坐在匆匆赶往公司的轿车里闭目养神。最近，陈总的心情不太好，虽然公司处于快速发展的大好时机，但是一想起上星期营销部萧经理的抱怨，陈总的心里总感觉不踏实。近几年，面对国家大规模的基础设施建设，公司上下苦心经营，在小型挖掘机行业已小有名气。公司一直非常重视客户服务，赢得客户信任是公司在市场竞争中的重要优势，也是以萧经理为首的营销部建立的良好局面。然而万万没有想到，业绩一直优秀的营销部在上个星期的公司月末总结会上却无奈地阐述了他们遇到的最大问题。

在总结会上，营销部萧经理提出，3个月前公司与一批客户签了合同，计划本月底交付，但是已临近月底，却仍有一半左右的订单没有履行。客户们对此意见很大，打电话来责难算是客气的，有些客户则要求退货，有个老客户因为担心挖掘机推迟到货可能影响工程工期而向公司提出了赔偿要求，这是公司从没遇到过的窘境。"这些订单是我们营销部好不容易跑回来的，其间的辛苦你们清楚吗？请问生产制造部，究竟什么时候才能把产品生产出来？"萧经理对生产制造部盛部长的语气已是颇不友好。

这时大家的目光都集中在了盛部长身上。没想到，盛部长居然也是一肚子火。"还说呢，这个月要求完成的订单数量竟然比上个月多出1倍，你们知道公司的最大生产能力吗？那么多的订单，也能按平时生产期限答应客户3个月交货？你们应该根据公司的产能，延长一些订单的交货时间。"盛部长毫不示弱地向萧经理回击。萧经理的火也开始冒起来了："可你们这个月的产量还不如上个月，你们究竟在干什么？"一时间气氛紧张了起来，陈总不得不插话："你们两个不要太激动，冷静一下，好好找找原因。"

盛部长喝了口水，缓和了一下口气继续说："如果仅仅是订单数量大点也就罢了，我们加班加点就是了，最多不过是不睡觉，可关键零部件总是缺货，我们眼看着订单堆得老高，却只能干坐着等待，什么也不能干。完不成任务，这个月的奖金也要扣减，部里的同事们都来跟我闹过好几回了。"

发现问题的源头了，陈总把疑惑的目光投向采购部的何部长。何部长年纪略大，从事采购工作已有很多年了，经验非常丰富，与供应商的沟通也很有一套，为此陈总费了不少劲把他从别的企业挖了过来。何部长也确实没有让陈总失望，他负责采购部的工作以来，不但提高了采购产品的质量，而且价格还有所下降，各部门对采购部都非常满意。"难道他也会出问题？"陈总的心中不禁犯起了嘀咕。何部长一听盛部长直接提出了零部件供应问题，只得向大家做说明："这个事情盛部长都找我谈了三四次了，我们也很着急，可是我们也没有办法啊。"何部长做了个无可奈何的手势，继续说道："3 个月前，生产制造部提出的零部件需求量远大于我们向美国 AE 公司预先商谈的数量，让我们措手不及。大家很清楚，我们同行业这么多的竞争企业大多向美国的那几家供应商采购，尤其是发动机采购目标更集中。我向对方国际业务部的麦克部长提出过增加订货量的问题，没想到他说这几个月的订单太多，尤其是中国客户的订单数量增加得厉害，他们只能重点满足重要客户了。我们公司虽然和他们有比较长时间的业务往来，可是我们的采购量太小，麦克部长答应不减少我们的供应量就已经很不错了。"这几个月基础设施方面的新闻报道很多，订单突飞猛进，大家心中有数，对于何部长的解释，每个人都不禁点了点头。

可陈总发现其中存在一个重要问题。他向盛部长问道："既然美国方面没有减少我们的部件供应，那我们的产量至少应该与上个月持平啊，怎么可能会下降呢？""是啊，怎么会这样呢？"营销部萧经理也急于知道原因。盛部长挠了挠头，十分疑惑地说："可我们去原材料库领料时确实说没有零部件啊。"

这时，物流部的吴部长随即非常尴尬地表示："原材料库确实没有料了，那些部件还在美国驶往中国的货船上呢，两天前才驶离美国港口。何部长你该清楚！""什么？才走两天？"何部长不禁喊了出来。吴部长苦笑了一下，说："老何，你不要急。大家知道上个月美国西海岸的天气不太好，很多美国运往中国的货物都耽误了。我们驻美国办事处的郑主任是做库存管理出身的，应付国际物流难度大了一点，但眼下我们也没有比他更合适的人选。"听完这话，盛部长忍不住小声嘟囔了一句："可是有些国内零部件也缺料。"吴部长只得继续解释道："这个我知道。今年以来，公司采购进来的原材料数量越来越大，种类越来越多，我们的人手又那么少，怎么能完全顾得过来呢？"听到这里陈总不禁轻轻摇了摇头。再招人就能解决问题吗？好像招人不是解决问题之根本。话说到这里，大家都感到有点失望，同时也略松了一口气。毕竟问题不是出在自己身上，这些问题的出现是不可避免的，大家都没有责任。

看到大家的反应，陈总不禁皱了一下眉头。确实大家都没有错，但是公司业绩下降是事实，而且影响每个人的切身利益，怎么能认为只要自己部门不犯错就行了呢。虽然这么想，但是这话陈总却不好明说。于是他转过头问旁边财务部的蔡部长："老蔡，我们这个月的财务状况怎么样？"蔡部长摇摇头说："不太好，比上个月要差 10%。"蔡部长话音刚落，会议室里立刻一片沉寂，再没有人说话。月末总结会就在这样的气氛中结束了。

一想到会议结束时的沉闷，坐在车里的陈总心中就觉得很有些压抑。这时手机响了，陈总一看，是秘书小王打来的。"小王，什么事？"陈总漫不经心地问。"陈总您快到物流部看看吧，生产制造部的几个人在物流部闹事呢！"小王的口气很急。"什么？他们为什么闹？盛部长和吴部长呢？"陈总听了后很吃惊。小王回答说："还不是因为缺料影响生产，生产制造部的奖金受影响了。盛部长和吴部长我都通知过了，他们正在赶过来。"陈总心想，还好，幸亏心理有所准备，于是对小王说："好的，我知道了，我这就过去。"陈总吩咐司机，"先不去办公楼了，直接去物流部！"

**讨论：**

贝斯特公司部门之间的协调出现问题，主要原因是什么？请从公司竞争环境变化以及内部管理的角度加以分析。

## 场景2

还没走进物流部的大门，陈总就听到一阵争执声。他三步并作两步，急匆匆地走到物流部办公楼里，这才发现里面人很多，除了物流部和生产制造部的人以外，居然还有一些其他部门的人来看热闹。看到这些人，陈总不禁有点生气："都挤在这里干什么？几点了？都回去上班！"其他部门的人一看是陈总来了，立刻散开，争吵双方也一下子安静下来，都把目光集中在陈总身上。陈总对今天的事情非常恼怒，他很清楚事情的前因后果，但是却不好明说。按规定扣奖金吧，这个事情的出现生产制造部没有责任，大家肯定不满；不扣奖金吧，与制度冲突，而且还会给以后开一个很不好的先例，如果再出现类似情况，大家肯定会相互指责，而不设法全力解决问题。想到这里，陈总不觉有些为难，一时沉默起来。恰巧这时盛部长和吴部长匆匆赶来，一看到陈总已经赶到，顾不上喘口气，就开始对各自的下属训斥起来。

盛部长非常恼火，毕竟是自己部门的人来物流部闹事的。"你们不去工位，到这里来干什么？不知道现在几点了吗？"盛部长几乎大声吼起来。一个胆大的员工毫不示弱地答道："去工位又能干什么？还不是坐着等！今天一早来领料又是缺料，大家气不过就来和他们理论。"盛部长很吃惊，一大早就缺料真没碰到过，不过现在他也只能训斥自己的属下了。"就算是这样，你们来这里就能解决问题了吗？物流部也不想这样啊。"生产制造部的员工们沉默了，他们知道这是事实，可是实在心里憋气。另一边吴部长和物流部门的员工也在演出一场好戏。吴部长对物流部的员工骂道："你们这帮家伙，是我们的工作没有做到位，影响了人家的生产。人家来找，你们听着就是了，还说什么！"那口气分明还是在埋怨盛部长的人。原材料库的管理员说道："我们只是和他们解释，表示道歉了。可他们先开口骂人。"显然，物流部的人也很不高兴。吴部长听了这话，只得狠狠地说了一句："骂你又怎么样？听着！"事情到了这一步，陈总再也不能沉默不语了。他对盛部长说："老盛，工人来领料没有错，不要训斥他们。"接着又对生产制造部的员工们说："有问题应该好好商量、沟通，问题解决不了向上级反映。大家都是一个企业的兄弟部门，荣辱与共，怎么能这样相互攻击呢？"生产制造部的员工们都低头不语。陈总又转向吴部长："老吴，不能这样意气用事啊。工作有不足，大家应该齐心想着解决问题，等不是办法啊。"不等吴部长回答，陈总又对物流部的员工们说："大家的工作都很辛苦，时间不早了，都早点上班吧。"说话间，又看了看生产制造部的人。员工们都点点头，各自返回自己的部门和工位。陈总沉下脸，对两个主管说道："你们两个去我办公室！"

陈总的办公室在公司办公楼的顶层，宽大而舒适，只是今天房间里的气氛让人压抑。陈总看着沙发上坐着的两位部长说："老盛、老吴，你们都干了这么多年了，公司的运行一直不错，这次为什么会突然出现这么多问题呢？"陈总并没有向他们两个人兴师问罪，而是好像在求教似的。盛部长和吴部长愣了一下，相互看了一眼，吴部长首先开口："陈总，公司从年初开始产品线非常忙碌，所需原材料的种类也大大增加，我们足有近2 000多种零部件。为了保证供应和竞争的需要，每种零部件都有 5 个甚至更多供应商，供应商总数超过 10 000 个。公司现在的产品品种虽然总体上比较稳定，但还是属于多品种、小批量，每种零部件的需求量都很小，难以形成经济订货批量。"说到这里，吴部长看了盛部长一眼，解释道："我不是说这种生产方式不好，这种生产方式是企业必须采用的，而且也非常正确。但是这样一来，在任何一个供应商看来我们都是一个小客户，他们并不愿意对我们提供优惠和服务。我们部门也只有 8 个人，每天都穷于应付，实在是很难，生产制造部的生产计划如果再发生变化，我们就更难应对了。"

盛部长接着吴部长的话继续说："公司今年年初以来，订单持续增加，我们时常感觉各方面捉襟见肘，各个部门很难紧密衔接，出问题可能是迟早的事，我以前也向你汇报过这些情况。"盛部长看着陈总，陈总突然想起两个月前盛部长和自己说过公司运作中的问题，还重点提了管理信息化的问题。只是当时改制正在关键时期，公司的业绩又不断向好，自己就没有太在意。想到此，他向盛部长问道："你觉得实现信息化能解决我们当前的问题吗？"盛部长谨慎地解释说："实现信息化，采用管理信息系统对企业的资源进行统一管理与调度，可以使企业运作更为顺畅，应该可以解决我们当前遇到的问题。但是好像不容易掌握，而且也并不便宜。"陈总点点头，现在公司出了这些事情，该好好想一想下一步公司该怎么走了。当前必须要解决的是上个月的奖金问题，陈总心里想。于是，他向两个手下问道："企业信息化的事情，我再考虑一下。对于上个月的奖金问题，你们有什么意见吗？"盛部长和吴部长都知道肯定会问到这个问题的，这关系到自己部门所有人的利益，作为部门领导，他们有责任和义务帮大家争取利益，可是偏偏出了这样的事情，照发奖金吧，又觉得有点说不过去。一时两个人都没有说话，办公室一下子安静了下来。

正当陈总颇觉尴尬之时，突然有人敲门。于是，陈总喊了声："请进！"应声而入的是采购部的何部长。"陈总，你们正商量事情呀。我就说两句话，说完就走。"何部长感觉气氛不太对，早上两个部门间发生的事情他也听说了。陈总却不给他溜走的机会，向他说道："老何，你来得正好，早上的事情你都听说了吧？"何部长只得点点头。"那好，这个事情如何解决，你说说自己的看法。"陈总提出了一个令何部长非常为难的要求。何部长一时觉得很尴尬。减少生产制造部的奖金？他们没有做错什么啊，是公司没有给他们提供条件。减少物流部门的奖金？全公司现在都公认最辛苦的部门就是物流部，这样做恐怕也不合适，而且物流部的工作没有做好与采购部也有千丝万缕的联系。可是这个月的业绩毕竟下降了 10%，像前一个月一样照发奖金，也是说不过去的。看到大家的目光都集中在自己身上，他想了想说："我们先不论早上的事情，在行业形势一片大好的情况下，这个月的业绩下降这么多，必须要有个说法。"何部长略一停顿，"这次出的问题不是哪个部门的事情，牵涉到各个部门，我认为奖金都要扣，包括我自己的采购部门，但额度可以稍少一些。"听到何部长这样回答，盛部长和吴部长也都痛快地表示本部门也愿意扣部分奖金。

事情似乎解决了。陈总想了想，补充道："这样处理倒也合适，但是今天上午的事情，生产制造部的部分员工出现问题不向上级反映，反而聚众闹事。而物流部的员工，服务不到位，态度不好。两个部门中今天参与闹事的员工都按照公司有关规定予以处理，你们有什么意见没有？""没有意见！"盛部长和吴部长异口同声地说。

何部长看到问题解决了，便抓紧时间说自己的事情："陈总，美国 AE 公司国际业务部的麦克部长刚才给我打电话，说这个月的发动机可能不能供应我们 52 台，要减少到 36 台了。我们这个月的生产计划可能又要有所调整了。"

"真是怕什么来什么!"陈总在心里暗想,但是却也不好说什么,不过对此他心里倒是有所准备的。"好了,我知道了,你们先去忙吧,让我想一想。"陈总挥了挥手,3个人便悄悄退了出去。

**讨论:**

1. 公司的运作成功需要各个部门的通力合作,如何确保各部门之间的有效协调?
2. 仓库管理中手工作业的困难是什么?哪些基本职能应该设法完善?
3. 你觉得陈总对奖金的处理方式正确吗?

## 场景3

3位主管一走,陈总便打开了计算机。邮箱中已经收到了好几个部门的报告,有些是以附件形式发送的,有些则是直接写的数据。陈总仔细看了一会,脸色越来越难看,突然用力一拍桌子:"小王,通知各部门的主管9点钟到会议室开会!"

今天早上的事情让陈总心情沉重,看到几个部门发给他的报表,陈总更是心里难受。大家显然都感受到了陈总的不满,会议室的气氛一片凝重。陈总铁青着脸:"把大家都找来,是因为你们发给我的邮件。各位都看看这些东西吧!"陈总挥了挥手上的一页纸,首先把它递给身边的财务部蔡部长。蔡部长一看纸上的内容马上明白了陈总的意思,随即他便放下心来,因为他发现财务部的汇报表现是最好的。纸张在各人的手中传了一圈以后,又回到了陈总的手上,大家心里都清楚发生了什么事情。只见纸上的内容有繁有简:财务部列的是一张表格,上面有上个月所有的相关财务数据,非常详细。相比之下,其他几个部门提供的信息非常有限。最离谱的要算物流部的出库数据了,其中居然有"发动机约40台"的记录,吴部长的脸色也有点不太好看。

"都说说吧,大家有什么想法。"陈总阴沉着脸说道。陈总的话音一落,大家便不约而同地把目光集中在吴部长身上。吴部长只得硬着头皮解释道:"上周末陈总要得急,我回去后就和物流部的同事们一起查上个月的出库记录。大家知道,仓库每天出库数量巨大,种类繁多,当时也快下班了,我们只好把一些主要的物料进行了统计。按常规,上个月的出入库报表,这个星期才开始编制,而且最快也要3天才能完成。大家应该知道,本周末是上报上月报表的截止日期,我们是打算周五上报的。这次陈总突然要数据,我们确实有点措手不及,就这还是我们几个人加了两个多小时的班才完成的呢。"听完吴部长的解释,很多人表示理解,大家纷纷点头,毕竟很多部门都是这么做的。

可是陈总对此解释并不满意,"有些小件使用量大,数据不准确也可以理解,但是发动机这样的大件,出库数量也少,怎么还能出现不准确的统计数呢?""事情不是您想的那样,"吴部长解释道,"这只是账面盘点,并不是实盘,所以各种部件的统计难度基本相同,从大量的出入库数据中把某个产品的发生数提取出来,不能产生遗漏,账本太厚,速度太慢,而且只有一个账本,一次只能一个人统计,效率实在太低。其实这个问题也是很好解决的,只要所有的数据用计算机记录就可以了,比如Excel软件就可以解决此类问题,当然最好配备管理信息系统,除了及时获取陈总需要的信息以外,还可以满足更多管理需求,可惜我们部门没有配备管理信息系统。"听到吴部长提及管理信息系统,陈总不禁皱了皱眉头。这个问题他不是没有考虑过,只是他对这方面投入后的产出抱怀疑态度,而且觉得时机也不是很合适,因此一直没有下决心。陈总在MBA的课堂上曾经接触过管理信息系统的内容,通过和其他企业领导的交流有了更多的了解。他明白一个小公司,管理不规范时是不适合建设管理信息系统的。公司才创立几年，事情繁杂，他总觉得企业还没有到全面建设管理信息系统的时机，因此他对企业信息化建设方面的考虑并不是太多。这时，财务部蔡部长插话道："财务部有一套金蝶公司的财务管理信息系统，因此信息的获取还是很快的，而且也比较准确。可惜就是输入量比较大，有点麻烦，而且也主要是用于会计账务处理，更高级的功能还实现不了。另外，设计部门也利用计算机完成产品设计。"财务部使用的信息系统效果还不错，这是大家有目共睹的，毕竟各个部门都和财务部有着相当密切的往来。

"好了，这个事情以后再说。"陈总看到此事再讨论下去也不会有什么结果，于是便换了一个话题。"刚才何部长说这个月美国方面的发动机供应要减少到 36 台，大家把刚刚完成的生产计划再重新调整一下吧。"陈总说完，他意料中的剧烈反应发生了。"重新制订生产计划?!"生产部的盛部长眼都圆了："计划的制订需要好几天呢，现在已经是月初了，这几天的生产怎么办? 按什么计划执行呢?"盛部长的不满可以理解，毕竟陈总也是从生产制造部上来的。他建议说："你们几个领导多盯一下，有什么问题马上现场解决。同时督促计划科的人抓紧时间把计划重新制订一下，尤其是月初的要快一点制订。大家都辛苦一下，加加班吧。"陈总这样说，盛部长也没有办法。但是陈总的话音刚落，营销部的萧经理却按捺不住："生产计划调整了，那我们答应提供给客户的产品岂不是不能按时交货了? 我们和客户签订的合同怎么办?"萧经理说完后，其他几个原本也在小声抱怨的人不再说话了，毕竟他们的问题和盛部长类似，最为难的还是营销部。陈总很清楚萧经理话的分量，但事情已经到了这样的地步，路只有这一条，也没有其他更理想的应对之策了。陈总保持沉默，大家也不再说话，萧经理明白只能对客户违约了，情绪更是低落。一时间，整个会议室的气氛比会议刚开始时更加压抑了。

陈总第一次切实感受到了决策时没有准确信息的痛苦，"也许这就是管理信息系统的价值吧。"陈总陷入了沉思。"我想公司可能是到了建设管理信息系统的时候了。"陈总缓缓地对大家说道。会议室里非常安静，每个人都流露出一种期待的眼神。

**讨论：**

1. 管理信息系统对于管理决策的意义有哪些?

2. 管理信息系统对于公司经营中应对变化的能力所起的作用有哪些?

3. 管理信息系统对于公司与客户及时沟通可能起到什么作用?

4. 从案例中的描述分析，你认为如果要解决贝斯特公司的问题，覆盖公司整体的信息系统应该具有哪些功能?

5. 财务部门和设计部门是贝斯特公司信息化建设起步最早的两个部门。你认为这两个部门的计算机应用是否有不同之处? 如果有不同，区别在何处?

## 场景 4

虽说上次会议提出了要进行管理信息系统建设的想法，但是，陈总仍然对管理信息系统是否能够真正解决公司面临的问题没有把握。陈总对于信息化建设是有一些认识的，在 MBA 的课堂上，他了解了管理信息系统的逻辑，更清楚它实施的难度和高成本。毕竟没有真正经历过管理信息系统的建设工作，陈总心中还是有很多疑惑。

正在这时，何部长推门走进办公室，说道："陈总，美国 AE 公司国际业务部的麦克部长刚才打电话给我，说这个月上旬是 AE 公司的百年庆典，邀请我们参加。他还说上个月没有满足我们的订单要求，他感觉很不好意思，向我们表示歉意呢。"陈总犹豫了一下，"公司现在这种情况，我出国合适吗?"何部长清楚陈总的顾虑，动员道："陈总，AE 公司是世界知名企业，有百年历史，很多地方我们需要向他们学习，而且 AE 公司是我们重要的供应商，他们供应的零部件我们并没有替代供应商。国内的很多竞争对手都和我们一样，想与他们搞好长期合作。另外，AE 公司管理信息系统的使用在行业中很有名。他们的产品种类远多于我们，供应商更是如此，而且他们还有单件生产存在，但公司运行非常理想，这其中管理信息系统起了很大作用。我们既然也打算建设管理信息系统，正好可以向他们取取经啊。"陈总点点头道："我知道你的意思。你回复他们吧，就说我一定按时参加，我还希望能够参观他们的工厂。"

几天后，在中国飞往大洋彼岸的飞机上，陈总和国际业务部的毛部长坐在一起。看着舷窗外的蓝白色彩，陈总不禁想起了那天生产制造部与物流部之间发生摩擦，开完部门主管会议以后发生的事情。

中午 12 点到公司食堂吃午饭时，陈总又顺便走进物流部，他总想把存在的问题搞清楚。虽然已经是午休时间，物流部却一点也没有吃饭午休的样子。物流部的每个员工仍在忙碌，桌上堆放着大量单据，计算机也在被利用着处理报表，电话铃声此起彼伏，吴部长来回穿梭，可以说没有任何拖沓的现象。从两个月前开始，物流部就经常加班，中午他们总是最后一批到食堂吃饭。看来他们今天又要吃冷饭了，对此陈总心里不禁一阵感动。但是，为什么如此积极的工作场面却换来了糟糕的结果呢？陈总在感动之余反复问自己，难道上午会上所说的管理信息系统建设真的是解决问题的最有效途径吗？

物流部工作场面的触动，几次有关管理信息系统建设的对话和思考，使坐在飞机上陷入沉思的陈总认识到，单凭手工或是半手工的管理工作方式，肯定是无法跟上快速的生产节奏了，仅仅利用计算机打印几张报表也是远远不够的。他预感到，一场变革可能就要来临，他也逐渐明白吴部长及其他主管推崇管理信息系统的原因了。不过，他仍然对管理信息系统的建设能否获得成功，是否能够真正解决公司面临的问题存在疑虑。

面对国际业务部的毛部长，陈总突然来了兴致："老毛，不要睡觉了。你接触的企业多，我问你，你觉得我们公司上管理信息系统系统可行吗？""什么？管理信息系统？陈总，您是说真的，还是在开玩笑？"毛部长突然来了精神，"我们盼这东西已有很长时间了。"陈总对毛部长的反应很吃惊："有想法你们为什么不早点和我说？信息系统这东西和你们的关系紧密吗？我怎么觉得它主要与生产制造有关呢？"毛部长略思片刻，滔滔不绝地讲了起来："陈总，您有所不知，我们在和供应商以及客户打交道时发现有很多企业在使用管理信息系统，而且效果非常不错。至于为什么没有跟您提，主要有两方面的原因。第一，管理信息系统是辅助企业管理的先进手段，它能实现业务流程的有效管理、信息的及时获取和高度共享，但只有在规范化的管理环境中才能充分发挥作用。贝斯特公司规模小，很多业务流程和管理制度都不规范，在这种情况下建设管理信息系统不太现实。第二，管理信息系统只有在对企业资源进行全面管理并实现信息高度共享的情况下才能取得最优成效，因此需要全面规划。当然，可以在生产制造部、物流部和采购部等部门率先实施。国际业务部的人员经常在异国处理事务，只有在公司营销部、采购部、财务部等部门实施管理信息系统，并能通过互联网访问管理信息系统，获取信息、实现业务处理后，国际业务部的信息化建设才能真正体现应有的价值，并能为贝斯特公司的发展贡献更多的力量。基于以上两点，我们感觉公司建设管理信息系统，特别是让国际业务部使用管理信息系统的时机还没有到来，因此一直没有向您提及。今天，您提出这样一个令人兴奋的问题，表明领导重视并具有远见，可以通过规范业务流程和管理制度等工作为公司实施信息化积极创造条件，并加快公司开发和使用管理信息系统的步伐。"

陈总在毛部长激动的话语中感受到了知识、认识以及管理信息系统的价值，觉得应该深入交谈一下。陈总说："你说我有远见，言过其实了。最近，你出差在外，不了解公司生产遇到的困难。面对出现的问题，公司的部门主管们提出了信息化建设的想法，我在犹豫和疑惑中多方求教。关于管理信息系统，以前我在 MBA 课堂上也学习过，但总觉得我们公司一时用不上，也就没有在意。你说管理信息系统的发展要和互联网连接，那不是电子商务吗？"陈总继续问道。毛部长犹豫了一下说："是电子商务，但深层次的理论我不太清楚。不过，我知道，企业内部管理信息系统的进一步发展是要和互联网相连接的。企业和供应商、客户形成供应链，通过互联网实现信息共享，完成商务处理，可以共同提高效率，降低成本。客户采购我们的产品时可以通过网络下载订单，填完后直接传给营销部，公司通过内部管理信息系统完成订单的生产和管理，并及时将产品交付给客户，公司通过与客户建立的网上联系以及客户跟踪过程可以有效实现客户服务和客户关系管理。至于何部长的采购工作，通过基于网络的电子商务也会开展得更好。陈总，我这是在畅想美好的未来。"陈总听得很认真。"真的那么神奇而高效吗？希望这个美好的未来早日实现。"陈总不禁有点兴奋起来。

沉默了一会，陈总突然问道："电子商务问题公司暂且不考虑，还是现实点，琢磨一下公司内部的管理信息系统该怎么建设吧。老毛，关于这个问题，你还有什么高见吗？"毛部长愣了一下，显然，这个问题有点不太好回答。"陈总，我也了解得不多。据我所知，"毛部长缓缓地说，"管理信息系统建设有两种方式，购买较为成熟的商品化软件和针对企业的定制开发，目前，采用前一种方式的企业比较多。不管采用哪种方式，管理信息系统建设都是一个较为复杂和长期的过程。我所了解的供应商和客户中，有的企业取得了成功；有的企业投入了大量的资金开发管理信息系统，却以失败而告终；有的企业面向所有部门实施管理信息系统，却只有少数部门投入使用；不同的企业即使购买同一套管理信息系统，实施效果也不一样，甚至有的成功有的失败。"听到这里，陈总感觉管理信息系统的建设很有必要，但困难不小，疑惑很多。

"管理信息系统与计算机等硬件设备是什么关系？管理信息系统建设的效果怎么会有这么大的差别？不同企业实施同一套管理信息系统，效果还不相同？贝斯特公司的管理信息系统建设怎样才能取得成功并且效果理想？公司需要花费多少费用？需要多长时间才能完成？在人员的配备上，公司人员的素质具备吗？"面对陈总的一连串问题，毛部长感觉力不从心，难以回答。"对不起，陈总。我也是门外汉，管理信息系统建设的深层次问题，我无法回答。明天通过参观美国 AE 公司可以深入了解和咨询，回国后还可以请教管理信息系统专家，另外，蔡部长他们使用了金蝶的财务管理系统，应该也有体会。我想，通过多方考察和咨询，我们会积累管理信息系统建设的知识和能力的。陈总，您说呢？"陈总听完话后点点头。看着窗外广阔无垠的大海，陈总似乎还在思考着这些暂时很难有答案的问题。

**讨论：**

1. 物流部业务繁忙，但是其效率仍然不能令其他部门满意，你认为根本原因是什么？

2. 实施管理信息系统时，对公司有什么要求？

3. 通过案例的阐述，你认为管理信息系统的实施会对公司带来什么影响？

4. 对企业而言，管理信息系统的实施意义重大，但是仍有不少企业没有实施管理信息系统，你怎么看？

5. 管理信息系统的实施范围不同，你认为单个部门实施和公司全面实施的区别在哪里？试从实施的难度和效果两方面讨论。

6. 管理信息系统的实施耗费较大，但是贝斯特公司的财务部在实施时花费少，而且实施过程并不困难，你认为有何特殊性？

7. 陈总担心贝斯特公司和AE公司的管理信息系统建设有所不同，你认为呢？如果不同，区别会在哪些方面？

8. 陈总在飞机上考虑的那些问题，你怎么看？请简述你的理由。

## 场景5

经过10个多小时的飞行，飞机终于在美国着陆了。不顾时差的干扰，第二天陈总一行便来到了AE公司参观。见到老朋友，麦克格外高兴："陈，欢迎你们前来参观。"宾主落座稍事寒暄后，陈总便开始询问麦克有关管理信息系统建设的问题了："麦克，你们公司的规模庞大，产品种类众多，零配件无数。我想知道，贵公司是如何解决可能存在的缺料问题的？""这个问题啊，我们有秘密武器。"麦克开玩笑说。"是管理信息系统吗？"陈总直截了当地问。"是的。我们用的是SAP公司的企业资源计划（ERP）系统，是一个非常优秀的管理信息系统。它实现了公司所有业务流程的管理，各个部门的信息高度共享，所有的数据都由这个ERP系统来处理。"麦克继续说道："另外，我们的一些主要供应商也使用相同或类似的软件，这样我们就可以通过网络将我们的订单在最短的时间内通知供应商，他们可以按照我们的要求及时编制生产计划。"这听起来好像与我们公司的运营过程没有什么太大的差别，陈总心里想。"最短的时间是多久呢？"陈总继续问道。麦克很简短地回答说："即时。对方编制生产计划也是一样的。"陈总很吃惊，"那不就和一个企业差不多了吗？"麦克很自豪地回答说："是啊，这就是供应链管理，我们可以说是一个虚拟的企业。"陈总非常感兴趣，提出道："我们能参观一下你们的那个ERP系统吗？""当然可以！"麦克很爽快地答应了。

"附近就是我们的生产部门，我们就先去那儿看看吧。"麦克说道。AE公司的生产车间整洁无尘，也没有典型生产车间的巨大噪声，视野所及的工人并不多，很多工作都是由机械手自动完成的。"果然先进无比！"陈总暗自赞叹道。麦克进一步解释道："这些都是表象，真正指挥他们运行的是管理信息系统，也就是ERP系统。"麦克熟练地打开ERP系统。"看，陈，这就是我们ERP系统的运行界面。"麦克向陈总招呼道："这是订单数据，是由销售部门提供的，公司所有的业务都是由订单驱动的。"麦克指着一个计算机界面继续介绍道："由于数据集中存放，公司所有相关部门都可以直接读取。根据订单数据，系统会自动生成生产计划，就像这个页面显示的。"麦克又打开了另一个页面，上面用图形方式显示了生产计划。"生产计划排定以后，就可以确定具体的物料需求数据，从而制订采购计划，到货后物流部门就可以按照所需物料及时送到各个工位。如果有紧急情况需要调整，也可以立即调整生产计划并给出相应的物料需求。""立即调整？那物流部门不存在缺料现象吗？"陈总想起了自己公司的情况，于是向麦克问道。"这种情况几乎不会出现。我们再到物流部门看一下吧。"麦克很有信心。贝斯特公司前几个月接受过一次紧急订单，生产制造部的员工花了3天时间才重新编排了生产计划，采购部和物流部也疲于应付。对照AE公司，陈总心里禁不住羡慕管理信息系统的强大功能。

AE公司的物流部是一个高层货架仓库，有近30米高。物流部中的员工也很少，大多是自动化的设备，从入库的托辊输送机、自动导向小车、自动条码扫描系统到出入库堆垛机一应俱全。麦克很自豪："陈，这是我们去年才投入使用的一个物流部，它有20万个货位，大概能处理我们公司所需物料的80%，也可为附近的企业提供服务。"麦克指着物流部的ERP系统说："这就是物流部的ERP系统，获得生产部门的物料需求计划以后，确定采购计划，供应商按时将物料送到物流部，物流部按具体需求将物料送至工位。当然，有些物料也可根据物流部的要求，由供应商直接送至工位。"计算机屏幕显示的库存数据在不断变化。对于麦克的介绍，陈总他们很是满意。参观结束，他们又回到了办公室。

"怎么样？还有什么问题吗？"麦克友好地问道。"我有个疑问，"陈总说："我觉得你们公司的ERP系统是一个计算机软件，听说实施起来很困难，风险很大，对此我不太理解。""不，陈，你只看到了外在，并没有看到ERP系统的本质。"麦克解释道："管理信息系统是由计算机硬件、软件、数据和人组成的，任何一方出了问题，都会导致ERP系统实施的失败。ERP系统绝对不仅仅是一个计算机软件，它更多地是一个管理系统。"麦克继续说道："我们公司，还有其他一些公司，在实施ERP系统时遇到的问题绝大多数是管理问题和人的问题。对企业来说ERP系统的实施是一场革命。"陈总缓缓点头，表示他已经理解了。没想到，麦克却爽朗地笑了起来："陈，你并不真正理解。管理信息系统建设的很多感悟是要依靠在实践中的不断碰壁而慢慢体会到的。当然外聘管理信息系统专家会好一些，可以少走些弯路。我们公司在使用ERP系统前，有一些管理信息系统使用的经验，但是我们的ERP系统建设还是花了两年时间、9000多万美元，很不容易。陈，你们公司如要实施管理信息系统，应该有足够的心理准备啊。不过，ERP系统的使用时间越长，带来的效益越明显，因此，其投资是非常值得的。"陈总说道："谢谢你，麦克，我们会权衡的。"

离开麦克的办公室，陈总心里五味杂陈。他一方面羡慕AE公司出色的管理水平和辉煌的历史，另一方面则是对自己公司物流管理水平的担忧，尤其是麦克的最后一句话更令他紧张不已。他开始担心，"我们公司没有信息化建设经验的积累，能不能取得理想的实施效果呢？"陈总的内心依然比较沉重。

第二天，在AE公司的百年庆典上，公司领导人非常系统地介绍了AE的发展过程。陈总发现早期的AE公司与贝斯特公司有许多相似之处。"我们也会发展成像AE公司这样的伟大企业。我决定，我们公司也要上管理信息系统，就从物流部着手，我该回去履行职责了。"陈总心里想。

**讨论：**

1. 管理信息系统在企业实施过程中会遇到哪些困难？
2. 管理信息系统与计算机软件有什么区别？
3. 管理信息系统的实施是不是对企业也提出了要求？如果有，可能包括哪些方面？
4. 贝斯特公司如果进行管理信息系统建设，与AE公司的ERP建设的不同点在哪里？其困难可能是什么？
5. 麦克最后告诉陈总，管理信息系统使用越长效益越明显，为什么？系统实施后，效果会立刻显现吗？为什么随着时间的推进会显示出更好的效果。

## 场景6

飞机一着地，陈总便掏出手机打给总经理办公室秘书小王："我已经回来了，明天上午8点召集公司领导和各部门正副主管开会，会议很重要，专门研究我们公司的信息化建设问题。告诉他们，不管手头有什么事，明天上午都要来参加会议，这是关系到我们公司下一步发展的大事。"

第二天上午8点，公司会议室座无虚席。"我知道，大家心里都很好奇，这次出国考察我带回来什么？"陈总的语速比以往稍微快了一些："我带回来的东西不是什么实物，也不是产品的设计图纸，而是一种理念，一种能帮助我们公司腾飞的理念。"

"大家有所不知，这次在 AE 公司的所见所闻，给我的触动太大了。"陈总回顾着在国外的见闻，侃侃而谈："AE 是世界知名企业，有百年历史，它的基本情况在座各位都很清楚，我就不介绍了。在信息化建设方面，AE 使用 SAP 公司的 ERP 系统，它是国际知名的管理信息系统，又称'企业资源计划系统'，它实现了公司所有资源和所有业务流程的管理，各个部门的数据高度共享，所有信息都由这个 ERP 系统来处理……"陈总描绘着麦克展示的 ERP 系统的内容，并不时谈谈自己的体会。

介绍完国外的见闻，陈总转向物流部吴部长和生产部盛部长："怎么样？如果我们公司也能做到这种程度，前一段时间那些扯皮的事情还会发生吗？"

"那还用说嘛！"两人几乎同时回答。吴部长接着问道："那我们下一步就开始引入 ERP 系统吗？"

陈总轻轻笑了笑："那可不行啊。AE 公司的 ERP 系统建设花了两年时间，投入了 9 000 多万美元。我们哪有那样的财力啊！从 AE 公司获知，很多公司在引入 ERP 系统时，时间和资金都花费了不少，但大多没有取得预期的效果。我个人认为，这可能由于 ERP 系统过于复杂的缘故。目前，贝斯特是一个中小规模的公司，我看没必要上 ERP 这种大型系统吧。"

"那我们怎么向 AE 公司学习呢？"盛部长问道："不使用 ERP 系统，我们岂不是无法改变现状了吗？"陈总不急不慢地解释道："ERP 系统我们可以不上，但是信息化建设必须先起步。我这次考察的最大收获就是企业对信息的管理和运用水平直接决定了企业的经营水平。贝斯特公司的采购、生产、物流等环节各自为政，信息流通渠道极为不畅，其结果就是相互推诿，严重影响生产进度。我这个老总想要点数据都要等上好长时间，拿到手的数据还不敢肯定完全准确。AE 公司给我的启发就是贝斯特再也不能依靠手工方式进行管理了，必须充分利用现代信息技术，依靠信息技术实现公司腾飞。"

陈总的一席话触发了大家的思绪，感慨、议论，会议室气氛热烈。吴部长激动地站了起来："目前，我这个物流部最麻烦、最累，也是最容易出错的地方，让我们先搞信息化吧！"

陈总环顾四周，问大家："你们看怎么样？要不要先从老吴这里开始？"

各部门负责人纷纷点头表示同意。盛部长的嗓门最大："只要物流部搞好了，把我们需要的物料及时送到位，生产制造部绝对不会拖公司的后腿！"

"好，那就这样决定了，信息化就先从物流部开始实施。"陈总兴奋地一拍桌子，"下面，我们讨论一下该怎么着手。"

吴部长首先叫起了苦："陈总啊，我们物流部现在仅有几台计算机，懂计算机应用的人也少得可怜，这么几个人光干本职工作就难以完全应付了，我建议直接买软件，这样可以缩短信息化建设的时间，也减少人力花费。"

盛部长不同意了："买软件？什么样的软件适合物流部的业务？别人设计的软件不一定符合贝斯特公司的实际情况。要我说，还是量体裁衣，专门开发一套系统比较好。公司自己缺人，可以找软件公司合作嘛，到时可以随便提要求，多方便，保证做出来的软件合乎我们的想法。"

一时间，会议室里众说纷纭，有赞成购买的，也有赞成专门开发的。陈总感觉大家议论得差不多了，就开口说道："我看还是找一家软件公司为我们定制开发吧。公司以前使用的软件都是买现成的，用来用去对信息化的概念和过程还是不清楚，这次我们要利用这个机会学习、体会。把公司里比较熟悉计算机的人抽调出来，配合软件公司完成开发，这不就把自己的人培养出来了嘛。"

大家听了都纷纷点头。这时人力资源部任部长发言了："抽几个人没问题，但是系统开发完成后怎么办？还回原部门吗？公司目前可没有信息中心啊。"

陈总微微笑了笑："这个问题我早就想到了，过去我们没有信息中心，那是因为没这个需要，现在既然要搞信息化建设，肯定要设立专门的信息中心了。不要说 AE 这样的世界级大公司，就是国内的很多企业都设有信息中心。你们人力资源部马上筹划这件事情，把信息中心的组建方案报上来。另外，抽调或招聘 1~2 个懂得计算机的年轻人充实物流部，如果物流部超员，等管理信息系统建设完成并走上正轨后再全面协调。"

最后，陈总强调指出："这次的信息化建设项目关系到公司未来的发展，为了体现公司的重视，我们成立一个工作组，我担任组长，各部门领导和信息中心主任担任副组长，再需要什么人也可以补充进来。大家要群策群力，把这个信息系统开发好，为以后的信息化建设工作打下良好的基础。"

会议临近结束，物流部吴部长补充问道："那这个系统要在多长时间内完成呢？我们的物流管理工作可是迫切需要它啊。"

陈总想了想："大公司上大系统需要用两年时间，我们这么小规模的系统应该不需要多长时间。我看 5~6 个月足够了，6 个月以后如果系统试运行没问题，你们就把手工账本全甩掉，全面进入自动化！"

动员会结束了，陈总很满意。他觉得这次出国考察很有意义，公司使用信息系统的美好前景为期不远了。

**讨论：**

1. 陈总在 AE 公司重点考察了 ERP 系统，但是回国后贝斯特公司却没有采用，而是与软件公司合作进行物流管理系统的开发，这其中的原因是什么？

2. 公司着手开发的物流管理系统与 ERP 系统是什么关系？

3. 公司的职能部门众多，首先选择物流部进行信息化建设的原因是什么？为什么其他部门一致同意？

4. 外购商品化软件和定制开发的区别在哪里？公司选择定制开发的理由，你认为充分吗？

5. 定制开发管理信息系统，对企业有众多的要求，根据案例，你认为公司应该具备哪些前提条件？

6. 贝斯特公司为物流部管理信息系统的开发成立了项目工作组，其组成人员有什么特点？你认为有必要吗？在信息系统建设推进过程中，你认为项目工作组还会需要什么人？

7. 这次动员会针对公司中高层，你认为这次动员会，解决了哪些问题？

8. 陈总认为这次管理信息系统的实施时间 6 个月足够了，你认为呢？另外，公司财务部在实施财务管理信息系统时速度很快，为什么此次却如此考虑？

## 场景7

管理信息系统建设动员会结束以后，在陈总的督促下，公司信息中心迅速成立了。随后，在信息中心的操办下，贝斯特公司向几家软件公司发出了招标书。信息中心部门初创，经验不足，招标书中的需求描述不够清晰，对软件公司的要求也轻描淡写。最后，易得维软件公司中标，它的报价最低，只有 20 万元。陈总觉得，物流部一个小系统，不会有多大难度，再说开发费用只需 20 万元，即使失败了也不会有多大影响。

信息中心成立了，软件公司确定了，合同签完了，机器设备也即将到位，面对这一进度陈总很是满意，公司其他人也觉得这次信息化建设有了一个很好的开端，看来，这个项目的圆满完成是很有把握的。

合同签订后，易得维软件公司迅速派来了由项目负责人和 3 位开发人员组成的开发团队。项目负责人杨经理毕业于国内名牌大学计算机应用专业，有着多年的系统开发经验，3 位开发人员也都是软件专业科班出身，虽说工作时间不长，但在技术上都很过得硬。

陈总经理对开发团队的到来非常重视，亲自主持会议，把 4 位开发人员隆重地介绍给部门主管以及信息中心和物流部的全体员工。陈总说："信息化建设的条件都已具备，我这个老总已经把戏台搭好，戏演得怎么样就看大家的了。下面请杨经理讲讲具体要求，凡是需要公司配合的一定要尽全力配合好。"

杨经理站了起来，打开 PPT 开始向众人讲解："任何一个管理信息系统的开发都要遵循某种方法，我们采用的是生命周期法。具体地说，就是把整个系统的开发分为系统规划、系统分析、系统设计、系统实施以及系统维护与评价 5 个阶段。每个阶段都有它明确的任务，我们只要按照这个步骤，并把每一步该做的事情做好，最终就可以得到大家所期望的管理信息系统了。"

"原来软件开发就是这么个过程啊，我还以为有多复杂呢。"吴部长松了口气，接着问道："那每一个阶段都干些什么事呢？需要我们配合吗？"

杨经理解释道："是这样的。首先是要协助我们进行业务调研，弄清需求，再结合贵公司的战略目标做好系统规划。所谓系统规划也可以理解为系统要达到的目标，以及为了实现这个目标需要花费的时间、投入的人力和财力。这个规划必须要得到贵公司高层领导的同意，然后才能继续往下进行系统分析。在系统分析阶段，我们同样需要贵公司的紧密配合，从组织机构、业务流程、数据流程等方面进行详细调查，从而制定出初步的逻辑方案。系统分析完成后，接着的系统设计和系统实施工作基本上由我们来完成，当然我们也会把设计模型提供给最终用户，听取他们的意见，以便进一步帮助我们修改。系统开发初步完成后投入试用，最终正式使用。系统正式使用以后，我们还会提供技术支持，确保系统的平稳运行。"

这时，陈总在一旁插话道："时间上没问题吧？6 个月以后我们的物流部能把手工账本甩开，实现自动化吗？"

杨经理稍微思考了一下，回答说："只要有关部门大力配合，我们保证完成任务，不会拖后腿的。何况我们有合同在先，万一完不成任务，陈总尽管扣钱好了。"

"好，你这么说我就放心了，"陈总很高兴，"那以后你们就多和信息中心邢主任联系，这个项目由他具体负责。杨经理，需要配合的地方尽管说，我平时工作忙，以后的事情就靠你们多费心了。"

杨经理还有一些要求公司配合的话要说，不过看着陈总高兴的样子，又把话咽了回去。这次管理信息系统建设前的全体会议就这样结束了。

**讨论：**

1. 在招标过程中，贝斯特公司存在什么样的问题？

2. 公司与软件公司签订合同后，为项目的实施做了大量的准备工作，如成立信息中心、购买了大量的设备等，对公司的这些前期工作你如何评价？

3. 软件公司的杨经理决定对贝斯特公司物流部的关联信息系统开发采用生命周期法，你认为合适吗？如果采用原型法会有什么不同？

4. 杨经理有话想说，你认为会是什么内容？这会对后续工作带来什么影响？

5. 陈总说"要甩开账本，实现自动化"。你认为自动化和信息化是一个概念吗？

## 场景8

调研工作在贝斯特公司的几个相关部门如期进行。信息中心与易得维软件公司开发人员组成两个调研小组，分别召集相关业务人员，采用座谈、填表等方式进行调研。物流部吴部长认为，今后这个系统主要由物流部业务人员使用，因此没有提出多少想法，直接把调研小组推到了业务人员面前。物流部下设审批科、仓库科、核算科、统计科4个科室，业务人员各管一摊，提出的需求和想法中，出现了一些意见分歧。基于信息系统的视角审视业务流程，发现现行手工系统的业务流程在细节上存在一定问题，如物流部审批环节显得烦琐，统计、核算工作分工过细等，需要理顺和变革，进而需变革物流部组织结构，实行简化和归并。吴部长不太关心业务员之间的分歧，建议业务人员和调研小组协商确定，至于业务流程等方面的管理变革则没有同意。他认为，手工工作方式时，无非效率低一些，但没什么原则上的错误，开发一套管理信息系统，反而要求物流部门实施管理变革，牵涉权力和利益的再分配，没有必要，再说也耽误时间，影响进度。

面对吴部长的意见，信息中心很是无奈，软件开发人员也觉得不用太较真，反正系统的最终用户是物流部，他们提什么要求开发人员照办就是了，无非是多写点程序而已。

在没有什么激烈研讨的平淡之中，调研工作告一段落。系统分析和设计工作在调研基础上逐步展开，1个月之后也基本结束。程序设计正式开始，由于杨经理同时负责两个系统，因此把程序开发任务交给了软件工程师，自己去了另一家签约企业。

程序设计工作按计划进行。由于管理信息系统的功能需求仅由基层使用者提出，出现意见分歧时主管领导又很少协调，因此，业务流程不合理、系统功能间存在矛盾等问题在程序开发过程中不可避免地出现了，程序设计难以继续进行，返工现象频发。程序设计遇到了困难，无法确定下一步走向，需重新与有关业务人员讨论公司管理存在的问题，寻求科学、合理的解决办法，以使程序结构清晰、程序功能明确，在整个管理信息系统中没有矛盾功能、多重管理功能和不合理的迂回流程出现。令人为难的是，程序设计遇到困难需要折回研讨时，业务人员、信息中心等没有权威性，部门主管固执己见，公司领导也不了解情况，导致大量工作一拖再拖，受时间限制最后也只能不了了之。因没有获得正确意见时的迁就、因无法获得一致意见时的妥协导致编写完成的程序不理想，一些功能不断被修改、增加，与系统分析和设计阶段相比，功能结构也发生了较大变化。

程序开发过程艰辛而劳累，在经历了3个月的辛劳之后，程序设计和系统调试任务终于完成了。为了能在预定时间确保管理信息系统投入运行，物流部开始了全面的准备工作。

计算机应用能力的培训是首要任务。除新进入物流部的2名年轻人外，其余业务人员面对全新的计算机、全新的软件，束手无策。两位工程师不厌其烦地展开培训，先熟悉计算机，再熟悉操作系统，接着培训微软的办公软件，最后重点讲授信息系统的具体操作。业务人员的学习积极性都很高，培训工作在较短的时间内完成了。

5个多月很快过去了，物流部基本适应了信息系统的功能，陈总经理开始询问管理信息系统的建设进度。面对老总的压力，吴部长决定下个月系统试运行，本月底系统数据初始化，以月底的库存数据为基准，全面运行管理信息系统。

在吴部长的要求下，业务人员开始准备和录入数据。数据量大大，2 000多种零部件、

10 000多家供应商，还有一些辅助数据，再加上日常的出入库工作不能受影响，因此业务人员忙碌不堪，叫苦不迭。无奈之下，信息中心的员工也加入了物流部数据录入的行列，两个部门一起加班加点工作。

自物流部管理信息系统开始运行起，陈总经理专门起草文件通知各部门，要求各部门积极配合物流部的工作。在系统运行两周后的星期一上午，陈总一早就来到公司并准备去物流部亲自体验管理信息系统的运行情况。

走在去往物流部的路上，陈总想，最近这半年，公司的运营真是太艰难了，我这个老总就像消防队员一样，到处调解纠纷、协调生产，主要原因还不是因为信息不畅，现在物流部率先走上了信息化道路，接下来就是向全公司扩展了，行业竞争这么厉害，公司再停留在目前的管理水平上，前景堪忧啊。

接近物流部大楼时，陈总听到了一阵吵闹声，好像是生产制造部的领料员和物流部发货员在争吵，发货员似乎不同意给领料员发货。

"怎么回事？"陈总问道："又出什么问题了？"

领料员一看到陈总，连忙诉苦："我们车间急用零件，可他们说仓库里没有货，要再等几天才能到货。问他们具体要等多长时间，他们竟然说不知道。这生产可耽误不起啊。"发货员很尴尬，说道："陈总，仓库里实在是没有货。这个月采购部询问F1024的托轮有多少，我们说有64个，他们说够了。前天生产制造部二车间已经把托轮全部领走了，今天他们一车间又要领托轮36个，哪儿还有啊？我刚给采购部打完电话，他们说已经下了紧急订单，但要过几天才能到货，具体时间采购部都拿不准，我们怎么能知道呢？"

陈总很吃惊："这是为什么？以前怎么就没有听说过这类事情呢？"发货员回答说："以前，采购部因物流部提供的库存数据不够准确，也考虑意外情况，往往以库存数据为参考，根据经验确定采购数量。现在，物流部上了信息系统，采购部就经常向我们询问零部件的确切库存，我们全力配合，也是为了响应公司减少库存资金占用的要求。谁想到会出这种事情。"

陈总经理不明白发货员说话的意思，转身就往采购部何部长的办公室走去。当陈总气呼呼地推开何部长办公室门时，何部长正在给一个供应商打电话，语气非常客气。等何部长打完电话，陈总急着问道："你知道物流部缺货的事情了吗？"何部长应承道："知道，他们一早就打电话给我们了。我刚才又给那家供应商打了电话，对方答应以最快的速度供货，大概3天内就可以到货，比正常供货时间快了4天，当然需要多付点费用。还是老供应商善解人意，不然就会严重耽误生产了。"

陈总略松了口气，耽误的3天生产时间是可以通过加班来弥补的，客户订单不会耽误了。"这次事件是怎么造成的？"陈总不会轻易放过出现的问题，往往会刨根问底。何部长很熟悉陈总的思路，他立刻回答道："这件事我已经想明白了。以前，采购部都是根据生产部门的要求，参考仓库的库存数据，也听从有经验的仓库业务人员的建议，安排采购，采购数量一般有较大富余，这也是库存资金占用较大的一个原因。库存数据往往不能及时获取，有时还不准确，因此我们也只能以此作为参考。现在物流部上了管理信息系统，库存数据能够及时、准确地获取，所以我们就将库存数据作为采购的确切依据了，这样可以确保采购数量更准确，可以有效降低库存和资金占用，这也是陈总您在物流部使用信息系统后对我们提出的要求。没有想到的是，库存中的64个托轮是2个月前生产计划排定时确定的二车间的计划使用量，可我们并不清楚，以为这些托轮还没有用途，就将它们当做能使用的量让一车间应对加急订单了，因此在上周的采购计划中并没有这个型号的托轮。这不，今天问题就出来了。另外，据我了解，以前仓库业务人员经验丰富，会考虑安全库存，这次新进的人员在使用信息系统时因缺乏经验或信息系统缺少功能而没有提供安全库存，这也是导致无应急物料的一个原因。"听着何部长的解释，陈总终于明白怎么回事了，他也敏感地意识到可能还潜藏着危险："你的意思是说，这种事情以后还会发生？"听到陈总的问话，何部长愣了一下，最终还是点了点头。

回到办公室，陈总经理心情有些沉重，总觉得还会有其他的问题冒出来。不过他又宽慰自己，没关系，出现问题再解决，上信息系统就像新买汽车一样，总是要有磨合期的。

**讨论：**

1. 物流部的吴部长在信息系统开发过程中，应该起到什么样的作用？他尽到职责了吗？如果没有，应该如何做？

2. 贝斯特公司的业务流程重组并没有进行，你认为有什么原因？如何避免？

3. 需求调研过程中暴露了大量的问题，试总结一下，都存在哪些方面的问题？造成这些问题的原因是什么？又应该如何避免？

4. 开发过程遵循了生命周期法的原则了吗？问题主要表现在哪些方面？

5. 信息系统开发过程中的培训有什么意义？应该在什么时候进行？结合贝斯特公司的实际情况，你能制定出培训计划和内容吗？

6. 系统使用有什么前提条件？贝斯特公司具备了吗？

7. 贝斯特公司在领料时出现了库存问题，你认为应该怎么办才能保证生产的顺利进行？

8. 库存管理出现问题的根本原因是什么？请提出一个方案以避免此类事件再次发生？

9. 是不是原来有丰富经验的老业务人员使用该信息系统就能够避免出现的库存问题呢？你认为管理信息系统与人是一个什么样的关系？

## 场景9

6个多月过去了，陈总经理觉得，物流部管理信息系统的运行虽然有些不尽如人意，但毕竟是公司第一次管理信息系统建设，经验不足。无论是经验还是教训，都该开会总结了，这套系统到底怎么样，得听听大家的意见。为此，邢主任专门将易得维软件公司的杨经理请了过来。

总结会上，陈总首先讲话："这个系统我们已经使用一段时间了，大家说说，有没有问题？能不能正式投入使用？"

会场的气氛有些压抑，没人发言，与信息化建设动员会相比，会场气氛反差明显。

陈总直接点名让吴部长发言："老吴，你这个物流部部长应该先说说吧。"

"好吧，我就先说说。"吴部长有些无奈，"大家都知道，实际上物流部现在同时运行两套系统，一是传统的手工作业，二是正在试用的管理信息系统，因此工作量特别大，我们物流部的那些业务人员都快累疯了。值得关注的是，这个信息系统使用起来有些不大顺手，好多数据甚至对不上。"

陈总有些纳闷，转问杨经理："你们的系统开发工作怎么回事？为何会出现这样的现象？当初你可是打包票的啊。"

杨经理解释说："我们的工作进度完全是符合预期的。问题是开发过程中出现了很多反复，现场的需求经常变化，系统反复修改就改乱了，而且原来一些不太合理的业务流程也带到了信息系统里，这样的系统使用起来是要费点劲的。但是不管怎样，我们还是如期完成了系统开发任务。"

吴部长在一旁只好苦笑："原以为信息系统运行之后，我们的工作就彻底解放了，现在看来，比原来更麻烦了。"

这时，坐在一旁的生产制造部盛部长接过话去："何止你们觉得麻烦，我们的麻烦也不少。信息系统内的数据我们并不知道，从计划员到领料员都乱套了，工作效率直线下降。马上到月底了，昨天我们的领料员去物流部核对本月的领料清单，竟然还有不少不一致的地方，你说这该算谁的？采购部门所采购的物料也经常出现失误，我们急需的往往没有，而暂时不需要的又常堆放在仓库里。这样一来，生产计划不但需要经常调整，而且订单交付时间也常出现差错。"

涉及采购部，何部长接着说道："采购部也一样，这个信息系统我们很难配合。一方面，物料没有时间属性的处理，库存数据显示的零部件究竟哪些能用我们很难弄清楚，采购时如要参考这些数据，有时效果甚至还不如以前，另一方面，售后服务的零部件需求太突然，并且直接从仓库取走，这个情况我们不可能清楚，所以我们掌握的一些库存数据有时会误导采购工作。总而言之，这个系统对于采购部没什么作用，反而会带来影响。"

财务部蔡部长也忍不住了："我们的财务信息系统已成功运行多年了，但是这个月有不少数据和物流部对不上了，需多次核实才弄清原因。这可是大问题，耽误时间不说，资金上出了差错谁也负不起责任。"

这时，人力资源部的任部长也向陈总抱怨说："陈总，我们也有事情要向您请示。快到年底了，今年的人员考核结果开始统计。信息中心是新成立部门，公司并没有明确的考核指标，他们这半年的工作如何评定呢？另外，这次的信息系统建设从生产制造部和采购部抽调了几个人，他们在本部门和信息中心两边干，工作相当辛苦，但就单个部门而言，工作量都不满，这些人员的考核依据是什么呢？"

陈总有些头大了，向信息中心邢主任问道："你们信息中心了解这些事情吗？开发过程你们掌控吗？"

邢主任是学电气专业的，是公司的一名老员工，一直在研发部门勤勤恳恳地工作。他德高望重，虽然临近退休，仍被公司任命为信息中心主任。思前想后，邢主任觉得有些得罪人的话实在不好讲，只得强调说："信息中心对这个信息系统是非常尽心的，几个人忙前忙后，甚至连物流部的基础数据我们都参与录入。整个开发过程我们积极配合，确实学到了很多东西。至于从生产制造部和采购部借调来的几个员工，经常接到原部门领导的电话，要求回去处理相关业务，我们也不好阻拦。信息中心的员工，我认为都非常辛苦，非常敬业。有些事情不是我们负责的范围，就不太好发表意见了。"

"什么叫不是你们负责的范围？成立信息中心，就是为了负责信息系统开发的。"生产部盛部长正想发言，却被陈总爆发的火气给堵了回去。陈总真的发火了，拍着桌子吼道："怎么各方都不满意？那大家都说说，这个系统是用还是不用？"

没有人回答陈总的问题。在一片沉默中，吴部长小心翼翼地说："如果再给我们两个月的时间，把系统再仔细改改，应该能用。"

听到吴部长的话，杨经理摇了摇头，他对陈总说："我们已经按照合同的要求在规定时间内完成了系统开发，再拖两个月开销就要大幅度超支了，何况当初我们的报价是很低的，我估计易得维软件公司的老总是不会同意超期的。再说，目前的信息系统已经改乱了，接着往下改，只能是乱上加乱，未必有好的结果。"

陈总意识到，此次管理信息系统建设出现的问题已经不是单纯的技术问题了，也不是物流部一个部门的责任，可能自己的责任也不小。深层次的原因说不清楚，只能先散会了。

　　陈总提出，系统开发工作告一段落，信息中心负责工作总结，将合同规定的款项支付给易得维软件公司。

**讨论：**

　　1. 管理信息系统与手工方式并行运行期间，物流部的工作量大幅上涨，为什么？

　　2. 软件公司的杨经理认为自己的工作没有问题，是公司的流程存在缺陷。这个问题是什么时候埋下的？但是，在吴主任的眼中这个流程似乎并没有问题。你怎么看？

　　3. 生产制造部的盛部长提出这个月的物料消耗统计与物流部存在误差，这是以前很少出现的现象。你认为原因是什么？

　　4. 生产制造部出现的问题和财务部是一样的吗？

　　5. 人力资源部所提的问题是信息系统开发时常见的，其本质是什么？你认为应如何解决？

　　6. 正如邢主任所言，信息中心的工作非常辛苦，然而效果却非常不理想。你认为信息中心的任务应该是什么？邢主任他们做到了吗？

　　7. 陈总认为与信息系统开发有关的所有事情都应该由信息中心统一负责，否则成立这个部门就没有意义了。你怎么看这个问题？

　　8. 软件公司的杨经理反对在现有的软件基础上进行修改，你认为他说的有道理吗？在班级中分成两个小组，组织辩论。

　　9. 从会议的情况来看，信息系统的实施给公司带来了太多的困扰，几乎看不到带来的好处。你认为带来收获了吗？这些困扰是不是因为管理信息系统本身的问题造成的呢？可在班级中分成两个小组，组织辩论。

　　10. 从会场上的争论来看，你认为这些问题的根本原因是什么？

## 场景 10

　　初战未捷，陈总的心情极其郁闷。AE 公司麦克部长对他讲过的话得到了验证："陈，管理信息系统建设的很多感悟是要依靠在实践中的不断碰壁而慢慢体会到的。"是啊，失败的教训告诉我们，管理信息系统的建设真是不易。可我们总不能通过不断的碰壁来获得深刻的感悟，最终换取管理信息系统建设的成功，时间、财力、员工的积极性都不允许多次失败。麦克也说过，通过专家咨询可以获取指导，少走弯路。陈总思来想去，与咨询公司接触可能是一种理想的选择。

　　以具有丰富的机械制造业信息化建设咨询经历为条件，通过信息中心的调查和不同途径的推荐，并经陈总决断，贝斯特公司最后选择国内知名的思库思管理咨询公司（以下简称，思库思公司）作为贝斯特公司信息化建设的咨询专家。

　　思库思公司委派项目主管和两位助理组成 3 人团队于联系后的第 3 天来到了陈总的办公室。项目主管李经理，39 岁，已有 12 年的从业经验，两位助理小马和小梁都是具有 3 年工作经验的硕士研究生。寒暄过后，陈总和信息中心邢主任把上次物流部管理信息系统开发的情况做了详细介绍。李经理边听边提一些问题，并不时地做记录。1 个多小时后，李经理心里已经有了初步答案。李经理对陈总说："物流部的管理信息系统建设情况我大致了解了，我认为之所以出现问题，首先是因为缺少信息化建设的系统规划，系统开发之初仅仅着眼于物流部而忽略了公司其他部门，这注定要形成'信息孤岛'，你们实现的系统其实只是简单的仓库管理系统，不可能解决企业发展中面临的复杂问题。""信息孤岛？"陈总第一次听说这个词，但是感觉很形象。"是的，"李经理接着说，"项目上马还是比较盲目的，在没有信息化建设经验的情况下一味追求开发速度，造成系统开发不够细致并埋下不少隐患，而且……"，李经理停顿了一下。"请您直说吧。"陈总觉得李经理有些顾虑。"贵公司对信息化的理解有些偏差。信息化不是利用计算机把原有业务流程简单地重复一遍，而是要对企业的整体业务流程进行重新思考、重新设计。如果原有业务流程存在的问题得不到更正，那么什么样的信息系统都不会起到有效的作用。另外，物流管理与生产管理、采购管理等都有密切的关系，必须从物料供应的结构、时间和数量上合理计算和安排物料的采购和消耗。这些问题在生产规模较小时可以凭经验解决，但是生产规模扩大以后就会顾此失彼，捉襟见肘，问题百出。恕我直言，贵公司开发完成的信息系统只是一个仓库管理中单据、账簿、报表的电子化罢了，距离基于流程的数据管理还差得较远，将与采购管理、生产管理、财务管理等方面的联系割裂开来，难怪相关部门意见很大，对物流部失去了信任。以产品订单为驱动，基于产品设计、生产、采购、物流等相关业务流程处理为内容的管理信息系统是一种理想的形式。根据贵公司的规模和产品品种的稳定状态，信息化建设可以稳步推进，但是物流管理信息系统至少包含采购管理的功能才会发挥积极的作用。"

听完李经理的评价，陈总内心震动很大，忙了这么长时间，耗费了大量的人力、物力和财力开发的信息系统，居然被李经理说得似乎一文不值。"那我们以前的工作都白做了？"陈总心里有些怒意。李经理略一欠身，继续说道："那倒不是，企业的信息化建设都会遇到不少问题，这次的经历可以为后续的工作提供很多有价值的经验，可以使以后的工作更加顺利。""那我们应该怎么做呢？"陈总虔诚地问道。李经理微微一笑，很有自信地说："类似贵公司这样的情况我们以前经历过不少成功的案例，请您给我1周时间做调研，我们会给您一个详细的报告。而且，调研是免费的，如果您对我们的调研结果满意，我们就签订合同，我们将共同为贵公司的信息化建设提供服务。"陈总听完后点点头说："好吧，我1周后等你消息。"

第二天一上班，李经理带着两个助手开始逐部门走访。了解公司的组织结构和关键业务流程，与各级主管、工作人员座谈，并选择了关键人物进行一对一访谈，收集了部分业务单据和岗位工作职责，同时重点了解上次物流部信息化建设的具体情况，并关注大家对贝斯特公司今后发展的看法和希望。

调研工作紧张有序。1周之后，李经理再次走进陈总办公室，交给他一份调研报告，并附上了一叠调研材料。

**讨论：**

1. 从案例来看，你认为咨询公司在管理信息系统实施过程中扮演什么样的角色？其意义是什么？

2. 李经理与陈总交谈时，提到了贝斯特公司信息化建设失败的两个原因，信息孤岛和流程重组。你怎么看他的这个结论？

3. 你认为李经理调研时，重点会关注哪些问题？以对采购人员调研为例，请试着列出李经理大概会提问的一些问题。

4. 李经理对贝斯特公司进行访谈，向陈总提交了调研报告，你认为这个报告应该包含哪些方面的内容？

## 场景11

李经理送交的调研报告，内容翔实、论据充分、观点鲜明、说理透彻，并附有简单的解决问题的办法。陈总经过与其他公司高层领导协商，决定与思库思公司签订合作协议。

合作协议签订后，思库思公司与贝斯特公司合作成立了系统开发委员会，领导贝斯特公司的信息化建设工作，其人员组成如下。

主任：陈总。

成员：信息中心邢主任、思库思公司李经理、物流部吴部长、财务部蔡部长、采购部何部长、营销部萧经理、生产制造部盛部长、人力资源部任部长。

思库思公司李经理一行3人、信息中心全体成员、物流部吴部长等，在总经理办公室秘书小王的帮助下，从公司的发展战略出发，制定了公司的信息系统规划。信息系统规划经系统开发委员会讨论、修改，并经陈总审批通过后，思库思公司李经理一行3人、信息中心全体成员、物流部吴部长等，又根据贝斯特公司物流管理的实际和未来发展目标，并结合信息系统规划的要求，明确了贝斯特物流管理信息系统的目标和需求，向6家软件公司发出了招标标书。

很快，6家软件公司都向贝斯特公司发回了投标书。系统开发委员会邀请公司纪委领导参加组成评标委员会，举行了评标会议。仅从报价而言，6家软件公司的投标价格从30万元到60万元不等，差别较大。评标委员们认为，在一定程度上，价格不是最主要因素。他们从软件公司的典型客户、技术力量、维护服务等方面综合考虑，很快淘汰了4家公司。备选的两家公司：海极威软件公司和远光信息科技，都在机械行业有较多的成功实施案例，并且都满足贝斯特公司提出的管理信息系统开发要求，只是报价并不便宜，分别为50万元和60万元。海极威软件公司专门从事机械制造行业的信息系统开发，并具有中小型企业ERP系统的实施经验，其不足是公司规模相对较小。远光信息科技则是一家国际知名的管理信息系统软件公司的中国合作伙伴，技术力量较强，不足之处是涉及的行业较广。陈总看着这两家软件公司的情况，不禁又想起了上次软件开发公司选择时的情形，于是便开口问道："这方面我也不是很懂，你们的意见是什么？"李经理想了想说："相对而言，我更倾向于海极威软件公司，其实也不是因为他们报价低。这家公司正处于快速发展阶段，而且……""好了，不必说了。其他各位的意见呢？"陈总急切地问道。其他评标委员们发表了自己的看法，基本倾向于海极威软件公司中标。陈总总结说："这方面我是外行，大部分委员选择海极威软件公司，我没什么意见。"陈总看了一眼李经理，又缓缓说道："贝斯特已经有过一次失败的经历，再也经不起第二次失败的折腾了。我相信你们的专业判断，有什么需要我们做的，请直接提出来。我们现在是一个战壕里的弟兄了。"

听了陈总的话，李经理非常感慨："信息系统的建设与一把手的鼎力支持是分不开的，很多事情还需要陈总出面决断。既然陈总这么说，我就不客气了。"

"需要我做什么，尽管说吧！"陈总爽朗地笑了起来。

"这是我们的近期计划，请您看一下。"说着，李经理递过去一张纸，上面有不少内容。"嗬，早有准备的啊。"陈总边说边接过纸并认真地看了起来。

纸上的内容主要有两个方面：第一，召开企业级的信息系统建设动员大会；第二，成立信息系统开发部。前者完成公司内部的资源调动和思想发动，后者搭建信息系统开发的组织机构。"这第一条没有问题，后天要召开公司的月度会议，我们把它推到周六去，改成全公司的扩大会议，就让大家牺牲一下休息时间吧。至于这第二方面么，公司不是已经成立信息中心了吗？"说着，陈总看了邢主任一眼，"还成立一个新机构，会不会造成业务重叠，反而不利于开展工作？"

听到陈总这话，邢主任颇觉尴尬，而李经理却并不在意："陈总，事情并不是您想象的那样。新成立机构是非常必要的。"李经理喝了口水，继续说道："其实与系统开发委员会一样，这个机构也是临时性的，项目结束以后就会解散。在其存续期间，负责项目的具体开发和管理工作，形成的方案和报告由系统开发委员会审定。"

陈总做了个手势，高兴地说道："好吧，我同意，成立机构的事就在动员大会上宣布吧。"

**讨论：**

1. 与第一次招标相比，贝斯特公司的第二次招标有什么不同？

2. 海极威和远光信息科技两家公司都很优秀，但是他们既不是报价最高的，也不是报价最低的。李经理倾向于海极威软件公司，你认为他的理由会有哪些？请试着将他没有说完的话说完。

3. 陈总没有让李经理将所有的理由说完就打断了他，你认为陈总这样做对吗？可在班级中组织相关同学辩论。

4. 此次贝斯特公司决定召开公司全体人员参加的动员会，这样做有必要？有意义吗？

5. 公司为了管理信息系统的建设，设立了 3 个机构：信息中心、系统开发委员会和系统开发部，这 3 个机构间的关系是什么？存不存在陈总所担心的机构重叠问题？

## 场景 12

贝斯特公司信息系统建设动员大会如期召开，会议由邢主任主持。李经理介绍了企业信息系统建设的意义、内容、经常出现的问题以及对用户的基本要求；吴部长总结了上次管理信息系统建设的教训；邢主任介绍了本次信息化建设项目的基本内容、具体要求和考核办法；最后陈总做总结讲话，他从贝斯特公司面临的内外部环境和竞争态势出发，强调了信息化建设的紧迫性和必要性，并描绘了在信息技术支持下贝斯特公司的发展前景。另外，陈总指明了公司全体员工在信息化建设中应有的态度，并强调了信息中心邢主任在信息系统建设中仅次于总经理的权力和地位。动员大会上，宣布了系统开发委员会、系统开发部的性质、职责和成员名单，系统开发部的成员构成如下：

主任：信息中心邢主任。

副主任：思库思公司李经理、物流部吴部长、采购部何部长、海极威软件公司洪经理。

成员：信息中心全体人员，物流部若干业务人员，生产制造部副部长，思库思公司小马、小梁，海极威软件公司 6 位开发人员。

动员大会结束后，在公司内部形成了关心和支持管理信息系统建设，并系统学习管理信息系统知识的热潮。

有了上次的教训和思库思公司李经理他们的指导与监督，这次信息系统的开发工作进展得较为顺利。系统开发部首先分小组调查了公司的业务流程，并与部门负责人和有关人员反复讨论业务流程的合理性，提出重组意见。在此基础上，系统开发部对计划管理、采购管理、物流管理和供应商管理等业务流程进行了重组，并报与系统开发委员会审批。

系统开发部认真、细致、敢于争论的工作态度，陈总非常满意，只是觉得进度稍微慢了点，计划 9 个月的系统建设时间，现在已过去了 2 个月，仅仅完成系统调查和业务流程重组。

系统开发部在拿到系统开发委员会的批复后，便立即开展逻辑设计和物理设计工作，先后形成了逻辑模型和物理模型。李经理根据贝斯特产品品种稳定的现状，提议生产制造部将根据产品结构形成的生产计划以 Excel 文件的形式传送给采购部，信息系统设计特定功能将采购部获取的文件读入数据库，以便根据库存数据生成采购计划。经过近 2 个月的辛苦努力，系统分析报告和系统设计报告提交到了陈总案头。整个信息系统包括：采购管理、出库管理、入库管理、库存盘点管理……共 8 大功能模块，数据流程图反映了功能间的关系，数据库设计、网络结构、开发技术等方面的方案清晰完整。经过系统开发委员会讨论、审批后，交由系统开发部进行程序设计。

在思库思公司的指导和信息中心的参与下，海极威软件公司洪经理等开始了紧张的程序设计工作。按计划，程序的编制和调试要在 2 个半月内完成，程序开发人员经常加班到深夜，有时干脆住在办公室中。程序开发过程中，每每遇到公司业务管理方面的问题，大家一起协商解决，棘手的问题交由陈总定夺。陈总在广泛征求意见的情况下，往往在最短的时间内返回决策结果。在开发人员的努力和公司领导的支持下，整个系统在比原计划推迟 2 周后顺利完成了测试。

接下来的培训和数据准备等工作进展顺利。洪经理他们编制了详细的信息系统使用说明书，除了模块结构、数据流程图以外，每一个数据输入界面中的每一个项目都有详细的说明，物流部和采购部的业务人员在比较短的时间内，基本掌握了系统的操作以及数据的输入规则，为系统的切换做好了准备。

在项目开始以后的第 8 个月，贝斯特公司的物流管理信息系统终于投入了试运行。在前两个星期的试运行中，仍然出现了不少问题，系统出错、流程要求高、操作不习惯、工作量增加等问题引起了不少抱怨。李经理、邢主任、洪经理以及其他开发人员都能以认真、耐心的态度，及时解释并尽力解决出现的问题。有人也把自己的抱怨和不满直接反映到陈总面前。陈总根据李经理曾经介绍的经验和看法，非常冷静地处理此类问题。陈总将反映给他的问题交给系统开发部处理，并在部门主管的会议上多次强调，在信息系统运行之初，出现问题和抱怨是难免的，我们的策略是：有问题设法解决，但任何人都不能动摇使用信息系统的决心，公司将制定奖惩制度，严格考核信息系统的使用人员及其主管领导。

经过公司领导、系统开发人员以及系统使用人员的支持和配合，管理信息系统的运行日渐趋于稳定，问题和抱怨越来越少，对管理信息系统的依赖越来越强。陈总来到物流部和采购部，面对有条不紊，井然有序的场面，感慨良多。

在系统开发部组织的管理信息系统建设座谈会上，陈总非常高兴，他在感谢信息中心、物流部、采购部等部门以及海极威软件开发公司之余，真诚地对思库思咨询公司李经理说："真是感谢你们，感谢你们让我们少走了不少弯路。"李经理连忙客气道："哪里啊，这是在座各位共同配合的结果。陈总，贝斯特公司物流信息系统的开发只是在贵公司信息化建设的道路上迈出了一小步，其他部门也应实施信息化。贝斯特公司发展迅速，产品品种趋于多样化，快速满足个性化要求是公司未来发展的目标，因此生产部以 Excel 形式产生生产计划文件并传送给采购部，采购部通过数据导入方式输入管理信息系统数据库等操作将会因产品结构的多变而面临困难。将产品设计、生产制造、财务管理等部门纳入信息化的范畴，公司内部数据共享，形成 ERP 系统，这样会使公司的管理信息系统建设发挥最佳的效果，从而支持和促进贝斯特公司的快速发展。如果公司的信息化建设再继续往前推进，那么，与贝斯特挖掘机配件公司等联盟企业之间的供应链管理、电子商务等将成为信息化建设的内容，所以说，贵公司任重而道远啊。"

听了李经理的话，陈总说道："是啊，贝斯特公司的信息化建设只是万里长征走完了第一步，将来还要依靠你们的支持，希望我们能继续深入合作。"

"当然，荣幸之至！"李经理充满期待。

两双手紧紧地握在了一起。

**讨论：**

1. 系统开发委员会和系统开发部的组成不同，其工作职责分别是什么？

2. 系统需求分析持续了两个多月，时间是否过长？你如何看？

3. 虽然此次的信息化建设效果比较理想，但仍有环节的进度超出了原定计划。你怎么看这种没有按期完成的问题？这会给管理信息系统开发带来影响吗？

4. 在系统开发过程中，非开发人员的主要工作是什么？他们的工作在系统开发工作中如何评价？

5. 第二次实施时，系统中包含物料需求管理模块，这是第一次信息化建设时没有考虑到的问题，你认为其主要作用是什么？这反映了两次管理信息系统建设时，在思路上的哪些不同？

6. 贝斯特公司的第二次信息化建设取得了成功，你对公司和咨询公司所起的作用如何看？

7. 两次信息化建设陈总的表现有所不同，你能从中体会管理信息系统建设的"一把手"原则吗？

8. 你认为信息中心邢主任的主要工作是什么？现在很多企业都有 CIO 的角色，邢主任是贝斯特机械的 CIO 吗？

9. 贝斯特公司管理信息系统建设的发展方向是什么？你能简要说一下与现有管理信息系统建设过程不同的特征吗？

# 课程设计指导书

## 一、课程设计的任务

　　管理信息系统是管理类专业的必修课程。通过本课程的学习，要求学生掌握数据处理的特点；管理信息系统的概念、结构及其开发方法；管理信息系统的系统分析、系统设计和系统实施的一般过程。通过实例介绍，使学生掌握管理信息系统的开发过程和图表工具的使用。课程设计是在修完规定的课堂讲授时数以后，在两周内进行的系统分析与设计环节。通过这一环节的训练，使学生进一步巩固理论知识，了解系统开发的过程与方法，并具备小型管理信息系统的分析、设计、程序编制及调试能力，为将来参加实际工作打下基础。

## 二、课程设计的基本要求

　　本课程的重点是介绍管理信息系统分析、设计和实施的基本步骤和方法。课程设计的要求是：学生能按照管理信息系统的开发过程进行实际系统的分析与设计，能运用一种语言设计程序，并能上机调试运行。

## 三、课程设计的内容

　　学生可选择下列系统之一为对象进行信息系统的分析、设计与实施。
　　（1）学生成绩管理系统
　　以所在学院的学生成绩管理为对象，具有成绩登录、成绩查询、报表输出等功能。
　　（2）人事管理系统
　　开发所在学院教职工人事管理信息系统。
　　（3）学生管理系统
　　实现学生从入学、日常管理到就业等各阶段的档案管理（不包括成绩管理）。
　　（4）图书资料管理系统
　　以学校的图书管理为对象，满足图书借阅登记、归还登记、日常查询等管理要求。
　　（5）设备管理系统
　　开发所在学院设备管理信息系统。
　　（6）工资管理系统
　　以学院教职工工资管理为对象，实现工资管理的自动化。
　　（7）仓库管理系统

深入企业实际，以供应科为对象，开发仓库管理信息系统，实现物资的收、发、存管理，打印部分统计报表。

（8）自选其余课题

# 四、课程设计的具体要求

学生分小组选择设计题目，每个小组 3～4 人，根据所选课题并按照教师的安排，到指定单位去开展现行系统的调查分析工作，在规定的时间内完成开发任务，提交设计成果。

课程设计的具体步骤和要求如下。

**1．开发步骤**

（1）系统分析

1）全面调查现行管理系统

要求：绘制现行系统的组织结构图；绘制现行系统的业务流程图；调查单据和报表的种类和格式；找出现行系统存在的问题。

2）新系统目标与要求的提出

经过对现行系统的调查和分析，明确存在的问题，在此基础上提出新系统的目标、功能要求和性能要求。

3）新系统数据流程图的绘制

4）数据字典的编制

针对数据流程图，以数据字典的形式进一步说明其主要的数据流、数据结构、数据存储和处理过程。

（2）系统设计

1）模块分解与功能设计

2）代码设计

3）人机界面设计

人机界面要热情、友好，并尽量统一规范。

4）输出设计

针对用户对输出报表的要求，设计各种报表。同时，对随时查询用的输出格式做全面设计。

5）输入设计

为满足输出要求，提出输入方案。输入格式尽可能采用表格和卡片形式。

6）数据库设计

提出主要数据库的设计方案，并说明各字段的含义以及功能模块对数据库的调用关系。

7）安全保密设计

提出具体的安全保密设计方案，如口令设置等。

（3）系统实施

1）程序设计

按照程序优化的原则和结构化思想设计程序。程序中要有恰当的注释，变量名和文件名的命名要规范。

2）程序和系统调试

提出主要的调试方法，举例说明测试用例的设计和调试过程中发现的主要问题。

3）系统评价

通过调试和试运行，对系统进行自我评价：是否满足新系统的要求，是否达到新系统的目标；可靠性如何；通用性和扩展性怎样；是否具有严密的防错和容错措施。

### 2. 时间安排

（1）系统分析阶段　2 天

（2）系统设计阶段　3 天

（3）系统实施阶段　9 天

### 3. 答辩要求

（1）讲解开发过程与系统特点

小组长向答辩小组（由 3~4 位教师组成）介绍系统总体开发过程和分工情况，时间为 5 分钟，小组其他成员介绍各自的设计内容，每人 5 分钟。图表展示要求：① 现行系统业务流程图；② 数据流程图；③ 功能结构图。

（2）教师提问

（3）回答问题

（4）系统演示

介绍系统的功能及其实现，并回答教师提出的问题。

## 五、课程设计提交成果

（1）现行系统组织结构图

（2）现行系统业务流程图

（3）数据流程图

（4）数据字典

（5）功能结构图

（6）人机界面设计方案

（7）输出设计方案

（8）输入设计方案

（9）数据库设计方案

（10）系统评价报告

（11）系统操作说明书

## 六、说明

在两周内完成课程设计的所有任务较为紧张，教师可在课程讲解过程中即让学生选题并投入设计，课程讲解结束后，分析设计和程序编制工作基本完成，在两周内只需完成程序的调试和文档的整理工作。这样，课程设计的效果比较理想。

# 参 考 文 献

[1] 威廉姆森. 资本主义经济制度:论企业签约与市场签约[M]. 段毅才,王伟,译. 北京:商务印书馆,2002.

[2] 张五常. 经济解释[M]. 北京:商务印书馆,2001.

[3] 斯蒂芬·哈格,等. 信息时代的管理信息系统[M]. 严建援,译. 6 版. 北京:机械工业出版社,2007.

[4] Gunasekaran A, McGaughey, Ronald. Information technology/information systems in 21st century manufacturing[J]. International Journal of Production Economics,2002,75(1–2):1–6.

[5] 唐纳德 J 鲍尔索克斯,等. 供应链物流管理[M]. 马士华,译. 3 版. 北京:机械工业出版社,2010.

[6] 刘臣宇,朱海秦. 管理信息系统的开发与应用[M]. 北京:国防工业出版社,2006.

[7] 薛华成. 管理信息系统[M]. 5 版. 北京:清华大学出版社,2007.

[8] 郑吉春,朱余旺. 企业信息活动链中的映射关系研究[J]. 数量经济技术经济研究,2003(12):107–109.

[9] 汪旭. 企业信息活动链及其基于面向对象方法的描述[J]. 管理科学学报,1998(9):59–64.

[10] 姜旭平. 信息技术与信息系统的回顾与展望[J]. 电子与信息化,2000(1):13–17.

[11] Burn J M, Ash C. Knowledge management strategies for virtual organisations[J]. Information Resources Management Journal, 2000,13 (1): 15–23.

[12] 蔡雨阳,黄丽华. 电子商务环境下的组织变革与管理创新[J]. 科技导报,2002(4):35–48.

[13] Thomas H Davenport. Putting the enterprise into the enterprise system [J]. Harvard Business Review,1998,76(4):121–131.

[14] Michael Hammer. Reengineering work:don't automate, obliterate[J]. Harvard Business Review,1990,68(4):104–113.

[15] Michael Hammer, James A Champy. Reengineering the corporation:a manifesto for business revolution [M]. New York:Harpercollins,1993.

[16] 赵洪宝,綦振法,王春涛. MIS 的演化与发展[M]. 华东经济管理,2001(10):54–56.

[17] 汪洋. 基于 BPR 和组织结构合理度评价的组织变革研究[D]. 重庆大学硕士学位论文,2007.

[18] 朱洪文,张秀丽,陈伟. 企业组织结构和信息流程模式发展趋势分析[J]. 企业经济,2008(1):63–66.

[19] 庄玉良. 企业信息化建设新思路:基于 BPR 的 MIS 开发战略[J]. 中国软科学,1999(4):

50 - 52.

[20] 庄玉良. 企业 MIS 建设的策略与方向. 合肥工业大学学报(自然科学版), 2003, 26(S1): 820 - 823.

[21] 鄢游华. 企业信息化与企业组织重构[J]. 集团经济研究, 2006(23):45.

[22] 李长生, 刘海涛. 基于业务流程重组的龙煤集团组织结构变革研究[J]. 煤炭技术, 2010, 29(6):4 - 5.

[23] 马连杰, 张子刚. 信息时代企业管理的革新——业务流程再造[J]. 经济导刊, 2000(4): 56 - 60.

[24] 孔造杰, 董瑞国. 基于供应链的业务流程再造方法研究[J]. 河北工业大学学报, 2006, 35 (4):14 - 19.

[25] 李贺, 李岩, 牟鸿兰. 信息技术在供应链管理系统中的应用模式研究[J]. 情报科学, 2005, 23(2):264 - 267.

[26] 徐学军, 廖诺, 万蓉. 供应链业务流程集成的系统分析[J]. 中国管理信息化, 2006 (2):3 - 5.

[27] 王志伟; 霍亚楼. 传统企业实施项目管理问题的探讨[J]. 企业经济, 2007(8): 33 - 35.

[28] 陈鑫. 信息技术在企业流程再造中的作用[J]. 外国经济与管理, 1999(1):38 - 40.

[29] 陶峻. BPR 中信息系统开发战略及过程框架[J]. 价值工程, 2004, 23(8): 123 - 126.

[30] 陈志坚. 流程再造与运营模式的变革[J]. 企业改革与管理, 2005(1):10 - 11.

[31] 郭忠金, 李非. 业务流程再造理论的起源、演进及发展趋势[J]. 现代管理科学, 2007 (11): 8 - 9,92.

[32] 吴俊军, 黄培伦. 流程再造的障碍分析[J]. 商业经济文荟, 2002 (3):53 - 55.

[33] 张焕波, 孙北梅. 我国企业流程再造的障碍分析及对策研究[J]. 企业经济, 2003 (7): 32 - 33.

[34] 戴斌, 何建敏. 基于供应链管理的传统物流的业务流程系统重组[J]. 现代管理科学, 2007(4):17 - 18.

[35] 石变珍. 业务流程重组的关键因素探索[J]. 统计与决策, 2005 (03S):131 - 132.

[36] 陈果忠. 业务流程重组——管理的新革命[J]. 重庆三峡学院学报, 2005, 21(2):76 - 78.

[37] 崔岩, 曲建华, 应纪来. 业务流程重组实施方法研究[J]. 科技情报开发与经济, 2006, 16(21):213 - 215.

[38] 戴鑫. 组织变革绩效评价的相关研究评述[J] 现代管理科学, 2006 (1):90 - 92.

[39] 陈春花, 刘晓英. 组织变革中驱动机制和抵御习性的分析[J]. 中国软科学, 2002, 16(5): 47 - 49,71.

[40] 李作战. 组织变革理论研究与评述[J]. 现代管理科学, 2007 (4):49 - 50,101.

[41] 米旭明, 黄黎明. 企业组织变革影响因素研究[J]. 当代经济管理, 2005, 27(1): 43 - 45.

[42] 邱杨, 孙聃. 实现企业组织变革平稳过渡的主要障碍及对策[J]. 中国软科学, 1998(2): 90 - 93.

[43] 桑强. 企业组织变革的系统科学思考[J]. 科学决策, 2001(6):55 - 57.

[44] 李大洪. 企业组织变革趋势[J]. 统计与决策, 2003 (8): 95 - 96.

[45] 曾楚宏, 林丹明. 国内外关于当前企业组织变革的研究综述[J]. 经济纵横, 2003(5): 44 - 47.

[46] 孟领. 西方组织变革模型综述[J]. 首都经济贸易大学学报,2005,7(1):90-92.

[47] 彭岷,唐小我. 企业变革的理论和实践[J]. 中国软科学,2000,14(1):45-47.

[48] 孟范祥,张文杰,杨春河. 西方企业组织变革理论综述[J]. 北京交通大学学报(社会科学版),2008(2):89-92.

[49] 杨勇,束军意. 信息时代企业组织单位的设计[J]. 科研管理,2004,25(3):72-76.

[50] 陈建萍,杨勇. 企业信息化建设中的管理创新[J]. 科研管理,2002,23(6):52-58.

[51] 陆牡丹,吴力文. 信息系统建设中的组织文化变革管理[J]. 科学与科学技术管理,2003,24(6):21-23.

[52] Everett M. Rogers. Diffusion of innovations[M]. New York:The Free Press,1995.

[53] 庄玉良. "八个不是而是"——企业信息化建设正确的观点和策略[J]. 企业管理,2004(2):106-107.

[54] 俞东慧,黄丽华,石光华. BPR项目的实施:革命性变革和渐进性变革[J]. 中国管理科学,2003,11(2):55-60.

[55] 刘勇,符于江. 我国企业的信息化建设[J]. 商业研究,2003(9):41-42.

[56] 杨青,王延清,薛华成. 企业战略与信息系统战略规划集成过程研究. 管理科学学报,2000,3(4):60-66.

[57] Davenport T H, Prusak L. Working knowledge:how organizations manage what they know[M]. Boston:Harvard Business School Press,1997.

[58] Koniger P, Janowitz K. Drowning in information, but thirsty for knowledge[J]. International Journal of Information Mangement,1995,15(1):5-16.

[59] 梅姝娥,仲伟俊. 经理信息系统的信息需求分析[J]. 东南大学学报(哲学社会科学版),2002,4(5):42-45.

[60] 庄玉良. 物资储备定额制定决策支持系统的研究[J]. 管理科学学报,1996,6(4):45-51.

[61] 庄玉良,杨明智. 数据供应与信息生产:企业信息化建设成败的关键因素[A]. 信息系统协会中国分会第一届学术年会论文集[C]. 北京:清华大学出版社,2005.

[62] 比尔·盖茨. 未来时速[M]. 蒋显璟,姜明,译. 北京:北京大学出版社,1999.

[63] James T C Teng. 流程再造——理论、方法和技术[M]. 梅绍祖,译. 北京:清华大学出版社,2004.

[64] 马芝蓓. 从Nolan模型到Synnott模型-组织管理信息模式选择研究[J]. 情报杂志,2002,21(9):52-54.

[65] 郭东强. 管理信息系统[M]. 厦门:厦门大学出版社,2000.

[66] 黄梯云,李一军. 管理信息系统[M].3版. 北京:高等教育出版社,2005.

[67] 庄玉良. 管理信息系统分析与设计[M]. 徐州:中国矿业大学出版社,1998.

[68] 张国锋. 管理信息系统[M].2版. 北京:机械工程出版社,2008.

[69] 艾文国,李辉. 企业管理资讯系统开发方法研究[J]. 中国软科学,2004(2):146-148.

[70] 耿骞,袁名敦,等. 信息系统分析与设计[M]. 北京:高等教育出版社,2001.

[71] 陈圣国. 信息系统分析与设计[M]. 西安:西安电子科技大学出版社,2001.

[72] 谭云杰. 大象 Thinking in UML[M]. 北京:中国水利水电出版社,2009.

[73] 张京. 面向对象软件工程和UML[M]. 北京:人民邮电出版社,2008.

[74] Jeffrey L Wihttenf. 系统分析与设计方法[M]. 肖刚,等译. 北京:机械工业出版社,2003.

[75] 陈禹. 信息系统分析与设计[M]. 北京:高等教育出版社,2005.

[76] 王珊,萨师煊. 数据库系统概论[M]. 北京:高等教育出版社,2006.

[77] Craig Larman. UML 和模式应用[M]. 李洋,郑龙,等译. 3 版. 北京:机械工业出版社,2006.

[78] 尤克滨. UML 应用建模实践过程[M]. 北京:机械工业出版社,2003.

[79] 张友生. 软件体系结构[M]. 北京:清华大学出版社,2004.

[80] 范晓平. UML 建模实例详解[M]. 北京:清华大学出版社,2005.

[81] Martin Fowler. UML 精粹:标准对象建模语言简明指南[M]. 徐家福,译. 3 版. 北京:清华大学出版社,2005.

[82] Ken Lunn. UML 软件开发[M]. 马蔷,杨南海,等译. 北京:电子工业出版社,2005.

[83] Jim Conallen. 用 UML 构建 Web 应用[M]. 陈起,英宇,译. 北京:中国电力出版社,2003.

[84] Jeff Garl,Richard Anthony. 大型软件体系结构:使用 UML 实践指南[M]. 叶俊民,汪望珠,等译. 北京:电子工业出版社,2004.

[85] 邵维忠,蒋严冰,麻志毅. UML 现存的问题和发展道路[J]. 计算机研究与发展,2003,40(4):509 – 516.

[86] 程杰. 大话设计模式[M]. 北京:清华大学出版社,2007.

[87] 张友生. 基于 RUP 的软件过程及应用[J]. 计算机工程与应用,2003(30):104 – 107.

[88] 李一军,于洋. 电子商务环境下企业资源计划(ERP)的新进展[J]. 高技术通讯,2002(9):100 – 105.

[89] 仲秋雁,闵庆飞,吴力文. 中国企业 ERP 实施关键成功因素的实证研究[J]. 中国软科学,2004(2):73 – 78.

[90] Holland Christopher P, Light Ben. A critical success factors model for ERP implementation[J]. IEEE Software,1999,16(3):30 – 36.

[91] 刘群. 电子商务与 ERP[J]. 辽宁工程技术大学学报(自然科学版),2001,20(6):861 – 863.

[92] 杨德礼,王茜. 基于电子商务的 ERP 系统发展与变革研究[J]. 大连理工大学学报,2002,42(6):745 – 749.

[93] E Stensrud. Alternative approaches to effort prediction of ERP projects[J]. Information and Software Technology,2001,43(7):413 – 423.

[94] Martin Christopher. The agile supply chain:competing in volatile market[J]. Industrial Marketing Management,2000,29(1):37 – 44.

[95] 徐小峰,刘家国,赵金楼. 电子商务环境下企业管理信息系统构架设计分析[J]. 现代管理科学,2009(7):74 – 76.

[96] 倪旻,徐晓飞,邓胜春. 面向企业信息基础设施集成的商务智能系统框架[J]. 计算机科学,2004(6):92 – 95.

[97] 庄玉良. 基于 Web 的信息系统:企业信息获取和决策支持的新途径[J]. 科技导报,2004(11):51 – 53.

[98] Johnny K C Ng, W H Ip. Web-ERP:the new generation of enterprise resources planning[J]. Journal of Materials Processing Technology, 2003,138(1 – 3):590 – 593.

[99] 游静,刘伟. 信息系统集成过程中知识扩散路径与影响因素研究[J]. 科技管理研究,2007(9):238 – 241.

[100] Keng Siau, Jake Mssersmith. Enabling technologies for E – Commerce and ERP integration[J].

Journal of Electronic Commerce, 2002,3(1):43-52.

[101] 刘树海,齐二石. 基于流程管理的会计信息系统探讨[J]. 现代管理科学,2008(7):84-85.

[102] 范守荣. 电子商务环境下企业管理信息系统集成研究[J]. 产业与科技论坛,2006(9):75-76.

[103] 范守荣,郭晓军,余祖德. 电子商务与集成化企业管理信息系统[J]. 经济与管理,2004(1): 58-59.

[104] 陆均良,杨铭魁. 饭店管理信息系统如何面对电子商务[J]. 信息与电脑,2004(7):35-38.

[105] EWT Ngai, FKT Wat. A literature review and classification of electronic commerce research[J]. Information & Management, 2002,39(5):415-429.

[106] 王瑞云,梁嘉骅. 企业电子商务进程中管理信息系统新发展探讨[J]. 情报杂志,2005(4):61-63.

[107] 王裕明. 企业管理信息系统与电子商务整合研究[J]. 上海管理科学,2003(3):44-45.

[108] 王芳. 浅谈电子商务模式财务管理及企业管理信息系统的构建[J]. 煤炭经济研究,2005(5):51-53.

[109] 杨善林,李宏艳. 基于协同电子商务的 ERP 与 CRM 的整合[J]. 合肥工业大学学报(自然科学版),2004,27(1):1-4.

[110] 黄莺,张金隆,蔡淑琴,等. 电子商务环境下 ERP、SCM 与 CRM 的整合[J]. 武汉理工大学学报(信息与管理工程版),2003,25(1):122-125.

[111] 王伟,樊懿德. 12 小时哈佛管理学[M]. 北京:中国友谊出版公司,1997.

[112] 曹晓静,张航. 决策支持系统的发展及其关键技术分析[J]. 计算机技术及发展,2006(11):94-96.

[113] 尹春华,顾培亮. 决策支持系统研究现状及发展趋势[J]. 决策借鉴,2002(4):41-45.

[114] 李双双,陈毅文. B2C 电子商务中的消费者决策支持系统[J]. 心理科学进展,2006,14(3):438-442.

[115] 朴顺玉,陈禹. 管理信息系统[M]. 北京:中国人民大学出版社,1995.

[116] 贺超,庄玉良. 信息技术与业务流程再造[J]. 经济与管理,2004(4):25-26.

[117] 陈文伟,黄金才,陈元. 决策支持系统新结构体系[J]. 管理科学学报,1998(3):54-60.

[118] 徐选华,陈晓红. 群体决策支持系统的模型库研究[J]. 中南大学学报(社会科学版),2003,9(4):505-507.

[119] 钱大琳. 决策支持系统的人机关系研究[J]. 北方交通大学学报(社会科学版),2003,2(2):22-25,69.

[120] 吴新年,陈永平. 基于协同战略的情报分析与决策支持系统的设计[J]. 情报资料工作,2007,30(2):232-235.

[121] 席酉民,冯耕中,汪应洛. DSS 述评:历史、现状与未来[J]. 系统工程, 1991,9(3): 26-37.

[122] 王守慧,张全寿. 决策支持系统研究的发展趋势及前景[J]. 决策与决策支持系统,1996,6(4):27-31.

[123] 任明仑,杨善林,朱卫东. 智能决策支持系统:研究现状与挑战[J]. 系统工程学报,2002,17(5):430-440.

# 信息管理与信息系统

| 课程名称 | 书号 | 书名、作者及出版时间 | 版别 | 定价 |
|---|---|---|---|---|
| 数据挖掘 | 978-7-111-22017-6 | 商业数据挖掘导论（第4版）（奥尔森）（2007年） | 外版 | 38 |
| 决策支持系统 | 978-7-111-25905-3 | 决策支持系统与智能系统（第7版）（特班）（2009年） | 外版 | 88 |
| 管理信息系统 | 即将出版 | 管理信息系统（比segü里）（2011年） | 外版 | 56 |
| 管理信息系统 | 978-7-111-34151-2 | 管理信息系统（第11版）（劳顿）（2011年） | 外版 | 55 |
| 管理信息系统 | 978-7-111-29026-1 | 管理信息系统（克伦克）（2009年） | 外版 | 48 |
| 管理信息系统 | 978-7-111-32865-0 | 信息时代的管理信息系统（第8版）（哈格）（2011年） | 外版 | 59 |
| 管理信息系统 | 978-7-111-32282-5 | 信息时代的管理信息系统（英文版.第8版）（哈格）（2010年） | 外版 | 69 |
| 管理信息系统 | 978-7-111-19212-5 | 信息系统概论（第12版）（奥布莱恩）（2006年） | 外版 | 58 |
| 信息资源管理（情报学） | 978-7-111-19629-7 | 企业信息化规划与管理（靖继鹏）（2006年） | 本版 | 32 |
| 信息系统分析与设计 | 978-7-111-21368-0 | 信息系统开发方法（徐宝祥）（2007年） | 本版 | 30 |
| 信息检索（多媒体） | 978-7-111-19640-6 | 信息检索（张海涛）（2006年） | 本版 | 33 |
| 信息管理学 | 978-7-111-28208-2 | 企业信息化应用（欧阳文霞）（2009年） | 本版 | 28 |
| 数据库原理及应用 | 978-7-111-29203-6 | 网络数据库应用（李先）（2010年） | 本版 | 28 |
| 企业资源计划（ERP） | 978-7-111-29939-4 | 企业资源计划（ERP）原理与实践（精品课）（张涛）（2010年） | 本版 | 36 |
| 管理信息系统 | 978-7-111-23032-8 | 管理信息系统 （精品课）（郑春瑛）（2008年） | 本版 | 28 |
| 管理信息系统 | 978-7-111-22795-3 | 管理信息系统（王恒山）（2008年） | 本版 | 30 |

# 教师服务登记表

尊敬的老师：

　　您好！感谢您购买我们出版的＿＿＿＿＿＿＿＿＿＿＿＿＿＿＿＿＿＿＿＿＿＿＿教材。

机械工业出版社华章公司为了进一步加强与高校教师的联系与沟通，更好地为高校教师服务，特制此表，请您填妥后发回给我们，我们将定期向您寄送华章公司最新的图书出版信息！感谢合作！

个人资料（请用正楷完整填写）

| 教师姓名 | | □先生<br>□女士 | 出生年月 | | 职务 | | 职称：□教授 □副教授<br>　　　□讲师 □助教 □其他 | |
|---|---|---|---|---|---|---|---|---|
| 学校 | | | 学院 | | | 系别 | | |
| 联系<br>电话 | 办公：<br>宅电：<br>移动： | | | 联系地址<br>及邮编 | | | | |
| | | | | E-mail | | | | |
| 学历 | | 毕业院校 | | 国外进修及讲学经历 | | | | |
| 研究领域 | | | | | | | | |

| 主讲课程 | 现用教材名 | 作者及<br>出版社 | 共同授<br>课教师 | 教材满意度 |
|---|---|---|---|---|
| 课程：<br><br>□专 □本 □研 □MBA<br>人数：　学期：□春□秋 | | | | □满意　□一般<br><br>□不满意 □希望更换 |
| 课程：<br><br>□专 □本 □研 □MBA<br>人数：　学期：□春□秋 | | | | □满意　□一般<br><br>□不满意 □希望更换 |

| 样书申请 | | | | |
|---|---|---|---|---|
| 已出版著作 | | 已出版译作 | | |
| 是否愿意从事翻译/著作工作 | □是　□否 | 方向 | | |
| 意见和建议 | | | | |

填妥后请选择以下任何一种方式将此表返回：（如方便请赐名片）

地　址：北京市西城区百万庄南街1号　华章公司营销中心　　邮编：100037

电　话：(010) 68353079 88378995　传真：(010)68995260

E-mail:hzedu@hzbook.com　marketing@hzbook.com　　图书详情可登录http://www.hzbook.com网站查询